Wätzig · Mehnert · Bühler
Mathematik und Statistik
kompakt

Reihe Kompakt-Lehrbuch

Leistner · Breckle
Pharmazeutische Biologie kompakt
7. Aufl., 2008

Wätzig · Mehnert · Bühler
Mathematik und Statistik kompakt
1. Aufl., 2009

Weidenauer · Beyer
Arzneiformenlehre kompakt
1. Aufl., 2008

Wätzig · Mehnert · Bühler

Mathematik und Statistik kompakt

Grundlagen und Anwendungen
in Pharmazie und Medizin

Hermann Wätzig, Braunschweig

Wolfgang Mehnert, Berlin

Wolfgang Bühler, Bonn

Mit 83 Abbildungen, 55 Tabellen

WVOG Wissenschaftliche Verlagsgesellschaft mbH Stuttgart

Anschriften der Autoren

Prof. Dr. Hermann Wätzig
Institut für Pharmazeutische Chemie
Technische Universität Carolo-Wilhelmina
Beethovenstr. 55
38106 Braunschweig

Dr. Wolfgang Mehnert
Institut für Pharmazie
Freie Universität
Kelchstr. 31
12169 Berlin

Dr. Wolfgang Bühler
Bundesinstitut für Arzneimittel
und Medizinprodukte (BfArM)
Kurt-Georg-Kiesinger-Allee 3
53175 Bonn

Hinweise

Die in diesem Buch aufgeführten Angaben wurden sorgfältig geprüft. Dennoch können die Autoren und der Verlag keine Gewähr für deren Richtigkeit übernehmen.

Ein Markenzeichen kann warenzeichenrechtlich geschützt sein, auch wenn ein Hinweis auf etwa bestehende Schutzrechte fehlt.

Bibliografische Information der Deutschen Nationalbibliothek
Die Deutsche Nationalbibliothek verzeichnet diese Publikation in der Deutschen Nationalbibliografie; detaillierte bibliografische Daten sind im Internet unter http://dnb.d-nb.de abrufbar.

ISBN 978-3-8047-2439-6

© 2009 Wissenschaftliche Verlagsgesellschaft mbH
Birkenwaldstr. 44, 70191 Stuttgart
www.wissenschaftliche-verlagsgesellschaft.de

Printed in Germany
Typografie und Umschlaggestaltung: deblik, Berlin
Satz: primustype, Robert Hurler GmbH, Notzingen
Druck und Bindung: Kösel, Krugzell
Umschlagabbildung: Andreas Herpens, istockphoto

Vorwort

Mathematische und statistische Methoden sind für die Entwicklung, Optimierung und Qualitätskontrolle von Arzneimitteln unentbehrlich. Dabei sind häufig keine tiefgehenden Kenntnisse der Mathematik und Statistik erforderlich, um die meist anwendungsorientierten Fragestellungen lösen zu können. Allerdings müssen einige Grundlagen beherrscht werden. Es gibt zahlreiche Mathematik- und Statistiklehrbücher, hier wird aber oft bereits umfassendes Wissen der Grundlagen vorausgesetzt. In dem vorliegenden Buch wurde deshalb versucht, die „richtige Dosis" an mathematischem Wissen für Pharmazeutinnen und Pharmazeuten zu finden. Das erforderliche Basiswissen ist schnell zugänglich, aber auch weiterführendes Wissen zum Nachschlagen ist vorhanden. Das relevante Wissen wird anschaulich an Beispielen aus dem Alltag oder aus der pharmazeutischen Praxis dargestellt.

Mit dem vorliegenden Buch haben wir auch versucht, die mathematischen und statistischen Anforderungen zur Ausbildung der Studierenden der Pharmazie zu berücksichtigen und das Verständnis für Grundbegriffe und Methoden der Mathematik und Statistik zu fördern. Allerdings sollte dieses Buch nicht nur Studierende der Pharmazie ansprechen, sondern auch Pharmazeuten, die sich bereits im Berufsalltag befinden. Zur Vertiefung der jeweiligen Problematik sind am Ende der einzelnen Kapitel Hinweise auf weiterführende Literatur angefügt.

Übungsaufgaben sollen helfen den theoretischen Stoff auf Beispiele aus der Praxis zu übertragen. So wird auch die Notwendigkeit der Anwendung mathematischer und statistischer Verfahren zur Lösung von pharmazeutischen Fragestellungen aufgezeigt.

Wir hoffen, dass unser Vorhaben gelungen ist. Anregungen und Hinweise, die uns helfen, das Lehrbuch zu überarbeiten, zu verbessern oder auch die angebotenen Gebiete zu erweitern, nehmen wir sehr gern entgegen.

Für wertvolle Anregungen zur inhaltlichen Gestaltung danken wir Herrn Prof. Dr. K. Baumann.

Des Weiteren bedanken wir uns bei Heidi Köppel und Simone Schröder für die Unterstützung bei der Anfertigung einiger Abbildungen, die zusätzlich wie Isabel Astner, Katja Penzel und Melanie Hindrichsen, das Manuskript Korrektur gelesen haben. Außerdem danken wir Dr. Johann Grünefeld für die Unterstützung bei der Anfertigung einiger Übungsaufgaben.

Unser besonderer Dank gilt der Wissenschaftlichen Verlagsgesellschaft, insbesondere Frau Luise Keller und Herrn Dr. Eberhard Scholz, ohne deren Unterstützung das Buch in der vorliegenden Form nicht möglich gewesen wäre.

Braunschweig, Berlin, Bonn, im Herbst 2008

Hermann Wätzig
Wolfgang Mehnert
Wolfgang Bühler

Inhaltsverzeichnis

Abkürzungen und Symbole

$\wedge$	ein mit einem Dach gekennzeichneter Kennwert ist ein Schätzwert des jeweiligen Kennwerts
α	Irrtumswahrscheinlichkeit, Wahrscheinlichkeit des Fehlers 1. Art bei Signifikanztests
a	Aktivität
AMG	Gesetz über den Verkehr mit Arzneimitteln = Arzneimittelgesetz (law on the trade in drugs = drug law)
AUC	Fläche unter der Kurve (area under curve)
β	Irrtumswahrscheinlichkeit, Wahrscheinlichkeit des Fehlers 2. Art bei Signifikanztests; $1-\beta$ heißt Schärfe des Tests
$\hat{\beta}$	Steigung einer Geraden
b	Ordinatenabschnitt, Schätzgenauigkeit, systematischer Fehler, Länge, Skalenfaktor im Wahrscheinlichkeitsnetz
c	Konzentration
CV	relative Standardabweichung
c_n	Konstante, die durch das Verhältnis $\sigma_{\bar{x}}$ zu $\sigma_{\bar{x}}$ bestimmt ist
cnf	Konfidenzintervall
chi² (χ^2)	Kennzahl oder Schwellenwert der Chi²-Verteilung
d	Anzahl fehlerhafter Einheiten in der Grundgesamtheit oder Klassenbreite
DGQ	Deutsche Gesellschaft für Qualität
∂	Differential, wird „d" oder zur Unterscheidung auch „del" ausgesprochen
Δ	Differenz
e	Basiswert der natürlichen Exponentialfunktion, e = 2,71828 (Euler'sche Zahl)
ε_i	zufälliger Fehler
E	Ereignis, Extinktion
$E(x), \mu$	Erwartungswert
$\bar{E}$	komplementäres Ereignis zu E (Gegenereignis)
f	Freiheitsgrad
F	Kennzahl oder Schwellenwert der F-Verteilung
$g(u)$	= g(u|0, 1), Wahrscheinlichkeitsfunktion der Standardnormalverteilung
$g(x)$	für diskrete Verteilungen: Wahrscheinlichkeitsfunktion g(x) = P(x), für stetige Verteilungen: Wahrscheinlichkeitsdichtefunktion
$g(x\|N, d; n)$[1]	= g(x), Wahrscheinlichkeitsfunktion der hypergeometrischen Verteilung mit den Parametern N, d und n
$g(x\|p; n)$	= g(x), Wahrscheinlichkeitsfunktion der Binomialverteilung mit den Parametern p und n
$g(x\|\mu)$	= g(x), Wahrscheinlichkeitsfunktion der Poisson-Verteilung mit dem Parameter μ
$g(x\|\mu, \sigma^2)$	= g(x), Wahrscheinlichkeitsdichtefunktion der Normalverteilung mit den Parametern μ und σ^2
$G(x)$	Verteilungsfunktion allgemein mit G(x) = P($\leq$x), kumulierte Wahrscheinlichkeit
$G(u)$	= G(u|0, 1), Verteilungsfunktion der Standardnormalverteilung N(0, 1)
$G(x\|N, d; n)$	= G(x), auch H(N, d; n), Verteilungsfunktion der hypergeometrischen Verteilung mit den Parametern N, d und n
$G(x\|p; n)$	= G(x), kurz Bi(p; n), Verteilungsfunktion der Binomialverteilung mit den Parametern p und n
$G(x\|\mu)$	= G(x), kurz Po(μ), Verteilungsfunktion der Poisson-Verteilung mit dem Parameter μ
$G(x\|\mu, \sigma^2)$	= G(x), kurz N(μ, σ^2), Verteilungsfunktion der Normalverteilung mit den Parametern μ und σ^2
h_j	relative Häufigkeit

H_0	Nullhypothese
H_1	Alternativhypothese
i	imaginäre Zahl, komplexe Zahl mit reellem Anteil gleich Null, bzw. Nummerierungsvariable,
	der Index bezeichnet die Nummer der Beobachtungseinheit ($i = 1, 2, ..., n$)
ICH	International Conference of Harmonization
k	Kennzahl, Klassenzahl, Zahl im Binomialkoeffizient, signifikante Ziffern
$krit$	kritischer Wert im statistischen Test
l	Liter
ln	natürlicher Logarithmus zur Basis e
lg	dekadischer Logarithmus zur Basis 10
m	Anteil der Werte einer Messreihe, Zahl der Stichproben, Faktor, Masse, Steigung einer Geraden
M_{min}	kleinster Wert einer Messreihe
m	Stichprobenumfang
mbar	Millibar (Druckangabe)
ml	Milliliter
μ	arithmetischer Mittelwert einer Grundgesamtheit,
	mittlere Anzahl der Fehler je Prüfeinheit in einer Grundgesamtheit (Poisson-Verteilung)
n	Stichprobenumfang, Brechungsindex, Zahl im Binomialkoeffizient
$n!$	Fakultät
n_j	absolute Häufigkeit
$n^\star$	n-Stern, Ersatzparameter für sehr kleinen Fehleranteil
$\binom{n}{k}$	Binomialkoeffizient, sprich: n über k
N	Umfang der Grundgesamtheit
$N(0, 1)$	Normalverteilung der standardisierten Normalverteilung mit $\mu = 0$ und $\sigma_2 = 1$
$N(\mu, \sigma^2)$	Normalverteilung mit dem Mittelwert μ und der Varianz σ^2
OGW	oberer Grenzwert
ob	oben, oberer
OTC	Over the counter, Bezeichnung für frei verkäufliche Arzneimittel
π	Pi (klein), Kreiszahl, 3,1416
Σ	Summenzeichen
Π	Pi (groß), Produktzeichen
p	$= \frac{d}{N}$, Anteil fehlerhafter Einheiten in einer Grundgesamtheit
$p^\star$	p-Stern, Ersatzparameter für sehr kleinen Fehleranteil
prd	Vorhersageintervall (engl. prediction interval)
$\hat{p}$	Überschreitungsanteil, Schätzwert für p (sprich: p Dach)
$p(x)$	Polynom
P	Wahrscheinlichkeit
$P(x)$	P(beobachteter Wert x), Wahrscheinlichkeit, in einer Stichprobe genau x fehlerhafte Einheiten/Fehler zu finden
$P(\leq x)$	P(beobachteter Wert $\leq$x)
$P(<x)$	P(beobachteter Wert <x)
$P(\geq x)$	P(beobachteter Wert $\geq$x)
$P(>x)$	P(beobachteter Wert >x)
$P(E)$	Wahrscheinlichkeit des Eintretens von E
$P(E_1 \text{ oder } E_2)$	Wahrscheinlichkeit des Eintretens von E_1 oder E_2 (Additionssatz)
$P(E_1 \text{ und } E_2)$	Wahrscheinlichkeit des Eintretens von E_1 und E_2 (Multiplikationssatz)
$P(E_1|E_2)$	bedingte Wahrscheinlichkeit des Eintretens von E_1 unter der Bedingung des Eintretens von E_2
$Prüf$	Prüfgröße im statistischen Test

q	1-p; Anteil fehlerfreier Einheiten in einer Grundgesamtheit
R	Spannweite, Raum
$\mathbb{R}$	reelle Zahlen
δ	Dichte
s	Standardabweichung der Stichprobe, Strecke
s²	Varianz der Stichprobe
S	Stirlingzahl
S_{xx}	bezeichnet die Summe aller $(x_i - \bar{x})^2$
sdv	Standardabweichung
σ	Sigma, Standardabweichung der Grundgesamtheit
σ̂	Standardabweichung der Stichprobe (sprich: Sigma Dach)
σ²	Varianz der Grundgesamtheit
Σ	Sigma (groß), Symbol zur Kennzeichnung von Summen
τ	Integrationsvariable
t	Kennzahl oder Schwellenwert der t-Verteilung
T	Toleranz
Tab	Tabellenwert einer Prüfgröße im statistischen Test (Schwellenwert)
u	standardisierte Zufallsvariable der Normalverteilung (0, 1)
$u_{1-\alpha}$	(1-α)-Quantil der Standardnormalverteilung (0, 1)
un	unten, unterer
UGW	unterer Grenzwert
V	Volumen
var	Varianz
w	Kennzahl oder Schwellenwert der w-Verteilung oder Klassenweite
x	Anzahl fehlerhafter Einheiten mit hypergeometrischer- oder Binomialverteilung, Anzahl der Fehler je Einheiten mit Poisson-Verteilung oder Messwert, Realisierung der Zufallsvariablen X
$\bar{x}_D$	Modalwert
x_i	i-ter Einzelwert in chronologischer Reihenfolge
$\bar{x}$	arithmetischer Mittelwert der Stichprobe (sprich: x quer)
$\bar{x}_G$	geometrisches Mittel der Einzelwerte einer Messreihe
$\bar{x}_H$	harmonisches Mittel der Einzelwerte einer Messreihe
$\bar{\bar{x}}$	arithmetisches Mittel einer Reihe von Mittelwerten (sprich: x quer quer)
$\tilde{x}$	Median (sprich: x Tilde)
X	Zufallsvariable
Z_i	Zahl interessierender Ereignisse
Σ*Z*	Zahl aller möglichen Ereignisse
⇒	daraus folgt
→	Verweis auf Abb., Beispiel, Formel, Kapitel oder Tabelle oder Aufzählung
≈	nahezu gleich, etwa, rund

[1] N und d beziehen sich auf die Grundgesamtheit und sind deshalb durch Semikolon von der Stichprobe getrennt (sinngemäß auch die folgenden Symbole)

Einleitung

Dieser Teil soll Ihnen kurz die geschichtlichen Entwicklungen statistischer Methoden aufzeigen. Es werden die Intension der Autoren zur Erstellung dieses Buches dargelegt, Hinweise zur Klausurvorbereitung gegeben, sowie einige wichtige Internet-Adressen genannt.

INHALTSVORSCHAU

Anwendung mathematischer und statistischer Methoden in der Pharmazie

1.1

Im Zusammenhang mit Wahrscheinlichkeitstheorien wurden Probleme der Wahrscheinlichkeit erstmals systematisch im 17. und 18. Jahrhundert untersucht; sie
tauchten vor allem im Zusammenhang mit Glücksspielen auf. Etliche bedeutende
europäische Mathematiker beschäftigten sich mit dem Problem der Wahrscheinlichkeit.

Mitte des 17. Jahrhunderts setzten sich bedeutende Forscher, wie Fermat
(1601–1665), Pascal (1623–1662) und Bernoulli (1654–1705) mit Begriffen wie
Zufallserscheinung, Wahrscheinlichkeit und Ereignis auseinander. Die hieraus
gewonnenen Erkenntnisse wurden dann im Laufe der Zeit auch auf andere
Bereiche, wie z. B. der Physik oder der Gesellschaft übertragen. An dieser Weiterentwicklung waren dann u. a. Wissenschaftler wie Moivre (1667–1754), Laplace
(1749–1827), Gauß (1777–1855) und Poisson (1781–1840) beteiligt.

*Theorien zur Wahr-
scheinlichkeitsrech-
nung*

So findet denn auch in den verschiedensten Bereichen unserer heutigen Gesellschaft der Umgang mit der Statistik statt. Eine stets wachsende Komplexität der
Zusammenhänge und Abläufe (z. B. pharmazeutische Fertigungsprozesse, chemische Synthesen, Geschäftsabläufe, Marktentwicklungen, Medizin, etc.) machen es
notwendig, durch statistische Methoden Informationen zu gewinnen und zu ver-
arbeiten.

*Anwendung der Sta-
tistik in allen Wirt-
schaftsbereichen*

Der Philosoph Elton Trueblood (1900 – 1994), sagte: *„Die Tatsache, dass wir keine
absolute Gewissheit im Hinblick auf irgendwelche menschlichen Schlussfolgerungen
haben, bedeutet nicht, dass alles Forschen letztlich doch eine fruchtlose Bemühung
wäre. Es stimmt, wir müssen stets auf dem Boden der Wahrscheinlichkeit voran-
gehen, aber wo es Wahrscheinlichkeit gibt, da gibt es die Möglichkeit zum Fortschritt. Was wir in jedem Bereich menschlichen Denkens suchen, ist nicht die
absolute Gewissheit, denn die bleibt uns als Menschen verborgen, sondern eher
der bescheidenere Pfad jener, die verlässliche Möglichkeiten zur Unterscheidung
verschiedener Grade der Wahrscheinlichkeit finden.“*

Dazu dürfte die folgende Weisheit Albert Einsteins (1879–1955, Deutscher Physiker), immer noch Gültigkeit besitzen: *„Was sich auf die Wirklichkeit bezieht, ist
nicht sicher, und was sicher ist, ist nicht wirklich“*

Die folgende Begriffsbestimmung der Statistik von Abraham Wald (1902 – 1950,
Rumänischer Mathematiker) dürfte daher die Zutreffendste sein: *„Statistik ist eine
Zusammenfassung von Methoden, die uns erlauben, vernünftige Entscheidungen im
Fall der Ungewissheit zu treffen“* Diese Begriffsbestimmung sollte nicht so ver-
standen werden, um damit die Statistik als Hilfsmittel verfeinerter Lügen und

damit zum Zweck der bewussten Manipulation zu benutzen. Die Statistik hilft bei allen zufälligen Ereignissen, komplexen Abläufen und auf allen erdenkbaren Gebieten, auf denen nicht erfassbare Einflüsse auftreten können.

Deshalb kann Statistik u. a. wie folgt definiert werden: „Statistik ist die Entwicklung und Anwendung von Methoden zur datenmäßigen Erhebung, Aufbereitung, Analyse und Interpretation von Massenerscheinungen." Statistik kann fachlichen Sachverstand unterstützen, nicht aber ersetzen.

Die Statistik ist somit ein mathematisches Instrument, welches weder Fachwissen ersetzen kann, noch Ansatzfehler beim unmethodischen oder fehlerhaften Vorgehen ausgleichen kann.

Wer sich mit Statistik beschäftigt, der sollte nie ohne fachlichen Hintergrund, d. h. nie ohne Zusammenarbeit mit wenigstens einem weiteren Fachmann seine statistischen Analysen aufbauen. Statistische Tests können fachlichen Sachverstand nur unterstützen, aber nicht ersetzen!

Wie bei allen Prozessen finden statistische Methoden auch in der pharmazeutischen Industrie, sowie deren Umfeld Anwendung. Über die pharmazeutische Entwicklung eines Arzneimittels, der klinischen Prüfung, der Produktion, der Prüfung in der Freigabe, der Zulassung eines Arzneimittels und vielen, vielen anderen Bereichen.

Das Arzneibuch ist Teil eines Qualitätssicherungssystems. So ist z. B. auch das Arzneibuch als ein Teil eines Qualitätssicherungssystems (→ Kap. 3.2) zu verstehen. Es enthält allgemeine Angaben zu Prüfverfahren, sowie in den Monographien Qualitätsanforderungen für Arzneistoffe, Hilfsstoffe und Zubereitungen einschließlich verbindlicher Prüfmethoden. Die Qualitätssicherung dient somit der Einhaltung einer festgelegten und definierten Qualität.

Klausurvorbereitung Mit diesem Buch wollen wir Sie mit den mathematischen und statistischen Grundlagen vertraut machen und in die Methoden der Statistik einführen. Die Ausführungen sollen Ihnen helfen, einerseits Dokumente zur Statistik zu verstehen und zu beurteilen, ggf. selbst beim Aufbau eines betrieblichen Qualitätssicherungssystems die passenden statistischen Methoden sicher auszuwählen, aber auch eine Unterstützung zur Klausurvorbereitung (→ Kap. 7.1) bieten.

Internet-Adressen Ein einführendes Lehrbuch kann einen guten Einstieg und einen Überblick über die Materie bieten, es kann aber nicht die gesamte Materie abbilden. Um Ihnen weiterführende Hinweise zur Literatur und zu Normen zu geben, haben wir nach jedem Hauptkapitel eine kleine Literatursammlung angegeben. Normen, Nomogramme und Auswerteblättern können Sie sich beim Beuth Verlag (Deutsches Institut für Normung, DIN) in Berlin bzw. Köln (www.din.de) oder bei der Deutschen Gesellschaft für Qualität (DGQ) in Frankfurt/Main (www.dgq.de) käuflich erwerben. Viele Bibliotheken haben die Normen auch in ihrem Literaturangebot.

Für statistische Berechnungen können Sie ein kostenloses Statistikprogramm von der Internetseite der FU-Berlin herunterladen (www.statistiklabor.de).

Die Übungsaufgaben wurden von uns teilweise so gestaltet, dass sie sich den Aufgabentypen dem Institut für medizinische und pharmazeutische Prüfungsfragen, dem IMPP (www.impp.de) anlehnen. So sind einige der Übungsaufgaben Prüfungsabschnitten entnommen, einige wurde von uns entsprechend verändert, andere wiederum wurden neu gestaltet und passen im Aufbau auch nicht zum IMPP. Diese Aufgaben sollen Ihnen eine individuelle Hilfe zur Klausurvorbereitung bieten. Zu den jeweiligen Lösungen finden Sie dann meist auch eine kurze Erläuterung, sowie einen Verweis auf das entsprechende Kapitel.

Wir denken, Sie werden das nötige Rüstzeug bekommen, um Klausuren erfolgreich zu bearbeiten. Darüber hinaus verfügen Sie dann auch über Anwendungswissen, dass es Ihnen gestattet, durch gezielte Datenerhebung und Analyse eine Problematik sachgerecht anzugehen und zu lösen. So, und nun viel Spaß beim Lernen!

2 Mathematische Grundlagen

In diesem Kapitel werden nach einer Übersicht zum Zahlensystem die Grundrechenarten, die Funktionen und deren graphische Darstellung kurz wiederholt. Anschließend lernen Sie die Grundlagen der Matrizen, Differential- und Integralrechnung, sowie das Rechnen mit Binomialkoeffizienten kennen.

2.1 Allgemeine Grundlagen und elementare Funktionen

Grundlage für alle mathematischen und naturwissenschaftlichen Arbeitsweisen bilden die Zahlen.

Reelle Zahlen sind Dezimalzahlen mit beliebiger Dezimaldarstellung. Die Menge aller reellen Zahlen wird mit $\mathbb{R}$ bezeichnet. Auf der Menge der reellen Zahlen sind die mathematischen Operationen Addition und Multiplikation definiert. Aus denen ergeben sich Subtraktion und Division. Die Addition und Multiplikation sind durch das Distributivgesetz (Klammern auflösen) miteinander verbunden. Das Kommutativgesetz beschreibt die Vertauschbarkeit der Reihenfolge reeller Zahlen.

Darstellung reeller Zahlen auf der Zahlengeraden

Geometrisch können die reellen Zahlen als Punkte auf der Zahlengeraden angesehen werden. Eine immer wiederkehrende wichtige Eigenschaft von $\mathbb{R}$ ist, dass das Quadrat jeder reellen Zahl einen nicht negativen Wert ergibt. Aus diesem Grund besitzen quadratische Gleichungen, wie auch Gleichungen höherer Ordnung, über $\mathbb{R}$ nicht immer Lösungen.

Die rationalen Zahlen sind jene reellen Zahlen, deren Dezimaldarstellung von einer bestimmten Stelle an nur Nullen aufweist oder periodisch ist. Sie werden auch als Bruchzahlen bezeichnet. Eine rationale Zahl kann daher entweder als ein solcher Bruch oder in ihrer Dezimaldarstellung geschrieben werden. Die Menge aller rationalen Zahlen wird mit $\mathbb{Q}$ angegeben.

Wie man weiß, sind Wurzeln mit geradem Wurzelexponenten aus negativen Zahlen im Bereich der reellen Zahlen nicht erklärt. Um solche Größen dennoch anwenden zu können, hat man so genannte imaginäre Zahlen eingeführt. Die Quadratwurzel mit einem negativen Radikanden ist eine imaginäre Zahl. Eine wichtige Zahlenmenge, welche die reellen Zahlen verallgemeinert, sind die komplexen Zahlen. Sie erweitern den Zahlenbereich der reellen Zahlen so, dass auch Wurzeln negativer Zahlen berechnet werden können.

O Abb. 2.1–1 zeigt eine schematische Übersicht über das gesamte Zahlensystem.

2.1.1 Grundrechenarten und Bruchrechnung

Die Addition

Zahlen (zwei oder mehrere), die zu addieren sind, heißen Summanden. Das Ergebnis wird als Summe bezeichnet. Die mathematische Verknüpfung hat die Eigenschaft, dass sie assoziativ und kommutativ ist.

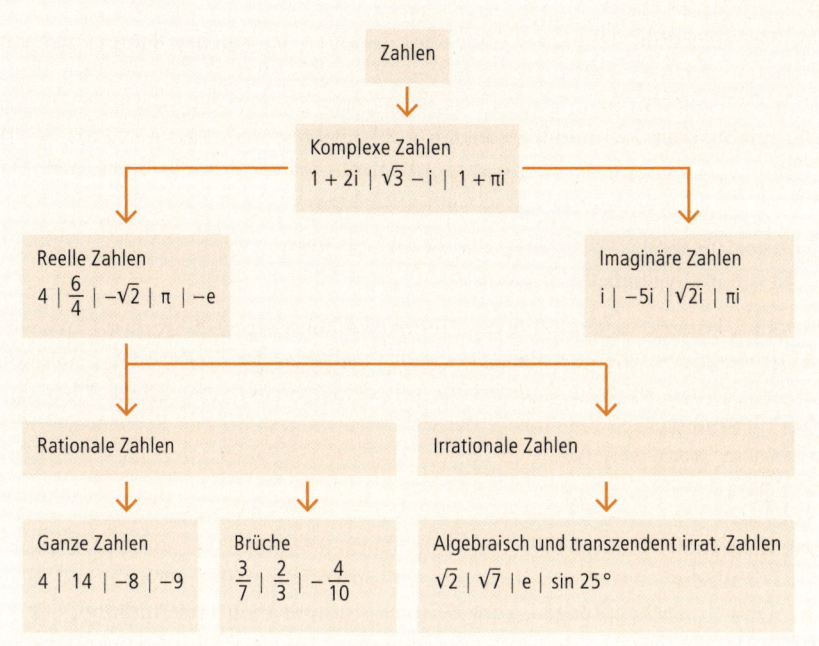

○ Abb. 2.1–1 Überblick über das gesamte Zahlensystem

Assoziativgesetz: $(a + b) + c = a + (b + c) = a + b + c$
Kommutativgesetz: $a + b = b + a$

Summen können auch mithilfe des Summensymbols dargestellt werden. Dazu wird der große griechische Buchstabe Σ (Sigma) verwendet. Unter dem Summensymbol wird die Zählvariable mit dem Startwert angegeben. Über dem Summensymbol ist der Endwert anzugeben. Die Rechenvorschrift folgt nach dem Summenzeichen.

$$\sum_{i=2}^{5} i^2 = 2^2 + 3^2 + 4^2 + 5^2$$

Die Subtraktion

Das Subtrahieren ist im Prinzip die entgegengesetzte Rechenoperation zur Addition. Jedoch ist hierbei zu beachten, dass, im Gegensatz zur Addition, der Grenzbereich des Zahlensystems der natürlichen Zahlen überschritten werden kann.
Zwei durch das Minuszeichen verbundene Zahlen bilden eine Differenz. Die Glieder heißen Minuend und Subtrahend. Ist der Subtrahend größer als der Minuend, so gelangt man in den Bereich der nicht natürlichen Zahlen, der negativen ganzen Zahlen.

$1 - 4 = -3$

Die natürlichen Zahlen sind diejenigen Zahlen, die man zum Zählen braucht. Alle positiven ganzen Zahlen sind natürliche Zahlen. Bruchzahlen (Dezimalbrüche) stellen keine natürlichen Zahlen dar.

Die Multiplikation

Die Multiplikation stellt ein wiederholtes Addieren der gleichen Summanden dar.

$$2 + 2 + 2 + 2 = 4 \cdot 2$$

Assoziativ- und Kommutativgesetz

Die miteinander zu multiplizierenden Zahlen nennt man Faktoren oder Multiplikanden. Das Ergebnis der Rechenoperation wird als Produkt bezeichnet. Das Kommutativ- und Assoziativgesetz gilt auch hier:

Assoziativgesetz: $(a \cdot b) \cdot c = a \cdot (b \cdot c) = a \cdot b \cdot c$
Kommutativgesetz: $a \cdot b = b \cdot a$

Produkte können auch mithilfe des Produktsymbols dargestellt werden. Dazu wird der große griechische Buchstabe Π (Pi) als Produktzeichen verwendet. Unter dem Produktsymbol wird die Zählvariable mit dem Startwert angegeben. Über dem Produktsymbol wird die Anzahl der Faktoren dargestellt. Die Rechenregel folgt nach dem Produktzeichen.

$$\prod_{i=2}^{5} 2i + 1 = 5 \cdot 7 \cdot 9 \cdot 11 \cdot 13$$

Das wiederholte Multiplizieren mit dem gleichen Faktor führt zum Potenzieren. Die Distributivgesetze (Verteilungsgesetze) sind mathematische Regeln und geben an, wie sich Verknüpfungen, zum Beispiel Multiplikation und Addition, bei der Auflösung von Klammern zueinander verhalten.

Die Division

Die Division ist die umgekehrte Rechenoperation zur Multiplikation. Das Ergebnis einer Division wird als Quotient bezeichnet. Die Zahl, durch welche geteilt wird, heißt Divisor. Die Zahl, die geteilt wird, nennt man Dividend. Eine Division ist auch als Bruch darstellbar.

$$4 : 5 = \frac{4}{5}$$

Zur Durchführung einer Division muss der Divisor unbedingt ungleich Null sein, da eine Division durch Null nicht definierbar ist.

Die Bruchrechnung

Ein Bruch ist der Teil eines Ganzen.

Jeder Bruch ist der größere oder kleinere Teil eines Ganzen und stellt ebenfalls eine Divisionsvorschrift dar. Die Zahl oberhalb des Bruchstrichs wird als Zähler (Dividend) bezeichnet, die Zahl unterhalb des Bruchstrichs als Nenner (Divisor) bezeichnet. Alle Brüche lassen sich in Dezimalzahlen umwandeln, ergeben aber nicht immer eine glatte Zahl. Solche Ergebnisse werden mit einem Strich über der immer wiederkehrenden Zahl gekennzeichnet.

$$\frac{4}{3} = 1,333... = 1,\bar{3}$$

Echte Brüche sind Brüche, deren Wert kleiner als 1 ist. Unechte Brüche sind solche, deren Wert größer als 1 ist.

Addition und Subtraktion von Brüchen

Unproblematisch können Brüche addiert bzw. subtrahiert werden, wenn die Nenner jeweils gleichnamig sind.

$$\frac{3}{7} + \frac{4}{7} = \frac{7}{7} = 1$$

Ungleichnamige Brüche müssen vor der eigentlichen Rechenoperation gleichnamig gemacht werden. Dazu werden die Nenner so erweitert, dass sie einen gemeinsamen Hauptnenner erhalten. Der Hauptnenner ist das kleinste gemeinsame Vielfache.

$$\frac{3}{8}+\frac{4}{7}=\frac{21}{56}+\frac{32}{56}=\frac{53}{56}$$

Multiplikation und Division von Brüchen und ganzen Zahlen

Wird ein Bruch mit einer ganzen Zahl multipliziert, so ist der Zähler mit der ganzen Zahl zu multiplizieren. Der Nenner bleibt dabei unverändert.

$$\frac{3}{8}\cdot 4=\frac{12}{8}=\frac{3}{2}=1,5$$

Ist ein Bruch durch eine ganze Zahl zu dividieren, so wird der Zähler durch die ganze Zahl dividiert, oder der Nenner mit dieser Zahl multipliziert.

$$\frac{10}{13}:5=\frac{2}{13}$$

Bei einer Multiplikation von Brüchen werden jeweils Zähler mit Zähler und Nenner mit Nenner miteinander multipliziert.

$$\frac{3}{7}\cdot\frac{5}{3}=\frac{15}{21}$$

Eine Division erfolgt dadurch, dass man den Dividenten mit dem Kehrwert des Divisors multipliziert.

$$\frac{4}{9}:\frac{5}{3}=\frac{4}{9}\cdot\frac{3}{5}=\frac{12}{45}=\frac{4}{15}$$

Gemischte Rechenzeichen innerhalb eines Bruchs

Es lassen sich nur Faktoren gegeneinander kürzen. Sind Strichoperanden im Zähler und/oder Nenner vorhanden, so sind diese zunächst auszurechnen (Punktrechnung vor Strichrechnung).

$$\frac{3+3\cdot 7}{4+4\cdot 3}=\frac{3+21}{4+12}=\frac{24}{16}=\frac{3}{2}$$

Um die Anwendung der vier Grundrechenarten korrekt durchführen zu können, sind zwei grundsätzliche Regeln zu beachten:
- Punktrechnung (Multiplikation, Division) geht vor Strichrechnung (Addition, Subtraktion),
- Klammerterme werden zuerst berechnet. Sind mehrere Klammern ineinander verschachtelt, so ist mit dem innersten Klammerterm zu beginnen.

Die Potenzierung

Eine Potenzierung a^n ist eine abgekürzte Schreibweise für die Multiplikation gleicher Faktoren. Die Zahl a wird als Basis bezeichnet, die Zahl n nennt man Exponent und a^n kennzeichnet den Potenzwert.

$$3\cdot 3\cdot 3\cdot 3\cdot 3=3^5$$

Die Radizierung

Die Radizierung (Wurzelziehen) stellt eine umgekehrte Rechenoperation zur Potenzierung dar, bzw. ist eine andere Schreibweise für $a^{\frac{1}{n}}$. Für diese Rechenoperation wird ein stilisiertes r, vom lateinischen radix ($\sqrt{}$), verwendet.

$$\sqrt[5]{243} = \sqrt[5]{3 \cdot 3 \cdot 3 \cdot 3 \cdot 3} = 3$$

2.1.2 Funktionen und deren graphische Darstellung

Besteht zwischen zwei oder mehreren Größen eine gesetzmäßige Abhängigkeit und wird diese in einer Gleichung zusammengefasst, so wird sie als Funktionsgleichung bezeichnet.

Die Funktion ist eine Zuordnung von Variablen.

In der Funktionsgleichung ist immer die Größe y von der Größe x abhängig (und umgekehrt); y ist eine Funktion von x. Eine Funktion ist eine Vorschrift, die auf vollkommen eindeutige Weise jedem Wert x genau ein Wert y zuordnet. Eine Funktion stellt also die Zuordnung zwischen veränderlichen Größen (Veränderlichen, Variablen) dar. Die Zuordnung kann durch eine Tabelle, eine Gleichung oder durch eine graphische Darstellung ($\rightarrow$ Kap. 4.3) erfolgen.

Transformation in einen linearen Zusammenhang kann Vorteile bieten.

Bevor einige Funktionen und deren Darstellung näher besprochen werden, sei jedoch betont, dass alle Trendfunktionen, werden sie zur Interpretation bestimmter Vorgänge verwendet, nur mathematische Hilfsmittel sind, um die Grundrichtung der Entwicklung näher bestimmen zu können. Sie sollten nie losgelöst von der untersuchten Erscheinung und deren Ursachen betrachtet werden. Die Bestimmung der am besten an die Beobachtungen angepassten Kurve gestaltet sich entsprechend kompliziert.

Dazu ist es manchmal nützlich, den ursprünglich nicht linearen Zusammenhang dadurch zu vereinfachen, dass man ihn auf einen linearen Zusammenhang zurückführt. So erweist sich z. B. der Übergang von den Ursprungswerten einer Variablen zu den Logarithmen doch gelegentlich als eine Transformation zur linearen Beziehung. Bei allen Transformationen wird die Skalierung der x-Achse oder/und y-Achse verändert. So können z. B. Zufallsvariable X durch Transformation überführt werden in X' mit:

$$\sqrt{X} \qquad \sqrt{\ln(X)} \qquad \sqrt{\log_{10}(X)} \qquad \sqrt{\ln\frac{X}{1-X}}$$

Stetige und monotone Funktionen

Wird der vollständige Graph einer Funktion $y = f(x)$ durch eine zusammenhängende Kurve ohne Sprünge dargestellt, so wird diese Funktion als stetig bezeichnet. Eine solche Funktion ist dann umkehrbar, wenn diese streng monoton wachsend oder streng monoton fallend ist.

Eine Funktion $y = f(x)$ ist dann streng monoton wachsend, wenn y größer wird, sobald x größer wird. Wenn y kleiner wird, sobald x größer wird, ist die Funktion streng monoton fallend.

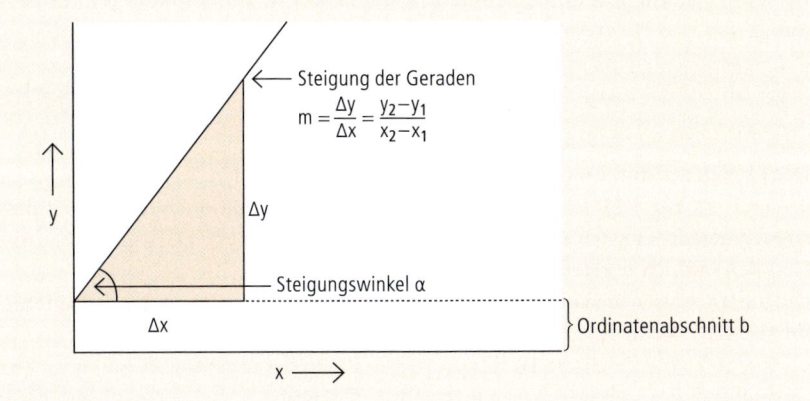

○ **Abb. 2.1.2–1** Das Steigungsdreieck

Die lineare Funktion

Die allgemeine Funktionsgleichung linearer Funktionen ist gegeben mit:

$$y = m \cdot x + b$$
$$\text{bzw. } f(x) = m \cdot x + b \quad \text{bzw. } y(x) = m \cdot x + b$$

Gleichung 2.1.2–1

Die Funktion ist so beschaffen, dass für eingesetzte x-Werte, die mit gleich bleibenden Schritten erhöht oder vermindert werden, sich auch die Funktionswerte y um gleich bleibende Schritte erhöhen oder vermindern. In der graphischen Darstellung resultiert daraus ein gerader Kurvenverlauf. Geht man im Graphen von einem beliebigen Punkt auf der Geraden um m Einheiten nach rechts, so geht man ebenfalls auf der y-Achse um m Einheiten nach oben, um zum Graphen zurück zu gelangen. Bei negativem Faktor m muss man an der y-Achse nach unten gehen. Diese Darstellung mit den Abschnitten der Geraden wird als Steigungsdreieck (○ Abb. 2.1.2–1) bezeichnet. Weitere Ausführungen zur Statistik der Geraden finden Sie im Kap. 10.

Der Faktor m vor dem x in der Gleichung 2.1.2-1 bestimmt die Steigung. An ihm ist abzulesen, wie stark die Gerade steigt oder fällt. Der Summand b (der sowohl positiv als auch negativ sein kann), bezeichnet im Funktionsterm die Stelle, an welcher die Gerade die y-Achse schneidet. Der Winkel der Geraden mit der positiven Richtung wird als Steigungswinkel α bezeichnet.

Das Steigungsdreieck

Lineare Funktionen und ihre graphische Darstellung besitzen eine zentrale Bedeutung und werden z. B. häufig bei der analytischen Gehaltsbestimmung verwendet. Aber auch kinetische Reaktionen nullter Ordnung (z. B. Ethanol-Elimination, kutane Arzneistoffresorption aus Salben und Pflastern) zeigen einen geraden Kurvenverlauf.

Die Exponentialfunktion

Die Exponentialfunktionen gehören, wie auch die logarithmischen und die trigonometrischen Funktionen, zu den transzendenten Funktionen. Bei den transzendenten Funktionen wird y durch logarithmische, trigonometrische oder andere

Rechenverfahren bestimmt. Definiert ist die Exponentialfunktion durch die Beziehung:

$$y = a^x$$

Gleichung 2.1.2–2

Die Exponentialfunktion lässt sich graphisch nur darstellen, wenn $a > 1$, $a = 1$ und $0 < a < 1$ ist. Für $a \leq 0$ ist die Funktion nicht erklärt. Funktionen lassen sich durch einfach geteiltes logarithmisches Papier (halblogarithmische Darstellung) zu einer Geraden bildlich darstellen.

log-Funktionen sind Umkehrfunktionen der Exponentialfunktionen.

Die logarithmischen Funktionen sind die Umkehrfunktionen zu den Exponentialfunktionen. Wenn $y = a^x$, dann gilt:

$$x = \lg_a y$$

Gleichung 2.1.2–3

Also wird beim Logarithmieren die Hochzahl (der Exponent) gesucht, der zusammen mit der Basis a die Zahl y darstellen kann.

In einem Koordinatensystem verläuft eine logarithmische Kurve stets rechts der y-Achse, da keine reellen Logarithmen für negative x-Werte existieren. Die am häufigsten gebrauchten Logarithmen sind die dekadischen Logarithmen mit der Basis 10 und die natürlichen Logarithmen mit der Basis $e \approx 2{,}71828$.

$$y = \lg_{10} x = \lg x$$

Gleichung 2.1.2–4

$$y = \lg_e x = \ln x$$

Gleichung 2.1.2–5

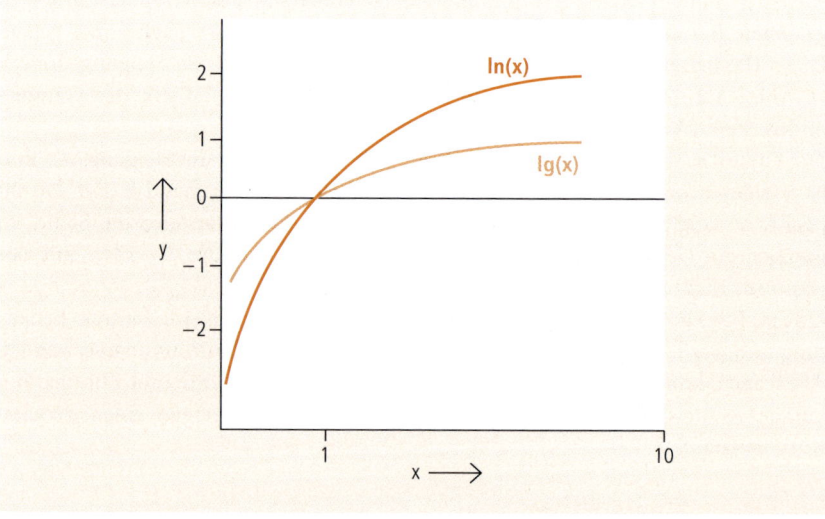

○ **Abb. 2.1.2–2** Graphische Darstellung von ln(x) und lg(x)

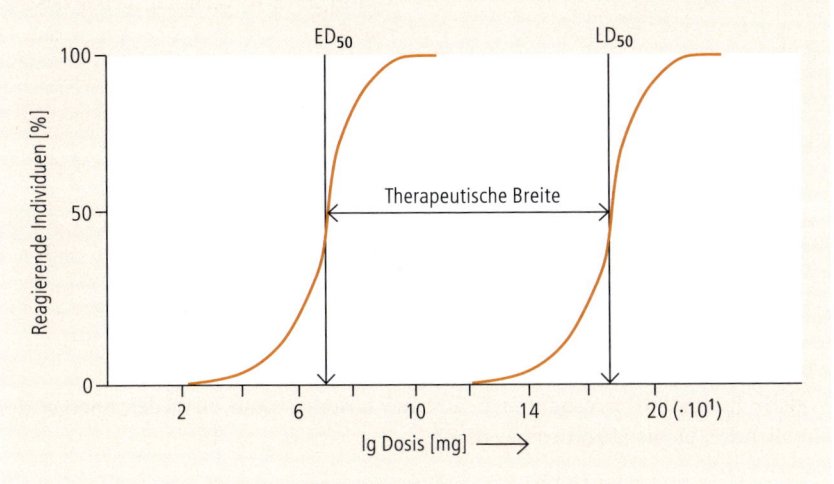

○ **Abb. 2.1.2–3** Schematische Darstellung der therapeutischen Breite über lg Dosis

---

Beispiel 2.1.2–1

Zur Bestimmung der therapeutischen Breite eines Arzneimittels werden therapeutische Wirkung (ED_{50}) und letale Wirkung (LD_{50}) herangezogen. Die Bestimmung und graphische Darstellung erfolgt dazu über den dekadischen Logarithmus der Dosis des Arzneimittels.

Auch zur pH-Wertberechnung und zur Berechnung der Absorption von Licht durch z. B. farbige Lösungen wird der dekadische Logarithmus angewandt:

Beispiel 2.1.2–2

Welchen pH-Wert besitzt eine $5 \cdot 10^{-4}$ molare Natriumhydroxid-Lösung?

Lösung $c(OH^-) = 5 \cdot 10^{-4} = 0,0005$, $p(OH^-) = -\lg (0,0005) = 3,3$
Ionenprodukt des Wassers $pK_w = 14 \quad \Rightarrow pH = pK_w - p(OH^-) = 14 - 3,3 = \underline{\underline{10,7}}$
Der pH-Wert der Natriumhydroxid-Lösung beträgt 10,7.

Durchläuft monochromatisches Licht eine Lösung, welches Licht der eingestrahlten Wellenlänge absorbiert, so wird die Intensität des einfallenden Lichts I_0 auf einen Wert I_D abgeschwächt. Das Maß der Abschwächung wird als Extinktion E bezeichnet. Die Extinktion ist durch folgenden Zusammenhang gegeben (I_0 = Gesamtenergie des eingestrahlten Lichts, I_D Energie des durchgelassenen Lichts):

Gleichung 2.1.2–6

$$E = \lg \frac{I_0}{I_D}$$

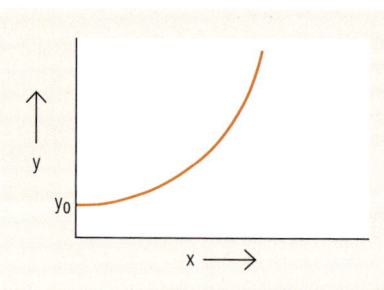

Abb. 2.1.2–4 Wachstumsfunktion (schematisch)

Beispiel 2.1.2–3

Welche Extinktion errechnet sich für eine Lösung, wenn 50 % der Energie des einfallenden Lichts absorbiert werden?

Lösung
$$E = \lg \frac{l_0}{l_D} = \lg \frac{100\%}{50\%} = \lg 2 = \underline{\underline{0{,}301}}$$

Die Extinktion beträgt $E = 0{,}301$.

In der HPTLC-Technik ist oft die Fläche registrierter Absorbtions-Ortskurven zur aufgetragen Substanzmenge nicht proportional. Kalibrierkurven zur quantitativen Auswertung zeigen häufig keine lineare Regression (→ Kap. 10).

Viele Vorgänge in der Natur können durch Exponentialfunktionen beschrieben werden, insbesondere Wachstums-, Zerfalls- oder Abkling- und Sättigungsvorgänge.

Vorgänge in der Natur werden häufig durch Exponentialfunktionen beschrieben.

Wachstumsvorgänge

Bakterien in einer Bakterienkultur (→ Kap. 4.1.5) wachsen in einer bestimmten Phase exponentiell an; auch die Zahl der gespaltenen Atomkerne bei einer Kettenreaktion in Abhängigkeit von der Zeit zeigt den folgenden Zusammenhang:

$$y(x) = y_0 \cdot e^{a \cdot x}$$

Gleichung 2.1.2–7

Zerfalls- oder Abklingvorgänge

Typische Zerfallsreaktionen finden sich beim radioaktiven Zerfall oder bei der Hydrolyse eines Stoffes in Abhängigkeit von der Zeit. Auch die Ausscheidung von Arzneistoffen aus dem Körper wird entsprechend beschrieben.

$$y(x) = y_0 \cdot e^{-a \cdot x}$$

Gleichung 2.1.2–8

○ **Abb. 2.1.2–5** Zerfalls- oder Abkling-
funktion (schematisch)

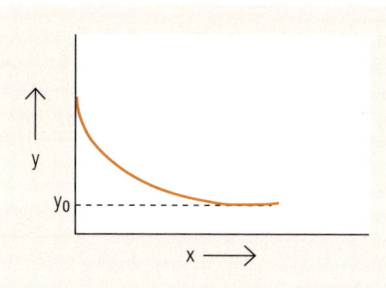

○ **Abb. 2.1.2–6** Sättigungsfunktion (schematisch)

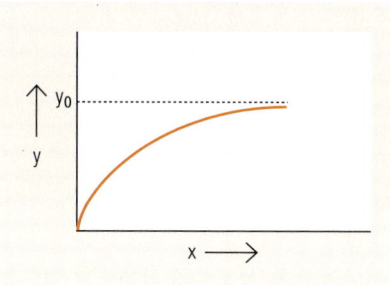

Sättigungsvorgänge

Zu solchen Vorgängen gehören z. B. enzymatische Prozesse. Ab einer gewissen
Menge Substanz kann ein Enzym einfach nicht mehr zusätzliche Substanz um-
setzen. Auch der Ladevorgang eines Kondensators bezüglich der Spannung in
Abhängigkeit von der Zeit zeigt Sättigungsverhalten. Solche Funktionen besitzen
allgemein folgenden oder ähnlichen Verlauf:

$$y(x) = y_0 \cdot (1 - e^{-a \cdot x})$$

Gleichung 2.1.2–9

Die Winkelfunktionen

Mit Winkelfunktionen (trigonometrische Funktionen) werden rechnerische Zusammenhänge zwischen einem Winkel und dessen Seitenverhältnissen bezeichnet.
Die gebräuchlichsten trigonometrischen Funktionen sind die Sinus- (sin), Kosi-
nus- (cos) und Tangensfunktion (tan). Ursprünglich in rechtwinkligen Dreiecken
nur für Seitenverhältnisse definiert, können die Winkelfunktionen auch als Sekan-
ten- und Tangentenabschnitte am Einheitskreis für größere Winkel als 90° angewendet werden. Die Winkelfunktionen werden allgemein zur Beschreibung
periodischer Vorgänge genutzt.
In einem rechtwinkligen Dreieck werden die Winkel α über das Verhältnis von
Ankathete, Gegenkathete und Hypotenuse untereinander beschrieben:

$$\sin \alpha = \frac{Gegenkathete}{Hypotenuse} = \frac{a}{c}$$

Gleichung 2.1.2–10

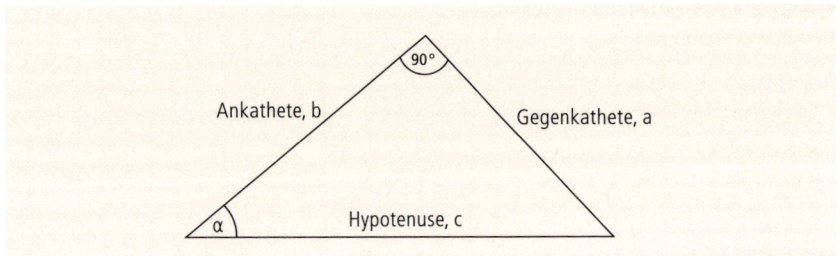

○ Abb. 2.1.2–7 Winkelfunktionen im rechtwinkligen Dreieck

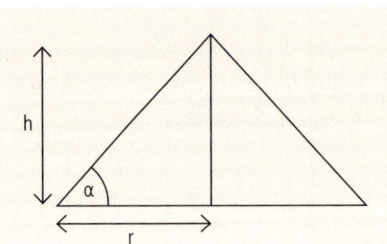

○ Abb. 2.1.2–8 Messung des Fließneigungswinkels (Haufwerk, schematisch)

$$\cos \alpha = \frac{Ankathete}{Hypotenuse} = \frac{b}{c} \qquad\qquad \text{Gleichung 2.1.2–11}$$

$$\tan \alpha = \frac{Gegenkathete}{Ankathete} = \frac{a}{b} \qquad\qquad \text{Gleichung 2.1.2–12}$$

$$\cot \alpha = \frac{Ankathete}{Gegenkathete} = \frac{b}{a} \qquad\qquad \text{Gleichung 2.1.2–13}$$

Beispiel 2.1.2–4

Ein Qualitätsmerkmal für einen Trockenextrakt ist u. a. der Fließneigungswinkel. Dazu wird der Trockenextrakt über einen Trichter gegeben und bildet auf einer Unterlage einen Kegel, dessen Neigungswinkel gemessen wird (○ Abb. 2.1.2–8). Je flacher der Kegel ist, d. h. je kleiner der Winkel ist, umso besser ist die Fließeigenschaft des Trockenextraktes.

Im Wareneingang eines pharmazeutischen Betriebes wird eine Lieferung des Trockenextraktes begutachtet. Dazu wird u. a. der Fließneigungswinkel bestimmt. Der Neigungswinkel α darf laut Spezifikation höchstens 30° betragen. Sechs Messungen ergaben jeweils als Mittelwert für die Höhe $h = 5,1$ cm und den Radius $r = 9,8$ cm. Wird die Anforderung erfüllt?

Lösung Gefragt ist nach tan α mit:

$$\tan \alpha = \frac{Gegenkathete}{Ankathete} = \frac{h}{r} = \frac{5,1}{9,8} = \underline{\underline{0,5204}} \quad \Rightarrow \quad \underline{\underline{\alpha = 27,5°}}$$

Die Qualitätsanforderung $\alpha \leq 30°$ wird erfüllt.

Die quadratische Gleichung

2.1.3

Die quadratische Gleichung ist ein Spezialfall eines Polynoms. Ein Polynom ($\rightarrow$ Kap. 2.4.5, 10.2.1) ist ein Term, der von einer oder mehreren Variablen abhängt. Hängt ein Polynom von einer Variablen ab, so wird die höchste auftretende Potenz dieser Variable als Ordnung oder Grad des Polynoms bezeichnet.

Ein Polynom erster Ordnung wird allgemein auch als linear bezeichnet. Ein Polynom zweiter Ordnung heißt quadratisch (Gleichung 2.1.3–1), ein Polynom dritter Ordnung wird als kubisch bezeichnet.

Polynom
– 1. Ordnung = linear
– 2. Ordnung = quadratisch
– 3. Ordnung = kubisch

$$ax^2 + bx + c = 0$$

Gleichung 2.1.3–1

Die Graphen quadratischer Funktionen sind Parabeln und durch drei Punkte eindeutig festgelegt. Aus den Koordinaten dreier Punkte lassen sich drei Gleichungen mit drei Unbekannten erzeugen. Ein Polynom zweiter Ordnung besitzt zwei, eine oder keine Lösung. Mittels Division durch a wird eine solche Gleichung auf die Normalform gebracht.

$$x^2 + px + q = 0$$

Gleichung 2.1.3–2

Die Auflösung der allgemeinen Gleichung nach x ergibt:

Gleichung 2.1.3–3

$$x_{1,2} = -\frac{p}{2} \pm \sqrt{\left(\frac{p}{2}\right)^2 - q}$$

Binomialkoeffizienten und Fakultäten zur Berechnung von Wahrscheinlichkeiten

2.1.4

Mithilfe eines Binomialkoeffizienten kann in der Kombinatorik die Anzahl von Möglichkeiten, bestimmte Elemente aus einer Gesamtheit auszuwählen, berechnet werden, ohne die Reihenfolge der Auswahl zu beachten. Es spielt also keine Rolle, in welcher Reihenfolge bestimmte Dinge ausgewählt werden.

Letztendlich sind damit die Grundlagen für diskrete Verteilungen (hypergeometrische, binominalverteilte und poissonverteilte Wahrscheinlichkeiten) gelegt. Anwendung finden sie bei attributiven Prüfungen, z. B. bei der Validierung von Gehaltsbestimmungen (Partikelmessung), der Anwendung von Qualitätsregelkarten (Prozessüberwachung) oder bei attributiven Qualitätskontrollen ($\rightarrow$ Kap. 5).

Binomialkoeffizienten bilden die Grundlage zu den diskreten Verteilungen.

Die Berechnung von Wahrscheinlichkeiten für diskrete Verteilungen ($\rightarrow$ Kap. 5) erfolgt über Binomialkoeffizienten. Der Binomialkoeffizient kann aus der binomischen Reihe abgeleitet werden und hat auch daher seinen Namen.

Die Schreibsymbolik $\binom{n}{k}$ wird als Binomialkoeffizient (sprich: n über k) bezeichnet.

Es gilt allgemein:

$$\binom{n}{k} = \frac{n \cdot (n-1) \cdot (n-2) \cdot (...) \cdot (n-k+1)}{1 \cdot 2 \cdot 3 \cdot (...) \cdot k} = \frac{n!}{k! \cdot (n-k)!} = \binom{n}{n-k}$$

Gleichung 2.1.4–1

wobei n und k natürliche Zahlen darstellen. Dabei ist $n!$:

$$n! = n \cdot (n-1) \cdot (n-2) \cdot (n-3) \cdot (...) \cdot 1$$

Gleichung 2.1.4–2

Beispiel 2.1.4–1

$5! = 5 \cdot 4 \cdot 3 \cdot 2 \cdot 1 = 120$

Das Produkt der ersten natürlichen Zahlen 1, 2, 3, (...), n heißt n Fakultät (auch n Faktorielle) und wird mit $n!$ angegeben. So fortfahrend erhält man die Eigenschaft, dass n verschiedene Dinge auf verschiedene Arten angeordnet werden können. Jede Anordnung von n verschiedenen Dingen heißt „Permutation". Die Anzahl der Permutationen von n Elementen ist $n!$

Die Berechnung eines Binomialkoeffizienten ist dabei recht einfach. Im Zähler werden die Faktoren jeweils um 1 kleiner (begonnen mit der höchsten Zahl), die für die im Nenner stehende Zahl an Faktoren benötigt werden. Im Nenner stehen die aufsteigenden Faktoren für k Stücke.

Wichtige Definitionen für Binomialkoeffizienten sind:

$$\binom{n}{0} = 1$$

Gleichung 2.1.4–3

$$\binom{n}{1} = n$$

Gleichung 2.1.4–4

$$\binom{n}{n} = 1$$

Gleichung 2.1.4–5

Beispiel 2.1.4–2

Wie groß ist die Wahrscheinlichkeit, dass bei einem Skatspiel (32 Karten) zwei Buben in dem Skat (die beiden Karten, welche in die Mitte gelegt werden) liegen?

Lösung

Dafür werden zunächst aus den 32 Karten 2 Karten in den Skat gelegt; dafür gibt es:

$$\binom{32}{2} = \frac{32 \cdot 31}{1 \cdot 2} = 496 \text{ verschiedene Möglichkeiten}$$

Es gibt somit 496 verschiedene Möglichkeiten 2 von 32 Karten in dem Skat anzuordnen. Da aber die Frage nach den „Buben" gestellt ist, müssen zunächst die Möglichkeiten errechnet werden, mit denen aus 4 Buben zwei ausgewählt werden können:

$$\binom{4}{2} = \frac{4 \cdot 3}{1 \cdot 2} = 6 \text{ verschiedene Möglichkeiten}$$

Für das Ereignis sind somit 6 günstige Fälle gegeben, mit denen Buben in den Skat gelangen können. Die Wahrscheinlichkeit (→ Kap. 2.6) dafür beträgt dann:

$$p = \frac{6}{496} = 0{,}01210 \approx \underline{\underline{1{,}2\%}}$$

Die Wahrscheinlichkeit beträgt etwa 1,2 %, dass sich 2 Buben im Skat befinden.

Zur Berechnung für größere Zahlen kann die Stirling-Gleichung als Näherung herangezogen werden. Im Allgemeinen rechnen handelsübliche Taschenrechner nur bis 69!

$$n! \approx n^n \cdot e^{-n} \cdot \sqrt{2\pi \cdot n} \qquad\qquad \text{Gleichung 2.1.4–6}$$

> **Merke**
> Aus n Elementen kann man $\binom{n}{k}$ mal k Elemente ohne Wiederholung auswählen, wenn ihre Reihenfolge bedeutungslos ist.

Es sei darauf hingewiesen, dass es auch noch eine weitere Kombination der Elemente ohne Wiederholung gibt, bei der die Reihenfolge der Anordnung jedoch berücksichtigt wird. Daneben gibt es noch die Kombination mit Wiederholung und ohne Berücksichtigung der Anordnung, sowie mit Berücksichtigung der Anordnung. Hier sei jedoch auf weiterführende Literatur verwiesen.

Das Runden von Dezimalzahlen   2.1.5

Angaben von Zahlen aus wissenschaftlichen Bereichen sind an einige Regeln gebunden, die in verschiedenen DIN-Normen festgelegt sind. Es gibt zwei Arten der Rundung:
- Runden auf k Stellen nach dem Komma,
- Runden auf k signifikante Ziffern.

Runden auf k Stellen nach dem Komma

So wird beim Runden die letzte Stelle, die nach dem Runden bei der Zahl verbleibt, Rundestelle genannt. Für das Runden gelten folgende Regeln:
- befindet sich rechts neben der Rundestelle eine der Ziffern „0" bis „4", so wird abgerundet,
- befindet sich rechts neben der Rundestelle eine der Ziffern „5" bis „9", so wird aufgerundet.

Dadurch werden beim Abrunden die Ziffern rechts von der Dezimale weggelassen, während beim Aufrunden die letzte verbleibende Stelle um 1 größer wird.

Beispiel 2.1.5–1

Die Zahl $\pi = 3,1415926535 \ldots$ ist auf zwei und vier Kommastellen genau anzugeben:

Rundeverfahren:	Abrunden	Aufrunden
Gerundete Zahl:	3,14	3,1416

Mathematisch lässt sich die Rundungsregel auf k Nachkommastellen auch wie folgt formulieren:

- Die Zahl wird auf mindestens $k + 1$ Nachkommastellen berechnet.
- An der k-ten Stelle wird abgeschnitten.
- Ist die erste abgeschnittene Ziffer (entspricht der $k + 1$ Ziffer) mindestens gleich 5, so ist $1 \cdot 10^{-k}$ hinzu zu addieren.

Das führt dazu, dass höchstens eine Differenz von $\pm 0,5 \cdot 10^{-k}$ zwischen dem auf k Nachkommastellen gerundeten Wert der Zahl z und den exakten Wert der Zahl z besteht.

Der absolute maximale Rundungsfehler beträgt somit

$$|\Delta z| = 0,5 \cdot 10^{-k}$$

Gleichung 2.1.5–1

Merke

Wird eine Zahl mit k Nachkommastellen angegeben, so wird stillschweigend vorausgesetzt, dass zwischen dem angegebenen Wert und dem exakten Wert eine Differenz von maximal $\pm 0,5 \cdot 10^{-k}$ besteht.

Beispiel 2.1.5–2

Die beiden Mengenangaben „50 mg" und „0,05 g" hätten z. B. in einer Spezifikation nicht die gleiche Bedeutung, obwohl sie von der absoluten Masse aus betrachtet gleich sind (0,05 g = 50 mg).

50 mg besitzt keine Kommastelle,

also $k = 0 \implies 0,5 \cdot 10^{-k} = 0,5 \cdot 10^{-0} = 0,5 \cdot 1 = 0,5$

Damit ergibt sich für die Differenz: $50 \pm 0,5$ mg $= 49,5 - 50,5$ mg

0,05 g besitzt zwei Kommastellen, also $k = 2 \implies 0,5 \cdot 10^{-k} = 0,5 \cdot 10^{-2} = 0,005$

Damit ergibt sich für die Differenz: $0,05 \pm 0,005$ g $= 0,045 - 0,055$ g

Beispiel 2.1.5–3

Wie müsste dann die 0,05 g Angabe lauten, damit sie in ihrer Genauigkeit gleich der Angabe in Milligramm ist?

0,050 g besitzt drei Kommastellen, also $k = 3$ $\Rightarrow$ $0,5 \cdot 10^{-k} = 0,5 \cdot 10^{-3} = 0,0005$

Damit ergibt sich für die Differenz: $0,050 \pm 0,0005$ g = 0,0495 – 0,0505 g

Das würde dann in der Genauigkeit der Angabe zu „50 mg" äquivalent sein.

Der relative Rundungsfehler ist dann das Verhältnis aus absolutem Rundungsfehler Δz und dem Zahlenwert z. Das Verhältnis des größtmöglichen Fehlers der zu berechnenden Größe gibt einen guten Einblick in die Tragweite eines Fehlers. Im Gegensatz zum absoluten Fehler stellt der relative Fehler eine dimensionslose Größe dar und wird im Allgemeinen in Prozent ausgedrückt.

$$\% = \left| \frac{\Delta z}{z} \right| \cdot 100\%$$

Gleichung 2.1.5–2

Beispiel 2.1.5–4

Die Nachkommastellen haben auch Relevanz in der Analytik. So formuliert das europäische Arzneibuch (Ph. Eur.) folgende Präzision für das Wägen:

Bei Einwaage:

± 5 Einheiten der letzten angegebenen Ziffer; z. B. ist dann für „0,25" eine Angabe der Zahl wie folgt erforderlich: 0,245 – 0,255.

Beispiel 2.1.5–5

Runden Sie $\sqrt{2}$ auf 2 Stellen nach dem Komma (k Stellen) und geben Sie den absoluten und maximalen relativen Rundungsfehler an.

Lösung $\sqrt{2} = 1,4142135 \ldots$ $\Rightarrow$ $1,41$

max. absoluter Fehler $\Rightarrow$ $|\Delta z| = 0,5 \cdot 10^{-k} = 0,5 \cdot 10^{-2} = \underline{\underline{0,005}}$

max. relativer Fehler $\Rightarrow$ $\% = \left| \frac{\Delta z}{z} \right| \cdot 100\%$

$$= \left(\frac{0,005}{1,41} \right) \cdot 100 = 0,3456 = \underline{\underline{0,35\%}}$$

Beispiel 2.1.5–6

Bestimmen Sie den relativen Fehler und den absoluten Fehler für y der Funktion

$$y = \frac{a^2}{b + \sqrt{c}} \quad \text{mit den gerundeten Werten } a = 3,0 \text{ und } b = 3,8,$$

sowie dem exakten Wert $c = 14$.

Lösung In die Funktion eingesetzt ergibt sich zunächst:

$$y = \frac{a^2}{b + \sqrt{c}} = \frac{3^2}{3,8 + \sqrt{14}} = \underline{\underline{1,1934}}$$

Die k Nachkommastellen für a und b sind jeweils mit $k = 1$ gegeben. Mit Gleichung 2.1.5–1 ergeben sich der maximale (also nach oben $+ \Delta$ und nach unten $- \Delta$) Fehler für a und b:

$$|\Delta z| = 0,5 \cdot 10^{-k} = 0,5 \cdot 10^{-1} = \underline{\underline{0,05}}$$
$$\Rightarrow a_{min} = 3,0 - 0,05 = 2,95 \quad b_{min} = 3,8 - 0,05 = 3,75$$
$$\Rightarrow a_{max} = 3,0 + 0,05 = 3,05 \quad b_{max} = 3,8 + 0,05 = 3,85$$

Anschließend ist für die Fehlerberechnung das jeweilige y_{min} und y_{max} zu bestimmen:

$$y_{min} = \frac{a_{min}^2}{b_{max} + \sqrt{c}} = \frac{2,95^2}{3,85 + \sqrt{14}} = \underline{\underline{1,1463}}$$

$$y_{max} = \frac{a_{max}^2}{b_{min} + \sqrt{c}} = \frac{3,05^2}{3,75 + \sqrt{14}} = \underline{\underline{1,2417}}$$

$\Rightarrow$ Für Δy ist der obere max-Wert ($+ \Delta$) und der untere min-Wert ($- \Delta$) zu addieren durch 2 zu dividieren.

$$|\Delta y| = 0,5 \cdot (y_{max} - y_{min}) = 0,5 \cdot (1,2417 - 1,1463) = \underline{\underline{0,0477}}$$

Der absolute Fehler beträgt 0,0477.

Mit Gleichung 2.1.5–2 wird der relative Fehler bestimmt:

$$\% = \left| \frac{\Delta z}{z} \right| \cdot 100\% = \left| \frac{0,0477}{1,1934} \right| \cdot 100 = \underline{\underline{4,0\%}}$$

Runden auf *k* signifikante Ziffern

Entsprechend einem zugrundeliegenden Kontext sind Messergebnisse nur mit einer bestimmten Anzahl signifikanter Stellen (oder Ziffern) anzugeben. Dabei sind „signifikante Stellen" nicht mit Nachkommastellen (Anzahl der Ziffern nach dem Komma) zu verwechseln. Was ist nun konkret darunter zu verstehen?

Die Anzahl signifikanter Ziffern ist die Mindestzahl von Stellen, die gebraucht wird, um bei wissenschaftlichen Aussagen einen Zahlenwert ohne wesentlichen Informationsverlust anzugeben. Unter den signifikanten Stellen einer Zahl versteht man somit die Ziffernfolge ohne Berücksichtigung eines eventuell vorhandenen Kommas. Sind Zahlen kleiner als „1", so erfolgt die Angabe ohne die Null vor dem Komma und dann ohne die noch ggf. folgenden Nullen.

Beispiel 2.1.5–7

Zahl	Signifikante Ziffern
123,4	4
$1,234 \cdot 10^{-3}$	4
1,2300	5
0,13052	5
0,0305	3

Beispiel 2.1.5–8

Ist eine Zahlenangabe auf drei signifikante Stellen genau angegeben, dann wird z. B. aus: $m = 0{,}0042851\,\text{mg}$ es wird dazu nach der „8" abgetrennt mit

$\Rightarrow$ $m = 0{,}00428\updownarrow51\,\text{mg}$ $\Rightarrow$ $m = 0{,}00429\,\text{mg} = 4{,}29 \cdot 10^{-3}\,\text{mg}$

Beim Umgang mit Messwerten nach arithmetischen Operationen ist die Anzahl der beizubehaltenden signifikanten Stellen zu ermitteln. Wichtig ist dabei, dass Rundungen nicht jeweils bei den Zwischenergebnissen vorgenommen werden, sondern erst am Endergebnis.

Addition und Subtraktion

Sind Anzahl der signifikanten Ziffern bei den Zahlen gleich, so besitzt das Ergebnis die gleiche Anzahl signifikanter Ziffern.

Beispiel 2.1.5–9

$1{,}234 \cdot 10^{-3} + 4{,}321 \cdot 10^{-3} = 5{,}555 \cdot 10^{-3}$

Vier signifikante Ziffern   Vier signifikante Ziffern

Jedoch ist es auch möglich, dass die Anzahl signifikanter Ziffern im Endergebnis von den einzelnen Zahlen abweichen.

Beispiel 2.1.5–10

$7{,}28 \cdot 10^{-9} - 6{,}33 \cdot 10^{-9} = 0{,}95 \cdot 10^{-9}$ $\Rightarrow$ 3 zu 2 signifikanten Ziffern

Prinzipiell sollten alle Zahlen zuvor so umgewandelt werden, dass die Größenordnungen gleich sind.

Multiplikation und Division

Bei der Multiplikation zweier Zahlen mit k signifikanten Ziffern sind maximal $k-1$ Ziffern des Produktes als verlässlich zu betrachten. Das Gleiche gilt für die Division.

Somit kann folgendes festgestellt werden:

Werden zwei Zahlen mit unterschiedlichen k signifikanten Stellen (k_1 und k_2) miteinander multipliziert oder dividiert, so ist das Ergebnis mit der geringeren k signifikanten Stelle als zuverlässig anzusehen.

Beispiel 2.1.5–11

$3{,}257833 \cdot 10^{-9} \cdot 3{,}21 \cdot 10^{12} = 10{,}5 \cdot 10^{3}$

$\Rightarrow$ die 3 signifikanten Ziffern der „3,21" haben Priorität

$28{,}25 : 2{,}46335 = 11{,}47$

$\Rightarrow$ die 4 signifikanten Ziffern der „28,25" haben Priorität

2.2 Vektoren

2.2.1 Was sind Vektoren?

Im vorangegangenen Kapitel haben wir Zahlen und die Darstellung von funktionalen Zusammenhängen mit Zahlen besprochen. Vektoren sind eine leistungsfähige Erweiterung dieser Darstellung von Zusammenhängen. Mit Zahlen können Zustände bereits quantitativ beschrieben werden. Mithilfe von Vektoren kann ein Satz von zusammengehörenden Zahlen gemeinsam betrachtet und ausgewertet werden.

Fast alle von Ihnen sind während ihrer Schulzeit bereits mit Vektoren in Berührung gekommen, traditionell werden sie dort im Physikunterricht im Zusammenhang mit Kräften vorgestellt. Da nicht alle Leser positive Assoziationen zu diesem Stoff haben, haben wir bewusst einen anderen Einstieg gewählt. Leser/innen, die gern an ihr Schulwissen anknüpfen wollen, finden diese Bezüge aber später bei den Beispielen 2.2.2–3 und 2.2.2–4.

Vektoren sind Listen von zusammenhängenden Zahlen.

Vektoren sind allgegenwärtig, obwohl wir uns dies nicht immer bewusst machen. Listen von zusammengehörigen Zahlen sind Vektoren.

Beispiel 2.2.1–1

Die Blutdruckwerte von neun Probanden in einer Liste zusammengestellt:

Nr. Proband	1	2	3	4	5	6	7	8	9
Δp (diastolisch, in mm Hg[1])	82	79	92	78	85	65	95	84	73

[1] Der Blutdruck wird aus historischen Gründen nach wie vor in mm Quecksilbersäule angegeben; 760 mm Hg = 1013 mbar.

Beispiele zur Vektordarstellung

Als Vektor geschrieben vereinfacht sich diese Tabelle zu (82, 79, 92, 78, 85, 65, 95, 84, 73); zum Teil werden Vektoren auch spaltenweise geschrieben, dann erhält man:

$$\begin{pmatrix} 82 \\ 79 \\ 92 \\ 78 \\ 85 \\ 65 \\ 95 \\ 84 \\ 73 \end{pmatrix}$$

Diese Kurzschreibweise erleichtert den Vergleich von Werten:
Ursprünglicher Vektor: (82, 79, 92, 78, 85, 65, 95, 84, 73)
Vektor nach Messung 6 h später: (80, 72, 93, 76, 84, 68, 102, 80, 74)
Vektor nach Messung einen Monat später: (80, 75, 84, 76, 82, 60, 88, 80, 71)
(nachdem ein blutdrucksenkendes Mittel verabreicht wurde)

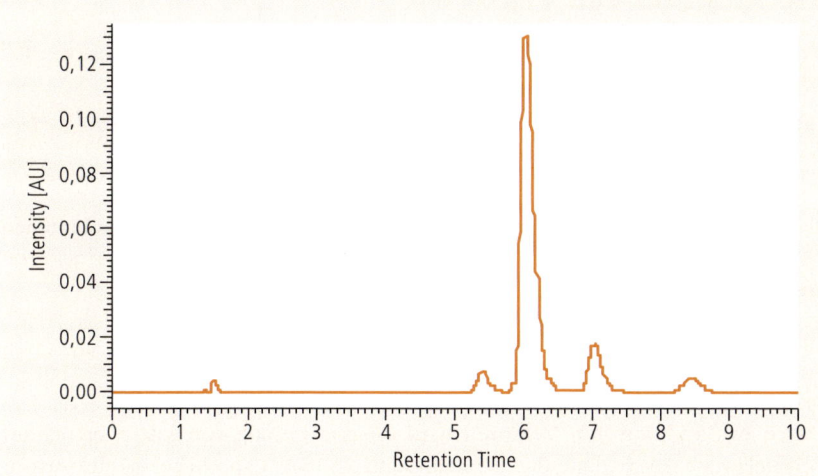

○ **Abb. 2.2.1–1** Chromatographische Auftrennung des Arzneistoffs Pilocarpin von während der Lagerung entstandenen Nebenkomponenten

Auch ein rechnerischer Vergleich wird durch diese Darstellung möglich (→ Kap. 2.2.2, 2.2.3 und 2.2.6). Beispiele für Listen mit Zahlen, die sinnvoll als Vektoren dargestellt werden können, gibt es sehr viele. Hier eine kleine Auswahl:
- Blutzuckerspiegel von verschiedenen Patienten,
- Wirkstoffgehalt in verschiedenen Tabletten aus der gleichen Packung,
- Preisliste aller Antibiotika.

Auch zeitliche Verläufe können vektoriell dargestellt werden, zum Beispiel Veränderungen des Blutdrucks oder des Blutzuckers beim selben Patienten, aber jeweils mit einer Stunde Abstand gemessen.

Im Praktikum Instrumentelle Analytik werden Sie sich mit Chromatographie und Elektrophorese beschäftigen. Auch hier können die Werte auf der y-Achse, die Signalwerte, zeitlich geordnet als Vektor dargestellt werden. Ebenso können Spektren vektoriell dargestellt werden.

Schließlich dienen Vektoren auch als Kurzschreibweise für Gleichungen oder Teile von Gleichungen: statt $6x + 7y$ kann man einfacher $(6, 7)$ schreiben.

Verkürzte Schreibweise

Es gibt eine allgemeine Symbolik für Vektoren. Während Zahlen durch Buchstaben $a, b, c, \ldots, x, y, z$ dargestellt werden, werden Vektoren als Frakturbuchstaben, als fettgedruckte Buchstaben oder als Buchstaben mit Pfeil dargestellt. Wir verwenden fettgedruckte Buchstaben und schreiben z. B.

Vektordarstellung als Frakturbuchstabe, fettgedrucktem Buchstaben oder mit Pfeil

$\mathbf{a} \in \mathbb{R}^2$

So drücken wir aus, dass $\mathbf{a}$ ein Vektor ist, der aus zwei reellen Zahlen besteht; wollen wir offenlassen, aus wie vielen Zahlen der Vektor besteht, schreiben wir

$\mathbf{a} \in \mathbb{R}^n$

2.2.2 Die Addition von Vektoren

Vektoren werden addiert, indem ihre zugehörigen Komponenten addiert werden:

$$a + b = (a_1 + b_1, a_2 + b_2, \ldots, a_n + b_n)$$
$$a = (a_1, a_2, \ldots, an), b = (b_1, b_2, \ldots, b_n)$$

Gleichung 2.2.2–1

Dazu müssen beide Vektoren selbstverständlich aus gleich vielen Zahlen bestehen.

Beispiel 2.2.2–1
$a = (2, 3)$, $b = (2{,}5; 2)$; $a + b = (4{,}5; 5)$

Beispiel 2.2.2–2
Durch die Addition von Vektoren wird die Verwaltung von Listen erleichtert. Beispielsweise kann man die Verkaufsstatistik einer Apotheke in Vektorform darstellen:

☐ **Tab. 2.2.2–1** Anzahl verkaufter Packungen in einer Apotheke

Bezeichnung	Anzahl verkaufter Packungen
Aarane N, 10 ml	0
aar gamma N 300 mg, 80 Dragees	1
aar gamma N 300 mg, 160 Dragees	0
aar gamma N 300 mg, 240 Dragees	0
ABC-Salbe	2
ACC 100 Brausetabletten, 20 St.	2
ACC 100 Brausetabletten, 50 St.	1
ACC 100 Brausetabletten, 100 St.	0
ACC 200 Brausetabletten, 20 St.	3
ACC 200 Brausetabletten, 50 St.	0
...	...

Der Anfang des entsprechenden Vektors sieht so aus: $(0,1,0,0,2,2,1,0,3,0,\ldots)$
Die Liste, die sämtliche in der Apotheke erhältlichen Arzneimittel enthält, ist recht lang. Daher ist auch der entsprechende Vektor groß. Der Vorteil der Vektoraddition zeigt sich nun, wenn aus den einzelnen Verkaufsstatistiken, die zum Beispiel täglich ermittelt worden sind, Statistiken für eine bestimmte Woche, einen Monat oder einen anderen Zeitraum, z. B. vom 12. bis zum Monatsende erstellt werden sollen. Dann lässt sich mithilfe der Vektoraddition sehr schnell beschreiben, was zur Erstellung dieser Statistik passieren muss:

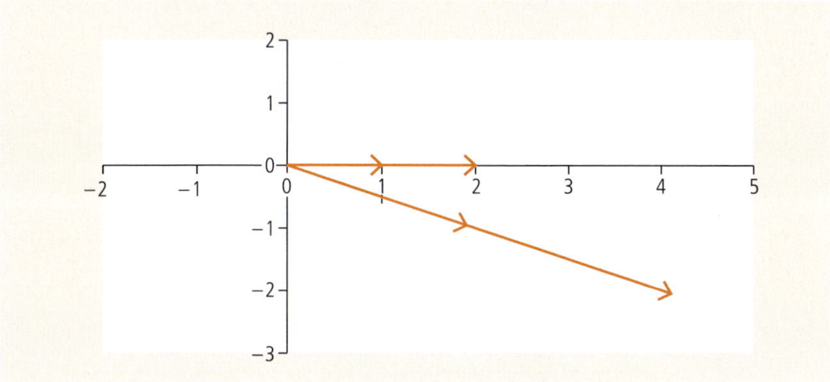

○ **Abb. 2.2.2–1** Vektorielle Darstellung zweier Kräfte in gleicher Richtung

$a_w = a_1 + a_2 + a_3 + a_4 + a_5 + a_6 + a_7$
$a_m = a_1 + a_2 + a_3 + a_4 + \ldots + a_{30} + a_{31}$ bzw.
$a_{12-31} = a_{12} + a_{13} + a_{14} + \ldots + a_{30} + a_{31}$

Selbstverständlich kann man die Vektoraddition auch mit dem Summenzeichen schreiben, also etwa für die Monatsstatistik:

$$a = \sum_{i=1}^{31} a_i$$

Gleichung 2.2.2–2

Im Prinzip braucht man natürlich keine Vektoren, um Monatsstatistiken aus Tagesstatistiken zu erstellen. Die Positionen der Liste können ebenso einzeln addiert werden, im Anschluss kann dann eine Gesamtliste erstellt werden.
Die Darstellung mit Vektoren hat aber zwei große Vorteile: man kann sehr schnell beschreiben, wie vorgegangen werden soll; bei einer Liste mit mehreren tausend Einträgen ist die Beschreibung der Einzeladditionen mühsam. Zusätzlich erleichtert die Darstellung mit Vektoren die Programmierung solcher Rechnungen.

Vorteile der Vektoraddition sind schnelle Beschreibung der Vorgehensweise und erleichterte Programmierung.

Beispiel 2.2.2–3
Selbstverständlich wird die Addition von Vektoren auch für gerichtete Größen eingesetzt. Übrigens können neben Kräften auch andere gerichtete Größen als Vektoren addiert werden, z. B. magnetische und elektrische Felder.
Bei der Addition von Kräften spielt die Richtung eine große Rolle. Zwei Vektoren in der gleichen Richtung addieren sich sehr einfach, letztlich genauso wie Zahlen. Wenn zwei Leute mit gleicher Kraft in die gleiche Richtung ziehen, dann ist die resultierende Kraft einfach doppelt so groß (○ Abb. 2.2.2–1):

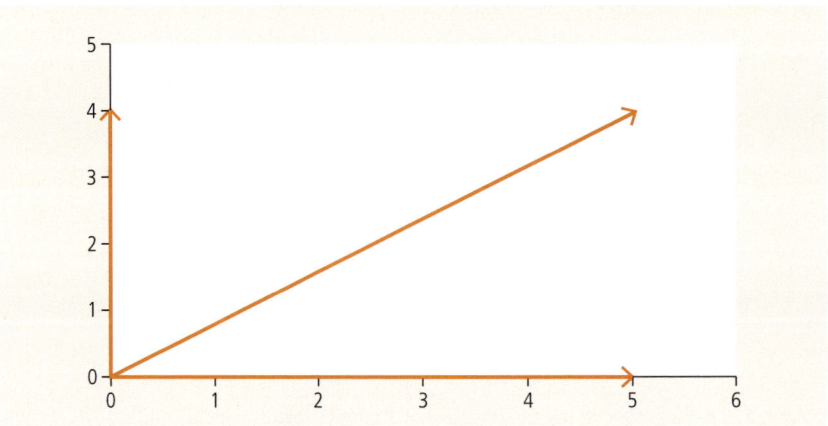

○ **Abb. 2.2.2–2** Vektorielle Darstellung zweier Kräfte im rechten Winkel

$$\begin{pmatrix}1\\0\end{pmatrix}+\begin{pmatrix}1\\0\end{pmatrix}=\begin{pmatrix}2\\0\end{pmatrix} \text{ und } \begin{pmatrix}2\\-1\end{pmatrix}+\begin{pmatrix}2\\-1\end{pmatrix}=\begin{pmatrix}4\\-2\end{pmatrix}$$

Ziehen zwei Leute gleich stark in entgegengesetzte Richtung, dann heben sich die Kräfte gegenseitig auf:

$$\begin{pmatrix}1\\0\end{pmatrix}+\begin{pmatrix}-1\\0\end{pmatrix}=\begin{pmatrix}0\\0\end{pmatrix} \text{ und } \begin{pmatrix}2\\-1\end{pmatrix}+\begin{pmatrix}-2\\1\end{pmatrix}=\begin{pmatrix}0\\0\end{pmatrix}$$

Wenn die Vektoren anders angeordnet sind, dann liegt das Ergebnis der Vektoraddition zwischen den beiden oben dargestellten Extremfällen. Je kleiner der Winkel zwischen den Vektoren ist, desto näher liegt das Ergebnis beim Fall gemeinsame Richtung, liegt der Winkel nahe bei 180°, heben sich die Vektoren beinahe auf. Diesen Zusammenhang kann man zwar auch ohne Vektoren mit Winkelfunktionen ausdrücken (→ Kap. 2.1.3), aber die komponentenweise Addition ist einfacher durchführbar.

Die hier verwendete Schreibweise ähnelt sehr stark der Darstellung von Binomialkoeffizienten (→ Kap. 2.1.4). Da Vektoren und Binomialkoeffizienten aber nahezu nie gemeinsam zur Bearbeitung mathematischer Fragestellungen verwendet werden, sind Verwechslungen kaum zu befürchten.

Beispiel 2.2.2–4

Zwei Kräfte greifen im rechten Winkel an einem Objekt an (○ Abb. 2.2.2–2).

Nun kann man die Vektoren sehr einfach komponentenweise addieren:
(5,0) + (0,4) = (5,4)
Zur Ermittlung der Länge dieses Vektors, also des Betrages dieser Kraft (→ Kap. 2.2.6).

Die Multiplikation von Vektoren mit Zahlen

2.2.3

Die mehrfache Addition von gleichen Vektoren führt zur Multiplikation von Vektoren mit Zahlen, diese ergibt sich also ebenso wie die Multiplikation von Zahlen (vgl. Kap. 2.1.1).

Beispiel 2.2.3–1

$$\binom{1}{0} + \binom{1}{0} + \binom{1}{0} + \binom{1}{0} + \binom{1}{0} = 5 \cdot \binom{1}{0} = \binom{5}{0}$$

Allgemein schreiben wir:

$$\lambda \cdot a = (\lambda \cdot a_1, \lambda \cdot a_2, \ldots, \lambda \cdot a_n)$$

Gleichung 2.2.3–1

Beispiel 2.2.3–2

Die Multiplikation von Vektoren mit Zahlen kann ebenso wie die Addition sehr vorteilhaft zur Bearbeitung und Verwaltung von Listen eingesetzt werden. Wenn wir eine Liste der Nettopreise aller in einer Apotheke gelagerten Arzneimittel erstellt haben (vgl. Beispiel 2.2.2–2), können wir durch Multiplikation der Liste mit einem Faktor, der die Mehrwertsteuer enthält, sofort die Liste aller Bruttopreise erhalten:

☐ **Tab. 2.2.3–1** Arzneistoffe und ihre Nettopreise (Stand: April 2005)

Bezeichnung	Nettopreis
Aarane N, 10 ml	34,98
aar gamma N 300 mg, 80 Dragees	16,00
aar gamma N 300 mg, 160 Dragees	27,88
aar gamma N 300 mg, 240 Dragees	40,02
ABC-Salbe	6,38
ACC 100 Brausetabletten, 20 St.	2,54
ACC 100 Brausetabletten, 50 St.	5,69
ACC 100 Brausetabletten, 100 St.	10,27
ACC 200 Brausetabletten, 20 St.	10,42
ACC 200 Brausetabletten, 50 St.	12,83
…	…

Diese Liste entspricht dem Vektor
n = (34,98; 16,00; 27,88; 40,02; 6,38; 2,54; 5,69; 10,27; 10,42; 12,83; …)

Die Liste der Bruttopreise b erhält man so:

$b = n + 16\% \cdot n = n + \frac{16}{100} \cdot n = 1 \cdot n + 0{,}16 \cdot n = 1{,}16\, n$

Also:

$b = (40{,}58;\ 18{,}56;\ 32{,}34;\ 46{,}42;\ 7{,}40;\ 2{,}95;\ 6{,}60;\ 11{,}91;\ 12{,}09;\ 14{,}88;\ \ldots)$

Wenn sich der Mehrwertsteuersatz ändert, kann durch eine erneute, sehr einfache Operation sofort eine neue Liste berechnet werden.

2.2.4   Das Skalarprodukt

Wenn eine Liste mit einer Verkaufsstatistik und eine Preisliste verfügbar sind, kann daraus berechnet werden, wie viel Geld in einem Zeitraum eingenommen worden ist. Dazu werden die einzelnen, zugehörigen Komponenten der Vektoren miteinander multipliziert und die erhaltenen Produkte addiert. Diese Operation heißt Skalarprodukt, denn das Ergebnis dieser Multiplikation von zwei Vektoren ist ein Skalar, also eine Zahl. Das Skalarprodukt hat eine Reihe von wichtigen Anwendungen.

Beispiel 2.2.4–1

Die Vektoren zur Verkaufsstatistik a ($\to$ Bsp. 2.2.2–2) und die Preisliste b ($\to$ Bsp. 2.2.3–2) werden verknüpft:

$a = (0,1,0,0,2,2,1,0,3,0,\ldots)$

$b = (40{,}58;\ 18{,}56;\ 32{,}34;\ 46{,}42;\ 7{,}40;\ 2{,}95;\ 6{,}60;\ 11{,}91;\ 12{,}09;\ 14{,}88;\ \ldots)$

$a \cdot b = 0 \cdot 40{,}58 + 1 \cdot 18{,}56 + 0 \cdot 32{,}34 + 0 \cdot 46{,}42 + 2 \cdot 7{,}40 + 2 \cdot 2{,}95 + 1 \cdot 6{,}60 +$
$0 \cdot 11{,}91 + 3 \cdot 12{,}09 + 0 \cdot 14{,}88 + \ldots$
$= 0 + 18{,}56 + 0 + 0 + 14{,}80 + 5{,}90 + 6{,}60 + 0 + 36{,}27 + 0 + \ldots$

Analog Beispiel 2.2.4–1 definiert man allgemein:

$$a \cdot b = a_1 \cdot b_1 + a_2 \cdot b_2 + a_3 \cdot b_3 + \ldots a_n \cdot b_n = \sum_{i=1}^{n} a_i b_i$$

Beispiel 2.2.4–2

Schon früh haben Sie gelernt: „Arbeit ist Kraft mal Weg". Ein typisches Beispiel für eine Aufgabe aus dem Mittelstufen-Physikunterricht könnte lauten: Ein Wagen wird gegen eine Reibungskraft von 5 N eine Strecke von 100 m gezogen.

$W = F \cdot s$. Also hier 500 Nm = 500 J

Diese Darstellung setzt jedoch voraus, dass die Kraft exakt in der Richtung des Weges wirkt. Das ist zwar ungefähr der Fall, wenn ein Anhänger von einem Lastwagen oder einer Lokomotive gezogen wird. In vielen Fällen ist dies aber nicht so. Wenn ein Handkarren oder ein Schlitten gezogen wird, stimmen die Richtungen nicht überein. Je größer der Mensch ist, der zieht, desto ungünstiger ist der Angriffswinkel und desto anstrengender ist auch das Ziehen (**o** Abb. 2.2.4–1). Das Skalarprodukt spielt außer bei Kräften auch bei anderen gerichteten Größen eine Rolle, etwa bei Kraftfeldern.

Das Skalarprodukt berücksichtigt Komponenten in der „richtigen" parallelen Ausrichtung. Liegen zwei Vektoren genau in der gleichen Richtung (Kollinearität),

○ **Abb. 2.2.4–1** Vektorielle Kraftausrichtungen an einem Handkarren

dann wird das Skalarprodukt maximal. Bei einem 90°-Winkel wird das Skalarprodukt null.

Beispiel 2.2.4–3

$$\begin{pmatrix} 1 \\ 0 \end{pmatrix} \cdot \begin{pmatrix} 1 \\ 0 \end{pmatrix} = 1 \ , \qquad \begin{pmatrix} 1 \\ 0 \end{pmatrix} \cdot \begin{pmatrix} 0 \\ 1 \end{pmatrix} = 0$$

Die lineare Abhängigkeit   2.2.5

Wenn zwei Personen gemeinsam einen Wagen ziehen, dann ist es sinnvoll, dass ihre Kräfte in die gleiche Richtung wirken, wenn sie also „an einem Strang ziehen". In diesem Fall ist die Gesamtkraft (und das Skalarprodukt) maximal.
Wie kann man überprüfen, ob zwei Vektoren die gleiche Richtung haben? Solche Vektoren lassen sich durch Multiplikation mit einer Zahl (→ Kap. 2.2.3) ineinander überführen.
Wenn diese Überführung möglich ist, sagt man, dass die Vektoren linear abhängig sind. Je nach Gesamtzusammenhang ist lineare Abhängigkeit eine wünschenswerte oder ungünstige Eigenschaft. Beim gemeinsamen Ziehen ist lineare Abhängigkeit wünschenswert; diese Eigenschaft kann aber auch nachteilig sein. Linear abhängige Datensätze enthalten nämlich weniger Information. Betrachten wir noch einmal Beispiel 2.2.3–2. Hier enthält der Vektor b fast die gleiche Information wie der Vektor n.

Beispiel 2.2.5–1

Um neue Farben durch Mischen zu erzeugen, müssen unterschiedliche Farben gemischt werden: mit einem blauen Farbstoff allein kann man ein Hellblau und ein Dunkelblau erhalten, nie aber einen Grün- oder Braunton. Mit einer weiteren Farbe, z. B. gelb, können schon viele verschiedene Farbtöne gemischt werden, kommt rot dazu, alle weiteren. Die Beziehung zwischen Hell- und Dunkelblau ist sehr ähnlich einer linearen Abhängigkeit, durch Farben, die sich grundsätzlich von Blau unterscheiden, gewinnt man Flexibilität bei der Mischung.

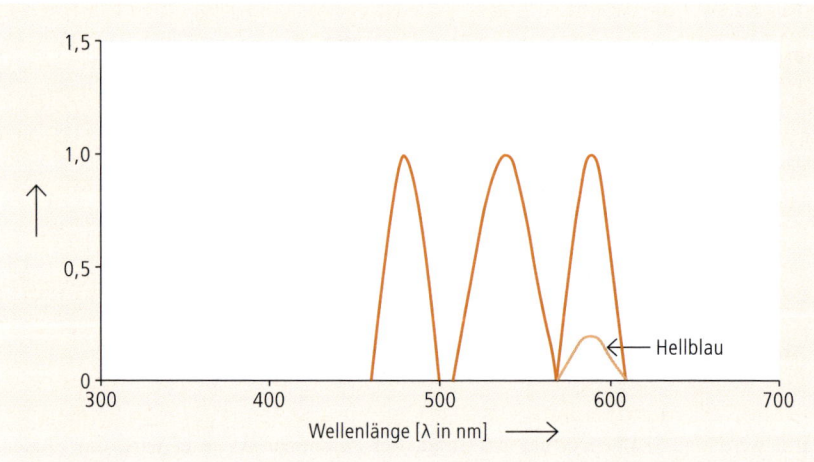

Abb. 2.2.5–1 Absorptionsspektren von Farben (schematisch). Die y-Achse ist dimensionslos.

In Abb. 2.2.5–1 sind schematisch vier Spektren dargestellt. Die Farbe einer Substanz ergibt sich aus der Komplementärfarbe, blaue Substanzen absorbieren also gelbes Licht (Absorption bei etwa 590 nm). Je nachdem, wie viel Licht absorbiert wird, erscheint ein heller oder ein tiefer Blauton.

Gelbe Substanzen absorbieren blaues Licht (Absorption bei etwa 480 nm), rote absorbieren grünes Licht (Absorption bei etwa 540 nm). Man kann nun Farbvektoren ermitteln:

- Gelb = (1,0,0), beschreibt die Absorption bei 480 nm,
- Rot = (0,1,0), beschreibt die Absorption bei 540 nm,
- Blau = (0,0,1), beschreibt die Absorption bei 580 nm.

Linearkombination

Nun lässt sich jede Farbe als Linearkombination beschreiben. Eine Linearkombination ist die Darstellung eines Vektors durch andere Vektoren und Skalare:

$$\begin{pmatrix} a \\ b \\ c \end{pmatrix} = \begin{pmatrix} a \\ 0 \\ 0 \end{pmatrix} + \begin{pmatrix} 0 \\ b \\ 0 \end{pmatrix} + \begin{pmatrix} 0 \\ 0 \\ c \end{pmatrix} = a \cdot \begin{pmatrix} 1 \\ 0 \\ 0 \end{pmatrix} + b \cdot \begin{pmatrix} 0 \\ 1 \\ 0 \end{pmatrix} + c \cdot \begin{pmatrix} 0 \\ 0 \\ 1 \end{pmatrix}$$

Bei dieser Darstellung entspricht ein helles Blau nun (0,0,0.2), alle reinen Blautöne lassen sich durch Linearkombinationen von (0,0,1) darstellen und sind untereinander linear abhängig.

In der Praxis wird man nicht nur eine Wellenlänge nutzen, um eine Farbe vektoriell zu beschreiben, sondern man wird die Absorption bei verschiedenen Wellenlängen angeben, z. B. in 10-nm-Schritten. Dann würde das Spektrum der blauen Substanz, beginnend bei 400 nm, vektoriell so dargestellt:

(0,0,0,0,0,0,0,0,0,0,0,0,0,0,0,0,0,0,0.5,1,0.5,0)

Dadurch ändert sich an den Überlegungen zur linearen Abhängigkeit aber nichts Grundsätzliches.

◻ **Tab. 2.2.5–1** Unterschiedliche Wirkung von Substanzen auf kultivierte Krebszellen (schematisch)

Test-systeme	Wirkstoffe							
	A	B	C	D	E	F	G	H
1	3,1	3,72	2	2,88	2,04	1,91	4,63	2,04
2	4	4,8	3	3,8	2,8	2,8	6,1	3,05
3	2,8	3,36	5,8	3,4	3,44	4,92	5,38	3,98
4	2,2	2,64	2,3	2,22	1,8	2,06	3,55	5,21
5	3,5	4,2	3	3,4	2,6	2,75	5,45	2,91
6	5,1	6,12	2,5	4,58	3,04	2,51	7,38	2,9
7	4,8	5,76	3,6	4,56	3,36	3,36	7,32	3,09
8	3,1	3,72	2,8	3,04	2,36	2,55	4,87	1,91
9	2	2,4	2	2	1,6	1,8	3,2	1,73
10	4,2	5,04	2,4	3,84	2,64	2,34	6,18	3,19
11	3,5	4,2	1,7	3,14	2,08	1,71	5,06	6,25
12	2,9	3,48	3	2,92	2,36	2,69	4,67	5,98
13	3,8	4,56	2,6	3,56	2,56	2,46	5,72	1,99
14	2,7	3,24	2	2,56	1,88	1,87	4,11	2,07
15	3,6	4,32	3,2	3,52	2,72	2,92	5,64	2,87

Beispiel 2.2.5–2
Siehe ◻ Tab. 2.2.5–1 Unterschiedliche Wirkung von Substanzen auf kultivierte Krebszellen

Tabelle 2.2.5–1 zeigt acht Wirkstoffe. Diese Substanzen wurden in Hinblick auf eine mögliche Wirkung gegen Krebszellen untersucht. Es gibt sehr unterschiedliche Formen von Krebs, daher reagieren manche Krebszellen sehr stark auf einen bestimmten Wirkstoff, während andere nahezu unempfindlich sind. Um zu erforschen, welche Wirkstoffe gegen welche Formen von Krebs wirken, hat man daher Testsysteme mit in Kultur gehaltenen Krebszellen entwickelt.
Die Tabelle zeigt nun schematisch den Zusammenhang zwischen den Wirkstoffen und ihrer Wirkung auf die einzelnen Testsysteme; je größer die tabellierte Zahl, desto stärker die Wirkung. Übrigens wählt man für die Beschreibung solcher Zusammenhänge oft eine logarithmische Skalierung (→ Kap. 2.1.3), um sehr unterschiedliche Wirkstärken in einer Tabelle darstellen zu können. Der Wert 3 steht dann für z. B. 10^3, 6 für 10^6, d. h. die Substanz mit der Maßzahl 6 wirkt 1000 x stärker als die Substanz mit der Maßzahl 3.
Betrachten wir die Tabelle genauer, dann fällt auf, dass die Spaltenvektoren zu den Wirkstoffen A und B linear abhängig sind: $B = 1{,}2\ A$. Die Wirkung dieser Substanz

ist zwar etwas stärker, aber die Art der Wirkung ist offensichtlich gleich. Anders Substanz *C*: deren Wirkung ist im Durchschnitt nicht so stark, aber auf Testsystem 3 hat sie einen erheblichen Effekt (5,8). Substanz *C* ist möglicherweise interessanter für die Weiterentwicklung als *B*, auch wenn der maximal bei *B* erzielte Effekt (6,12 auf Testsystem 6) etwas höher ist als der bei *C* erzielte. Substanz *C* stellt gegenüber *A* eine erhebliche Verbesserung gegenüber Krebstypen dar, welche dem Testsystem 3 entsprechen. *C* ist von *A* und *B* linear unabhängig, der entsprechende Spaltenvektor lässt sich nicht durch Multiplikation mit einer Zahl aus *A* oder *B* darstellen.

Lineare Abhängigkeit kann selbstverständlich auch hier für mehrere Vektoren gegeben sein. In unserem Beispiel gilt in etwa *D* = 0,8 *A* + 0,2 *C*, *E* = 0,4 *A* + 0,4 *C*, *F* = 0,1 *A* + 0,8 *C* und *G* = 1,3 *A* + 0,3 *C*. *H* ist wiederum linear unabhängig zu allen anderen Vektoren *A* – *G*, also ermöglicht wiederum *H* den größeren wissenschaftlichen Fortschritt, obwohl *G* die im Durchschnitt wirksamste Substanz ist.

Die Anzahl von Vektoren, die benötigt wird, um eine Reihe von Vektoren durch Linearkombinationen zu beschreiben, heißt übrigens Dimension. *A* und *B* in Beispiel 2.2.5–2 haben die Dimension 1, *A* bis *G* die Dimension 2, *A* bis *H* die Dimension 3. Der dreidimensionale Raum heißt so, weil in ihm alle Koordinaten durch die Angabe von 3 linear unabhängigen Richtungsvektoren beschrieben werden können. Wir werden später Techniken kennen lernen, die Dimension einer Gruppe von Vektoren zu ermitteln (→ Kap. 2.3.4).

Durch Messfehler sind ideale lineare Abhängigkeiten, wie in Tabelle 2.2.5–1 dargestellt, die große Ausnahme. Wir werden daher später (→ Kap. 2.3.4) noch eine Möglichkeit kennen lernen, mit der die „fast linear abhängig" von „eindeutig linear unabhängig" mithilfe von so genannten Eigenwerten unterschieden werden kann.

Basis eines Vektorraums
Ein konkreter Satz Vektoren, mit denen ein Raum mit *n* Dimensionen beschrieben werden kann, heißt eine Basis zu diesem Raum. Die Basisvektoren müssen selbst in diesem Raum liegen und müssen untereinander linear unabhängig sein. Es gibt immer beliebig viele Möglichkeiten, Vektorräume mit einer Basis darzustellen.

Beispiel 2.2.5–3
Der Vektor (1, 3) kann durch eine beliebige Basis des zweidimensionalen Raumes ($\mathbb{R}^2$) dargestellt werden. Die Vektoren (5, 1) und (1,5; 1) aus diesem Vektorraum sind linear unabhängig, da (5, 1) nicht durch Multiplikation mit einer Zahl in (1,5; 1) überführt werden kann. Also sind diese Vektoren als Basis geeignet:

$$(-1) \cdot \binom{5}{1} + 4 \cdot \binom{1,5}{1} = \binom{1}{3}$$

Orthogonale Basis
Einfacher funktioniert die Darstellung jedoch mithilfe von Basisvektoren, die senkrecht aufeinander stehen (orthogonale Basis %). Für orthogonale Basen gilt: alle Basisvektoren stehen aufeinander senkrecht, d.h. $a_i \cdot a_j = 0$. Mithilfe von orthogonalen Einheitsvektoren kommt man zu einer besonders zweckmäßigen Darstellung:

$$1 \cdot \binom{1}{0} + 3 \cdot \binom{0}{1} = \binom{1}{3}$$

Einheitsvektoren sind Vektoren mit der Länge 1; dass dies hier zutrifft, ist intuitiv leicht einzusehen. Es ist aber offensichtlich sinnvoll, ein allgemeines Maß für die Länge von Vektoren einzuführen, welches unabhängig von ihrer Richtung ist und welches auch ohne Anwendung der Intuition angewandt werden kann. Davon handelt der nächste Abschnitt.

Einheitsvektoren

Die Normierung

2.2.6

In vielen Fällen ist es sinnvoll, die Größe von Vektoren für Vergleiche zu messen. Interessant ist z. B., Farben hinsichtlich ihrer Farbtiefe zu vergleichen, auch wenn der Farbton ganz unterschiedlich ist (vgl. Bsp. 2.2.5–1). Auch ein Vergleich des Bestands oder des Wertes von Warenlagern (vgl. Bsp. 2.2.2–2) kann interessieren, auch wenn die Lager ganz unterschiedlich zusammengesetzt sind.

Zunächst wird aus Vektoren eine Zahl ermittelt, die Zahlen werden anschließend verglichen. Für solche Vergleiche geeignete Zahlen werden Normen genannt. Die naheliegendste Norm ist die euklidische Norm. Die Länge eines Vektors wird einfach nach dem Satz des Pythagoras ermitteln.

$$\|a\| = \sqrt{a_1^2 + a_2^2 + a_3^2 + ...a_n^2} = \sqrt{\sum_{i=1}^{n} a_i^2}$$

Gleichung 2.2.6–1

Dies ist übrigens das gleiche wie die Wurzel aus dem Skalarprodukt des Vektors mit sich selbst.

$$\|a\| = \sqrt{a \cdot a}$$

Gleichung 2.2.6–2

Die euklidische Norm ist aber nicht die einzige sinnvolle Möglichkeit, die Größe von Vektoren zu messen. Eine von vielen anderen Möglichkeiten ist die Maximumsnorm. Allgemein müssen Normen die folgenden drei Bedingungen erfüllen:

Euklidische Norm

1. Die Norm für den Nullvektor $(0,0,0...,0)$ muss den Wert null ergeben, für andere Vektoren ist jede Norm größer als null: $\|x\| \geq 0; \ \|x\| = 0 \Leftrightarrow x = 0$
2. Wenn α eine Zahl ist, gilt für alle Vektoren x: $\|\alpha x\| = |\alpha|\|x\|$
3. Gleichung 2.2.6–3:

Drei Bedingungen zur Normierung

$$\|x + x\| \leq \|x\| + \|y\|$$

Gleichung 2.2.6–3

Diese dritte charakteristische Eigenschaft einer Norm nennt man auch Dreiecksungleichung.

Beispiel 2.2.6–1 (→ O Abb. 2.2.6–1)

Ein Navigationssystem soll die nächste Apotheke suchen. Welcher Punkt ist vom Ursprung des Koordinatensystems $(0,0)$ weiter entfernt: $(7,0)$ oder $(5,5)$?

$$\|(5,5)\| = \sqrt{(5,5) \cdot (5,5)} = \sqrt{5^2 + 5^2} = \sqrt{50} \approx \underline{7,07} \ ;$$

offensichtlich ist $\|(7,0)\| = 7$.

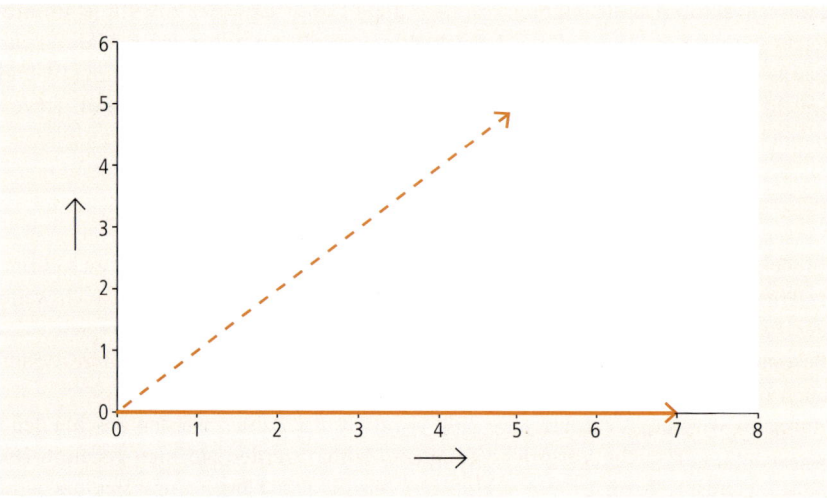

○ **Abb. 2.2.6–1** Illustration zu Bsp. 2.2.6–1

Selbstverständlich gilt auch in diesem Beispiel die Dreiecksungleichung 2.2.6–3:
$\|(5,5)\| + \|(7,0)\| \approx \underline{14,07}$
$\|(5,5) + (7,0)\| = \|(\overline{12,5})\| = \underline{\underline{13}}$

Betrachten wir das gleiche Beispiel mit der Maximumsnorm. Diese Norm würde zum Beispiel die Frage nach dem Arzneimittel mit dem höchsten Lagerbestand oder dem höchsten Wert beantworten.
Dann sind $\|(5,5)\|_{max} = 5$ und $\|(7,0)\|_{max} = 7$
Bitte überzeugen Sie sich, dass auch für die Maximumsnorm die Dreiecksungleichung gilt.

2.2.7 Das Vektorprodukt

Das Vektorprodukt wird zur Darstellung einiger physikalischer Gesetzmäßigkeiten benötigt, z. B. für das Drehmoment. Das Ergebnis des Vektorprodukts ist ein Vektor, der senkrecht zu den Vektoren steht, aus denen er berechnet wird. Der Betrag des Produkt-Vektors entspricht der Fläche des Parallelogramms, welches die Ausgangsvektoren bilden (○ Abb. 2.2.7–1):

Beispiel 2.2.7–1
$(1,0,0) \times (0,1,0) = (0,0,1)$
Für beliebige Vektoren wird das Vektorprodukt am besten komponentenweise berechnet, dabei gilt das Distributivgesetz.

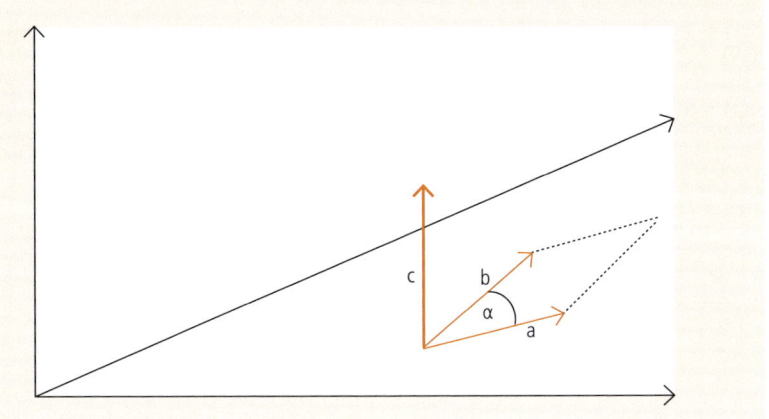

○ **Abb. 2.2.7–1** Ausgangsvektoren *a* und *b* und Produktvektor *c*; entspricht der Fläche des durch *a* und *b* aufgespannten Parallelogramms

$$\begin{pmatrix} a_1 \\ a_2 \\ a_3 \end{pmatrix} \times \begin{pmatrix} b_1 \\ b_2 \\ b_3 \end{pmatrix} = \left(\begin{pmatrix} a_1 \\ 0 \\ 0 \end{pmatrix} + \begin{pmatrix} 0 \\ a_2 \\ 0 \end{pmatrix} + \begin{pmatrix} 0 \\ 0 \\ a_3 \end{pmatrix} \right) \times \left(\begin{pmatrix} b_1 \\ 0 \\ 0 \end{pmatrix} + \begin{pmatrix} 0 \\ b_2 \\ 0 \end{pmatrix} + \begin{pmatrix} 0 \\ 0 \\ b_3 \end{pmatrix} \right)$$

Gleichung 2.2.7–1

Der dabei entstehende unübersichtliche Ausdruck vereinfacht sich bereits erheblich, wenn wir berücksichtigen, dass alle Vektorprodukte null sind, wenn die Vektoren in die gleiche Richtung zeigen, denn dann wird die Fläche des Parallelogramms null. Bei rechtwinklig angeordneten Vektorkomponenten sind die Parallelogramme Rechtecke, die Richtung ist automatisch in der Richtung der 3. Komponente, die Vorzeichen ergeben sich aus der Reihenfolge der Multiplikation:

$(0,1,0) \cdot x\,(1,0,0) = (0,0,-1)$

Schließlich ergibt sich:

$$\begin{pmatrix} a_1 \\ a_2 \\ a_3 \end{pmatrix} \times \begin{pmatrix} b_1 \\ b_2 \\ b_3 \end{pmatrix} = \begin{pmatrix} a_2 b_3 - a_3 b_2 \\ a_3 b_1 - a_1 b_3 \\ a_1 b_2 - a_2 b_1 \end{pmatrix}$$

Gleichung 2.2.7–2

Wenn die Richtung des Vektorproduktes keine Rolle spielt, sondern nur der Betrag, kann man auch rechnen

$$\|a \cdot b\| = \|a\| \cdot \|b\| \cdot \sin \alpha$$

Gleichung 2.2.7–3

Hier ist α der von den Vektoren eingeschlossene Winkel.

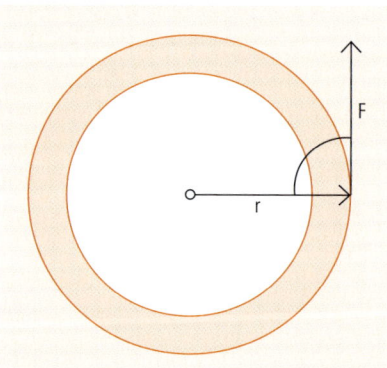

○ **Abb. 2.2.7–2** Autolenkrad mit tangential angreifender Kraft

Beispiel 2.2.7–2

Ein Autolenkrad mit einem Durchmesser von 0,4 m wird von einem Fahrer mit beiden Armen am Radkranz unter Anwendung einer tangentialen Kraft von je 50 N gedreht.
Welchen Wert hat das wirksame Drehmoment T?

In dieser Aufgabe spielt die Richtung des Produktvektors keine Rolle, sondern nur sein Wert, also der Betrag. Wir können also 2.2.7–3 anwenden.
Der Abstand vom Drehpunkt zum Radkranz ist der Radius r, hier gleich 0,2 m. Die Gesamtkraft F beträgt 100 N (beide Arme drehen). Der Winkel zwischen r und der Tangente beträgt 90°, also $\sin \alpha = 1$ (○ Abb. 2.2.7–2). Also gilt hier

$$||T|| = ||F \cdot r|| = ||F|| \cdot ||r|| = 100 \text{ N} \, 0{,}2 \text{ m} = \underline{\underline{20 \text{ Nm}}}$$

2.3 Lineare Gleichungssysteme und Matrizenrechnung

2.3.1 Zwei Gleichungen mit zwei Unbekannten

Beispiel 2.3.1–1

Ihre Telefonrechnung ist zu hoch. Sie nehmen an, dass die Abrechnung nicht stimmt und zu viel abgebucht wird. Ihre Telefongesellschaft gibt an, dass vor 20:00 Uhr pro Minute 4,7 Cent und von 20:00 bis 24:00 2,5 Cent berechnet wird.
Leider finden Sie in Ihrer letzten Abrechnung kein Gespräch, das bereits vor 20:00 endete oder erst nach 20:00 begann. Daher müssen Sie zwei Gespräche nehmen, die über den Tarifwechsel dauerten, eines von 19:36 bis 20:14 für € 1,54 und das zweite von 19:55 bis 20:32 für € 1,14. Damit können Sie nun die wirklich abgerechneten Raten x und y vor und nach 20:00 Uhr berechnen:

Lösung

x (€/min) 24 min + y (€/min) 14 min = $\underline{1{,}54 €}$
x (€/min) 5 min + y (€/min) 32 min = $\underline{\underline{1{,}14 €}}$

Es gibt sehr viele verschiedene Möglichkeiten, solche Gleichungssysteme zu lösen. Wir beginnen mit dem Einsetzungsverfahren.

Einsetzungsverfahren

Zur Vereinfachung werden die Einheiten nicht mit dargestellt.

I) $x \cdot 24 + y \cdot 14 = 1{,}54$

II) $x \cdot 5 + y \cdot 32 = 1{,}14$

Eine der Gleichungen wird nach x oder y aufgelöst. Hier wählen wir Gleichung I.

$$x = \frac{1{,}54 - y \cdot 14}{24}$$

Dieser Term für x wird in Gleichung II eingesetzt:

$$\frac{1{,}54 - y \cdot 14}{24} \cdot 5 + y \cdot 32 = 1{,}14$$

Diese Gleichung wird in Einzelterme aufgelöst, die Terme mit y werden zusammengefasst, anschließend wird nach y aufgelöst:

$$\frac{1{,}54}{24} \cdot 5 - y \cdot \frac{14 \cdot 5}{24} + y \cdot 32 = 1{,}14$$

$$y \cdot \left(32 - \frac{14 \cdot 5}{24}\right) = 1{,}14 - \frac{1{,}54}{24} \cdot 5$$

$$y \cdot 29{,}083 = 0{,}8192$$

$y = 0{,}02817$; dieser Wert oben in die nach x aufgelöste Gleichung eingesetzt ergibt $x = 0{,}04774$ (Einheit jew. €/min, s. o.). Beide Minutenpreise sind also höher als die angegebenen, die Rate ab 20:00 Uhr sogar erheblich. Die beiden Gleichungen können ebenso mittels Gleichsetzungsverfahren gelöst werden.

Gleichsetzungsverfahren

Durch Umstellung in beiden Gleichungen werden alle Terme zu x oder y auf eine Seite gebracht.

Ia) $x \cdot 24 = 1{,}54 - y \cdot 14$

IIa) $x \cdot 5 = 1{,}14 - y \cdot 32$

Anschließend wird eine der beiden Gleichungen auf beiden Seiten mit einem Faktor multipliziert, so dass der Term zur isolierten Variable gleich wird. Diese Multiplikation ist eine so genannte elementare Umformung, welche die Lösung des Gleichungssystems nicht verändert. Zum Beispiel können beide Seiten von IIa mit $\frac{24}{5}$ multipliziert werden.

$$x \cdot 24 = (1{,}14 - y \cdot 32) \cdot \frac{24}{5}$$

Nun kann man die beiden Teilgleichungen gleichsetzen, da beide gleich $24x$ sind:

$$(1{,}14 - y \cdot 32) \cdot \frac{24}{5} = 1{,}54 \, y \cdot 14$$

Anschließend wird nach y aufgelöst, y berechnet und durch Einsetzen der Lösung für y in eine der Gleichungen x berechnet. Das Ergebnis ist selbstverständlich identisch.

Eine Weiterentwicklung des Gleichsetzungsverfahrens ist das

Additionsverfahren

Hier wird nicht gleichgesetzt, aber Terme zu einer Variablen werden umgeformt, so dass die Faktoren gleich sind, aber umgekehrtes Vorzeichen tragen. Gleichung I wird z. B. beibehalten, Gleichung II wird zu IIb):

I) $x \cdot 24 + y \cdot 14 = 1{,}54$

IIb) $x \cdot 24 - y \cdot 32 \cdot \dfrac{24}{5} = -1{,}14 \cdot \dfrac{24}{5}$

Anschließend werden beide Gleichungen addiert. Diese Addition ist ebenfalls eine elementare Umformung, welche die Lösung nicht verändert. Dabei fallen die x-Terme weg:

$$y \cdot \left(14 - 32 \cdot \dfrac{24}{5}\right) = 1{,}54 - 1{,}14 \cdot \dfrac{24}{5}$$

Wieder wird nach y aufgelöst, y ausgerechnet und in eine der obigen Gleichungen eingesetzt. Man sieht, dass dazu die gleichen Berechnungen wie beim Gleichsetzungsverfahren durchgeführt werden.

Beim Additionsverfahren lässt sich allerdings die Berechnung viel besser formalisieren, sowohl im Vergleich zum Gleichsetzungs- als auch zum Einsetzungsverfahren. Deshalb wird diese Vorgehensweise auch in Computern eingesetzt, besonders zur Lösung von komplizierteren Gleichungssystemen

Beispiel 2.3.1–2 (vgl. Beispiel 2.3.1–1)
x (€/min) 24 min + y (€/min) 14 min = **1,54 €**
x (€/min) 12 min + y (€/min) 7 min = **0,77 €**
Aus diesen beiden Gleichungen können Sie Gebühren vor und nach 20 Uhr nicht berechnen.

2.3.2 Mehr als zwei Gleichungen: größere lineare Gleichungssysteme

Es gibt viele Fälle, in denen mehr als zwei Variablen aus größeren Gleichungssystemen bestimmt werden sollen. Beispielsweise können verschiedene Merkmale $m_{i,k}$ einer chemischen Struktur mit der Nummer k in Zahlen gefasst werden und zur biologischen Wirkung w_k in Beziehung gesetzt werden. Wenn genügend Daten zu unterschiedlichen Strukturen vorliegen, kann man ausrechnen, welche Strukturmerkmale wie stark zu einer Wirkung beitragen.

$$
\begin{aligned}
m_{1,1} + \quad m_{2,1} + \quad m_{3,1} + \quad m_{4,1} + \quad m_{5,1} + \quad m_{6,1} = \quad w_1 \\
m_{1,2} + \quad m_{2,2} + \quad m_{3,2} + \quad m_{4,2} + \quad m_{5,2} + \quad m_{6,2} = \quad w_2 \\
\ldots \qquad \ldots \qquad \ldots \qquad \ldots \qquad \ldots \qquad \qquad \ldots \\
m_{1,n} + \quad m_{2,n} + \quad m_{3,n} + \quad m_{4,n} + \quad m_{5,n} + \quad m_{6,n} = \quad w_n
\end{aligned}
$$

Gleichung 2.3.2–1

Es gibt außerdem einige Experimente, deren Ausgang von vielen Parametern abhängt, z. B. von der Temperatur, dem pH-Wert, der Luftfeuchtigkeit, der Spannung, den Konzentrationen der beteiligten Substanzen usw. Auch hier werden, ähnlich wie in Gleichung 2.3.2–1, die Versuchsergebnisse zu den jeweiligen Parameterwerten in Beziehung gesetzt.

Ein häufiges Anwendungsbeispiel finden wir in der Spektrometrie. Hier werden bei unterschiedlichen Messwellenlängen unterschiedlich starke Signale (Absorptionen A) gemessen. Wenn mehrere Substanzen vorliegen, verhalten sich ihre Absorptionen additiv:

$$A_{Ges} = A_1 + A_2 + \ldots A_n$$

Gemessen werden kann immer nur die Gesamtabsorption A_{Ges}. Da jedoch die Absorption jeder einzelnen Substanz wellenlängenabhängig ist, kann man mit zwei Messwellenlängen zwei Substanzen bestimmen, drei mit dreien usw.

Im Prinzip können je mehr Komponenten eines Substanzgemisches bestimmt werden, desto mehr unterschiedliche Wellenlängen verwendet werden; in der Praxis ist dem jedoch durch den Informationsgehalt der Spektren Grenzen gesetzt. Liegen zwei Wellenlängen nahe beieinander, ist die Information aus beiden fast die gleiche; die entsprechenden Vektoren, hier die Zeilen im linearen Gleichungssystem, sind fast linear abhängig. Wenn Messfehler dazukommen, kann überhaupt kein Unterschied mehr festgestellt werden. Je informationsreicher das Spektrum, desto mehr Substanzen können auf die oben skizzierte Weise bestimmt werden. Mithilfe der Kernresonanz- und Massenspektrometrie (NMR und MS) können duzende von Substanzen gleichzeitig bestimmt werden.

Größere lineare Gleichungssysteme werden häufig mithilfe des Additionsverfahrens gelöst. Zur Verbesserung der Übersichtlichkeit verwendet man meist eine Kurzdarstellung der Gleichungssysteme: die Matrizenform.

Beispiel 2.3.2–1

Vier Substanzen sollen bei vier verschiedenen Wellenlängen 210, 230, 254 und 280 nm vermessen werden. Aus den erhaltenen Daten sollen ihre Konzentrationen ermittelt werden.

$$
\begin{aligned}
A_{1,210\,nm} + A_{2,210\,nm} + A_{3,210\,nm} + A_{4,210\,nm} = A_{Ges,210\,nm} \\
A_{1,230\,nm} + A_{2,230\,nm} + A_{3,230\,nm} + A_{4,230\,nm} = A_{Ges,230\,nm} \\
A_{1,254\,nm} + A_{2,254\,nm} + A_{3,254\,nm} + A_{4,254\,nm} = A_{Ges,254\,nm} \\
A_{1,270\,nm} + A_{2,270\,nm} + A_{3,270\,nm} + A_{4,270\,nm} = A_{Ges,270\,nm}
\end{aligned}
$$

Jede Einzelabsorption einer Substanz k bei einer bestimmten Wellenlänge λ kann aus der Konzentration dieser Substanz und einer substanztypischen Kennzahl $\alpha_{k,\lambda}$ berechnet werden:

$$A_{k,\lambda} = \alpha_{k,\lambda} \cdot c_k$$

Diese Gesetzmäßigkeit ergibt sich aus dem Lambert-Beer-Gesetz. Die Werte $\alpha_{k,\lambda}$ für eine bestimmte Substanz sind jeweils bekannt oder können leicht ermittelt werden. Dann ergibt sich:

$$\alpha_{1,210\,nm}\,c_1 + \alpha_{2,210\,nm}\,c_2 + \alpha_{3,210\,nm}\,c_3 + \alpha_{4,210\,nm}\,c_4 = A_{Ges,210\,nm}$$
$$\alpha_{1,230\,nm}\,c_1 + \alpha_{2,230\,nm}\,c_2 + \alpha_{3,230\,nm}\,c_3 + \alpha_{4,230\,nm}\,c_4 = A_{Ges,230\,nm}$$
$$\alpha_{1,254\,nm}\,c_1 + \alpha_{2,254\,nm}\,c_2 + \alpha_{3,254\,nm}\,c_3 + \alpha_{4,254\,nm}\,c_4 = A_{Ges,254\,nm}$$
$$\alpha_{1,270\,nm}\,c_1 + \alpha_{2,270\,nm}\,c_2 + \alpha_{3,270\,nm}\,c_3 + \alpha_{4,270\,nm}\,c_4 = A_{Ges,270\,nm}$$

Setzen wir nun konkrete Zahlen für fiktive Substanzen ein; die Einheit von α (L/mol) wird der Einfachheit halber wiederum weggelassen:

$$0,7 \cdot c_1 + 0,8 \cdot c_2 + 1,2 \cdot c_3 + 0,5 \cdot c_4 = 0,94$$
$$0,6 \cdot c_1 + 0,6 \cdot c_2 + 0,8 \cdot c_3 + 0,7 \cdot c_4 = 0,91$$
$$0,3 \cdot c_1 + 0,2 \cdot c_2 + 0,3 \cdot c_3 + 0,1 \cdot c_4 = 0,23$$
$$0,1 \cdot c_1 + 0,05 \cdot c_2 + 0,1 \cdot c_3 + 0 \cdot c_4 = 0,05$$

Dieses Gleichungssystem kann sehr gut mit dem Additionsverfahren gelöst werden, dabei werden die Variablen schrittweise eliminiert. Zur Vorbereitung der Eliminierung von c_1 werden die Gleichungen 2 bis 4 zunächst mit geeigneten Faktoren multipliziert, die 2. Gleichung mit $\frac{7}{6} \approx 1,1666$, die 3. Gleichung $\cdot \frac{7}{3} \approx 2,333$ und die 4. Gleichung $\cdot 7$ (es werden gerundete Werte angegeben):

$$0,7 \cdot c_1 + 0,8 \cdot c_2 + 1,2 \cdot c_3 + 0,5 \cdot c_4 = 0,94$$
$$0,7 \cdot c_1 + 0,7 \cdot c_2 + 0,933 \cdot c_3 + 0,1866 \cdot c_4 = 1,062$$
$$0,7 \cdot c_1 + 0,466 \cdot c_2 + 0,7 \cdot c_3 + 0,233 \cdot c_4 = 0,5366$$
$$0,7 \cdot c_1 + 0,35 \cdot c_2 + 0,7 \cdot c_3 + 0 \cdot c_4 = 0,35$$

Danach wird eine Gleichung, z. B. die erste mit -1 multipliziert und jeweils zu allen anderen addiert:

$$0,7 \cdot c_1 + 0,8 \cdot c_2 + 1,2 \cdot c_3 + 0,5 \cdot c_4 = 0,94$$
$$0 \cdot c_1 - 0,1 \cdot c_2 - 0,266 \cdot c_3 + 0,3166 \cdot c_4 = 0,1216$$
$$0 \cdot c_1 - 0,333 \cdot c_2 - 0,5 \cdot c_3 - 0,266 \cdot c_4 = -0,4033$$
$$0 \cdot c_1 - 0,45 \cdot c_2 - 0,5 \cdot c_3 - 0,5 \cdot c_4 = -0,59$$

Die drei unteren Gleichungen sind nun drei Gleichungen mit drei Unbekannten, wir können nun die Gleichungen 3 und 4 mit geeigneten Faktoren multiplizieren und dazu Gleichung 2 addieren, danach haben wir zwei Gleichungen mit zwei Unbekannten, deren Lösung wir schon beherrschen; auch hier ist das Additionsverfahren wiederum sinnvoll.

Bevor wir uns an diese Aufgabe machen, wollen wir jedoch die Schreibweise vereinfachen. Wir haben bemerkt, dass wir die Namen der Variablen und die Operatoren „+" und „=" von Rechnung zu Rechnung nur abgeschrieben haben, aber sie haben sich selbstverständlich nicht geändert. Man kann das Gleichungssystem also auch ohne diese Zusätze schreiben und umformen. Das vereinfacht den Schreibaufwand erheblich: hier zunächst die schon oben beschriebene Umformung in Kurzschreibweise:

Matrizen als Kurzschreibweise für lineare Gleichungssysteme

$$\begin{pmatrix} 0,7 & 0,8 & 1,2 & 0,5 \\ 0,6 & 0,6 & 0,8 & 0,7 \\ 0,3 & 0,2 & 0,3 & 0,1 \\ 0,1 & 0,05 & 0,1 & 0 \end{pmatrix} \begin{pmatrix} 0,94 \\ 0,91 \\ 0,23 \\ 0,05 \end{pmatrix}$$

$$\Rightarrow \begin{pmatrix} 0,7 & 0,8 & 1,2 & 0,5 \\ 0,7 & 0,7 & 0,933 & 0,8166 \\ 0,7 & 0,466 & 0,7 & 0,233 \\ 0,7 & 0,35 & 0,7 & 0 \end{pmatrix} \begin{pmatrix} 0,94 \\ 1,062 \\ 0,5366 \\ 0,35 \end{pmatrix}$$

$$\Rightarrow \begin{pmatrix} 0,7 & 0,8 & 1,2 & 0,5 \\ 0 & -0,1 & -0,266 & 0,3166 \\ 0 & -0,333 & -0,5 & -0,266 \\ 0 & -0,45 & -0,5 & -0,5 \end{pmatrix} \begin{pmatrix} 0,94 \\ 0,1216 \\ -0,4033 \\ -0,59 \end{pmatrix}$$

Mit dieser Kurzschreibweise lösen wir nun, wie oben skizziert, das Gleichungssystem mit drei Unbekannten. Dazu wird Gleichung 2 mit $-0,3$ und Gleichung 3 mit $-\dfrac{2}{11}$ ($\approx 0,222\ldots$) multipliziert, anschließend die erste Gleichung zu den beiden folgenden addiert:

$$\begin{pmatrix} -0,1 & -0,266 & 0,3166 \\ -0,333 & -0,5 & -0,266 \\ -0,45 & -0,5 & -0,5 \end{pmatrix} \begin{pmatrix} 0,1216 \\ -0,4033 \\ -0,59 \end{pmatrix}$$

$$\Rightarrow \begin{pmatrix} -0,1 & -0,266 & 0,3166 \\ 0,1 & 0,15 & 0,08 \\ 0,1 & 0,111 & 0,111 \end{pmatrix} \begin{pmatrix} 0,1216 \\ 0,121 \\ 0,1311 \end{pmatrix}$$

$$\Rightarrow \begin{pmatrix} -0,1 & -0,266 & 0,3166 \\ 0 & -0,1166 & 0,3966 \\ 0 & -0,1555 & 0,4777 \end{pmatrix} \begin{pmatrix} 0,1216 \\ 0,2427 \\ 0,2528 \end{pmatrix}$$

Wir lösen das verbliebene Gleichungssystem mit zwei Unbekannten:

$$\Rightarrow \begin{pmatrix} -0,1166 & 0,3966 \\ -0,1555 & 0,4777 \end{pmatrix} \begin{pmatrix} 0,2427 \\ 0,2528 \end{pmatrix}$$

$$\Rightarrow \begin{pmatrix} -0,1166 & 0,3966 \\ 0,1166 & -0,3208 \end{pmatrix} \begin{pmatrix} 0,2427 \\ -0,1896 \end{pmatrix}$$

$$\Rightarrow \begin{pmatrix} -0,1166 & 0,3966 \\ 0 & 0,0758 \end{pmatrix} \begin{pmatrix} 0,2427 \\ 0,0531 \end{pmatrix}$$

Die letzte Zeile ist die Kurzschreibweise für $0,0758\,c_4 = 0,0531$, also

$$c_4 = \frac{0,0531}{0,0758} \approx 0,7.$$

Durch Einsetzen erhält man nun sukzessive $c_3 = 0,3$, $c_2 = 0,2$ und $c_1 = 0,1$

2.3.3 Matrizen und ihre Bedeutung

Im Beispiel 2.3.2–1 im letzten Abschnitt haben wir die Matrixdarstellung als Kurzschreibweise bereits kennen gelernt. Deren Leistungsfähigkeit beschränkt sich aber nicht nur auf die kompakte Darstellbarkeit. Es gibt zusätzlich eine Reihe von Berechnungen, die durch die Anwendung von Matrizen erheblich erleichtert werden.

Die Darstellung von linearen Gleichungssystemen haben wir schon im Ansatz kennen gelernt. Auch wenn Vektoren verglichen werden sollen, werden Matrizen eingesetzt. Jede Spalte oder Zeile der Matrix repräsentiert dann einen Vektor. Matrizen sind eine Erweiterung des Vektorbegriffs. Mithilfe von Matrizen kann die Dimension von Vektorräumen (→ Kap. 2.2.5) leicht ermittelt werden. Die Tabelle in Beispiel 2.2.5–2 entspricht bereits einer Matrix.

Eine wichtige Herausforderung für die Zukunft ist die Qualitätsverbesserung in der Arzneimittelherstellung bei fortwährender (Kosten-)Optimierung. Dazu müssen Prozesse laufend überwacht werden. Diese Überwachung erfordert große Datenmengen, die nur durch den Einsatz der Matrizenrechnung zu bewältigen sind.

2.3.4 Matrizen zur Lösung von Gleichungssystemen und zur Ermittlung von Dimensionen

Dreiecksmatrix

Eine Dreiecksmatrix ist eine Matrix, bei der alle Einträge oberhalb oder unterhalb der Hauptdiagonalen gleich null sind. Die Lösung von Gleichungssystemen kann bei Dreiecksmatrizen direkt abgelesen werden. Jede Matrix kann durch elementare Umformungen (vgl. → Beispiel 2.3.1–1) in eine Dreiecksmatrix umgewandelt werden. Wir haben dies in Beispiel 2.3.2–1 bereits vorweggenommen:

Gleichung 2.3.4–1

$$
\begin{pmatrix}
0,7 & 0,8 & 1,2 & 0,5 \\
0,6 & 0,6 & 0,8 & 0,7 \\
0,3 & 0,2 & 0,3 & 0,1 \\
0,1 & 0,05 & 0,1 & 0
\end{pmatrix}
\Rightarrow \Rightarrow
\begin{pmatrix}
0,7 & 0,8 & 1,2 & 0,5 \\
0 & -0,1 & -0,266 & 0,3166 \\
0 & 0 & -0,1166 & 0,3966 \\
0 & 0 & 0 & 0,0758
\end{pmatrix}
$$

Aus der unteren Zeile konnte die Lösung für eine Variable direkt ermittelt werden, diese Lösung in die zweiunterste Zeile eingesetzt ergab die nächste Lösung usw. Elementare Umformungen sind die Multiplikation einer Zeile oder Spalte mit einer Zahl oder die Ersetzung einer Zeile oder Spalte durch die Addition von zwei Zeilen oder Spalten. Wie wir gesehen haben, verändern solche elementaren Umformungen die Lösung nicht. Außerdem können Zeilen und Spalten vertauscht werden, ohne dass sich die Lösung von Gleichungssystemen ändert; auf diese Art und Weise kann manchmal leicht eine Dreiecksform erreicht werden, wenn die Matrix bereits an einigen Positionen eine Null enthält. Beim Vertauschen von Spalten muss man sich allerdings merken, welche Variable zu welcher Spalte gehört.

Determinante

Die Umformung einer vorgegebenen Matrix in eine Dreiecksmatrix ist leicht durchführbar, der Prozess ist aber nicht optimal automatisierbar. Zur Automatisierung der Lösung eines linearen Gleichungssystems betrachtet man eine allgemeine Darstellung, analog der allgemeinen Lösung einer quadratischen Gleichung ($\rightarrow$ Kap. 2.1.2).

I) $a_{11} \cdot x + a_{12} \cdot y = b_1$
II) $a_{21} \cdot x + a_{22} \cdot y = b_2$

Wir können auch dieses Gleichungssystem lösen und erhalten

$$x = \frac{b_1\, a_{22} - b_2\, a_{12}}{a_{11}\, a_{22} - a_{21}\, a_{12}} \quad y = \frac{b_1\, a_{21} - b_2\, a_{11}}{a_{11}\, a_{22} - a_{21}\, a_{12}}$$

Diese allgemeine Lösung ist in Computern verwirklicht. Lösungen für x und y existieren nur, wenn der Term $a_{11} a_{22} - a_{21} a_{12}$ ungleich null ist. Diesen Term nennt man auch die Determinante der Matrix

$$\begin{pmatrix} a_{11} & a_{12} \\ a_{21} & a_{22} \end{pmatrix}$$

Zur Berechnung der Determinante dieser 2×2-Matrix werden also die Elemente der Diagonalen miteinander multipliziert und das Ergebnis der Diagonalen von links unten nach rechts oben vom Ergebnis links oben nach rechts unten abgezogen. Die Determinante der Matrix ist ungleich null, wenn die Zeilen und Spalten der Matrix linear unabhängig sind:

$a_{11}\, a_{22} - a_{21}\, a_{12} \neq 0 \Rightarrow$ lineare Unabhängigkeit

Lineare Unabhängigkeit

Auch für größere lineare Gleichungssysteme kann die Lösung mithilfe von Determinanten ermittelt werden; die entsprechenden Gleichungen werden allerdings mit der Größe der Gleichungssysteme komplizierter. Man kann Determinanten in Rechnern jedoch leicht rekursiv berechnen, d. h. die Determinante einer 3×3-Matrix kann aus mehreren Determinanten von 2×2-Matrizen berechnet werden, die Determinante einer 4×4-Matrix kann man über 3×3-Matrizen erhalten usw.

Rang

Wir haben kennen gelernt, dass ein lineares Gleichungssystem genau dann lösbar ist, wenn die Zeilen und Spalten der zugehörigen Matrix linear unabhängig sind. Lineare Abhängigkeiten innerhalb eines linearen Gleichungssystems bzw. die Dimension von Zeilen- und Spaltenvektoren, aus denen eine Matrix aufgebaut ist, der so genannten Rang, kann leicht aus der Dreiecksform einer Matrix abgelesen werden. Eine Matrix wie Gleichung 2.3.4–1, in der in der Dreiecksform in keinem Eintrag in der Hauptdiagonalen der Wert null steht, hat vollen Rang: die Dimension ist gleich der Anzahl der Zeilen oder Spalten, je nachdem, welche Anzahl kleiner ist. Bei quadratischen Matrizen ist bei vollem Rang Dimension = Spaltenzahl = Zeilenzahl, und selbstverständlich kann eine Matrix, die aus 18 Spaltenvektoren mit je 3 Einträgen, also eine 18×3-Matrix, maximal den Rang 3 haben.

Wenn bei elementaren Umformungen eine Form wie

$$\begin{pmatrix} a_{11} & a_{12} & a_{13} & a_{14} & a_{14} \\ 0 & a_{22} & a_{23} & a_{24} & a_{25} \\ 0 & 0 & a_{33} & a_{34} & a_{35} \\ 0 & 0 & 0 & 0 & 0 \\ 0 & 0 & 0 & 0 & 0 \end{pmatrix}$$

entsteht und a_{11}, a_{22} und a_{33} ungleich 0 sind, dann hat die Matrix den Rang 3, die Dimension der Zeilen- und Spaltenvektoren ist also ebenfalls gleich 3. In ☐ Tab. 2.2.5–1 aus Beispiel 2.2.5–2 hatten wir aus der Konstruktion gesehen, dass die Vektoren zum großen Teil linear abhängig sind. Jetzt verstehen wir, dass wir diese Tabelle als Matrix darstellen können und durch elementare Umformungen auch ohne Vorinformationen über die Konstruktion nun schnell ermitteln können, wie viel linear unabhängige Vektoren in dieser Tabelle dargestellt sind. Durch die Ermittlung des Rangs in solchen Matrizen kann also festgestellt werden, wie viele originelle Wirkstoffe in einer Gruppe von Substanzen enthalten sind.

Diagonalmatrix/Eigenwerte

In der naturwissenschaftlichen Praxis sind Vektoren fast nie exakt linear abhängig: Messfehler führen zu linearer Unabhängigkeit. Also ist die Dimension auch in der Regel formal die Anzahl der betrachteten Vektoren.

Fast-linear abhängig   Als Naturwissenschaftler/innen, die mit Messfehlern umgehen müssen, interessiert uns daher so etwas wie eine „fast-lineare Abhängigkeit". So etwas ist mathematisch nicht definiert; allerdings kann jede quadratische Matrix in eine ähnliche Diagonalmatrix transformiert werden (→ Kap. 2.3.5):

$$\begin{pmatrix} a_{11} & 0 & 0 & 0 & 0 \\ 0 & a_{22} & 0 & 0 & 0 \\ 0 & 0 & a_{33} & 0 & 0 \\ 0 & 0 & 0 & ... & 0 \\ 0 & 0 & 0 & 0 & a_{nn} \end{pmatrix}$$

In Diagonalmatrizen sind alle Elemente außerhalb der Hauptdiagonalen gleich 0. Die Elemente der Hauptdiagonalen sind die Eigenwerte der Matrix, das Produkt dieser Eigenwerte ist gleich die Determinante der Matrix. Wenn einige Eigenwerte im Vergleich zu anderen sehr klein sind, also null sehr nahe kommen, dann kann man daraus schließen, dass die Vektoren der zugehörigen Matrix linear abhängig wären, wenn es keinen Messfehler (→ Kap. 3.9) gäbe.

2.3.5 Rechnen mit Matrizen

Um die Möglichkeiten von Matrizen vollständig nutzen zu können und um einige der in → Kap. 2.3.4 nur skizzierten Rechnungen und Transformationen durchführen zu können, sind Rechenregeln für Matrizen entwickelt worden.

Addition

Bei der Addition von Matrizen werden einfach einander entsprechende Elemente der Matrix addiert. Beide Matrizen müssen dazu gleich viele m Zeilen und n Spalten aufweisen:

$$\begin{pmatrix} a_{11} & a_{12} & \dots & a_{1n} \\ a_{21} & a_{22} & \dots & a_{2n} \\ \dots & \dots & \dots & \dots \\ a_{m1} & a_{m2} & \dots & a_{mn} \end{pmatrix} + \begin{pmatrix} b_{11} & b_{12} & \dots & b_{1n} \\ b_{21} & b_{22} & \dots & b_{2n} \\ \dots & \dots & \dots & \dots \\ b_{m1} & b_{m2} & \dots & b_{mn} \end{pmatrix} = \begin{pmatrix} a_{11}+b_{11} & a_{12}+b_{12} & \dots & a_{1n}+b_{1n} \\ a_{21}+b_{21} & a_{22}+b_{22} & \dots & a_{2n}+b_{2n} \\ \dots & \dots & \dots & \dots \\ a_{m1}+b_{m1} & a_{m2}+b_{m2} & \dots & a_{mn}+b_{mn} \end{pmatrix}$$

Multiplikation

Zur Multiplikation von Matrizen werden die Skalarprodukte einander entsprechender Spalten- und Zeilenvektoren ermittelt. Dazu muss die Anzahl der Komponenten der Zeilen- und Spaltenvektoren gleich sein, sonst ist keine Matrixmultiplikation möglich:

$$Z \cdot S = \begin{pmatrix} z_1 \\ z_2 \\ \dots \\ z_m \end{pmatrix} \cdot \begin{pmatrix} s_1 & s_2 & \dots & s_n \end{pmatrix} = \begin{pmatrix} z_1 s_1 & z_1 s_2 & \dots & z_1 s_n \\ z_2 s_1 & z_2 s_2 & \dots & z_2 s_n \\ \dots & \dots & \dots & \dots \\ z_m s_1 & z_m s_2 & \dots & z_m s_n \end{pmatrix}$$

Gleichung 2.3.5–1

Beispiel 2.3.5–1

$$\begin{pmatrix} 1 & 2 \\ 3 & 4 \end{pmatrix} \cdot \begin{pmatrix} 5 & 6 \\ 7 & 8 \end{pmatrix} = \begin{pmatrix} 1\cdot5+2\cdot7 & 1\cdot6+2\cdot8 \\ 3\cdot5+4\cdot7 & 3\cdot6+4\cdot8 \end{pmatrix} = \begin{pmatrix} 19 & 22 \\ 43 & 50 \end{pmatrix}$$

Beispiel 2.3.5–2

$$\begin{pmatrix} 1 & 0 & 1 \\ 0 & 1 & 0 \\ 1 & 1 & 0 \\ 0 & 0 & 1 \end{pmatrix} \cdot \begin{pmatrix} 1 & 0 \\ 10 & 1 \\ 100 & 10 \end{pmatrix} = \begin{pmatrix} 101 & 10 \\ 10 & 1 \\ 11 & 1 \\ 100 & 10 \end{pmatrix}$$

Übrigens ist die Addition und Multiplikation von Vektoren ($\rightarrow$ Kap. 2.2.2, 2.2.4) nur ein Spezialfall der entsprechenden Matrizenoperationen mit $n \times 1$-Matrizen (bzw. $1 \times n$-Matrizen). Die Multiplikation einer Matrix mit einem Vektor ist ebenfalls lediglich ein Spezialfall der Matrizenmultiplikation, wobei eine Matrix eine $n \times 1$ bzw. $1 \times n$-Matrix ist. **Spezialfall Vektor**

Für die Addition und Multiplikation von Matrizen gilt das Distributivgesetz:

$(A + B) \, C = A \, C + B \, C$ bzw. $C \, (A + B) = C \, A + C \, B$

●● ▎ **Merke**
Beachten Sie aber, dass im allgemeinen nicht $BA = AB$ gilt!

Einfache Darstellung linearer Gleichungssysteme

Durch die Einführung der Matrixmultiplikation können wir nun lineare Gleichungssysteme auch komplett in Matrizenschreibweise darstellen. Das allgemeine Gleichungssystem mit m Gleichungen und n Unbekannten

$$a_{11}\, x_1 + a_{12}\, x_2 + \ldots + a_{1n}\, x_n = b_1$$
$$a_{21}\, x_1 + a_{22}\, x_2 + \ldots + a_{2n}\, x_n = b_2$$
$$a_{n1}\, x_1 + a_{n2}\, x_2 + \ldots + a_n\, x_n = b_n$$

können wir nun sehr einfach schreiben:

$$Ax = b$$

wobei

$$A = \begin{pmatrix} a_{11} & a_{12} & \ldots & a_{1n} \\ a_{21} & a_{22} & \ldots & a_{2n} \\ \ldots & \ldots & \ldots & \ldots \\ a_{m1} & a_{m2} & \ldots & a_{mn} \end{pmatrix}, x = \begin{pmatrix} x_1 \\ x_2 \\ \ldots \\ x_n \end{pmatrix} \text{ und } b = \begin{pmatrix} b_1 \\ b_2 \\ \ldots \\ b_m \end{pmatrix} \text{ sind.}$$

Da sich die Bedeutung der Matrizen und Vektoren aus dem Zusammenhang ergibt, muss man nur am Anfang einer Berechnung ihre Größe beschreiben und kann im Anschluss auch umfangreiche Berechnungen sehr ökonomisch beschreiben. Wir werden dies in Kapitel 10 ausgiebig nutzen.

Beispielsweise können wir das Gleichungssystem aus Beispiel 2.3.2–1 nun schreiben als

$$\alpha \cdot c = A$$

Einheitsmatrix

Es gibt bei der Multiplikation von quadratischen Matrizen ein neutrales Element, entsprechend der 1 bei der Multiplikation von Zahlen. Diese Einheitsmatrix ist eine Diagonalmatrix, deren Einträge in der Hauptdiagonalen jeweils 1 sind, alle anderen Einträge sind gleich 0. Für Einheitsmatrizen wird die Abkürzung E verwendet.

$$E = \begin{pmatrix} 1 & 0 & \ldots & 0 \\ 0 & 1 & \ldots & 0 \\ \ldots & \ldots & \ldots & \ldots \\ 0 & 0 & \ldots & 1 \end{pmatrix} \qquad A = A \cdot E = E \cdot A$$

Inverse

Es ist leicht vorstellbar, dass eine Matrixdivision nicht sinnvoll definiert werden kann. Zum Umstellen von Matrixgleichungen gibt es jedoch ein Pendant zur Division von Zahlen: man multipliziert beide Seiten einer Matrix mit einer inversen Matrix A^{-1}, für die gilt

$$AA^{-1} = E$$

Wenn es eine geeignete inverse Matrix A^{-1} gibt, kann ein Gleichungssystem sehr schnell gelöst werden:

$$Ax = b \Rightarrow A^{-1} Ax = A^{-1}b \Rightarrow Ex = A^{-1}b \Rightarrow x = A^{-1}b$$

Schnelle Lösung von linearen Gleichungssystemen

Die Berechnung von Inversen zu vorgegebenen Matrizen muss nicht schrittweise durchgeführt werden, sondern wird von allen gängigen Rechenprogrammen angeboten, u. a. von Excel®, Funktion MINV.

Beispiel 2.3.5–3
Die beiden folgenden Matrizen sind zueinander invers, denn ihr Produkt ist die Einheitsmatrix.

$$A = \begin{pmatrix} 3 & 2 & 1 \\ 1 & 0 & 2 \\ 4 & 1 & 3 \end{pmatrix} A^{-1} = \begin{pmatrix} -\dfrac{2}{5} & -1 & \dfrac{4}{5} \\[2ex] 1 & 1 & -1 \\[2ex] \dfrac{1}{5} & 1 & -\dfrac{2}{5} \end{pmatrix}$$

Eine weitere wichtige Sonderklasse sind orthogonale Matrizen. Für diese giltEs gibt eine Reihe von speziellen Matrizen mit bestimmten Eigenschaften, von denen nur die allerwichtigsten erwähnt werden sollen. Die transponierte A^T zu einer gegebenen Matrix ist die Matrix, bei der Zeilen und Spalten vertauscht worden sind; die Matrix A^TA heißt Gram'sche Matrix und spielt bei der Lösung von überbestimmten Gleichungssystemen, also z. B. bei der linearen Regression ($\rightarrow$ Kap. 10), eine wichtige Rolle. Eine Matrix A^TA ist immer symmetrisch, d. h. es gilt $a_{ik} = a_{ki}$. Eine weitere wichtige Sonderklasse sind orthogonale Matrizen. Für diese gilt

Transponierte und Gram'sche Matrix

Orthogonale Matrizen

$$A^T = A^{-1}, \text{ und daher selbstverständlich auch } A^TA = E.$$

Die in Kap. 2.3.4 angesprochene Ermittlung einer ähnlichen Diagonalmatrix D zu einer gegebenen Matrix gelingt mit zwei zueinander inversen Matrizen:

$$A = C^{-1} DC$$

Anwendungsbeispiele dieser Rechenregeln werden wir in Kapitel 10 besprechen.

Die Differentialrechnung

2.4

Die Bedeutung der Differentialrechnung

2.4.1

Die Differentialrechnung ist notwendig, um Veränderungen richtig zu charakterisieren. In sehr vielen Fällen ist die Beobachtung einer Veränderung mindestens ebenso interessant und wichtig wie die Beobachtung des momentanen Zustandes. Das gilt für Temperaturveränderungen, aber auch für die Messung von Geschwindigkeiten: auch Geschwindigkeiten geben an, wie schnell sich ein Zustand, also zum Beispiel eine örtliche Position, ändert.

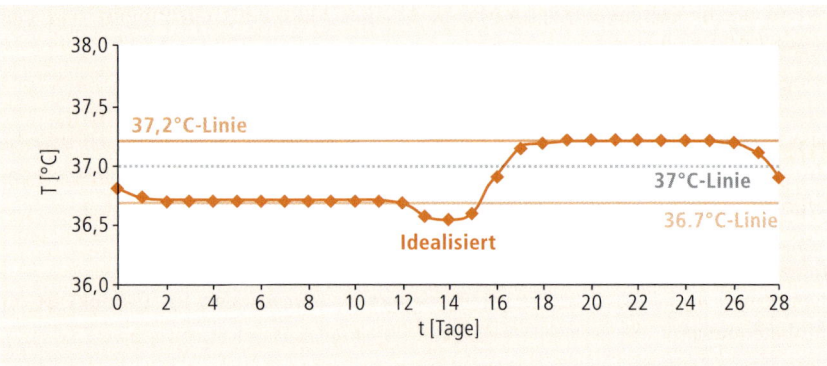

○ **Abb. 2.4.2–1** Temperaturverlauf während des weiblichen Zyklus (idealisiert)

Die Geschwindigkeit von Vorgängen ist auch in vielen Bereichen der Pharmazie von großer Bedeutung: Wie schnell wird ein Arzneistoff absorbiert und wieder ausgeschieden? Wie schnell löst sich eine Tablette auf? Wie lange benötigt eine chemische Reaktion? Können diese Prozesse gezielt beschleunigt oder verlangsamt werden? Bei der Beantwortung all dieser Fragen unterstützt uns die Differentialrechnung. Weitere wichtige Beziehungen werden später im Zusammenhang offensichtlich: Die Empfindlichkeit einer Kalibrierfunktion (→ Kap. 10.1) ist nichts anderes als deren 1. Ableitung, also gewonnen durch Differentialrechnung. Ebenso werden Ableitungen zur Berechnung von Messfehlern benötigt (→ Kap. 3.9).
Die Messung von Veränderungen ermöglicht es außerdem, Maxima und Minima einer Funktion zu bestimmen (→ Kap. 2.4.5). Vor einem Maximum ist die Veränderung positiv, danach negativ: wenn die Steigung bzw. die 1. Ableitung null wird, findet man daher häufig Extremwerte. Mithilfe dieser Gesetzmäßigkeit können viele Optimierungsprobleme in Mathematik, Technik und Pharmazie gelöst werden, wenn man für die Fragestellung einen funktionalen Zusammenhang formulieren kann.

2.4.2 Messung von Veränderungen: der Differenzenquotient

Die fruchtbaren Tage einer Frau können aus ihrer Körpertemperatur geschlossen werden. Hier ist nicht die absolute Temperatur von Bedeutung, sondern der Temperaturanstieg (○ Abb. 2.4.2–1) in zeitlichem Zusammenhang mit dem Eisprung.
Es gibt zwei Temperaturen, die häufiger vorkommen: 36,7 °C vor und 37,2 °C nach dem Eisprung. Wie stark ist jedoch der Temperaturanstieg während des Eisprunges?
Wir können den Zeitraum zwischen Verlassen der konstanten Phase bei tieferer Temperatur (bis Tag 10) und dem Beginn der konstanten Phase bei höherer Temperatur (ab etwa Tag 18) in Beziehung zum Temperaturanstieg setzen. Wir erhalten damit folgenden Differenzenquotienten (d = Tag):

$$\frac{37{,}2\,°C - 36{,}7\,°C}{8\,d} = 0{,}0625\,°C/d$$

Es ergibt sich bei dieser Berechnung also ein geringer Temperaturanstieg von 0,0625 °C pro Tag. Gibt dieser Wert den wirklich beobachtbaren Temperaturanstieg richtig wieder?

Differenzenquotient und Differentialquotient 2.4.3

Warum betrachtet man die Zeit vom Tag 10 bis zum Tag 18, und nicht die vom Tag 14 bis zum Tag 17? Dies ist willkürlich, und es gibt auch einen ganz deutlichen zahlenmäßigen Unterschied: die Zunahme zwischen Tag 14 und 17 beträgt $^{0,2\,°C}/_d$ (vgl. □ Tab. 2.4.3–1). In den Tagen 12 bis 14 nimmt die Temperatur sogar ab.

Aus der Graphik ist ersichtlich, dass sich die Steigung der Temperaturfunktion (wir werden sie später 1. Ableitung nennen) während des Eisprungs deutlich verändert; mit den oben angegebenen Differenzenquotienten kann man also nur eine durchschnittliche Temperaturveränderung während eines oder mehrerer Tage messen.

Wie groß ist nun der Temperaturanstieg zum Zeitpunkt des Eisprungs? Sicher ist es eine gute Lösung, zur Differenzbildung einfach näher an den relevanten Zeitpunkt heranzugehen:

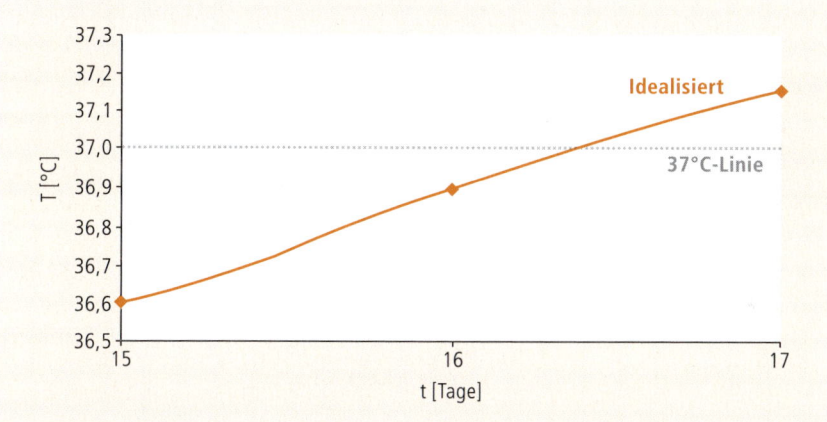

○ **Abb. 2.4.3–1** Temperaturverlauf während des weiblichen Zyklus (idealisiert), Ausschnittsvergrößerung aus ○ Abb. 2.4.2–1

Man sieht, diese Differenzen sind sich alle sehr ähnlich, und sie nähern sich anscheinend einem bestimmten Wert x' (○ Abb. 2.4.3–2). Diesen Wert nennt man den Grenzwert dieses Differenzenquotienten:

$$x' = \lim_{x \to x_0} \frac{f(x) - f(x_0)}{x - x_0}$$

Gleichung 2.4.3–1

Es gibt eine Reihe von wichtigen Eigenschaften von Grenzwerten – an dieser Stelle soll hier aber nur auf weiterführende Literatur verwiesen werden (z. B. Heuser). Es ist nicht selbstverständlich, dass dieser Grenzwert wirklich existiert – für Funktionen aus dem Bereich der Pharmazie können wir jedoch allgemein davon ausgehen, dass wir diesen Grenzwert berechnen können.

□ **Tab. 2.4.3–1** Differenzenquotienten für verschiedene Zeitpunkte, vgl. ○ Abb. 2.4.3–1 und ○ Abb. 2.4.3–2

Zeitpunkte	Tage	Δ Tage (d)	Δ T	$\frac{\Delta T}{\Delta d}$
10	18	8	0,5	0,0625
14	17	3	0,6	0,2
15	17	2	0,55	0,275
15	16	1	0,3	0,3
15,5	16	0,5	0,14375	0,2875
15,8	16	0,2	0,056	0,28
15,9	16	0,1	0,02775	0,2775
15,95	16	0,05	0,0138125	0,27625
15,99	16	0,01	0,0027525	0,27525

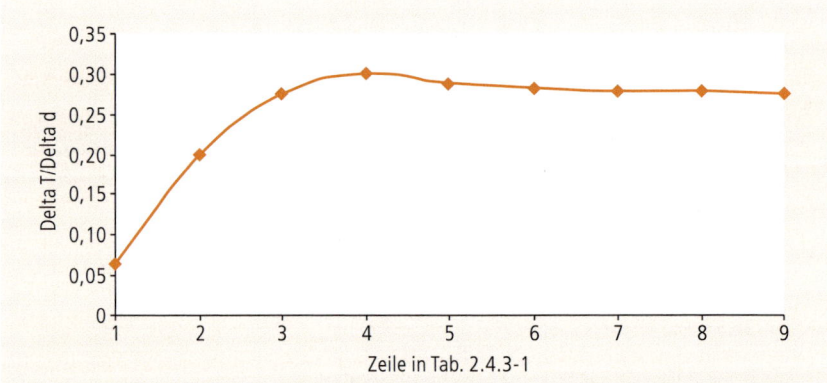

○ **Abb. 2.4.3–2** Entwicklung des Differenzenquotienten in Abhängigkeit vom Abstand der untersuchten Zeitpunkte, vgl. □ Tab. 2.4.3–1

Daher können wir nun eine Ableitungsfunktion $f'(x)$ zur Zustandsfunktion $f(x)$ angeben. Der Term $f'(x)$ ist nur eine andere Schreibweise für x', gibt aber noch zusätzlich an, für welche Funktion $f(x)$ der Differentialquotient betrachtet werden soll:

$$x' = f'(x) = \lim_{x \to x_0} \frac{f(x) - f(x_0)}{x - x_0}$$

Gleichung 2.4.3–2

Diese Ableitungsfunktion ist eine neue Funktion. Ihr Wert kann wiederum für alle möglichen x-Werte angegeben werden, also nicht nur für den Zeitpunkt der maximalen Temperaturzunahme, sondern auch z. B. für Tag 13 oder zum Zeitpunkt 17,2.

Die Ermittlung der Ableitungsfunktion durch eine Grenzwertbetrachtung soll an einem einfachen Beispiel demonstriert werden:

Beispiel 2.4.3–1
Wir betrachten die Funktion $f(x) = 3x + 2$; wie heißt die Funktion $f'(x)$, die die Steigung von $f(x)$ in jedem Punkt x beschreibt?

Allgemein gilt Gleichung 2.4.3–1, also auch für jeden beliebigen Punkt x_0 (s. o.); wir setzen die konkrete Funktion ein:

$$f'(x) = \lim_{x \to x_0} \frac{(3x+2) - (3x_0+2)}{x - x_0} \qquad = \lim_{x \to x_0} \frac{3x + 2 - 3x_0 - 2}{x - x_0}$$

$$= \lim_{x \to x_0} \frac{3x - 3x_0}{x - x_0} \qquad = \lim_{x \to x_0} \frac{3(x - x_0)}{x - x_0} = \underline{\underline{3}}$$

Dies gilt für alle x_0, also ist $f'(x) = 3$, also eine konstante Funktion. Dies ist auch nicht überraschend, denn $f(x)$ hat ja die konstante Steigung 3.
Wie man leicht sieht, ist die Ableitung mittels dieser Grenzwertbetrachtungen häufig nicht schwierig, zum Teil sogar trivial. Dennoch hat man Ableitungsregeln entwickelt, um diese vom Schreibaufwand nicht unerheblichen Vorgänge zu verkürzen, und auch, um für die komplizierteren Funktionen Rechenaufwand zu sparen.
Unmittelbar sieht man ein, dass in der angegebenen Grenzwertbetrachtung die Zahl 3 durch die allgemeine Variable a und die Zahl 2 durch b ersetzt werden könnte, ohne dass sich etwas am Rechenweg verändert. So verallgemeinert ist dann die betrachtete Funktion
$f(x) = ax + b$, und die 1. Ableitung für diesen allgemeinen Fall ist $f'(x) = a$.
Ganz allgemein gilt für Funktionen $f(x) = x^n$: $f'(x) = nx^{n-1}$. Diese und andere wichtige Grundfunktionen mit ihren Ableitungen sind in ☐ Tab. 2.4.3–2 zusammengefasst:

Ableitungen elementarer Funktionen

☐ **Tab. 2.4.3–2** Grundfunktionen und ihre Ableitungen

$f(x)$	$f'(x)$
x^n	$n\,x^{n-1}$
$\sin x$	$\cos x$
$\cos x$	$-\sin x$
$\ln x$	$\dfrac{1}{x}$
e^x	e^x

Beispiel 2.4.3–2
Wir kennen schon $f(x) = x = x^1$; $f'(x) = 1$; und wir kennen auch schon
$f(x) = x^0 = 1 = 0x + 1$, also: $f'(x) = 0$

Genauso gilt auch:

$$f(x) = x^2 \Rightarrow f'(x) = 2x; \quad f(x) = x^3 \Rightarrow f'(x) = 3x^2 \text{ und } f(x) = x^{17}$$
$$\Rightarrow f'(x) = 17x^{16}$$

Obige Regel gilt aber auch für negative oder gebrochene Exponenten x:

$$f(x) = \frac{1}{x} = x^{-1} \text{ oder}$$

$$f(x) = \sqrt{x} = x^{0,5} \Rightarrow f \cdot (x) = 0,5 \cdot x^{-0,5} = \frac{1}{2} \cdot \frac{1}{\sqrt{x}}$$

Es gibt zwei weitere nützliche Regeln für zusammengesetzte Funktionen: erstens kann bei einer Funktion, die aus einzelnen Summanden gebildet wird, die Ableitung termweise einzeln erfolgen und anschließend summiert werden:

$$g(x) = f_1(x) + f_2(x) + f_3(x) + f_4(x) + \dots$$
$$\Rightarrow g'(x) = f_1(x) + f_2(x) + f_3'(x) + f_4'(x) + \dots$$

Gleichung 2.4.3–3

oder geschlossen geschrieben

Gleichung 2.4.3–4

$$g(x) = \sum_{i=1}^{n} f_i(x) \Rightarrow g'(x) = \sum_{i=1}^{n} f_i'(x)$$

Nach der zweiten Regel kann ein Faktor beim Ableiten einfach mitgeführt werden:

$$g(x) = k \cdot f(x) \Rightarrow g'(x) = k \cdot f'(x)$$

Gleichung 2.4.3–5

Selbstverständlich können beide Regeln kombiniert werden.

Beispiel 2.4.3–3

$$f(x) = x^3 - x + 7 \quad \Rightarrow \quad f'(x) = 3x^2 - 1$$
$$f(x) = 2x^5 - 7x^2 \quad \Rightarrow \quad f'(x) = 10x^4 - 14x$$

Weitere Funktionen kann man ebenfalls in die in Tabelle 2.4.3–2 angegebenen zerlegen, allerdings nicht als einfache Summen, sondern als Produkte, Quotienten oder verkettete Funktionen. Für die Ableitungen der so verknüpften Funktionen gibt es weitere wichtige Regeln (☐ Tab. 2.4.3–3):

☐ **Tab. 2.4.3–3** Produkt-, Quotienten- und Kettenregel

Name	Funktion	Ableitung
Produktregel	$f(x) \cdot g(x)$	$f'(x) \cdot g(x) + f(x) \cdot g'(x)$
Quotientenregel	$f(x)/g(x)$	$\dfrac{f'(x) \cdot g(x) - f(x) \cdot g'(x)}{(g(x))^2}$
Kettenregel	$f(g(x))$	$f'(g(x)) \cdot g'(x)$

Mithilfe dieser Regeln können wir uns zwei weitere wichtige Regeln für Funktions- Ableitungsregeln
klassen ableiten:

a) $f(x) = a^x$

Auf den ersten Blick vermutet man eine Grundfunktion, aber man kann diese Art
von Funktionen mithilfe der Exponentialfunktion zusammengesetzt darstellen
(vgl. Kap. 2.2.2):

$$\ln a^x = x \cdot \ln a \quad \Rightarrow \quad e^{\ln a^x} = a^x = e^{x \cdot \ln a}$$

Die Funktion $e^{x\,\ln a}$ kann nun mithilfe der Kettenregel ($\Box$ Tab. 2.4.3–3) differen-
ziert werden; man sagt, die äußere Ableitung $f'(g(x))$ wird mit der inneren Ableitung $g'(x)$ multipliziert. Hier entspricht $f(x)$ der Exponentialfunktion und $g(x)$
der Funktion $x \ln a$:

$$(a^x)' = (e^{x\,\ln a})' = e^{x\,\ln a} \cdot \ln a = a^x \cdot \ln a \qquad \text{Gleichung 2.4.3–6}$$

Auch diese Funktion kann man aus Grundfunktionen zusammensetzen (vgl. Kap.
2.3):

$$x = a^{\lg_a x} \quad \Rightarrow \quad \ln x = \ln\left(a^{\lg_a x}\right) = \lg_a x \cdot \ln a \quad \Rightarrow \quad \lg_a x = \frac{\ln x}{\ln a}$$

Auf diese Darstellung der Funktion wird nun die Quotientenregel ($\Box$ Tab. 2.4.3–3)
angewandt (1. Ableitung von $\ln x$: s. $\Box$ Tab. 2.4.3–2; 1. Ableitung von $\ln a = 0$, da
$\ln a$ eine konstante Zahl wie z. B. 2 oder 3 oder b ist):

$$(\lg_a x)' = \left(\frac{\ln x}{\ln a}\right)' = \frac{\frac{1}{x} \cdot \ln a - \ln x \cdot 0}{(\ln a)^2} = \frac{\frac{1}{x} \cdot \ln a}{(\ln a)^2} = \frac{\frac{1}{x}}{\ln a} = \frac{1}{x \ln a} \qquad \text{Gleichung 2.4.3–7}$$

Höhere Ableitungen   2.4.4

In einigen Fällen wird der Vorgang der Differenzierung mehrfach nacheinander
durchgeführt; man spricht dann von der 2. Ableitung, 3. Ableitung usw. Höhere
Ableitungen spielen eine Rolle, wenn man an der Veränderung von Veränderungs-
prozessen interessiert ist, außerdem bei der Bestimmung von Extremwerten ($\rightarrow$
Kap. 2.4.5). Formal wird der Prozess der Differenzierung einfach mehrfach nacheinander durchgeführt:

Beispiel 2.4.4–1
$$f(x) = x^2 + 2x + 1;\ f'(x) = 2x + 2;\ f''(x) = f'(f'(x)) = f'(2x + 2) = 2$$

Ganz allgemein spielen diese höheren Ableitungen bei Geschwindigkeitsverände-
rungen eine Rolle, gleich ob es sich um die Geschwindigkeit von Fahrzeugen, von
chemischen Reaktionen oder die Geschwindigkeit von Resorption, Verteilung und
Ausscheidung (Elimination) von Arzneistoffen handelt. Weitere Beispiele, bei
denen höhere Ableitungen eine Rolle spielen, sind die Messung des Anstiegs der
globalen Erwärmung und die Ermittlung eines maximalen Temperaturanstieges
($\rightarrow$ Kap. 2.4.2).

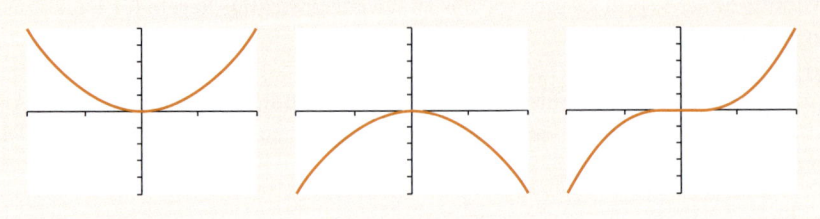

○ **Abb. 2.4.5–1** Extremwerte und Sattelpunkt

2.4.5 Maxima und Minima

Wenn Extremwerte erreicht werden, dann verhält sich die Steigung, also die erste Ableitung, ganz charakteristisch. Vor einem Maximum gibt es einen Anstieg, danach einen Abfall; bei einem Minimum verhält es sich umgekehrt. Die Steigung im Extremwert selbst ist in beiden Fällen gleich null. Es ergeben sich zwei Fragen; die erste lautet:

Kann nun umgekehrt geschlossen werden, dass ein Extremwert vorliegt, wenn die 1. Ableitung null ist? Nein, dazu gibt es Gegenbeispiele, etwa die Funktion x^3 (○ Abb. 2.4.5–1, rechts). In solchen Fällen spricht man von Sattelpunkten. In der naturwissenschaftlichen Praxis sind Extremwerte allerdings viel häufiger als Sattelpunkte.

Links: Die zunächst negative Steigung nimmt kontinuierlich zu und erreicht beim Minimum den Wert null.

Mitte: Die Steigung nimmt kontinuierlich ab und erreicht beim Maximum den Wert null, danach wird sie negativ.

Rechts: Auch bei einem Sattelpunkt hat die Steigung den Wert null, aber sowohl vor als auch nach dem Sattelpunkt hat die Steigung das gleiche Vorzeichen; hier ist sie jeweils positiv.

Die zweite Frage, die sich ergibt:

Wenn festgestellt worden ist, dass die erste Ableitung gleich 0 ist, woran kann man erkennen, ob ein Maximum, ein Minimum oder ein Sattelpunkt vorliegt? Dies ergibt sich aus den Werten für die 1. Ableitung vor und nach der Nullstelle. Meist genügt es, das Vorzeichen der 2. Ableitung zu bestimmen[1]. Das kann man sich so klarmachen: die erste Ableitung kann man sich als Steigung einer Funktion verdeutlichen, die 2. Ableitung ist dann die Veränderung der Steigung. Wenn ein Maximum durchlaufen wird, ist die Steigung vor dem Maximum positiv, sie nimmt immer weiter ab, bis sie im Maximum selbst den Wert null erreicht, und danach beginnt der Abstieg, dass heißt die Steigung nimmt weiter ab. Die Steigung nimmt also im Bereich des Maximums kontinuierlich ab, und das wiederum heißt dass deren Veränderung, also die 2. Ableitung, im Bereich eines Maximums negativ ist. Die gleiche Überlegung kann man analog für Minima durchführen, in diesem Fall ist die 2. Ableitung im Bereich des Extremwertes positiv. Sattelpunkte liegen vor, wenn der Wert der 2. Ableitung genau gleich null beträgt.

[1] Ausnahme z. B.: $y = x^4$

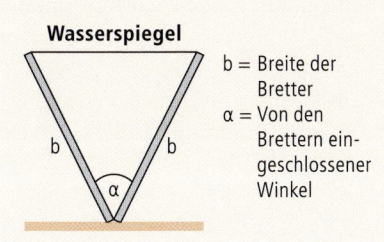

Beispiel 2.4.5–1

Die Jahresproduktion y steigt linear mit Tagesproduktion x. Allerdings steigt auch die Fehlerrate bei höherer Tagesproduktion, weil weniger sorgfältig gearbeitet werden kann. Wir nehmen hier an, der Zusammenhang zwischen der Fehler- und Produktionsrate wäre quadratisch. Welche Tagesproduktion führt zu einem optimalen Ergebnis?

Wir nehmen an, dass an 250 Tagen im Jahr produziert wird, der Einfluss des quadratischen Anteils wird mit einem zunächst willkürlichen Faktor (hier: 10) versehen. Dann ergibt sich die Gleichung:

$$y = 250\,x - 10x^2$$

Um das Optimum zu finden, bilden wir die erste Ableitung dieser Funktion

$$y' = 250 - 20x$$

und suchen die zugehörige Nullstelle; diese liegt bei $x = 12{,}5$; durch Bilden der zweiten Ableitung und Einsetzen dieses Wertes kann man sich auch formal schnell davon überzeugen, dass an dieser Stelle tatsächlich ein Maximum vorliegt. Die Produktion läuft also optimal, wenn an 2 Arbeitstagen 25 Einheiten produziert werden, also im Schnitt 12,5 pro Tag.

Beachten Sie: wenn die Fehlerrate insgesamt geringer ist, aber dennoch ein quadratischer Zusammenhang besteht (z. B. $y = 250x - 2\,x^2$), ergibt sich ebenfalls ein Optimum, allerdings für eine höhere Tagesproduktion x.

Nullstellen der 1. Ableitung sind Kandidaten für optimale Werte.

Beispiel 2.4.5–2

Eine Rinne soll aus zwei gleich großen Brettern mit der Breite b angefertigt werden. Welcher Winkel soll gewählt werden, damit der Querschnitt der Rinne möglichst groß wird? (○ Abb. 2.4.5–2)

Zur Lösung dieser Aufgabe muss die Fläche des gleichschenkligen Dreiecks, welches aus den beiden Brettern und dem Wasserspiegel gebildet wird, maximiert werden. Die Fläche eines Dreiecks berechnet sich allgemein als

$$F = 0{,}5 \cdot a \cdot b \cdot \sin \alpha$$

wobei die Seiten mit den Längen a und b den Winkel α einschließen. Wenn die Seitenlängen vorgegeben sind, wird die Fläche maximal, wenn der Sinus des

Winkels α maximal wird. Die Ableitung der Sinusfunktion ist die Cosinusfunktion ($\square$ Tab. 2.4.3–2):

$(\sin \alpha)' = \cos \alpha$

Der Cosinus wird 0 für $\dfrac{\pi}{2} = 90°$, an dieser Stelle wird der Sinus maximal (= 1). Der maximale Querschnitt wird also für $\alpha = 90°$ erreicht.

Beispiel 2.4.5–3

Ähnlich wie in Bsp. 2.4.5–1 soll der Gewinn $G(x)$ optimiert werden, diesmal nicht in Abhängigkeit von der Produktionsrate, sondern abhängig von der produzierten Stückzahl x
Eine Apotheke stellt eine Hausspezialität her. Der Erlös $E(x)$ ist dann proportional zur hergestellten Stückzahl, er kann direkt aus dieser und dem Preis p berechnet werden:

$E(x) = p \cdot x$

Die Kostenfunktion $K(x)$ ist in der Regel komplizierter zusammengesetzt: es gibt fixe Kosten a, die auch ohne Produktion anfallen (z. B. Kosten für die bereitgestellten Räume, für das eingesetzte Kapital, für Versicherungen usw.). Die Erfahrung zeigt, dass die variablen Kosten $V(x)$ am besten durch ein Polynom 3. Grades beschrieben werden:

$V(x) = bx - cx^2 + dx^3$, also
$K(x) = a + bx - cx^2 + dx^3$ und
$G(x) = E(x) - K(x) = -a + (p - b) \cdot x + cx^2 - dx^3$

Wenn ein Maximum vorliegt, ist die erste Ableitung 0; wir suchen also zunächst alle Nullstellen der 1. Ableitung und untersuchen danach, ob es sich tatsächlich um Maxima handelt:

$G'(x) = p - b + 2\,cx - 3\,dx^2 = 0$

Diese quadratische Gleichung wird umgeformt (vgl. $\rightarrow$ Kap. 2.1.2):

$$\left(x - \frac{c}{3d}\right)^2 = \frac{p-b}{3d} + \frac{c^2}{9d^2}$$

Die Gleichung ist reell lösbar, wenn die rechte Seite der Gleichung größer oder gleich null ist. Dann gilt:

$$x = \frac{c}{3d} \pm \sqrt{\frac{p-b}{3d} + \frac{c^2}{9d^2}}$$

Mithilfe der 2. Ableitung muss überprüft werden, ob es sich um ein Maximum handelt:

$G''(x) = 2c - 6dx$

Wird kein Maximum von $G(x)$ gefunden, dann steigt normalerweise der Gewinn mit x, auch wenn x beliebig groß wird (für $c = d = 0$). In Extremfällen kann es allerdings auch heißen, dass der „Gewinn" immer negativ ist, und dass der Verlust mit x noch ansteigt.

Hier ein Zahlenbeispiel (alle Angaben bezogen auf Euro):

$p = 10; a = 1000; b = 1{,}5; c = 0{,}005; d = 1 \cdot 10^{-7}.$

Es ist typisch für solche Gleichungen, dass die Koeffizienten zu den höheren Potenzen klein sind; sie wirken sich trotzdem erheblich aus, weil sie mit großen Zahlen x^n multipliziert werden.

Diese Zahlen eingesetzt ergeben sich

$$\frac{p-b}{3d} + \frac{c^2}{9d^2} \approx \underline{\underline{3{,}06 \cdot 10^8}}$$

Die Wurzel hieraus beträgt etwa 17496, $\dfrac{c}{3d}$ ist $16666\,\dfrac{2}{3}$. Die beiden Lösungen der quadratischen Gleichung liegen also bei etwa $x = 829$ und $x = -34163$. Letzterer Wert ist keine relevante Lösung, denn negative Stückzahlen ergeben keinen Sinn. Die 2. Ableitung für $x = 829$ ist eindeutig negativ (etwa $-0{,}0105$), an dieser Stelle liegt also tatsächlich ein Maximum vor.

Partielle Ableitungen   2.4.6

Bisher haben wir nur Funktionen $y = f(x)$ betrachtet, aber selbstverständlich können wir auch die Funktion einer anderen Variablen betrachten und ableiten ($y = f(z)$, $y = f(\alpha)$), und eine Funktion kann von mehreren Variablen abhängen ($y = f(x, z)$, oder allg. $y = f(x_1, x_2, x_3, \dots x_n)$). Dann kann man die Abhängigkeit von der Veränderung der jeweiligen Variablen untersuchen, d. h. es gibt nach wie vor eine Ableitung nach der Variablen x,

$f'(x) = \dfrac{\partial y}{\partial x}$, aber außerdem eine Ableitung nach der Variablen z, $\dfrac{\partial y}{\partial z}$, und

allgemein kann man nach jeder Variablen x_i ableiten, man schreibt dann $\dfrac{\partial y}{\partial x_i}$.

Drei einfache Beispiele:

Beispiel 2.4.6–1

$y = ax$. Wir leiten nach x ab. Bisher haben wir geschrieben $y' = a$. Um deutlich zu machen, dass nach x abgeleitet wird, können wir auch schreiben:

$$\frac{\partial y}{\partial x} = a$$

Wir können nun ebenso gut x als die Konstante auffassen und die Funktion nach a ableiten. Das Ergebnis ist dann a^1 nach a abgeleitet, gleich 1, multipliziert mit der Konstanten x; wir schreiben

$$\frac{\partial y}{\partial a} = x$$

Beispiel 2.4.6–2

Das Volumen eines Quaders hängt von Länge, Breite und Höhe ab:
$V = f(l, b, h) = l \cdot b \cdot h$

Wir können also drei partielle Ableitungen bilden; die Variable, nach der abgeleitet wird, wird zu eins, die Konstanten bleiben jeweils erhalten:

$$\frac{\partial V}{\partial l} = b \cdot h$$

$$\frac{\partial V}{\partial b} = l \cdot h$$

$$\frac{\partial V}{\partial h} = l \cdot b$$

Beispiel 2.4.6–3 (→ Beispiel 3.8.3–4)

Die Massenkonzentration hängt von Masse und Volumen ab:

$$c = \frac{m}{v}$$

Auch hier sind zwei partielle Ableitungen möglich. Zunächst leiten wir nach der Masse ab. Dazu fassen wir das Volumen als Konstante auf. $c = \frac{1}{V} \cdot m$

Die Variable m nach sich selbst abgeleitet ergibt 1, die Konstante $\frac{1}{V}$ bleibt erhalten, also $\frac{\partial c}{\partial V} = \frac{1}{V}$

Wenn wir nach dem Volumen ableiten, können wir zunächst schreiben

$c = m \cdot V^{-1}$

V^{-1} nach V abgeleitet ergibt $(-1) \cdot V^{-2}$ (vgl. ☐ Tab. 2.4.3–2), die Konstante, in diesem Fall m, bleibt wiederum erhalten. Also:

$$\frac{\partial c}{\partial V} = -m \cdot \frac{1}{V^2}$$

Wo werden partielle Ableitungen benötigt? Eine ganz wichtige Anwendung finden sie in der Fehlerfortpflanzungsrechnung (→ Kap. 3.8.3). Allgemein sind sie bei Optimierungsfragen von großer Bedeutung. Die Berechnungsformeln für die lineare Regression ergeben sich aus dem Optimierungsproblem (hier: der Minimierung) der Summe der quadrierten Abweichungen von Messwerten und Regressionsgerade (→ Kap. 10.1).

Übung 1

Formulieren Sie die zugehörigen 1. Ableitungen:

$$f(x) = x^2 - 7x + 5$$
$$f(x) = 2x^3 + 5$$
$$f(x) = x^6 + 3x^2 - 7x$$
$$f(x) = 6x^5 + 6x - 7$$
$$f(x) = 30x^4 + 6$$
$$f(x) = 24x^5 + 30x^4 + 40x^3 + 60$$
$$x^2 + 120x + 120\,000$$

Übung 2

Sie möchten mit einem Geländewagen von *A* nach *B* fahren. Dazu können Sie die gut ausgebaute Strecke von *A* nach *C* benutzen, aber auch an jeder beliebigen Stelle ins Gelände abbiegen. Wenn Sie durch das Gelände fahren, benötigen Sie 25 % länger für die gleiche Strecke als auf der Straße. Sie können direkt von A nach B durch das Gelände fahren, oder rechtwinklig von der Straße abbiegen und eine möglichst kurze Route durchs Gelände wählen (*A* – *C* – *B*). Aber was ist die schnellste Möglichkeit?

Lösung

Wir ermitteln zunächst eine Funktion, die den Zeitbedarf in Abhängigkeit von der Abbiegestelle ermittelt. Die Strecke zwischen dem Lot *C-B* und der Abbiegestelle nennen wir *x*. Die Länge der Strecke zwischen der Abbiegestelle und B berechnet sich jetzt nach dem Satz des Pythagoras als:

$$\sqrt{x^2 + 80^2}$$

Die Einheit ist jeweils Kilometer und wird als Vereinfachung in den weiteren Berechnungen nicht berücksichtigt.
Die Länge der Strecke von *A* bis zur Abbiegestelle ist einfach 150 – *x*.
Wir können nun den Zeitbedarf in Abhängigkeit von *x* berechnen:

$$t = f(x) = (150 - x) \cdot 1 + \sqrt{x^2 + 80^2} \cdot 1,25$$

Nun können wir *f(x)* ableiten; Nullstellen von *f′(x)* sind Kandidaten für Minima (→ Kap. 2.4.5). Also bestimmen wir *f′(x)*. Die Summanden können einzeln abgeleitet werden; der erste Summand ergibt abgeleitet −1. Daran sieht man, dass die Abbiegestelle nicht von der absoluten Entfernung von A abhängt, sondern nur von der Geländebeschaffenheit. Die Angabe 150 hat für die weitere Berechnung keine Bedeutung.
Zur Ableitung des Wurzelterms verwenden wir die Kettenregel (→ ☐ Tab. 2.4.3–3):

$$\left(\sqrt{x^2 + 80^2}\right)' = \frac{1}{2} \cdot \frac{1}{\sqrt{x^2 + 80^2}} \cdot 2x = \frac{1}{\sqrt{x^2 + 80^2}} \cdot x$$

Die gesamte Ableitung lautet also:

$$f'(x) = -1 + \frac{1}{\sqrt{x^2 + 80^2}} \cdot x \cdot 1,25$$

Nullstellen dieser 1. Ableitung sind, wie gesagt, Kandidaten für ein Optimum:

$$0 = -1 + \frac{1}{\sqrt{x^2 + 80^2}} \cdot x \cdot 1,25$$

Wir formen um:

$$1 = \frac{1}{\sqrt{x^2 + 80^2}} \cdot x \cdot 1,25 \Rightarrow x^2 + 80^2 = (1,25)^2 \cdot x^2 \text{, also}$$

$$80^2 = 0,5625\, x^2$$

$$x^2 = \frac{80^2}{0,5625} = 11377,7...$$

Wird daraus die Wurzel gezogen, ergibt sich $x = 106 \cdot \dfrac{2}{3}$.

Wenn nach so vielen Kilometern vor C (also bereits etwa 43 km nach A) von der Straße abgebogen wird, kann die Strecke am schnellsten zurückgelegt werden.

2.5 Die Integralrechnung

2.5.1 Die Bedeutung der Integralrechnung

In vielen Fällen ist nicht ein momentaner Zustand entscheidend, sondern eine, teilweise langfristige, Auswirkung des Zustandes über die Zeit. Ein schönes Beispiel ist der Sonnenbrand: Die momentane UV-Strahlung ist nicht ausschlaggebend, auch in den Tropen kann man sich ein paar Minuten ungeschützt in der Sonne aufhalten. Andererseits kann auch bei mäßiger UV-Strahlung, z. B. im Frühjahr in Mitteleuropa, ein Sonnenbrand auftreten, wenn man sich den ganzen Tag ungeschützt in der Sonne aufhält. Offensichtlich spielt so etwas wie das Produkt aus Sonnenstrahlung und Zeit die wesentliche Rolle.

So ähnlich ist es auch bei den Auswirkungen von radioaktiven Strahlen. Entscheidend für die biologische Wirkung ist die Energiedosis, die mit der Einheit Gray (1 Gy = 1 J/kg Körpergewicht) angegeben wird; diese Energiedosis wird jeweils noch mit einem Wichtungsfaktor Q multipliziert, welcher die unterschiedliche biologische Wirksamkeit (also Gefährdung von Menschen, aber auch Effizienz bei der Sterilisation) von verschiedenen Strahlungsarten berücksichtigt. Die Einheit der so erhaltenen Äquivalentdosis heißt ein Sievert (1 Sv = Q $\cdot$ 1 Gy). Für die folgenden Überlegungen wollen wir davon ausgehen, dass Q = 1 gilt (z. B. für eine γ-Strahlung).

Auch hier wird eine Energiedosis nie schlagartig aufgenommen, sondern immer über einen Zeitraum. Die Energiedosisrate, die dies beschreibt, hat die Einheit 1 Gray pro Sekunde (Gy/s). Wenn sich die Strahlungsintensität nicht verändert, dann kann aus der Energiedosisrate durch Multiplikation mit der Expositionszeit sehr leicht die aufgenommene Dosis berechnet werden.

Beispiel 2.5.1–1
Ein Präparat wird 2 h mit 10 m Gy/s bestrahlt. Wie hoch ist die Energiedosis?

$$2\,h \cdot (10\ \text{m Gy/s}) = 2 \cdot 3600\ \text{s} \cdot 10\ \text{m Gy/s} = 72000\ \text{mGy} = \underline{72\ \text{Gy}}$$

Diese Multiplikation entspricht der Flächenbestimmung in ○ Abb. 2.5.1–1.
Die typische Strahlenexposition von exponiertem Personal sieht allerdings anders aus: im Laufe eines Arbeitstages kann zeitweise eine erhöhte Energiedosisrate wirken, üblicherweise sind Mitarbeiter einer möglichst geringen Energiedosisrate ausgesetzt (○ Abb. 2.5.1–2).
Auch in einem solchen Fall repräsentiert die Fläche unter dieser Kurve die Energiedosis. Diese Flächenbestimmung kann hier nicht mehr einfach durch Multiplikation erfolgen, ist aber durch Integration möglich. Wir werden gleich

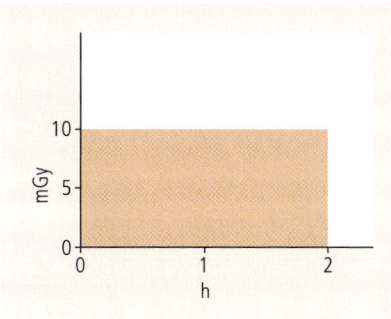

○ **Abb. 2.5.1–1** Die Strahlendosis bei konstanter Strahlendosisrate ist das Produkt aus Strahlendosisrate und Zeit und entspricht hier der gekennzeichneten Fläche.

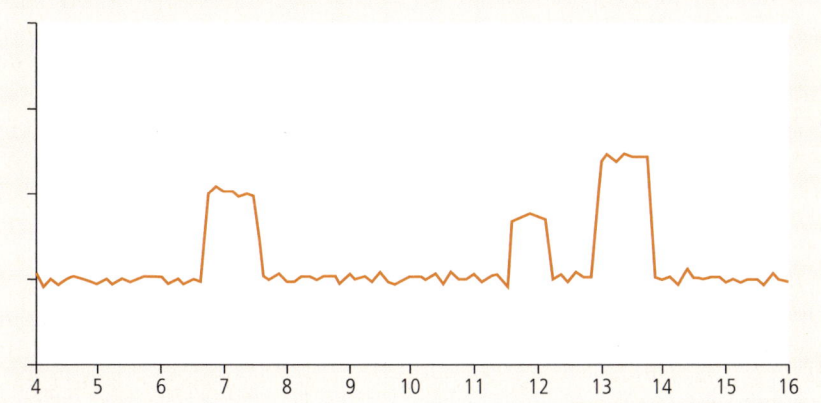

○ **Abb. 2.5.1–2:** Strahlungsbelastung eines temporär exponierten Arbeiters mit einer Arbeitszeit von 6:00 Uhr bis 15:00 Uhr

sehen, dass die numerische (rechnerische) Integration die Flächenbestimmung auf eine schrittweise Multiplikation zurückführt.

Flächen und Integrale spielen auch bei der Beurteilung von Arzneimittelwirkungen eine große Rolle. In ○ Abb. 2.5.1–3 und 2.5.1–4 sind verschiedene Verläufe der Blutplasmakonzentration von Wirkstoffen dargestellt. Die Wirkung einer Substanz hängt eng mit dieser Konzentration zusammen. Da die Plasmakonzentration meist wesentlich leichter messbar ist als die direkte Wirkung, wird diese bevorzugt zur Beurteilung der Wirksamkeit verwendet (es besteht allerdings keine lineare Beziehung zwischen Konzentration und Wirkung).

Es wird schnell deutlich, dass sich die Wirksamkeit und die Wirkdauer der Arzneimittel in ○ Abb. 2.5.1–3 und 2.5.1–4 stark unterscheiden. Bitte beachten Sie auch die unterschiedliche Skalierung der Zeitachse! Der Plasmaspiegel in ○ Abb. 2.5.1–3 entspricht einem nur sehr kurz wirksamen Arzneimittel. In Ausnahmefälle ist eine kurze Wirkung erwünscht, z. B. bei Kurzzeitnarkotika. Analgetika oder Antibiotika mit einer so kurzen Wirkung sind jedoch keine sinnvollen Arzneimittel.

Auch die beiden Kurven in ○ Abb. 2.5.1–4 unterscheiden sich deutlich: man spricht bei der höher liegenden, blau markierten Kurve mit größerer darunter liegender Fläche (AUC) von einem Arzneimittel mit höherer Bioverfügbarkeit.

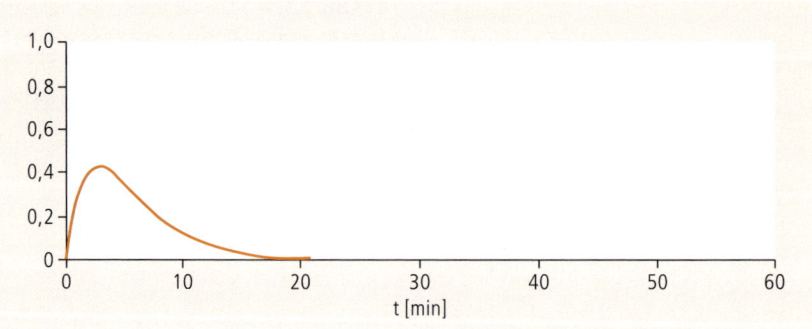

○ **Abb. 2.5.1–3** Arzneimittel mit (zu) kurzer Wirkzeit, (zu) kleiner AUC

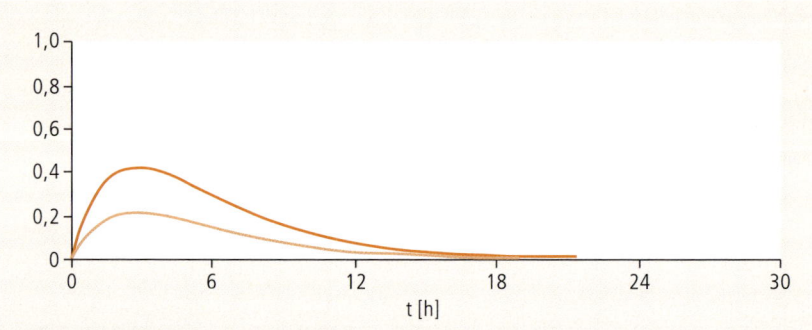

○ **Abb. 2.5.1–4** Zwei Arzneimittel mit unterschiedlicher Bioverfügbarkeit und im Vergleich zu ○ Abb. 2.5.1–3 deutlich längerer Wirkdauer

2.5.2 Numerische Integration: Die Trapezregel

Wenn die zugehörige Fläche zu konkreten Messwerten bestimmt werden soll, wird die Fläche durch numerische Integration bestimmt, besonders wenn die entsprechende Funktion t [h] nicht explizit bekannt ist. Die einfachste Vorgehensweise ist eine Parkettierung der AUC mit Trapezen (○ Abb. 2.5.2–1). Die Fläche F eines einzelnen Trapezes berechnet sich nach Gleichung 2.5.2–1, die gesamte Fläche zu n Funktionswerten $f_1 \ldots f_n$ also als Summe der Fläche der $n-1$ dazwischen liegenden Trapeze, wenn am Anfang und am Ende der Fläche je noch zusätzlich ein rechtwinkliges Dreieck angelegt wird (Gleichung 2.5.2–2):

Gleichung 2.5.2–1

$$F = \frac{a+b}{2} \cdot h = \frac{ah+bh}{2}$$

Gleichung 2.5.2–2

$$\int_{1}^{n} f(x)dx \approx h \cdot \frac{f(1)}{2} + h \cdot \frac{f(1)+f(2)}{2} + h \cdot \frac{f(2)+f(3)}{2} + \ldots + h \cdot \frac{f(n-1)+f(n)}{2} + h \cdot \frac{f(n)}{2}$$

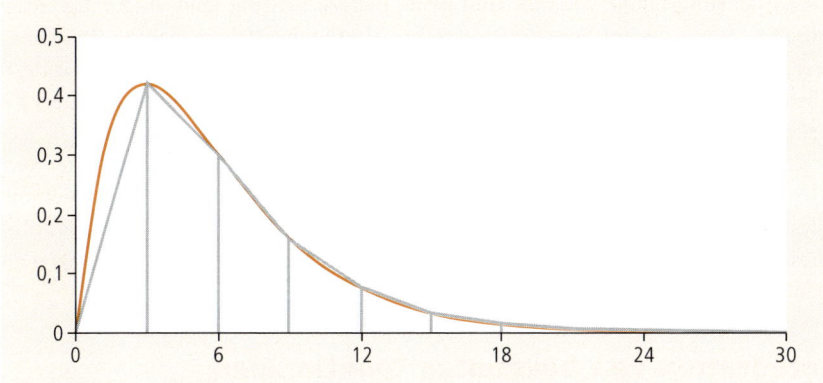

○ **Abb. 2.5.2–1** Flächenbestimmung durch Parkettierung mit Trapezen

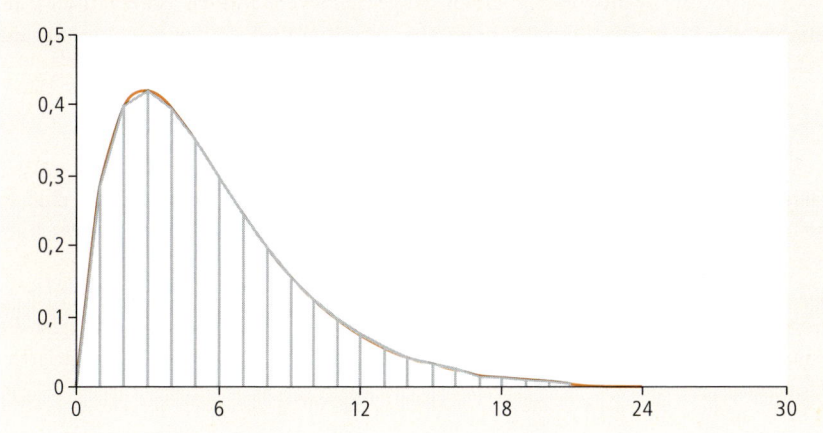

○ **Abb. 2.5.2–2** Auswirkungen einer feineren Parkettierung mit Trapezen bzw. der Wahl einer kleineren Intervallbreite h (vgl. Gleichung 2.5.2–1 bis 2.5.2–3)

Da jeder Term $\dfrac{f(i)}{2}$ je zweimal vorkommt, vereinfacht ergibt sich die Formel der numerisch integrierten Peakfläche nach der Trapezregel weiter zu Gleichung 2.5.2–3:

Gleichung 2.5.2–3

$$\int_1^n f(x)dx \approx h \cdot \sum_{i=1}^{n} f(i)$$

Es ist leicht verständlich, dass das Ergebnis und die Qualität, d. h. der Unterschied zur wahren Fläche, bei einer numerischen Integration von der Feinheit der Parkettierung beziehungsweise von der gewählten Intervallbreite h abhängt (vgl. ○ Abb. 2.5.2–1 und –2).

Für diese Abbildung und ○ Abb. 2.5.2–1 wurden die gleichen Messwerte verwendet. Eine kleinere Intervallbreite bzw. schmalere Trapeze führen zu einer besseren Näherung für die wahre Fläche unter der Kurve.

Durch leistungsfähige Rechner sind heute nahezu beliebig feine Intervallgrenzen möglich, wenn genug Funktionswerte zur Verfügung stehen. Fehlen Zwischenwerte, kann die Integration durch andere Parkettierungen und durch Grenzwertabschätzungen nach mehrfacher Flächenberechnung mit verschiedenen Intervallbreiten verbessert werden (→ weiterführende Literatur).

Stellen wir uns vor, wir würden die Parkettierung tatsächlich immer weiter verkleinern, so dass der Grenzwert der Parkettierungslänge h gegen 0 ginge. Wenn in diesem Fall die ermittelte Fläche ebenfalls gegen einen Grenzwert strebt, dann ist dieser Grenzwert das Integral. Der Vorgang der Ermittlung dieses Integrals nennen wir Integration.

2.5.3 Integration von bekannten funktionalen Zusammenhängen

Wie groß ist das Integral der konstanten Funktion 5 von 0 bis 7 (○ Abb. 2.5.3–1)? Man kann zur Beantwortung dieser Frage selbstverständlich schematisch eine numerische Integration durchführen; aber offensichtlich ist das hier unnötig: die Fläche beträgt 35.

Dieses bestimmte Integral wird formal so geschrieben:

$$\int_0^7 5dx$$

Stammfunktion

Dadurch haben wir eine neue Funktion der Funktion $f(x) = 5$ erhalten, eine so genannte Stammfunktion, die üblicherweise mit Großbuchstaben gekennzeichnet wird, hier also $F(x)$, im konkreten Fall $F(x) = 5x$.

Wie Sie sich erinnern, ist die erste Ableitung von $(5x)' = 5$ (→ Kap. 2.4.3); dies ist kein Zufall. Ohne dass dies an dieser Stelle bewiesen werden soll (vgl. Lit.), ist die Ableitung der Stammfunktion immer wieder gleich der ursprünglich integrierten Funktion.

● ● **Merke**

Integration und Differenzierung sind also Umkehroperationen.

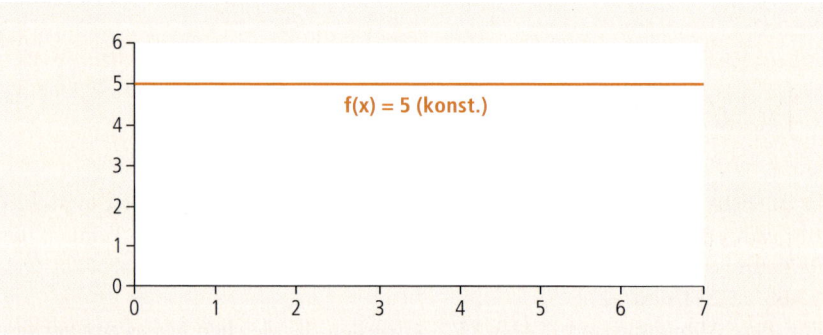

○ **Abb. 2.5.3–1** Graphische Darstellung der konstanten Funktion $f(x) = 5$ für das Intervall von 0 bis 7

Dies bedeutet übrigens, dass es zu integrierbaren Funktionen $f(x)$ immer mehrere, sogar unendlich viele Stammfunktionen gibt. Auch die Funktion $F(x) = 5x + 28$ ist eine Stammfunktion von $f(x) = 5$, denn auch $(5x + 28)' = 5$. Man schreibt daher: Die Stammfunktion(en) zu $f(x) = 5$ sind $F(x) = 5x + C$, wobei C eine beliebige Konstante ist.

Wenn eine Stammfunktion $F(x)$ zu $f(x)$ bekannt ist, kann das bestimmte Integral von $f(x)$ in den Grenzen von a bis b als Differenz der Werte $F(b)$ und $F(a)$ berechnet werden. Es wird auch gesagt, die Stammfunktion wird in den Intervallgrenzen betrachtet:

$$\int_a^b f(x)dx = F(b) - F(a) = F(x)\Big|_a^b \qquad \text{Gleichung 2.5.3–1}$$

Der oben beschriebenen Fall war ein Spezialfall dieses Satzes für $F(a) = 0$.

Zur funktionalen Integration wird also eine (Stamm-)funktion gesucht, deren Ableitung die zu integrierende Funktion ergibt. Um solch eine Funktion zu finden, muss man sich gut mit den Zusammenhängen zwischen Funktionen und ihren Ableitungen auskennen.

> **Merke**
>
> Wer gut integrieren will, muss gut differenzieren lernen!

Bei einfachen Polynomen fällt es leicht, eine geeignete Stammfunktion zu finden: sei $f(x) = x^n$, dann ist:

$$F(x) = \frac{x^{n+1}}{n+1} + C \qquad \text{Gleichung 2.5.3–2}$$

da $F'(x)$ nach den Ableitungsregel dann wieder x^n wird.

Ausnahme: $n = -1$; dann ist $f(x) = \dfrac{1}{x}$, und die Stammfunktion $F(x) = \ln x$ (□ Tab. 2.4.3–2).

Analog zur Differentiation (Gleichung 2.4.3–2, 2.4.3.–3) gibt es auch bei der Integration eine Regel für konstante Faktoren und für Summen:

$$\int c \cdot f(x)dx = c \cdot \int f(x)dx \qquad \text{Gleichung 2.5.3–3}$$

$$\int f(x) + g(x)dx = \int f(x)dx + \int g(x)dx \qquad \text{Gleichung 2.5.3–4}$$

Wichtig für aneinander liegende bestimmte Integrale ist zusätzlich die Beziehung der Gleichung 2.5.3–5:

$$\int_a^b f(x)dx + \int_b^c f(x)dx = \int_a^c f(x)dx$$

Gleichung 2.5.3–5

Beispiel 2.5.3–1

Die Reaktionsgeschwindigkeit in der Chemie ist die Konzentrationsveränderung pro Zeit. Bei chemischen Reaktionen 0. Ordnung (z. B. enzymatischer Abbau von Ethanol) ist die Reaktionsgeschwindigkeit konstant, d. h. unabhängig von der Konzentration der Ausgangsstoffe:

$$\frac{\partial c}{\partial t} = k$$

Gleichung 2.5.3–6

Beide Seiten der Gleichung werden nun auf die gleiche Weise integriert, um die Konzentration zum Zeitpunkt t zu ermitteln:

$$\int_{t=0}^{t'} \frac{\partial c}{\partial t} \partial t = \int_{t=0}^{t'} k\, \partial t$$

Gleichung 2.5.3–7

Wir betrachten zunächst die linke Seite der Gleichung. Es gilt

$$\int_{t=0}^{t'} \frac{\partial c}{\partial t} \partial t = \int_{t=0}^{t'} c'(t)\, \partial t$$

und aus diesen Darstellungen wird deutlich, dass $c(t)$ die gesuchte Stammfunktion ist, da Differenzieren und Integrieren Umkehroperationen sind. Die Funktion $c(t)$ muss dann in den Integrationsgrenzen betrachtet werden:

$$\int_{t=0}^{t'} \frac{\partial c}{\partial t} \partial t = c(t)\Big|_0^{t'} = c(t') - c(0) = \int_{t=0}^{t'} k\, \partial t$$

Für $c(0)$ wird auch oft c_0 geschrieben. Widmen wir uns jetzt der rechten Seite der Gleichung: Die gesuchte Stammfunktion ist $k \cdot t$, also

$$\int_{t=0}^{t'} k\, \partial t = k \cdot t\Big|_0^{t'} = k \cdot t' - k \cdot 0 = k \cdot t'$$

Zusammengeführt ergibt sich also (s. auch O Abb. 2.5.3–2)

Beispiel 2.5.3–2

Für Zerfallsreaktionen gilt die Reaktionskinetik 1. Ordnung. Diesen Reaktionstyp findet man beim radioaktiven Zerfall, aber auch bei Arzneistoffen, die sich während der Lagerung teilweise zersetzen. Bei Zerfallsreaktionen ist die Reaktionsge-

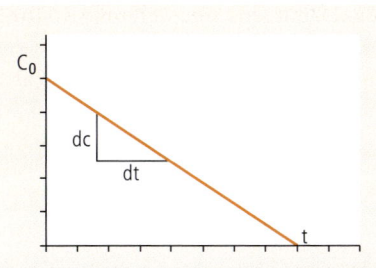

○ **Abb. 2.5.3–2** Graphische Darstellung einer Reaktion 0. Ordnung

schwindigkeit proportional zur Konzentration: je mehr Substanz vorhanden ist, desto mehr kann zerfallen:

$$\frac{\partial c}{\partial t} = k = \text{konst.} \qquad \frac{\partial c}{\partial t} = k \cdot c$$

Eine solche Gleichung wird als Differentialgleichung bezeichnet. Um eine Gleichung für $c(t)$ wie in Beispiel 2.5.3–1 zu erhalten, wird diese Gleichung zunächst auf beiden Seiten durch c dividiert. Im Anschluss wird eine Separation der Variablen durchgeführt, das heißt ∂t wird auf die andere Seite der Gleichung gebracht.

Dies ist nicht einfach eine Multiplikation mit ∂t auf beiden Seiten, da ∂t keine herkömmliche Variable ist. Diese Separation beruht auf der Substitutionsregel der Integralrechnung, welche sich wiederum aus der Umkehrung der Kettenregel (□ Tab. 2.4.3–3) für Differentiationen ergibt.

$$\left(\frac{1}{c}\right)\partial c = k \cdot \partial t$$

Nun werden beide Seiten integriert. Die Integrationsgrenzen auf der linken Seite ergeben sich aus dem funktionalen Zusammenhang von c und t ($c(0)$ gehört zu $t = 0$, $c(t)$ zu t); auch das kann aus der Substitutionsregel abgeleitet werden.

$$\int_{c(0)}^{c(t)} \frac{1}{c}\partial c = \int_{t=0}^{t} k\,\partial\tau \qquad \text{Gleichung 2.5.3–8}$$

Für die Integrationsvariable wird τ statt t geschrieben, um diese vom t in den Integrationsgrenzen unterscheiden zu können. Für die rechte Seite der Gleichung ergibt sich selbstverständlich die gleiche Lösung wie in Bsp. 2.5.3–1, die zugehörige Stammfunktion zu $\frac{1}{c}$ ist der natürliche Logarithmus, $\ln c$ (vgl. □ Tab. 2.4.3–2). Also gilt

$$\int_{c(0)}^{c(t)} \frac{1}{c}\partial c = \ln c \Big|_{c(0)}^{c(t)} = \ln c(t) - \ln c(0) \qquad \text{Gleichung 2.5.3–9}$$

und daher (Gleichung 2.5.3–8 und 2.5.3–9)

$$\ln c(t) - \ln c(0) = k \cdot t \qquad \text{bzw.} \qquad \ln c(t) = \ln c(0) + k \cdot t$$

Die numerische Integration ($\rightarrow$ Kap. 2.5.2) bietet übrigens eine wertvolle Kontrollmöglichkeit auch für Integrale, die explizit berechnet werden können, und ist nicht nur als „Notlösung" geeignet, wenn keine Stammfunktion existiert oder diese nicht ermittelt werden kann.

2.6 Zufall und Wahrscheinlichkeit

Ein Ereignis, dass nicht notwendigerweise oder nicht beabsichtigt auftritt, oder das Auftreten eines nicht absehbaren Ereignisses, wird als Zufall bezeichnet. Als Zufall wird somit das Eintreten unvorhergesehener und unbeabsichtigter Ereignisse bezeichnet, für die keine Ursachen oder Gesetzmäßigkeiten erkennbar sind. Im Duden findet man folgende einfache Begriffsbestimmung:
„Etwas, was man nicht voraussehen kann, kein Zusammenhang, keine Gesetzmäßigkeit erkennbar ist".
Die Wahrscheinlichkeit des Eintretens eines zufallsbestimmten Ereignisses ist somit ein Maß der Sicherheit bzw. Unsicherheit des Ereignisses und ist unter anderem Gegenstand der mathematischen Wahrscheinlichkeitstheorie. Die Wahrscheinlichkeitsrechnung befasst sich mit den Gesetzmäßigkeiten zufälliger Ereignisse.

2.6.1 Der klassische Wahrscheinlichkeitsbegriff

Wahrscheinlichkeiten sind quantitative Aussagen.

Mithilfe der Wahrscheinlichkeitsrechnung ist eine quantitative Aussage über das Eintreffen eines bestimmten Ereignisses möglich. Die Größe der Wahrscheinlichkeit, mit der ein bestimmtes Ereignis zufällig eintritt, ist abhängig von der Anzahl der möglichen Ereignisse. Die Wahrscheinlichkeitsrechnung ermöglicht es somit, aus den Wahrscheinlichkeitswerten für Einzelereignisse die Wahrscheinlichkeitswerte für Kombinationen von Ereignissen zu berechnen. Sie bildet die Grundlage für das Verständnis statistischer Methoden.
Die folgende Wahrscheinlichkeit geht auf Pierre-Simone Laplace (1749 – 1827, Französischer Mathematiker und Astronom) zurück, welche auch als „klassische Definition" bezeichnet wird. Danach ist die Wahrscheinlichkeit P für das Eintreten des Ereignisses E:

Gleichung 2.6.1–1

$$P(E) = \frac{Z_i}{\sum Z}$$

Z_i = Zahl untersuchter Ereignisse, $\sum Z$ = Zahl möglicher Ereignisse

Wahrscheinlichkeiten können in mehreren Formen angegeben werden, z. B. als:
- Dezimalzahl (0,1),
- Prozentangabe (10 %),
- ganzer Bruch, relative Häufigkeiten $\left(\frac{1}{10}\right)$,
- absolute Häufigkeit (1 von 10),
- Chancen-Verhältnis (1 : 10),
- Chancen-Verhältnis (1 + 9).

Jeder Fall hat dabei die gleiche Chance, realisiert zu werden. Diese Definition nach Laplace ist auf endliche Ereignisse beschränkt. Die Definition ist dann nicht anwendbar, wenn die Anzahl der möglichen Fälle unendlich (→ Kap. 2.6.2) ist.

Eine besondere Rolle spielt die Definition von Laplace bei allen Problemen der Wahrscheinlichkeitsberechnung, die in den Bereich der Kombinatorik fallen.

Die Wahrscheinlichkeit P für das Eintreten eines Ereignisses E wird mit $P(E)$ bezeichnet. Dabei ist zu beachten, dass die Zahl der interessierenden Ereignisse Z_i immer Bestandteil der Gesamtzahl ΣZ aller möglichen Ereignisse ist (Gleichung 2.6.1–1). Somit gibt es zwei Grenzfälle:

Das Auftreten eines Zufalls (oder mehrerer Zufälle) ist mit hoher Wahrscheinlichkeit oder mit geringer Wahrscheinlichkeit verbunden. Wenn mit Wahrscheinlichkeitswerten gerechnet werden soll, dann ist der umgangssprachliche Begriff der Wahrscheinlichkeit mathematisch zu präzisieren:

Zufälle beruhen auf Wahrscheinlichkeiten.

1.) Wenn alle möglichen Ereignisse interessieren, ist $Z_i = \Sigma Z$, dann ist $P(E) = 1$. Ist einem Ereignis E der Wahrscheinlichkeitswert $P(E) = 1$ zugeordnet, dann wird von einem sicheren Ereignis gesprochen und das Eintreten stellt somit keinen Zufall dar. Tatsächlich gibt es allerdings kaum Ereignisse, denen genau der Wahrscheinlichkeitswert 1 zukommt.

Beispiel 2.6.1–1
Das einmalige Werfen eines Würfels wird in jedem Fall die Augenzahl 1, 2, 3, 4, 5 oder 6 anzeigen. Das ist ein sicher **eintretendes Ereignis.**

2.) Ist ein interessierendes Ereignis Z_i nicht in der Gesamtzahl der möglichen Ereignisse enthalten, also $Z_i = 0$, dann ist $P(E) = 0$. Mit anderen Worten: Das Ereignis ist unmöglich.

Beispiel 2.6.1–2
Für das Würfelbeispiel aus 2.6.1–1 würde z. B. das Erscheinen der Augenzahl 7 ein sicher **nicht eintretendes** Ereignis darstellen. Der Wahrscheinlichkeitswert ist mit $P(E) = 0$ (0 %) gegeben.

In einem Experiment kann dann also nur ein bestimmtes Ereignis eintreten:
- mit Sicherheit, $P = 1$,
- mit einer bestimmten Wahrscheinlichkeit,
- überhaupt nicht, $P = 0$.

Daraus folgernd muss jeder beliebige Wahrscheinlichkeitswert zwischen den beiden Grenzwerten 0 und 1 liegen:

$$0 < P(E) < 1 \qquad\qquad \text{Gleichung 2.6.1–2}$$

Diese Definition nach Laplace ordnet jedem Ereignis eine Zahl zwischen 0 und 1 zu. Somit kann es auch keine Wahrscheinlichkeitswerte geben die > 1 oder < 0 sind. Häufig werden Wahrscheinlichkeitswerte in Prozentzahlen angegeben.

$$P(E) \text{ in } \% = P(E) \cdot 100\,\%$$

Gleichung 2.6.1–3

Das Rechnen mit Wahrscheinlichkeitswerten geschieht am zuverlässigsten immer mit Absolutzahlen. Beim Rechnen mit %-Werten können z. B. dann falsche Resultate erhalten werden, wenn Wahrscheinlichkeiten miteinander multipliziert werden (→ Kap. 2.7.2). Dies ist die Grundlage für die Anwendung der Statistik. Aus Beobachtungen, die in der Vergangenheit erfolgten, wird – unter gleichen Bedingungen – auf die Verhältnisse in der Zukunft geschlossen.

2.6.2 Die statistische Definition der Wahrscheinlichkeit

Nach der statistischen Definition ist die Wahrscheinlichkeit des Auftretens eines Ereignisses gleich dem Grenzwert der relativen Häufigkeiten, die man erhält, wenn das Experiment unendlich oft durchgeführt wird.

$$P(E) = \lim_{n \to \infty} f_n(E)$$

Gleichung 2.6.2–1

Die relative Häufigkeit h_i stellt einen Vergleichswert dar und ist der Anteil m (absolute Häufigkeit) der Werte einer Messreihe n.

$$h_i = \frac{m}{n} \cdot 100\%$$

Gleichung 2.6.2–2

Dazu wird ein Zufallsexperiment betrachtet, welches unter völlig gleichen Bedingungen beliebig oft durchgeführt werden kann. Dazu wird ein Zufallsexperiment n-mal (z. B. einen Münzwurf oder Würfel) durchgeführt und registriert nach jeder Durchführung die relative Häufigkeit des Auftretens des Ereignisses E.

Beispiel 2.6.2–1

Sie werfen sehr oft einen (idealen) Würfel und notieren sich die Anzahl der geworfenen „Sechsen". Dabei werden Sie feststellen, dass die relativen Häufigkeit um den Wert $h_i = 0{,}1667$ schwankt, sich aber mit der Anzahl der Würfe diesem Wert nähert (□ Tab. 2.6.2–1).

□ **Tab. 2.6.2–1** Aufzeichnung der Würfe „6" mit Angabe der relativen Häufigkeit

Anzahl der Würfe [n]	Anzahl der geworfenen „6" [m]	Relative Häufigkeit [$h_i = \frac{m}{n}$]
50	5	0,1000
100	13	0,1300
500	88	0,1760
1000	159	0,1590
5000	822	0,1644

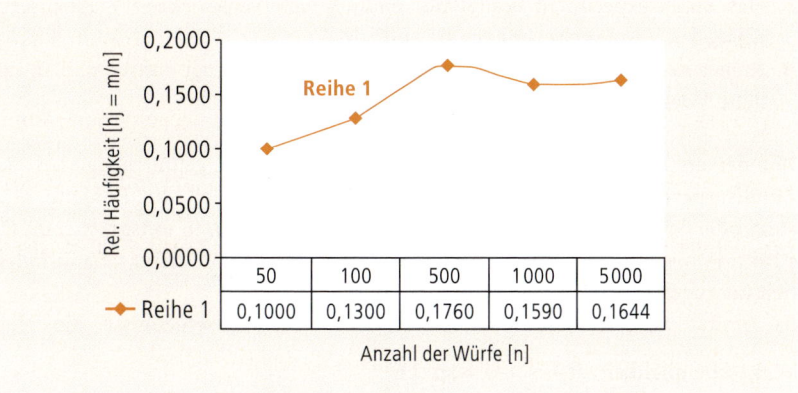

	50	100	500	1000	5000
Reihe 1	0,1000	0,1300	0,1760	0,1590	0,1644

Anzahl der Würfe [n]

Abb. 2.6.2–1 Darstellung der relativen Häufigkeiten

Die graphische Darstellung zwischen Anzahl der Würfe und der rel. Häufigkeit zeigt den oben angegebenen Sachverhalt. Mit einer Zunahme der Anzahl der Würfe nähert sich die rel. Häufigkeit $h_i = \dfrac{1}{6} = 0{,}1667$.

Das Gesetz der großen Zahlen
2.6.3

Der klassische Wahrscheinlichkeitsbegriff ist nur dann anzuwenden, wenn alle Merkmalswerte gleichwahrscheinlich sind, also untereinander vertauschbar sind. Das ist in der Praxis meist nicht der Fall.

Wenn man von dem durchgeführten Experiment des Würfelns (→ Beispiel 2.6.2–1) ausgeht, kommt man zu dem Schluss, dass mit größerer Anzahl an Würfen, sich die Werte der relativen Häufigkeit h_j immer weniger verändern und dem Wert $h_i = \dfrac{1}{6} = 0{,}1667$ zustreben.

Der Wert der relativen Häufigkeit h_j ist aber im Allgemeinen unbekannt und lässt sich praktisch nur dann ermitteln, wenn unendlich viele Versuche durchgeführt werden.

Das Gesetz der großen Zahlen (Theorem von Bernoulli 1700–1782, Schweizer Mathematiker und Physiker) besagt:

Die relative Häufigkeit für das Auftreten eines Ereignisses nähert sich beliebig der Wahrscheinlichkeit P für dieses Ereignis, wenn die Anzahl der Versuche (Beobachtungen), bei denen das Ereignis auftreten kann, beliebig groß gemacht wird.

Theorem von Bernoulli

Rechnen mit Wahrscheinlichkeiten
2.7

Das Werfen einer Münze ist ein Zufallsexperiment. Das Eintreten der Ereignisse „Zahl" oder „Kopf" hängt vom Zufall ab. Keines der beiden Ereignisse hat vor dem anderen Ereignis Priorität; beide Ereignisse sind gleich möglich bzw. gleich wahrscheinlich. Für den klassischen Wahrscheinlichkeitsbegriff sind deshalb zwei Voraussetzungen notwendig:

Zwei Voraussetzungen
zur klassischen Wahr-
scheinlichkeit

- Das Zufallsexperiment besitzt nur endlich viele verschiedene Versuchsergebnisse, d. h. die Ergebnismenge ist endlich.
- Keines der möglichen Versuchsergebnisse darf bevorzugt auftreten, d. h. sämtliche Versuchsergebnisse besitzen die gleiche Chance.

Mit der ersten Voraussetzung ist die Endlichkeit der Ergebnismenge bei vielen Zufallsexperimenten erfüllt, z. B. bei den Glücksspielen wie Lotto, Roulette, Münzwurf oder Würfeln. Für die zweite Voraussetzung ist durch entsprechende Konstruktion und der zugehörigen Versuchsdurchführung von dieser Chancengleichheit auszugehen.

Wahrscheinlichkeit:
$P = \frac{1}{n}$

Es besitzt also jedes der n verschiedenen Versuchsergebnisse die gleiche Wahrscheinlichkeit $P = \frac{1}{n}$ ($\rightarrow$ Kap. 2.6).

In anderen Bereichen der wissenschaftlichen Literatur (z. B. der Medizin, Wirtschaft- und Sozialwissenschaften) hat man zur Wahrscheinlichkeitsberechnung Rechenoperationen aus der Mengenlehre verwendet. Wir werden diese Symbole nicht anwenden, weisen jedoch an einigen Stellen auf entsprechende Symbole hin. Zunächst noch einige Definitionen, die für das weitere Verständnis wichtig sind.

Vereinbar – unvereinbar

Vereinbare und un-
vereinbare Ereignisse

Ereignisse, die gleichzeitig eintreten können, sind miteinander vereinbar.

Beispiel 2.7–1
Das zweimalige Werfen eines Würfels gibt jeweils die Augenzahl „3". Die beiden Ereignisse sind miteinander vereinbar. Die Augenzahlen sind jedoch unabhängig, sonst wäre der zweite Wurf von dem ersten Wurf beeinflusst.

Beispiel 2.7–2
Das Ereignis „weiblich" und das Ereignis „Schwangerschaft" kann gleichzeitig vorliegen. Somit sind die beiden Ereignisse „männlich" und „Schwangerschaft" unvereinbar; sie schließen sich gegenseitig aus.

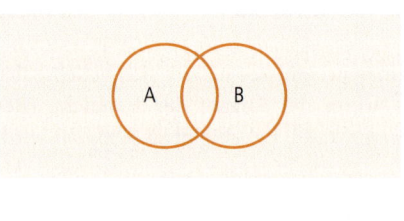

○ **Abb. 2.7–1** Vereinbare Ereignisse

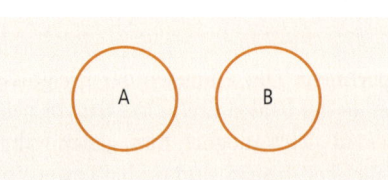

○ **Abb. 2.7–2** Unvereinbare Ereignisse

Abhängig – unabhängig
Der Zufall hat kein Gedächtnis.

Unabhängig sind zwei Ereignisse dann, wenn das Eintreten des einen Ereignisses die Wahrscheinlichkeit des Eintretens des nachfolgenden Ereignisses nicht beeinflusst. Man sagt auch, die beiden Ereignisse sind stochastisch unabhängig.

**Abhängig – unabhängig.
Der Zufall hat kein Gedächtnis.**

Beispiel 2.7–3

Bei der Ziehung der Lottozahlen ist die Ziehung einer bestimmten Kugel unabhängig von der Ziehung der nächsten Kugel. Mit der Ziehung der ersten Kugel ist keine Prognose auf die Ziehung der nächsten Kugel möglich.

Beispiel 2.7–4

Das Abfüllen einer Flüssigkeit ist unabhängig von der Etikettierung der Flaschen. Beide Ereignisse sind aber vereinbar, da bei einem Abfüll- und Etikettierprozess Ereignisse aus beiden Prozessen auftreten können (z. B. Unterfüllung und fehlerhaft bedruckte Etiketten).

Beispiel 2.7–5

Abhängig sind die Wahrscheinlichkeiten beim Werfen eines Würfels mindestens eine Augenzahl „2" und eine gerade Augenzahl zu werfen.

Beispiel 2.7–6

Wäre das Lungenkrebsrisiko für eine Person unabhängig vom Rauchen, so müssten bei den Nichtrauchern prozentual etwa gleich viele Probanden Lungenkrebs bekommen wie bei den Rauchern. Das ist nicht der Fall; Lungenkrebs ist somit vom Rauchen abhängig.

> **Merke**
>
> Abhängige Ereignisse sind demzufolge, wenn das Auftreten des einen Ereignisses die Wahrscheinlichkeit des Eintretens des zweiten Ereignisses beeinflusst.

**Und-Ereignisse
versus
Oder-Ereignisse**

In den folgenden Abschnitten werden Sie bemerken, dass eine einfache Anwendung der Additions- oder Multiplikationsregel nicht immer möglich ist. Die Regeln müssen oft kombiniert angewendet werden. Zur Bestimmung der Wahrscheinlichkeiten werden Und-Ereignisse und Oder-Ereignisse verwendet.

Merke

Oder   vergrößert die Anzahl der betrachteten Fälle. Die Wahrscheinlichkeiten werden addiert!

Und   vergrößert die Anzahl der möglichen Fälle. Die Wahrscheinlichkeiten werden multipliziert!

2.7.1 Der Additionssatz

Einander ausschließende (unvereinbare) Ereignisse

Beispiel 2.7.1–1

Wie groß ist bei einem Würfel die Wahrscheinlichkeit, mit einem Wurf die Augenzahl „4" oder „5" zu erhalten?

Lösung

E_1 = Werfen der Augenzahl „4". E_1 tritt in einem von 6 Fällen ein;

$$P(E_1) = \frac{1}{6} = 0{,}167 \approx \underline{\underline{17\,\%}}$$

E_2 = Werfen der Augenzahl „5". E_2 tritt in einem von 6 Fällen ein;

$$P(E_2) = \frac{1}{6} = 0{,}167 \approx \underline{\underline{17\,\%}}$$

E_1 oder E_2 = Werfen der Augenzahl „4" oder „5". E_1 oder E_2 tritt in 2 von 6 Fällen ein. Da die Augenzahl von „1" bis „6" erscheinen kann, haben die „4" und die „5" jeweils für sich die Einzelwahrscheinlichkeit $\frac{1}{6}$. Demzufolge haben steigt die Chance auf $\frac{1}{6} + \frac{1}{6}$.

$$P(E_1 \textbf{ oder } E_2) = \frac{1}{6} + \frac{1}{6} = \frac{2}{6} = \frac{1}{3} = 0{,}333 \approx \underline{\underline{33\,\%}}$$

Die Wahrscheinlichkeit beträgt etwa 33 % die Augenzahl „4" oder „5" zu erhalten. Das Ergebnis ist die Summe seiner Einzelwahrscheinlichkeiten, sowohl für das Auftreten der Augenzahl „4" als auch der Augenzahl „5":

$$P(„4" \textbf{ oder } „5") = P(„4") + P(„5")$$

Additionssatz   Somit ist die Wahrscheinlichkeit für das Auftreten des Ereignisses E_1 **oder** des Ereignisses E_2 gleich der Summe der Einzelwahrscheinlichkeiten (**Additionssatz**).

$$P(E_1 \textbf{ oder } E_2) = P(E_1) + P(E_2)$$ Gleichung 2.7.1–1

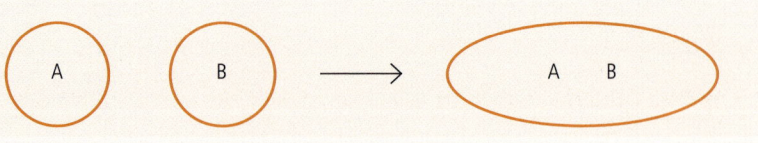

⚬ Abb. 2.7.1–1 Addition der Einzelwahrscheinlichkeiten

In anderer Literatur kann auch mit $P(A \cup B)$ der Begriff aus der Mengenlehre   Disjunkte Ereignisse
angegeben sein. Solche Ereignisse werden auch als „disjunkte Ereignisse" (elemen-
tefremd) bezeichnet, da sie kein gemeinsames Element besitzen. Der Additionssatz
gilt für beliebig viele Einzelwahrscheinlichkeiten. Dazu gelten allerdings immer
zwei Bedingungen für die betrachteten Ereignisse:
- Sie müssen derselben Gesamtzahl der möglichen Ereignisse angehören.
- Sie müssen sich gegenseitig ausschließen, also unvereinbar sein.

Für die erste Bedingung kann das betrachtete Ereignis nicht aus einer anderen
Anzahl möglicher Ereignisse hervor gehen. Die zweite Bedingung meint, dass
beide Ereignisse nicht gleichzeitig auftreten, die „4" und die „5" nicht gleichzeitig
geworfen werden können.
Soll aber z. B. die Wahrscheinlichkeit für den Fall berechnet werden, dass bei zwei
Würfen nacheinander (gleichbedeutend zwei Würfel gleichzeitig) eine „4" oder
eine „5" auftritt, so schließen sich die Ereignisse nicht aus, denn es kann z. B. beim
ersten Wurf eine „4" und beim zweiten Wurf eine „5" auftreten, d. h. beide
Ereignisse können gemeinsam auftreten. Für diesen Fall wäre der Additionssatz
unzutreffend. Hierauf ist zu achten, wenn Fehlerarten betrachtet werden, die
gleichzeitig auftreten können.

Beispiel 2.7.1–2

Von 50 Plastikverschlüssen für Salbentuben sind 3 zu hoch oder 4 zu breit (beide
Fehlerarten treten **nicht** gleichzeitig auf!). Wie groß ist die Wahrscheinlichkeit,
dass ein zufällig entnommener Plastikverschluss entweder zu hoch oder zu breit
ist?

Lösung

Beachten Sie hierbei, dass die Fehler „Verschluss ist zu hoch" und „Verschluss ist
zu breit" an einem Verschluss nicht gemeinsam (oder!) auftreten.
E_1 = „Der Verschluss ist zu hoch" und E_2 = „Der Verschluss ist zu breit" schließen
einander aus. Folglich gilt:

$$P(E_1 \text{ oder } E_2) = P(E_1) + P(E_2) = \frac{3}{50} + \frac{4}{50} = \frac{7}{50} = 0{,}14 = \underline{\underline{14\,\%}}$$

Die Wahrscheinlichkeit einen fehlerhaften Verschluss zu entnehmen beträgt 14 %.

Einander nicht ausschließende (vereinbare) Ereignisse

Beispiel 2.7.1–3

Wie groß ist bei einem Würfel die Wahrscheinlichkeit, mit einem Wurf die
Augenzahl größer „4" oder eine gerade Zahl zu erhalten?

Lösung (siehe auch ○ Abb. 2.7.1–2)

E_1 = Werfen der Zahl „gerade Zahl". E_1 tritt in 3 von 6 Fällen ein („2, 4,
6"); $P(E_1) = \frac{3}{6} = \frac{1}{2}$.

E_2 = Werfen der Zahl "> 4". E_2 tritt in 2 von 6 Fällen ein („5, 6"); $P(E_2) = \frac{2}{6} = \frac{1}{3}$.

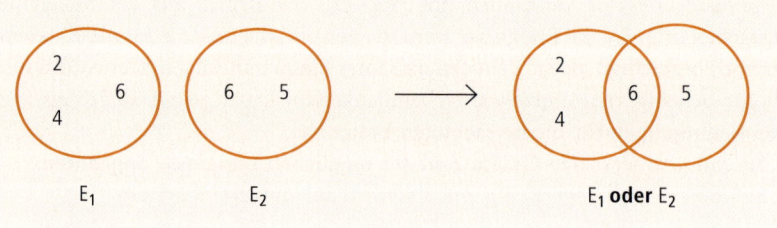

○ **Abb. 2.7.1–2** Darstellung der Addition von Einzelwahrscheinlichkeiten

E_1 **oder** E_2 = Werfen einer geraden Zahl („2, 4, 6") oder „5". E_1 oder E_2 tritt in 4 von 6 Fällen ein.
(„2, 4, 5, 6"); $P(E_1$ **oder** $E_2)\ =\dfrac{4}{6}=\dfrac{2}{3}$

E_2 tritt in 2 von 6 gleich wahrscheinlichen Fällen ein („5, 6").

$\Rightarrow\ P(E_2)=\dfrac{2}{6}=\dfrac{1}{3}\approx\underline{\underline{33\,\%}}$

Bei den Ereignissen E_1 und E_2 werden die Wahrscheinlichkeiten $P(E_1)+P(E_2)$ für die E_1 und E_2 gilt, doppelt gezählt. Deshalb sind $P(E_1$ und $E_2)$ von $P(E_1)+P(E_2)$ zu subtrahieren.

$P(E_1$ und $E_2) = P(E_1)\cdot P(E_2)\ =\dfrac{1}{2}\cdot\dfrac{1}{3}=\dfrac{1}{6}$

$P(E_1$ oder $E_2) = P(E_1)+P(E_2)-P(E_1$ und $E_2)\ =\dfrac{1}{2}+\dfrac{1}{3}-\dfrac{1}{6}=\dfrac{2}{3}=0{,}666\approx\underline{\underline{67\,\%}}$

Die Wahrscheinlichkeit beträgt etwa 67 % mit einem Wurf die Augenzahl größer „4" oder eine gerade Zahl zu erhalten.

Additionssatz

Schließen die Ereignisse E_1 und E_2 einander nicht aus und die Wahrscheinlichkeit und tritt mindestens eines von beiden Ereignissen E_1 und E_2 ein (**Additionssatz**), so gilt:

$P(E_1$ **oder** $E_2) = P(E_1)+P(E_2)-P(E_1$ **und** $E_2)$ Gleichung 2.7.1–2

Beachten Sie, dass hier in anderer Literatur der Begriff $P(A\cup B)=P(A)+P(B)-P(A\cap B)$ aus der Mengenlehre angegeben sein kann.

2.7.2 Der Multiplikationssatz

Die bedingte Wahrscheinlichkeit

Bei vielen Zufallsereignissen interessiert die Wahrscheinlichkeit des Eintretens eines Ereignisses E_1 unter der Annahme, dass ein bestimmtes Ereignis E_2 eintritt (oder schon eingetreten ist). Der Ausgang des Zufallsexperiments hängt dabei vom Ausgang des ersten Ereignisses ab, wird als bedingte Wahrscheinlichkeit bezeichnet und mit $P(E_1|E_2)$ (sprich: E_2 unter E_1) angegeben, bzw. je nach der Fragestellung auch umgekehrt. Zur Berechnung von bedingten Wahrscheinlichkeiten werden also Teilinformationen über einen Versuchsausgang benutzt. Sie ist die Wahrscheinlichkeit $P(E_1|E_2)$ dafür, dass sowohl das Ereignis E_1 als auch das Ereignis E_2 eintritt, gleich der Wahrscheinlichkeit für das Eintreten des Ereignisses E_1 multipliziert mit der bedingten Wahrscheinlichkeit für das Eintreten des Ereignisses E_2.

Solche Abhängigkeiten sind z. B. in der medizinischen Diagnostik von Interesse, da mit ihnen die Wahrscheinlichkeit von unbekannten Ereignissen anhand bekannter Ereignisse beurteilt werden kann. Ein klassischer Anwendungsfall ist der diagnostische Test. Hierbei gilt dann die Voraussetzung $P(E_1) > 0$ bzw. $P(E_2) > 0$.

Beispiel 2.7.2–1

In einem fleischverarbeitenden Großbetrieb wurden bei einer Anlieferung von 400 Rindern in der Qualitätssicherung folgende Rückstände festgestellt:

E_1:   An 50 Rindern Wachstumshormonrückstände

E_2:   An 40 Rindern Antibiotikarückstände

E_{1+2}:   An 20 Rindern Wachstumshormon- und Antibiotikarückstände

Wie groß ist die Wahrscheinlichkeit, bei den wachstumshormonbelasteten Rindern zusätzlich Antibiotikarückstände zu finden?

Lösung

Die bedingte Wahrscheinlichkeit des Eintreffens von E_2 unter der Bedingung E_1 heißt bedingte Wahrscheinlichkeit von E_2 unter E_1. Dazu werden die relativen Häufigkeiten der Einzelwahrscheinlichkeiten E_1 und E_2 sowie E_1 tritt ein, wenn E_2 nicht eintritt berechnet:

$$P(E_1) = \frac{50}{400} = 0{,}125,$$

$$P(E_2) = \frac{40}{400} = 0{,}100,$$

$$P(E_2|E_1) = \frac{\frac{20}{400}}{\frac{50}{400}} = 0{,}4 = \underline{\underline{40\,\%}}.$$

Die Wahrscheinlichkeit für das Auftreten von Antibiotikabefunden beträgt bei Rindern mit Wachstumshormonrückständen 40 %.

Für das o.a. Beispiel 2.7.2-1 gilt auch:

$P(\bar{E}_1)\ 1 - P(E_1) = 1 - 0{,}125 = 0{,}875$

d. h. 87,5% haben keine Hormon-Rückstände.

$P(E_1) - P(E_1+E_2) = 0{,}125 - 0{,}05 = 0{,}075$

d. h. 7,5% haben Hormon-Rückstände aber keine Antibiotika-Rückstände.

$P(E_1) + P(E_2) - P(E_1+E_2) = 0{,}125 + 0{,}1 - 0{,}05 = 0{,}175$

d. h. 17,5% haben entweder Hormon-Rückstände, oder Antibiotika-Rückstände oder beides.

Um die Berechnungen zu erleichtern, können Sie sich eine Arbeitstabelle anlegen. Hierin berechnen Sie für die Ereignisse E_1 und E_2 die Wahrscheinlichkeiten aller möglichen Durchschnitte. An den Rändern der Arbeitstabelle tragen die Wahrscheinlichkeiten für E_1 und E_2, sowie deren Gegenereignis ein.

◻ **Tab. 2.7.2-1** Eintrag der Wahrscheinlichkeiten

	E_1	$\bar{E}_1$	Σ
E_2	0,050		0,100
$\bar{E}_2$			
Σ	0,125		

Da sich jedoch die Wahrscheinlichkeiten $P(E_1)$ und $P(\bar{E}_1)$ zum Betrag 1 (= 100 %) addieren, sind die Berechnungen der fehlenden Wahrscheinlichkeiten möglich (◻ Tab. 2.7.2-2).

◻ **Tab. 2.7.2-2** Ergänzungen zu 100 %

	E_1	$\bar{E}_1$	Σ
E_2	0,050		0,100
$\bar{E}_2$			0,900
Σ	0,125	0,875	1,000

Das Ereignis E_1 (Spalte 2) lässt sich zerlegen in die Wahrscheinlichkeit ($E_1 + E_2$) plus ($E_1 - \bar{E}_2$). Ereignis E_1 tritt entweder mit dem Ereignis E_2 oder dem Ereignis $\bar{E}_2$ gemeinsam auf. Gleiche Überlegung gilt für die übrigen Durchschnitte (◻ Tab. 2.7.2-3).

◻ **Tab. 2.7.2-3** Bildung der restlichen Durchschnitte

	E_1	$\bar{E}_1$	Σ
E_2	0,050	0,050	0,100
$\bar{E}_2$	0,075	0,825	0,900
Σ	0,125	0,875	1,000

Entsprechend kann allgemein für bedingte Wahrscheinlichkeiten definiert werden:

$$P(E_1|E_2) = \frac{P(E_1\,und\,E_2)}{P(E_2)} \quad \text{oder} \quad P(E_2|E_1) = \frac{P(E_2\,und\,E_1)}{P(E_1)}$$

Gleichung 2.7.2–1

Durch Umstellung der Gleichungen 2.7.2–1 erhält man die Wahrscheinlichkeit für das gleichzeitige Eintreten von E_1 und E_2 (**Multiplikationssatz**). Durch Umformung erhält man:

$$P(E_1 \text{ und } E_2) = P(E_1|E_2) \cdot P(E_2) \text{ bzw.}$$
$$P(E_2 \text{ und } E_1) = P(E_2|E_1) \cdot P(E_1)$$

Gleichung 2.7.2–2

Beispiel 2.7.2–2 (→ Beispiel 5.1–1)

Bei dem Probelauf an einer neuen Verpackungsstraße eines Verpackungsbetriebes wird bei einer Packung mit 50 Teebeuteln (welche 5 fehlerhafte Beutel enthält) eine Stichprobe vom Umfang $n = 2$ entnommen. Wie groß ist die Wahrscheinlichkeit, dass kein fehlerhafter Beutel entnommen wird?

Lösung

Wird bei der ersten Entnahme kein fehlerhafter Beutel auftreten, so sind unter den verbleibenden 49 Beuteln noch 44 einwandfreie (49 verbleibende Beutel minus 5 fehlerhafte Beutel) Beutel vorhanden. Beachten Sie, dass die einmalige Entnahme die Wahrscheinlichkeit des zweiten Ereignisses beeinflusst. Das Ereignis E_2 ist also vom Ausgang E_1 abhängig mit ($P(E_2|E_1)$). Damit ergibt sich:

$$P(E_2 \text{ und } E_1) = P(E_2|E_1) \cdot P(E_1) \quad = \frac{44}{49} \cdot \frac{45}{50} = 0,808 \approx \underline{\underline{81\%.}}$$

Die Wahrscheinlichkeit keinen fehlerhaften Beutel zu entnehmen beträgt etwa 81 %.

Beachten Sie zur Lösung auch die hypergeometrische Verteilung (→ Beispiel 5.1–1). Bearbeiten Sie jedoch zum Verständnis erst Kap. 5.1 und Kap. 5.2.

In anderer Literatur ist der Begriff aus der Mengenlehre angegeben mit

$$P(A|B) = \frac{P(A \cap B)}{P(B)} \text{ bzw. umgestellt } P(A \cap B) = P(A|B) \cdot P(B)$$

Sollten die Ereignisse E_1 und E_2 einander ausschließen, so gilt für $P(E_1 \text{ und } E_2) = 0$. Damit ist dann auch $P(E_2|E_1) = 0$ und $P(E_1|E_2) = 0$.

Unabhängige Ereignisse

In vielen Fällen ist die Wahrscheinlichkeit für den Fall zu berechnen, dass ein Ereignis E_1 und ein Ereignis E_2 miteinander verbunden auftreten.

Beispiel 2.7.2–3

Bei einem ersten und bei einem zweiten Würfelwurf treten jeweils die Augenzahl „4" auf (oder ein Wurf mit zwei Würfeln gleichzeitig beide Würfel „4"). Die Wahrscheinlichkeit für das Auftreten einer bestimmten Augenzahl beträgt $\frac{1}{6}$.

Da aber das Gesamtergebnis davon abhängt, dass auch beim zweiten Wurf (oder bei einem zweiten Würfel) ebenfalls eine bestimmte Augenzahl erscheint, wird die Wahrscheinlichkeit für das Gesamtereignis weiter auf $\frac{1}{6}$ der ersten Wahrscheinlichkeit eingeschränkt, also:

$P(\text{„4" und „4"}) = P(\text{„4"}) \cdot P(\text{„4"})$

Die Einzelwahrscheinlichkeiten werden miteinander multipliziert und ergeben die Wahrscheinlichkeit für das Gesamtereignis (**Multiplikationssatz**).

Multiplikationssatz

$$P(E_1 \text{ und } E_2) = P(E_1) \cdot P(E_2) \qquad \text{Gleichung 2.7.2–3}$$

Der Multiplikationssatz gilt für beliebig viele Einzelwahrscheinlichkeiten. Dazu gelten allerdings immer zwei Bedingungen für die betrachteten Ereignisse:

- Sie müssen derselben Gesamtzahl der möglichen Ereignisse angehören.
- Sie müssen voneinander unabhängig sein.

Für die erste Bedingung kann das betrachtete Ereignis nicht aus einer anderen Anzahl möglicher Ereignisse hervor gehen. Die zweite Bedingung meint, dass beide Ereignisse auch gemeinsam auftreten können. Mit zwei Würfen kann gleichzeitig (oder nacheinander) mit einem Würfel die „4" und die „5" geworfen werden. Der Multiplikationssatz für unabhängige Ereignisse findet außerordentlich häufig Anwendung, da in sehr vielen Fällen die Wahrscheinlichkeit für das gemeinsame Auftreten von Ereignissen gesucht wird und davon ausgegangen werden kann, dass die Ereignisse unabhängig voneinander sind.

In einigen Literaturstellen kann für solche Ereignisse der Begriff mit $P(A \cap B) = P(A) \cdot P(B)$ aus der Mengenlehre angegeben sein.

Die Wahrscheinlichkeit des Gegenereignisses

Das Gegenereignis $\bar{E}$ *(lies: Non E)* tritt dann ein, wenn E nicht eintritt. $\bar{E}$ wird dann auch als das komplementäre Ereignis zu E bezeichnet.

$$P(E) = 1 - P(\bar{E})$$

Gleichung 2.7.2–4

Durch Umstellung der Gleichung zeigt sich, dass die Summe der Ereignisse und der Gegenereignisse 1 ist.

$$P(\bar{E}) + P(E) = 1$$

Gleichung 2.7.2–5

Beispiel 2.7.2–4

Eine Maschine zur Tablettenherstellung besteht aus drei Einzelaggregaten, die – unabhängig voneinander – mit den Wahrscheinlichkeiten 0,03, 0,02 und 0,01 ausfallen. Die Maschine kann nur genutzt werden, wenn keines der drei Einzelaggregate ausfällt. Wie hoch ist die Wahrscheinlichkeit für den Ausfall der Tablettenmaschine?

Lösung

Das Versagen der einzelnen Aggregate ist nicht unabhängig vom Versagen der anderen Aggregate und damit ist auch die Ausfallwahrscheinlichkeit für die gesamte Schaltung höher, als die für die einzelnen Aggregate. Es wird zuerst der Anteil berechnet, der nicht den Ausfall (Gegenereignis = Aggregat funktioniert) angibt.

$P(\bar{E}) = (1 - 0,03) \cdot (1 - 0,02) \cdot (1 - 0,01) = 0,941 \approx \underline{\underline{94\,\%}}$

Mit einer Wahrscheinlichkeit von etwa 94 % ist die Maschine funktionstüchtig. Davon wird dann mittels des Gegenereignisses „Maschine funktioniert" der Ausfall berechnet.

$P(E) = 1 - P(\bar{E}) = 1 - 0,941 = 0,059 \approx \underline{\underline{6\,\%}}$

Die Tablettiermaschine fällt mit etwa 6 % Wahrscheinlichkeit aus.

Literatur

Bartsch HJ. Kleine Formelsammlung Mathematik. 4. Aufl., Hanser Verlag, München 2007

Beck-Bornhold HP, Dubben HH. Der Hund, der Eier legt, Erkennen von Fehlinformation durch Querdenken. 2. Aufl., rororo, 2002

Bosch K. Statistik, Wahrheit und Lüge. Oldenbourg Verlag, München 2002

Dewdney AK. 200 Prozent von Nichts, Die geheimen Tricks der Statistik und andere Schwindeleien mit Zahlen. Birkhäuser, Basel 1994

DIN 1319–1, Grundlagen der Messtechnik – Teil 1: Grundbegriffe, Ausgabe: 1995–01

DIN 1319–2, Grundlagen der Messtechnik – Teil 2: Begriffe für Messmittel, Ausgabe: 2005–10

DIN 1319–3, Grundlagen der Messtechnik – Teil 3: Auswertung von Messungen einer einzelnen Messgröße, Messunsicherheit, Ausgabe: 1996–05

DIN 1319–4, Grundlagen der Messtechnik – Teil 4: Auswertung von Messungen; Messunsicherheit, Ausgabe: 1999–02

DIN 1333, Zahlenangaben, Ausgabe: 1992–02

DIN 5477, Prozent, Promille; Begriffe, Anwendung, Ausgabe: 1983–02

Dudley U. Die Macht der Zahl, Was die Numerologie uns weismachen will. Birkhäuser, Basel 1999

Knorrenschild M. Vorkurs Mathematik, Ein Übungsbuch für Fachhochschulen. 2 Aufl., Hanser Verlag, München 2007

Krämer W. So lügt man mit Statistik. 8. Aufl., Campus, Frankfurt/M. 1998

Martin R. Berechnungen in Excel, Zahlen, Formeln und Funktionen. 4. Aufl., Hanser Verlag, München 2007

Monka M, Voß W, Schöneck N. Statistik am PC, Lösungen mit Excel. 5. Aufl., Hanser Verlag, München, 2008

Tarassow L. Wie der Zufall will? Vom Wesen der Wahrscheinlichkeit. Spektrum Verlag, Heidelberg 1998

Übungsaufgaben 2.8

Aufgabe 1
Berechnen Sie den pH-Wert einer 10^{-9}-molaren Salzsäurelösung.

Aufgabe 2
Berechnen Sie den pH-Wert einer 1-molaren Essigsäure mit dem pK_s = 4,75.

Aufgabe 3
Der pH-Wert einer Pufferlösung wird mithilfe der Henderson-Hasselbalch-Gleichung berechnet:

$$pH = pK_s + \lg\frac{a_B}{a_S}$$

Hier wird der pK_s-Wert der Säure des puffernden Säure-Base-Systems eingesetzt, a_B und a_S sind jeweils die Aktivitäten der eingesetzten Puffersubstanzen.
Berechnen Sie die folgenden pH-Werte, zunächst für einen Acetatpuffer (pK_s der Essigsäure: 4,75).
Die puffernde Wirkung eines Acetatpuffers beruht darauf, dass stärkere Basen mit Essigsäure zur schwächeren Base Acetat, und stärkere Säuren mit Acetat zur schwächeren Säure Essigsäure reagieren:

$$OH^- + HOAc \xleftarrow{\quad} H_2O + OAc^-$$
$$H_3O^+ + OAc^- \xleftarrow{\quad} H_2O + HOAc$$

Bitte gehen Sie bei den folgenden Überlegungen davon aus, dass die Aktivitäten etwa gleich den Konzentrationen der beteiligten Substanzen sind, also

$$a_B \approx c_B \text{ und } a_S \approx c_S$$

a) Welchen pH-Wert hat ein äquimolarer Puffer (mit jew. $c_S \approx c_B$)

b) Einem äquimolaren Puffer aus je 0,1 mol Natriumacetat und Essigsäure werden 0,01 mol Salzsäure (HCl) zugesetzt. Wie verändert sich der pH-Wert?
   Wie ändert sich der pH-Wert bei Zusatz dieser Menge Salzsäure zu einem Liter Wasser?

c) Wie verändert sich der pH-Wert, wenn zu dem gleichen äquimolaren Puffer nun 0,01 mol NaOH zugesetzt werden?
   Verwenden Sie eventuell ein Tabellenkalkulationsprogramm (z. B. Excel®) für diese Aufgaben – Sie werden sehen, dass sich die Berechnungen in den Aufgaben b bis e sehr ähneln.

d) Berechnen Sie den pH-Wert, wenn jeweils Stoffmengen von 0,001 mol HCl bzw. NaOH zugesetzt werden.

e) Diesmal betrachten wir einen äquimolaren 0,1 molaren neutralen Phosphatpuffer,
   $pK_s = 7,21$. Berechnen Sie die pH-Werte nach Zusatz von jeweils 0,01 bzw. 0,001 mol NaOH bzw. HCl.

Aufgabe 4

Eine Reaktion 1. Ordnung hat eine Halbwertszeit von 50 Jahren. Berechnen Sie, wie viel von einer ursprünglich eingesetzten Menge nach 5 Jahren noch vorhanden ist. Für Reaktionen 1. Ordnung kann die Zeitabhängigkeit der Konzentration als

$$\ln c = \ln c_0 - k \cdot t$$

beschrieben werden. Die Reaktionskonstante k kann bei Reaktionen 1. Ordnung sehr einfach aus der Halbwertszeit berechnet werden:

$$k = \ln \frac{2}{t_{\frac{1}{2}}}$$

a) Bei der Radiokarbonmethode wird beim Vergleich mit Referenzmaterial eine Restradioaktivität von 80 % festgestellt. ^{14}C hat eine Halbwertszeit von etwa 5730 Jahren. Wie alt ist das Material?

b) Die Zunahme der Fettleibigen betrug in den Vereinigten Staaten von Amerika in den letzten Jahren etwa 5 % pro Jahr. Wie lange dauert es, bis sich die Anzahl der Fettleibigen verdoppelt hat?

Aufgabe 5

Ein kleines Pharmaunternehmen besitzt lediglich eine Kapselmaschine. Der digitale Schaltkreis der Maschine hat lt. Herstellerangaben eine Ausfallwahrscheinlichkeit von 2 %. Eine zweite Maschine kann sich das kleine Unternehmen aus finanziellen Gründen nicht erlauben. Gleichzeitig ist das Unternehmen aber auf eine möglichst reibungslose Produktion angewiesen. Sie sind der Herstellungsleiter und werden von der Geschäftsleitung aufgefordert entsprechende Vorschläge zur Senkung der Ausfallwahrscheinlichkeit zu machen. Welchen Vorschlag könnten Sie machen?

Aufgabe 6

Ein angeliefertes Los Verschlüsse mit $N = 100$ Teilen enthält 2 fehlerhafte Teile. Sie entnehmen jeweils eine Stichprobe mit $n = 5$ nach der Vorgabe, dass jedes geprüfte Teil vor der nächsten Begutachtung
a) in das Los zurückgelegt wird,
b) nicht in das Los zurückgelegt wird.
Wie groß ist jeweils die Wahrscheinlichkeit, dass alle fünf Teile fehlerfrei sind?

Aufgabe 7

Bei einem Skatspiel erhält jeder der drei Mitspieler 10 Spielkarten (die insgesamt 32 Karten enthalten vier Buben). Die restlichen Karten verbleiben im Skat (das ist der Teil, der verdeckt auf dem Spieltisch verbleibt). Wie groß ist die Wahrscheinlichkeit für einen Mitspieler, dass er alle vier Buben erhält?

Aufgabe 8

Berechnen Sie 50! mithilfe der Stirling-Formel.

Aufgabe 9

Welche Aussage ist richtig?
Zwei Ereignisse werden als stochastisch unabhängig bezeichnet, sofern:
A mindestens eines der beiden Ereignisse eintritt,
B genau eines der beiden Ereignisse eintritt,
C das Auftreten des einen Ereignisses die Wahrscheinlichkeit des zweiten nicht beeinflusst,
D sie niemals gemeinsam auftreten,
E keine der Lösungen A – D ist richtig.

Aufgabe 10

Erläutern Sie den Unterschied zwischen den Definitionen zur klassischen Wahrscheinlichkeit und der zur statistischen Wahrscheinlichkeit.

Aufgabe 11

Ordnen Sie die Zahlen der Liste 1 der Anzahl signifikanter Ziffern der Liste 2 zu.

Liste 1 (Zahl)	Liste 2 (signifikante Ziffer)
0,0018	2, 3 und 4
$1{,}800 \cdot 10^{-3}$	
12,3	
12	
5,9	

Aufgabe 12

124,5 mg eines Gemisches aus Bariumhydroxid (171,35 g/mol) und Natriumhydroxid (40,0 g/mol) verbrauchen 18,45 ml einer 0,1 molaren Salzsäure-Maßlösung. Berechnen Sie die Massenanteile von Bariumhydroxid und Natriumhydroxid in dem Gemisch!

Aufgabe 13

201,6 mg eines Gemisches aus Bariumchlorid (208,24 g/mol) und Natriumchlorid (58,443 g/mol) werden in Salpetersäure vollständig gelöst. Anschließend wird Chlorid mit Silbernitrat vollständig zu 410,5 mg Silberchlorid ($AgCl$, 143,321 g/mol) gefällt. Wie viel $BaCl_2$ und $NaCl$ enthielt das ursprüngliche Gemisch?

Aufgabe 14

$$A = \begin{pmatrix} 1 & 0 & 0 \\ 0 & 1 & 1 \\ 1 & 1 & 1 \\ 1 & 1 & 0 \\ 1 & 0 & 1 \end{pmatrix}$$

Geben Sie die transponierte und die Gram'sche Matrix zu dieser Matrix an.

Aufgabe 15

Berechnen Sie die Determinante der folgenden Matrix!

$$\begin{pmatrix} 4 & 2 \\ 2 & 3 \end{pmatrix}$$

Aufgabe 16

Berechnen Sie die Matrizenprodukte AB und BA,

$$A = \begin{pmatrix} 1 & -1 \\ 2 & 1 \end{pmatrix}, \quad B = \begin{pmatrix} 0 & 1 \\ 3 & 2 \end{pmatrix}$$

Begriffserklärungen

3

In diesem Abschnitt stellen wir Ihnen das Grundmodell zur Statistik vor. Als Übersicht zeigen
wir die Wechselbeziehung zwischen Grundgesamtheit und Stichprobe, befassen uns mit
beschreibender und schließender Statistik, der Einteilung von Merkmalen, der Aussage von
Grenzwerten, erläutern Begriffe aus der Qualitätssicherung sowie der Fehlerrechnung als
Grundlage zur statistischen Bewertung. Gleichzeitig zeigen wir auf, in welchem Gesamt-
rahmen die Statistik in der (pharmazeutischen) Qualitätssicherung steht.

Das Grundmodell der Statistik

3.1

Die deskriptive (lat. = beschreibend) Statistik untersucht und beschreibt Grundgesamtheiten, während die analytische- oder induktive (lat. = hineinführend)
Statistik nur einen Teil der Grundgesamtheit (Stichprobe) untersucht, der aber
für die Grundgesamtheit repräsentativ ist. Es wird hierbei von den Beobachtungen
eines Teils der Grundgesamtheit auf die Grundgesamtheit zurück geschlossen, d. h.
man geht induktiv vor. Bei der Entnahme der Stichprobe muss gewährleistet sein,
dass jede Einheit der Grundgesamtheit die gleiche Chance hat, in die Stichprobe zu
gelangen. Die Stichprobe (→ Kap. 3.7) kann dann als repräsentativer Teil der
Grundgesamtheit angesehen werden.
Induktive statistische Methoden sind überall dort erforderlich, wo Ergebnisse nicht
beliebig oft wiederholbar sind. Die Ursache der Nichtreproduzierbarkeit liegt in
unkontrollierten und unkontrollierbaren Einflüssen (→ Kap. 3.4.1). Diese Einflüsse führen zu einer Streuung der erfassten Merkmalswerte. Da infolge dieser
Streuung ein Einzelwert kaum exakt reproduzierbar sein wird, sind sichere und
eindeutige Schlussfolgerungen unmöglich. Erst durch eine entsprechend große
Stichprobe ist eine mit hoher Wahrscheinlichkeit zutreffende Aussage möglich.
An dieser Stelle haben Sie bereits wichtige begriffliche Bestimmungen kennen
gelernt, die Sie sich merken sollten.
Ein **direkter Schluss** liegt vor, wenn von einer bekannten oder als bekannt voraus-
gesetzten Grundgesamtheit auf das Verhalten von Stichproben geschlossen wird.
Hierbei gilt es, die **Zufallsstreubereiche** zu bestimmen (○ Abb. 3.1–1).
Wird von der Stichprobe auf die Grundgesamtheit geschlossen, handelt es sich um
einen so genannten **indirekten Schluss**. Dabei ist für jeden geschätzten Kennwert
der **Vertrauensbereich** zu bestimmen. Wollen Sie von den Kennwerten einer
Stichprobe (z. B. Mittelwert, Standardabweichung, etc.) auf die unbekannten Para-
meter einer Grundgesamtheit Rückschlüsse ziehen, aus der Sie diese Stichprobe
entnommen haben, so können die Parameter der Grundgesamtheit in einem
Vertrauensbereich erwartet werden. Der Vertrauensbereich ist das Aufgrund eines
Stichprobenergebnisses berechnete Intervall, das den wahren Wert des zu schät-
zenden Parameters auf einem vorgegebenen Vertrauensniveau $1 - \alpha$ einschließt.
Entnehmen Sie hingegen aus einer Grundgesamtheit mit bestimmten statistischen
Eigenschaften und Parametern mehrere Stichproben, so weichen die Eigenschaften

Deskriptive und induk-
tive Statistik

Direkter Schluss
(Zufallsstreubereich)

Indirekter Schluss
(Vertrauensbereich)

○ **Abb. 3.1–1** Schritte einer statistischen Erhebung bei direktem Schluss

und Parameter der Stichprobe gegenüber der Grundgesamtheit und untereinander in einem Zufallsstreubereich ab. Der Zufallsstreubereich ist das Intervall, in dem ein Stichprobenergebnis mit einer vorgegebenen Wahrscheinlichkeit P = 1 – α zu erwarten ist.

Lassen Sie sich ggf. in einer Klausur durch die Symbolik der Parameter nicht verwirren. Wenn Sie die folgende Regel kennen, dann ist es Ihnen immer möglich, zwischen der Grundgesamtheit und der Stichprobe zu unterscheiden.

Unterscheidung zwischen Grundgesamtheit und Stichprobe anhand der Symbolik der Parameter

Für die Unterscheidung von Parametern der Grundgesamtheit und der Stichprobe beachten Sie bitte, dass lateinische Buchstaben für die Stichprobe und griechische Buchstaben für die Grundgesamtheit verwendet werden. Üblich ist es auch, für einen Parameter der Stichprobe einen griechischen Buchstaben zu verwenden (also eigentlich ein Symbol für die Grundgesamtheit), jedoch wird dem Symbol dann ein „^" (sprich: Dach) aufgesetzt.

●● ▌ **Merke**

Für die Standardabweichung hat sich bisher keine einheitliche Abkürzung durchsetzen können. Außer s und $\hat{\sigma}$ ist auch sdv (engl. standard deviation) gebräuchlich. Um Sie für diese Angaben zu sensibilisieren, haben wir im vorliegenden Buch alle Schreibweisen verwendet.

Beispiel 3.1–1

Die Angabe der Standardabweichung aus einer Stichprobe kann z. B. mit $s = 0{,}1234$, bzw. auch mit $\hat{\sigma} = 0{,}1234$ (sprich: Sigma-Dach) angegeben sein. Beides sagt das Gleiche aus; es ist der Schätzwert eines Parameters (hier die Standardabweichung) für die Grundgesamtheit.

Merkmal und Qualität

Zur Aufgabe der Statistik gehört es u. a., Ergebnisse von Messungen oder Zählungen zusammenzufassen und darzustellen (→ Kap. 4.3). Dazu müssen Untersuchungsobjekte anhand von aussagekräftigen Merkmalen charakterisiert werden. Somit sind Merkmale Teil einer Qualitätsplanung. Sie gilt es auszuwählen, zu klassifizieren und zu gewichten. Sehr anschaulich hat der Philosoph Kant (1724 – 1804) den Begriff **Merkmal** definiert:

„Dasjenige an einem Ding, was einen Teil der Erkenntnis desselben ausmacht".

Über Merkmale und deren Toleranzen lässt sich somit **Qualität** definieren. Zunächst soll jedoch der Begriff Qualität im pharmazeutischen und allgemeinen Sinne erläutert sein. Was ist eigentlich Qualität?

Merkmale sind Teile der Qualitätsplanung.

Qualität kommt vom lateinischen *qualitas* und besitzt eine vielseitige Bedeutung, wie Beschaffenheit, Eigenart, Brauchbarkeit oder Güte. Qualität ist somit keine absolute Größe, sondern besteht aus objektiven und subjektiven Merkmalen, die aber oft unscharf, ungenau und subjektiv verwendet werden. Der allgemeine Begriff Qualität kann sowohl im positiven (gute Qualität) und negativen Sinn (schlechte Qualität) gebraucht und auch verstanden werden. Qualität ist somit die Summe vieler Eigenschaften und damit auch immer ein zeitloser Begriff. Im allgemeinen Sprachgebrauch erweckt ein so genanntes „Qualitätsprodukt" die Erwartung, dass ein Produkt beim Kauf und während der Nutzung Eigenschaften aufweist, die erkennbar über den Mindesterwartungen des Kunden liegen. Das muss aber, wie vielleicht einige Leserinnen und Leser schon leidlich erfahren mussten, nicht immer der Fall sein.

Aspekte der Qualitätsplanung

Der Qualitätsbegriff ist immer unter dem Aspekt seiner fachlichen Verwendung zur Sicherung der Qualität von Produkten (auch Dienstleistungen!) einzugrenzen und präzise zu definieren, so dass er eindeutig angewendet und verstanden wird. Im Bereich der Pharmazie und Gesundheit sind immer, wie auch in anderen Bereichen, der Stand der Technik, die Gesetze, Verordnungen, Normen und Richtlinien zu beachten.

Daraus ergibt sich eine wichtige Schlussfolgerung zum Begriff **Qualität**: Es müssen einheitliche Maßstäbe zugrunde gelegt werden.

Einheitliche Maßstäbe

Die Definition der Qualität nach dem „Gesetz über den Verkehr mit Arzneimitteln" (Arzneimittelgesetz, kurz: AMG) trägt den speziellen Gegebenheiten der Anforderungen an Arzneimitteln Rechnung. Der Begriff „Qualität" ist in § 4 Abs. 1 Nr. 15 AMG folgendermaßen definiert:

Qualitätsdefinition gemäß AMG

> **Definition**
>
> „Qualität ist die Beschaffenheit eines Arzneimittels, die nach Identität, Gehalt, Reinheit, sonstigen chemischen, physikalischen, biologischen Eigenschaften oder durch das Herstellungsverfahren bestimmt wird."

Mit § 55 Abs. 1 AMG findet der Qualitätsbegriff dann auch seinen Bezug zum Arzneibuch: *„Das Arzneibuch ist eine vom Bundesministerium bekannt gemachte Sammlung anerkannter pharmazeutischer Regeln über die Qualität, Prüfung, Lagerung, Abgabe und Bezeichnung von Arzneimitteln und den bei ihrer Herstellung*

Qualität und Arzneibuch

verwendeten Stoffen. Das Arzneibuch enthält auch Regeln für die Beschaffenheit von Behältnissen und Umhüllungen."

Allgemeine
Qualitätsdefinition

Für eine allgemeine Definition des Begriffs „Qualität" kann man dann sagen: „Qualität ist die Gesamtheit von Eigenschaften und Merkmalen eines Produktes oder einer Tätigkeit, die sich auf deren Eignung zur Erfüllung gegebener Erfordernisse beziehen."

3.3 Klassifizierung von Merkmalen

Unterscheidung von
quantitativen und
qualitativen Merkma-
len

Untersuchungsobjekte werden anhand ihrer Eigenschaften beurteilt. Diese Eigenschaften sind zu unterteilen in quantitative und qualitative Merkmale.
Dabei werden diejenigen Merkmale als quantitativ bezeichnet, deren Merkmalsausprägungen Zahlen (zählende oder messende) sind; alle anderen Merkmale werden als qualitativ (Geschlecht, Beruf, etc.) bezeichnet. Ein Produkt ist im Allgemeinen durch mehrere Merkmale gekennzeichnet. Mit Ausprägung bezeichnet man das Beobachtungsergebnis eines Merkmals, z. B. Alter, Geschlecht, Masse

Messwert, Zählwerte

und Zerfallszeit. Ausprägungen messbarer Merkmale werden als Messwerte, Ausprägungen zählbarer Merkmale werden als Zählwerte bezeichnet. Vorschriften zur Messung von Merkmalsausprägungen werden mit so genannten Skalen vorgenommen.

Häufigkeitsverteilun-
gen von Zufallsgrößen
bedingen das entspre-
chende mathemati-
sche Verteilungsmo-
dell.

Alle Zufallsgrößen kommen jeweils in einer bestimmten Häufigkeit vor. Dadurch entsteht die so genannte Häufigkeitsverteilung. Die Zufallsgrößen werden durch theoretische Häufigkeitsverteilungen wie Hypergeometrische-, Binomial-, Poisson- (→ Kap. 5) oder Normalverteilung (→ Kap. 6) beschrieben. Für diese typischen Verteilungsformen wurden mathematische Modelle entwickelt. Ergibt die Auswertung einer Messreihe eine Form der Häufigkeitsverteilung, die durch ein passendes mathematisches Modell hinreichend gut zu beschreiben ist, so können Berechnungen durchgeführt werden, mit denen sich Fragen nach der Wahrscheinlichkeit des Auftretens bestimmter Merkmalswerte beantworten lassen.

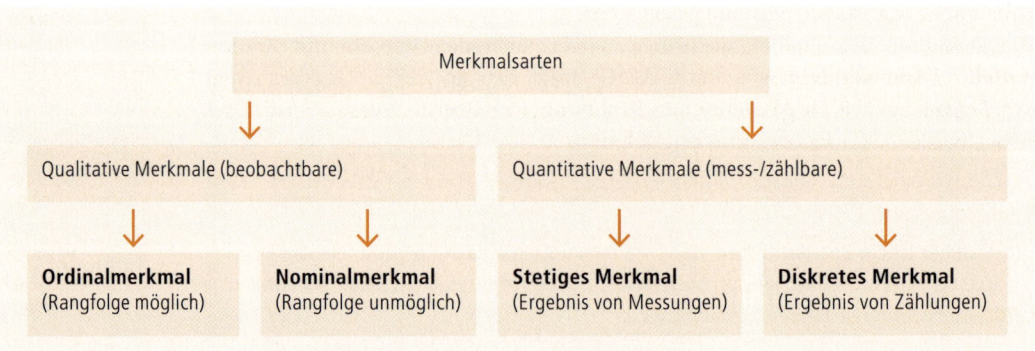

○ **Abb. 3.3–1** Übersicht der Merkmalsarten

Qualitative Merkmale 3.3.1

Im Prinzip gibt es bei qualitativen Merkmalen zwei verschiedene Arten von Skalen, die Ordinal- und die Nominalskala. Die Merkmalsausprägungen sind primär nicht zahlenmäßig erfassbar, sondern werden durch einen kennzeichnenden Ausdruck benannt. Eine Quantifizierung dieser Ausdrücke ist durch Ersatz von Zahlen möglich. Dadurch wird ein qualitatives Merkmal formal zu einem quantitativen Merkmal.

Ordinal- oder Rangskala

Eine solche Skala liegt vor, wenn sich die Ausprägungen des untersuchten Merkmals nicht nur unterscheiden, sondern auch in eine Rangordnung gebracht werden können. Diese Rangordnung kann auch durch die Zuordnung von Zahlen erfolgen. Eine Differenz zwischen diesen Ausprägungen ist nicht zu definieren. Ordinal- oder Rangskalen liegen der Messung in vielen Bereichen zugrunde, z. B. in der Medizin der Karnofsky-Index zur Messung des Allgemeinzustandes eines Krebspatienten.
Rangordnung

Ordinalmerkmale mit zwei Ausprägungen (deshalb auch manchmal als dichotome Merkmale bezeichnet) liegen dann vor, wenn die Beobachtung eines Merkmalsträgers nur ein Urteil liefert, was die eine oder andere Form zulässt. Es sind nur zwei Ausprägungen möglich. Ein typisches Beispiel ist das Prüfen mit Schiebelehren. Als Ergebnis der Prüfung gibt es nur die Entscheidung „gut/schlecht" oder „größer/kleiner" bei dem Unter- oder Überschreiten einer Qualitätsanforderung. Die Ordinalskala gibt somit nur beschreibende Werte an.

Nominalskala

Eine Nominalskala liegt vor, wenn die Ausprägungen des untersuchten Merkmals durch die zugeordneten Zahlen (Codierung) lediglich unterschieden werden sollen. Es gibt nur ganze Werte; Brüche sind nicht möglich. Typische Beispiele sind z. B. weiblich = 1, männlich = 2 oder die Unterscheidung von Krankheiten. Da die zugeordneten Zahlen nur eine reine Bezeichnungsfunktion haben, können sie auch willkürlich in andere Zahlen transformiert werden.
Zuordnung von Zahlen (Codierung)

Nominalmerkmale mit mehreren Ausprägungen liegen dann vor, wenn zur Beschreibung eines Sachverhaltes mehr als zwei Kategorien vorgesehen sind. Sie setzt nur die Gleichheit oder Ungleichheit von Eigenschaften (z. B. Geschlecht) bzw. die Möglichkeit mehrklassiger Einteilungen (etwa in Berufe, Muttersprache, Haarfarbe, Studienrichtung, etc.) in Kategorien voraus. Die Kategorien werden vielfach in eine Rangordnung gebracht. Die einzig erlaubte und sinnvolle Rechenoperation ist das Zählen, d. h. es wird festgestellt, ob eine Merkmalsausprägung überhaupt vorhanden ist und wenn ja, wie häufig sie auftritt.
Rangfolge unmöglich

Quantitative Merkmale 3.3.2

Ein quantitatives Merkmal wird auch als metrisches Merkmal bezeichnet, auf einer metrischen Skala, der Kardinalskala, gemessen und umfasst damit alle reellen Zahlen $\mathbb{R}$, also auch jeden beliebigen Bruch.
Rangordnung möglich

Die Ausprägungen des untersuchten Merkmals können nicht nur in eine Rangordnung gebracht werden, sondern zusätzlich kann noch bestimmt werden, in welchem Ausmaß sich je zwei verschiedene Merkmalsausprägungen unterscheiden. Für seine mögliche Ausprägung lassen sich Rangfolgen und Abstände (Differenzen) bilden.

Stetiges Merkmal

Jeder Zwischenwert ist möglich.

Stetige Merkmale, oder auch kontinuierliche Merkmale genannt, sind Merkmale, die in einem bestimmten Bereich jeden Zwischenwert annehmen können. Stellt man diese auf einer Skala dar, so kann jeder gewählte Punkt der Skala durch einen Messwert belegt werden.

Typische Beispiele sind solche Merkmale, denen ein Messvorgang zugrunde liegt, wie z. B. Tablettenhärte, Kapselgewicht, Abfüllvolumen, Verbrauch Titrator, Arzneistoffgehalt oder deren arithmetischer Mittelwert und Standardabweichung.

Diskretes Merkmal

Merkmalsausprägung bildet eine abgegrenzte Zahlenmenge

Ein Merkmal heißt diskret, wenn seine möglichen Ausprägungen eine abgegrenzte Zahlenmenge bilden; sie liefern somit nur ganzzahlige Beobachtungswerte. Zwischen aufeinander folgenden ganzen Zahlen einer Skala ist somit kein Beobachtungspunkt möglich. Typische Beispiele sind generell alle Merkmale, denen ein Zählvorgang zugrunde liegt, wie etwa: Anzahl der Probanden einer klinischen Studie, Anzahl der Asbestfasern in einer Lösung, Anzahl der abgefüllten Tuben pro Zeiteinheit oder radioaktiver Zerfall.

Aus Zweckmäßigkeitsgründen behandelt man ein diskretes Merkmal, das sehr viele Ausprägungen annehmen kann, häufig als stetiges Merkmal. Auch die Klassierung (→ Kap. 4.3.2) stellt ebenfalls eine stetige Merkmalseinordnung dar.

Man spricht dann von einem quasistetigen Merkmal. Der umgekehrte Vorgang, die Behandlung eines stetigen Merkmals als diskretes Merkmal, kann auch aus Zweckmäßigkeitsgründen geboten sein.

3.4 Toleranzen und Grenzwerte

Soll z. B. eine Tablette eine bestimmte Härte aufweisen, so muss diese einen Mindestwert an Härte aufweisen, um der Qualitätsanforderung zu genügen. Es muss entweder ein Grenzwert oder eine Toleranz mit einem oberen und unteren Grenzwert für die Härte angegeben werden. In der Pharmazie sind viele derartige Beispiele im Arzneibuch zu finden; einige Beispiele seien genannt:

- Enthält mind. 1,3 % und höchstens 1,45 % Alkaloide,
- fremde Bestandteile, höchstens 3 %,
- enthält mindestens 18,0 % Hydroxyanthracen-Derivate.

Mindest- und Höchstwerte sind Grenzwerte

Mindest- und Höchstwerte sind immer als Grenzwerte zu verstehen und werden deshalb auch als unterer Grenzwert (UGW) und oberer Grenzwert (OGW) bezeichnet.

Beispiel 3.4–1

In der Monographie des Ph. Eur. werden zwei Grenzwerte für eingestellten Belladonnablättertrockenextrakt angegeben; Belladonnaextrakt enthält:
mind. 0,95 % und höchstens 1,05 % Alkaloide
(berechnet als Hyoscyamin und bezogen auf den getrockneten Extrakt)
Hier sind zwei Grenzwerte (als Toleranz) für das Merkmal Gehalt angegeben; ein UGW (0,95 %) und ein OGW (1,05 %).

Beispiel 3.4–2

Für einige Drogen wird in der Ph. Eur. unter „Prüfung auf Reinheit" eine sensorische Prüfung durchgeführt. Für Enzianwurzel wird das Qualitätsmerkmal „Bitterwert" (mindestens: 10 000) bestimmt. Hier wird nur ein unterer Grenzwert (UGW) spezifiziert.

Toleranzen und Grenzwerte legen somit Forderungen fest, welche die Merkmale eines Produktes (Rohstoff, Zubereitung, Zwischenprodukt, Fertigarzneimittel, Rückstand, etc.) erfüllen müssen, um die gewünschte Qualität zu erreichen. Beispielsweise wäre die Forderung, dass eine Tablette „hart" sein soll, für sich allein ohne Aussagekraft. Erst spezifizierte Grenzwerte geben für ein Produkt eine klare Anforderung und können die Frage beantworten, ob die „Qualität" den gestellten Anforderungen entspricht oder eben nicht entspricht.

Spezifizierte Grenzwerte legen Qualitätsanforderungen fest.

Werden für Merkmalswerte vorgeschriebene Mindestwerte nicht erreicht, bzw. Höchstwerte überschritten oder Toleranzen nicht eingehalten, so wird dies als Fehler bezeichnet (→ Kap. 3.8, Kap. 5); Qualitätsanforderungen werden nicht erfüllt.

Die Streuung und ihre möglichen Ursachen   **3.4.1**

Aus den täglichen Bereichen des Alltags (mind. haltbar bis …, max. 2,2 bar Luftdruck) der Pharmazie, Chemie oder Medizin sind Ihnen Toleranzen und Grenzwerten geläufig. Welche Faktoren haben darauf eine Auswirkung?

Beispiel 3.4.1–1

Auf einer Tablettenpresse wird eine Tablettencharge nach bestimmten Merkmalen gefertigt. Eines davon ist die Masse; z. B. 500 mg. Alle Parameter an der Maschine sind korrekt eingestellt; die Tablettenpresse ist gewartet, Raumtemperatur und Luftfeuchte sind konstant. Der Maschinenführer ist ein erfahrener und regelmäßig geschulter Mitarbeiter. Trotzdem werden nicht alle Tabletten mit einer einheitlichen Masse von 500 mg gefertigt. Bei Wägung einzelner Tabletten würden Sie festzustellen, dass die Massen innerhalb eines gewissen Bereichs unterschiedlich sind; sie streuen. In der Fertigung nennt man diese Erscheinung Fertigungsstreuung.

Fertigungsstreuung

Was könnte unter diesen Umständen über die Ist-Masse einer einzelnen Tablette vorhergesagt werden, die einer gefertigten Charge entnommen wird?

Die genaue Masse der Tablette ist nicht anzugeben, bevor die Tablette gewogen wird. Es kann lediglich erwartet werden, dass die Masse in dem Bereich der Fertigungsstreuung liegen wird.

Da auch bei der Herstellung systematische Fehler (→ Kap. 3.8) auftreten können, ist nicht einmal mit absoluter Gewissheit zu erwarten, dass die Masse einer einzelnen Tablette in dem üblichen Bereich der Fertigungsstreuung liegen wird. Es könnte sich vielleicht auch um eine seltene Ausschusstablette handeln, deren Masse außerhalb des üblichen Bereiches liegt.

Streuungen lassen sich nicht vermeiden.

Streuungen treten in allen technischen Prozessen auf und sind der Grund, weshalb Toleranzen und Grenzwerte angegeben werden müssen. Eine Fertigungsstreuung lässt sich grundsätzlich nicht vermeiden, deshalb müssen Toleranzbereich und Fertigungsstreuung so aufeinander abgestimmt werden, dass die Fertigungsstreuung innerhalb des Toleranzbereiches liegt. Wie kann eine solche Fertigungsstreuung erklärt werden?

Ursachen für zufällige Einflüsse

Jeder technische Vorgang wird so weit geplant, dass dem Sachverstand und den aufgewendeten Mitteln zufolge das gewünschte Ergebnis, z. B. eine bestimmte Arzneiform mit den geforderten Eigenschaften entsteht. Es gibt aber immer eine Fülle von geringfügigen zufälligen Einflüssen, die nicht unter Kontrolle gehalten werden können. Oft sind die Randbedingungen zu komplex, da zu viele Einflüsse einen Prozess bestimmen. Ursachen können sein:

Mensch – Methode – Maschine – Material – Mitwelt

Die „fünf M" kommen aus dem Bereich der Fehleranalyse. Hier werden die Ursachen für Fehler in einem Prozess gesucht, indem der Prozess schematisch mit allen Größen, die ihn beeinflussen, dargestellt. Die einzelnen Bereiche der „fünf M" geben einen Hinweis, wodurch teilweise schwer zu kontrollierende Zufallseinflüsse auftreten können. Jeder für sich meist geringfügige Einfluss verändert das Gesamtergebnis eines Merkmals ein wenig in Richtung eines größeren oder kleineren Wertes. Die Zufallseinwirkungen heben sich dabei zum Teil gegenseitig auf.

Randbedingungen verursachen die Streuung.

Im Einzelnen können Ursachen solcher Streuungen sein:

- **Mensch:** Er bedient und stellt die Maschine ein, Maschineneinstellungen können nicht immer gleich exakt vorgenommen werden, das Bedienungspersonal wechselt.
- **Methode:** Herstellungs- und Untersuchungsverfahren streuen je nach verwendeter Methode unterschiedlich, Prüf- und Messmittel sind unterschiedlich.
- **Maschine:** Bauart und Hersteller können unterschiedlich sein, Werkzeugtoleranzen, Abnutzung von Maschinenteilen durch Schwingung, Vibration, Unwucht, usw.
- **Material:** Die chemische Zusammensetzung und die physikalischen Eigenschaften sind unterschiedlich.
- **Mitwelt:** Die Umgebungseinflüsse bedingt durch Temperatur, Luftfeuchte, Druckschwankungen, Schwankungen im Stromnetz, usw. sind unterschiedlich.

Wie in der Fertigung gibt es Zufallsfehler und systematische Fehler (→ Kap. 3.8, Kap. 9) auch in allen anderen Bereichen, z. B. der Analytik und der Medizin.

Die Qualitätssicherung 3.5

Die Qualitätssicherung in einer Organisation dient der Einhaltung einer festgelegten Qualität. Sie stellt umfasst alle organisatorischen und technischen Maßnahmen, die zur Einhaltung einer bestimmten Qualität bei einem Produkt oder Prozess (auch Dienstleistung) führen. Es wäre ein Trugschluss zu glauben, dass Qualitätssicherung erst am fertigen Produkt erfolgt. Methoden der Qualitätssicherung erfolgen durch Verfahren von Vorlaufuntersuchungen, der laufenden Fertigung und der Abnahmeprüfung. Dazu werden statistische Methoden angewendet. Mittels Stichprobenprüfungen leiten sie Aussagen über den Grad der Erfüllung von Qualitätsanforderungen her.

Qualitätssicherung in allen Phasen eines Prozesses

Die Grundgesamtheit und das Los 3.6

Bei der Durcharbeitung dieses Buchs werden Ihnen die Begriffe Grundgesamtheit, Los und Stichprobe sehr häufig begegnen. Sie sollten daher auch wissen, was sich hinter diesen Begriffen verbirgt. Begriffsdefinitionen finden Sie dazu auch in DIN 55350 Teil 14.

Als „Grundgesamtheit" oder „Population" wird die Menge aller bzgl. des zu untersuchenden Merkmals gleichartigen Objekte, Individuen oder Ereignisse bezeichnet. Eine Grundgesamtheit beinhaltet somit alle Objekte, Individuen oder Ereignisse, die überhaupt zur betrachteten Menge gehören können. Eine Grundgesamtheit im pharmazeutischen Sinne ist die Charge. Der Begriff „Charge" ist in § 4 Abs. 1 Nr. 16 AMG wie folgt definiert:

Grundgesamtheit ist die Menge aller zu betrachtenden Objekte.

> **Definition**
>
> „Eine Charge ist die jeweils aus derselben Ausgangsmenge in einem einheitlichen Herstellungsgang oder bei einem kontinuierlichen Herstellungsverfahren in einem bestimmten Zeitraum erzeugte Menge eines Arzneimittels."

Die Teilmenge einer Grundgesamtheit wiederum, z. B. ein festgelegter Teil einer gesamten Produktion, wird als Los bezeichnet. Lose werden unterschieden in „diskrete Lose" und „kontinuierliche Lose". Aus der Grundgesamtheit (bzw. aus entsprechenden Losen) wird eine möglichst repräsentative Stichprobe ausgewählt, die dann bezüglich bestimmter Variablen untersucht wird.

Teilmenge einer Grundgesamtheit ist das Los.

Diskrete Lose basieren auf diskreten Mengen, die endlich oder abzählbar unendlich groß sind. Eine diskrete Grundgesamtheit besteht aus der Menge aller Einzelstücke einer Produktion, z. B. aus Produkten wie Flaschen, Tuben, Verschlüsse etc.

Kontinuierliche Lose basieren auf kontinuierlichen Mengen, die unendlich groß sind. Eine kontinuierliche Grundgesamtheit besteht aus einer kontinuierlich hergestellten Gesamtmenge einer laufenden Produktion. Dazu zählen z. B. Verbandmaterial, Flüssigkeiten und allgemein Messwerte jeder Art.

3.7 Die Stichprobe

Stichproben sollen verlässliche Aussagen über die Grundgesamtheit liefern. Eine repräsentative Stichprobennahme ist eine Zufallsstichprobe.

Von einer Stichprobe, die verlässlichen Aufschluss über die Verhältnisse in einer Grundgesamtheit geben soll, wird erwartet, dass sie ein möglichst getreues Abbild der Grundgesamtheit liefert. Eine solche Stichprobe heißt repräsentativ.

Was besagt aber repräsentativ? Eine repräsentative Entnahme bedeutet, dass die Stichprobe eine Zufallsstichprobe sein muss. Jedes Element der Grundgesamtheit muss bei der Entnahme der Stichprobe die gleiche Wahrscheinlichkeit haben, in die Stichprobe zu gelangen. Eine repräsentative Stichprobennahme ist die Grundlage für die zuverlässige Wirkung eines Stichprobenverfahrens. Eine Stichprobenprüfung wird dann versagen, wenn die Regeln einer repräsentativen Entnahme nicht beachtet werden.

Dabei versteht man unter einer Zufallsstichprobe eine Auswahl von Elementen aus der Grundgesamtheit, die auf der Grundlage eines Zufallsexperiments beruht.

Wenn Zufallsauswahl jedoch bedeutet, dass bei einer Stichprobe, jede Kombination von n Teilen in der Grundgesamtheit dieselbe Chance hat, gewählt zu werden, dann muss es – auf lange Sicht – auch „schlechte" Stichproben geben, d. h. solche, die kein getreues Abbild der Grundgesamtheit N sind. Die Zufallsmethode birgt somit ein gewisses Risiko, dass eine einzelne Stichprobe zufälligerweise nicht repräsentativ ist.

Der Stichproben- oder Standardfehler

Die Abweichung einer Stichprobe von der Grundgesamtheit wird als Stichprobenfehler oder Standardfehler bezeichnet. Genau genommen können Aussagen aufgrund von Stichproben nur für die Stichprobe selbst Gültigkeit besitzen. Für die Grundgesamtheit, aus der die Stichprobe gezogen wurde, wird die Gültigkeit angenommen. Der Stichprobenfehler bezeichnet also denjenigen Teil der Abweichung, der sich daraus ergibt, dass nur die Stichprobe als Teil der Grundgesamtheit beobachtet wird. Er stellt die Differenz zwischen der Maßzahl einer Stichprobe und dem entsprechenden wahren Wert in der Grundgesamtheit dar. Der Standardfehler für eine Grundgesamtheit, wird über eine Standardabweichung s einer Stichprobe geschätzt ($\rightarrow$ Kap. 4.2.5).

Die Gesetze der Wahrscheinlichkeitsrechnung (wie auch die Erfahrung) besagen jedoch, dass die Wahrscheinlichkeit eines großen Stichprobenfehlers sehr gering im Vergleich zur Wahrscheinlichkeit eines kleinen Stichprobenfehlers ist und dass ein großer Stichprobenfehler umso unwahrscheinlicher wird, je größer die Stichprobe ist. Dies ist eine Auswirkung des Gesetzes der großen Zahlen ($\rightarrow$ Kap. 2.6.3). Die Norm DIN ISO 2859 enthält Verfahren und Tabellen zur Stichprobenprüfung anhand qualitativer Merkmale. In der Norm DIN ISO 3951 finden Sie Verfahren und Tabellen für quantitative Merkmale. Für beide Normen sind auch entsprechende Schriften (DGQ-Schriften) bei der Deutschen Gesellschaft für Qualität (DGQ) erhältlich.

Zur Qualitätsprüfung werden Stichprobenpläne genutzt, um das vorgestellte Material anzunehmen oder zurückzuweisen. Hierin sind die Anweisungen und Vorschriften über die Durchführung eines Stichprobenverfahrens niedergelegt.

Der Fehler und die Fehlerrechnung   **3.8**

Der Fehlerbegriff und die Fehlerarten   **3.8.1**

Fehler ($\rightarrow$ Kap. 5) beschreiben die Abweichung von einem wahren Wert μ. Wenn physikalische, chemische oder biologische Größen gemessen werden, dann wird der wahre Wert dadurch nicht bekannt, sondern es wird immer nur ein Schätzwert bestimmt. Wenn ein Gewicht, eine Entfernung, eine Temperatur, ein pH-Wert oder ähnliches angegeben wird, kann es sich nie um einen wahren Wert im strengen Sinn handeln. Viele Fehler sind jedoch geringfügig und unbedeutend – andere wiederum können zu problematischen Fehleinschätzungen führen ($\rightarrow$ Kap. 6.3, 7.1). Daher stellt sich die Frage: wie können wir Fehler am besten beschreiben, beurteilen und kontrollieren?

Es ist sinnvoll, zunächst zwei Klassen von Fehlern zu unterscheiden, die systematischen und die zufälligen.

Fehler beschreiben Abweichungen vom wahren Wert.

Systematische Fehler

Systematische Fehler b sind Abweichungen vom wahren Wert μ, die auf nachvollziehbare Weise entstehen ($\rightarrow$ Kap. 3.4.1). Bei gleicher Durchführung wird bei jeder Messung der gleiche systematische Fehler auftreten. Wenn die Ursache und das Ausmaß des systematischen Fehlers bekannt sind oder bei der Fehleranalyse bekannt werden, kann diese Art von Fehler durch Berücksichtigung in der Berechnung kompensiert werden ($\rightarrow$ Kap. 3.8.2).

Systematische Fehler entstehen in nachvollziehbarer Weise.

Beispiel 3.8.1–1

Eine Uhr geht um 10 min vor. Dies ist ein systematischer Fehler. Solange die Uhr nicht neu gestellt wird, tritt bei jeder Zeitmessung der gleiche Fehler auf.

Beispiel 3.8.1–2

Bei einem Wägevorgang ergibt sich ein unerwartet hohes Gewicht. Zur Kontrolle wird die Anzeige der Waage im unbelasteten Zustand überprüft. Dabei wird im nachhinein klar, dass vor der Wägung kein Abgleich erfolgte, sondern dass die Waage bereits im unbelastetem Zustand ein Gewicht anzeigt. Auch dieser systematische Fehler tritt nun solange auf, bis die Einstellungen an der Waage verändert werden. Da in diesem Fall die Größe des systematischen Fehlers durch die Anzeige der unbelasteten Waage bekannt ist, kann der Fehler durch Berücksichtigung dieses Wertes, der Tara, kompensiert werden.

Zum Teil wird ein systematischer Fehler erkannt, aber das Ausmaß des systematischen Fehlers von Messung zu Messung ist zunächst unsicher. Wenn der Thermostat eines Messgerätes zur Viskositätsbestimmung schadhaft ist, wirkt sich das möglicherweise bei 20 °C kaum aus, aber bei 30 °C kann es zu großen Fehlern kommen. Bei Verdacht auf solche Fehlerquellen ist es sinnvoll, alle möglichen Komponenten, also auch den Thermostaten, Stück für Stück auszutauschen, bis wieder ein richtiges Ergebnis erzielt wird. Dadurch kann auch auf die fehlerhafte Komponente geschlossen werden.

Zufällige Fehler

Zufällige Fehler ent-
stehen in nicht nach-
vollziehbarer Weise.

Im Gegensatz zu systematischen Fehlern beeinflussen zufällige Fehler ε_i Messwerte x_i in unvorhersehbarer Weise. Zufällige Fehler treten bei jedem Messprozess auf. Dadurch nehmen Messwerte bei jeder Messung einen anderen Wert an. Zwar sind zufällige Fehler in vielen Fällen im Prinzip auf deterministische Elementarprozesse zurückführbar, d. h. die Fehler von Einzelprozessen sind auf Veränderungen zurückführbar, z. B. auf veränderliche elektromagnetische Felder. Wenn aber sehr viele Elementarprozesse sehr schnell nacheinander ablaufen, dann können sie oft nicht mehr einzeln berücksichtigt werden. Der Messfehler ergibt sich dann z. B. als Summe von sehr vielen Ablesefehlern. In anderen Fällen entziehen sich zufällige Fehler grundsätzlich einer deterministischen Beschreibung. Es gibt aber auch Grenzfälle: nicht verstandene oder kontrollierte systematische Fehler werden häufig als zufällige Fehler interpretiert.

In der folgenden Abbildung sind die Messfehler noch einmal anschaulich klassifiziert:

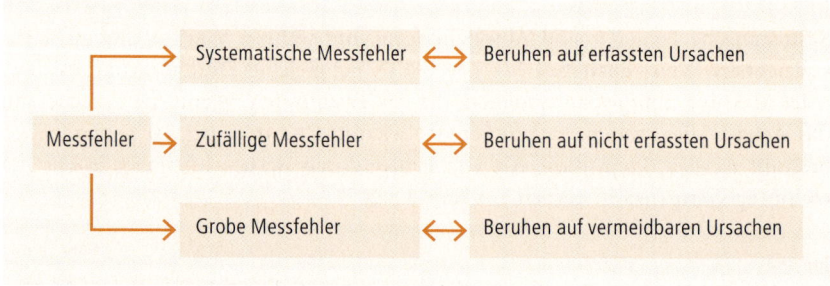

○ **Abb. 3.8.1–1** Klassifizierung von Messfehlern

3.8.2 Die Fehlermessung und die Fehlerbewertung

Messwerte bestehen
aus zufälligen Fehlern
und können mit sys-
tematischen Fehlern
behaftet sein.

Jeder Messwert besteht also aus dem wahrem Wert μ, möglicherweise aus einem systematischem Fehler b und immer aus einem zusätzlichen zufälligem Fehler ε_i.

$$x_i = \mu \pm b \pm \varepsilon_i$$ Gleichung 3.8.2–1

Beide Arten von Fehler können das Ergebnis nach oben oder nach unten beeinflussen. der systematische Fehler die Lage des Mittelwertes einer Stichprobe nur in einer Richtung (nach oben oder unten) beeinflusst, verursacht der zufällige Fehler die gemessene Standardabweichung. Daher wird eine Stichprobe und mögliche auftretende Fehler durch Lagemaße (→ Kap. 4.1) und Streumaße (→ Kap. 4.2) charakterisiert. Die Abweichung vom wahren Wert durch zufällige Streuung wird durch das Vertrauensintervall (→ Kap. 6.6.1 und 6.6.2).

Die Fehlerfortpflanzung

Oft sind mehrere Messungen notwendig, um ein zuverlässiges Ergebnis zu erhalten. Da diese Messungen jeweils fehlerbehaftet sind, beeinflussen sie auch jeweils das Messergebnis. Dieser Einfluss kann rechnerisch vorhergesagt werden. Diese Berechnung erlaubt das Fehlerfortpflanzungsgesetz von Johann Carl Friedrich Gauß (1777 – 1855, deutscher Mathematiker, Astronom und Physiker). Dieses Gesetz beruht auf der Additivität von Varianzen (vgl. Kap. 4.2).

Beispiel 3.8.3–1

Die Messung einer Fläche, z. B. einer Tischplatte oder eines Grundstückes, erfolgt oft durch Ermittlung von Länge und Breite und anschließender Multiplikation. Wenn die Messwertstreuung für Längenmessungen bekannt ist, kann daraus die Messwertstreuung, z. B. die Standardabweichung, für die Flächenermittlung abgeleitet werden. Es ist nicht notwendig, zunächst eine große Zahl von Flächen zu bestimmen, um dieses Streumaß zu ermitteln.

Beispiel 3.8.3–2

Fehler im Nettogewicht bei Brutto- und Tara-Messung (Annahme: der Messfehler ist jeweils gleich groß).

Ein einfaches Beispiel für eine Anwendung des Fehlerfortpflanzungsgesetzes ist die Fehlerberechnung bei einer Nettowägung. Hier tritt ein Fehler bei der Brutto- und bei der Tarawägung auf.

Die Gesamtvarianz $\hat{\sigma}^2_{ges}$ (oder $\hat{\sigma}^2_{netto}$) ist hier (Gleichung: 3.8.3–1):

$$\hat{\sigma}^2_{ges} = \hat{\sigma}^2_{brutto} + \hat{\sigma}^2_{tara}$$

Gleichung 3.8.3–1

Im Fall von Summen oder Differenzen kann der Gesamtfehler immer einfach aus der Summe der Einzelvarianzen berechnet werden. Wenn, wie hier, bei beiden Wägeprozessen der gleiche Wägefehler $\hat{\sigma}_w$ auftritt, dann gilt sogar

$$\hat{\sigma}^2_{ges} = 2 \cdot \hat{\sigma}^2_w$$

Gleichung 3.8.3–2

und daher

$$\hat{\sigma}_{ges} = \sqrt{2} \cdot \hat{\sigma}_w$$

Gleichung 3.8.3–3

In der allgemeinen Form nimmt das Gauß'sche Fehlerfortpflanzungsgesetz eine auf den ersten Blick etwas sperrige Form an. Für eine fehlerbehaftete Größe y, die von den Parametern x_1 bis x_n abhängt, gilt Gleichung: 3.8.3–4:

Gleichung 3.8.3–4

$$\hat{\sigma}^2_{ges} = \sum \hat{\sigma}^2_i \cdot \left(\frac{\partial y}{\partial x_i} \right)^2$$

○ **Abb. 3.8.3–1** Auswirkungen von Fehlern bei der Breitenbestimmung (hellgrau) und Längenbestimmung (dunkelgrau)

Diese Gleichung ist bereits eine vereinfachte Darstellung, in vielen Fällen müssen zusätzliche Kovarianzterme berücksichtigt werden. Die Anwendung dieser Gleichung auf konkrete Beispiele gelingt jedoch ohne Schwierigkeiten, in den meisten Fällen ergeben sich für die partiellen Ableitungen (→ Kap. 2.4.6) sehr einfache Terme.

Beispiel 3.8.3–3
Fehler bei der Flächenberechnung: Die Fläche F eines Rechtecks wird als das Produkt von Länge L und Breite b berechnet: $F = l \cdot b$

Die partiellen Ableitungen (vgl. Abschnitt 2.4.6) sind in diesem Fall sehr einfache Terme:

$$\frac{\partial F}{\partial l} = b \text{ und } \frac{\partial F}{\partial b} = l$$

und daher berechnet sich die Varianz der Gesamtfläche als

$$\hat{\sigma}^2_{ges} = \hat{\sigma}^2_l \times b^2 + \hat{\sigma}^2_b \times l^2$$

Wenn die Fehler der Längen- und Breitenmessung ungefähr gleich groß sind, dann wirkt sich also der Fehler bei der Breitenbestimmung (s. ○ Abb. 3.8.3–1, hellgrau) stärker auf den Fehler bei der Flächenbestimmung aus, weil dieser Fehler mit dem Quadrat der größeren Länge multipliziert wird.
Angenommen, der Fehler bei der Streckenbestimmung beträgt 0,05 cm. Wir messen bei einer Tischplatte 2 m Breite und 3 m Länge, also 6 m² (oder 60 000 cm²) Fläche. Wir berechnen den Fehler bei der Flächenbestimmung und bestimmen zunächst die Varianz σ^2 (Gleichung 3.8.3–1):

$$\hat{\sigma}^2 = (0{,}05\,\text{cm})^2 \cdot (200\,\text{cm})^2 + (0{,}05\,\text{cm})^2 \cdot (300\,\text{cm})^2$$
$$= 0{,}0025\,\text{cm}^2 \cdot 40\,000\,\text{cm}^2 + 0{,}0025\,\text{cm}^2 \cdot 90\,000\,\text{cm}^2$$
$$= 100\,\text{cm}^4 + 225\,\text{cm}^4 = \underline{325\,\text{cm}^4}$$

Die Standardabweichung $\hat{\sigma}_{ges}$ ist die Wurzel aus diesem Wert, also etwa 18 cm².

Beispiel 3.8.3–4 (→ Beispiel 2.4.6–3)

Fehler bei einer Konzentrationsbestimmung c: Die (Massen-)Konzentration berechnet sich als Quotient aus Masse m und Volumen

$$V : c = \frac{m}{V}$$

Für Quotienten q vereinfacht sich die allgemeine Darstellung des Fehlerfortpflanzungsgesetzes ebenfalls erheblich. Allgemein ist der Betrag der partiellen Ableitung nach jedem gewählten Parameter bei Quotienten q die jeweilige Funktion dividiert durch den Parameter, nach dem abgeleitet werden soll:

$$\left| \frac{\partial q}{\partial x} \right| = \frac{q}{x}$$

Also in diesem Beispiel:

$$\left| \frac{\partial c}{\partial m} \right| = \frac{c}{m} \quad \text{und} \quad \left| \frac{\partial c}{\partial V} \right| = \frac{c}{V}$$

Statt $\frac{c}{m}$ könnte man Statt $\frac{1}{V}$ schreiben, aber das wäre keine wirkliche Vereinfachung. Da alle Terme analog aufgebaut sind, kann nämlich aus allen obigen Termen die Konzentration ausgeklammert werden. Damit vereinfacht sich das allgemeine Fehlerfortpflanzungsgesetz zu Gleichung 3.8.3–5. Auch bei Produkten und Quotienten ergibt sich die Gesamtvarianz aus der Summe der Einzelvarianzen, allerdings werden hier nicht die absoluten, sondern die relativen Varianzen addiert.

$$\hat{\sigma}_{ges}^2 = c^2 \left(\frac{\hat{\sigma}_m^2}{m^2} + \frac{\hat{\sigma}_V^2}{V^2} \right)$$

Gleichung 3.8.3–5

Nach Wurzelziehen (Radizierung) erhält man für die Gesamtstandardabweichung $\hat{\sigma}_{ges}$

$$\hat{\sigma}_{ges} = c \cdot \sqrt{\left(\frac{\hat{\sigma}_m}{m} \right)^2 + \left(\frac{\hat{\sigma}_V}{V} \right)^2}$$

Gleichung 3.8.3–6

Werden in Gleichung: 3.8.3–6 die Werte $m = 1{,}342$ g und $V = 10$ ml und für die zugehörigen Standardabweichungen $\hat{\sigma}_m = 4{,}315 \cdot 10^{-3}$ g und $\hat{\sigma}_V = 2{,}462 \cdot 10^{-2}$ ml eingesetzt, ergibt sich eine Gesamtstandardabweichung $\hat{\sigma}_{ges}$ von 0,533 mg/ml.

Beispiel 3.8.3–5

Die Abfüllung eines Trockenextraktes bei einem Extrakthersteller wurde bisher an einer Abfüllmaschine mittels Dosiervorrichtung für $\mu = 100$ kg und $\sigma = 2{,}0$ kg pro Trommel durchgeführt. Die zugeführte Extraktmenge ist normalverteilt. Ein Kunde wünscht künftig die Lieferung von 200 kg Trommeln. Da der Extrakthersteller über keine Abfüllvorrichtung zum einmaligen befüllen für 200 kg verfügt, will er die bisherige Dosiervorrichtung weiter verwenden und die Abfüllung in zwei hintereinander folgenden Schritten durchführen.

Welcher Verteilung unterliegt die Abfüllung zu 200 kg und wie ändert sich die Standardabweichung σ?

Lösung

Die Summe zweier normalverteilter Größen ist weiterhin normalverteilt. Der Erwartungswert beträgt 200 kg. Allerdings ändern sich die Varianzen entsprechend der Gleichung 3.8.3–1.

$$\sigma^2 = \sigma_{x1}^2 + \sigma_{x2}^2 = 2^2 + 2^2 = 4 + 4 = \underline{8 \, kg^2}$$

Die neue Varianz σ^2 beträgt 8 kg^2; die neue Standardabweichung beträgt

$$\sigma = \sqrt{8} = \underline{\underline{2,8 \, kg}}.$$

Literatur

DIN 1319–4, Grundlagen der Messtechnik - Teil 4: Auswertung von Messungen; Messunsicherheit, Ausgabe: 1999–02

DIN 13303–1, Stochastik; Wahrscheinlichkeitstheorie, Gemeinsame Grundbegriffe der mathematischen und der beschreibenden Statistik; Begriffe und Zeichen, Ausgabe :1982–05

DIN 55350–12, Begriffe der Qualitätssicherung und Statistik; Merkmalsbezogene Begriffe, Ausgabe: 1989–03

DIN 55350–13, Begriffe der Qualitätssicherung und Statistik; Begriffe zur Genauigkeit von Ermittlungsverfahren und Ermittlungsergebnissen, Ausgabe:1987–07

DIN 55350–14, Begriffe der Qualitätssicherung und Statistik; Begriffe der Probenahme, Ausgabe: 1985–12

DIN 55350–15, Begriffe der Qualitätssicherung und Statistik; Begriffe zu Mustern, Ausgabe: 1986–02

DIN 55350–23, Begriffe der Qualitätssicherung und Statistik; Begriffe der Statistik; Beschreibende Statistik, Ausgabe: 1983–04

DIN 55350–24, Begriffe der Qualitätssicherung und Statistik; Begriffe der Statistik; Schließende Statistik, Ausgabe: 1982–11

DIN 55350–31, Begriffe der Qualitätssicherung und Statistik; Begriffe der Annahmestichprobenprüfung, Ausgabe: 1985–12

Masing W (Hrsg). QualitätsMangement – Tradition und Zukunft. Hanser Verlag, München 2003

3.9 Übungsaufgaben

Aufgabe 1

Welches der folgenden Merkmale ist diskret bzw. stetig? Ordnen Sie zu:

A Wirkstofffreisetzung,

B Partikeldurchfluss an einer Messzelle,

C nationale Herkunft von Teelieferungen,

D Lackfehler auf einer Tubenoberfläche,

E monatliche Fertigungskosten.

Aufgabe 2

Ordnen Sie die folgenden quantitativen Merkmale jeweils einer Skala (Kardinal-, Nominal-, Ordinal-Skala) zu:

A Varianz,

B Durchmesser einer Tablette mit der Angabe „entspricht/entspricht nicht",

C Allgemeinzustand eines Patienten,

D Unterscheidung von Krankheiten (1 = Zuckerkrankheit, 2 = Morbus Parkinson),

E Patient: männlich/weiblich.

Aufgabe 3

Welche der folgenden Aussagen sind richtig?

A Es ist nicht möglich verbale Beschreibungen durch Zahlen zu kodieren.

B Die induktive Statistik befasst sich mit Rückschlüssen von Ergebnissen der Stichprobe auf die Grundgesamtheit.

C Der Zufallsstreubereich ist das Intervall, in dem ein Stichprobenergebnis mit einer vorgegebenen Wahrscheinlichkeit $P = 1 - \alpha$ zu erwarten ist.

D Zwei Ausprägungen eines nominalen Merkmals lassen sich durch $A = B$ oder $A \neq B$ miteinander in Beziehung setzen.

E Zwei Ausprägungen eines ordinalen Merkmals lassen sich gegenüber einem nominalen Merkmal zusätzlich (gegenüber der Aussage in D) mit $A = B$, $A > B$ oder $A < B$ angeben.

Aufgabe 4

Welche der folgenden Aussagen sind richtig?

A Ein Tee kann einen Merkmalsträger darstellen.

B Streuungen in der Herstellung können grundsätzlich vermieden werden, wenn das zu verarbeitende Produkt stets die gleiche Qualität aufweist und die Maschine regelmäßig gewartet wird.

C Die Reißfestigkeit eines chirurgischen Nahtmaterials ist ein quantitatives Merkmal.

D Der wahre Wert eines Messwertes lässt sich durch Umstellung des Fehlerfortpflanzungsgesetzes ausrechnen.

E Das Merkmal „Fabrikat eines PKW" ist qualitativ.

Aufgabe 5

Ordnen Sie die Merkmalsarten der Liste 1 den Merkmalen der Liste 2 zu.

Liste 1 (Merkmalsart)	Liste 2 (Merkmal)
Quantitativ diskretes Merkmal, quantitativ stetiges Merkmal, qualitatives Merkmal	Dichte einer Tinktur
	Blutgruppe
	Körpergewicht
	Impulse eines radioaktiven Markers
	Anzahl der Toten im Straßenverkehr

4 Deskriptive Statistik

INHALTSVORSCHAU
In diesem Abschnitt stellen wir Ihnen Methoden der deskriptiven Statistik vor. Hierzu gehören Kennwerte, mit denen die Lage und die Breite (Streuung) von Verteilungen beschrieben werden können. Anschließend stellen wir Ihnen Methoden zur graphischen Darstellung von Verteilungen vor.

4.1 Die Mittelwerte (Lagemaße)

Die Aufgabe der deskriptiven (beschreibenden) Statistik ist die Datenaufbereitung, d.h. Zusammenfassung. Hierzu werden die Werte durch statistische Kennwerte und graphische Darstellungen beschrieben.

Zusammenfassung von Daten soll Übersichtlichkeit verbessern

Dabei muss beachtet werden, dass durch Zusammenfassen von Daten einerseits mehr Übersichtlichkeit gewonnen wird, andererseits aber damit auch ein teilweise erheblicher Informationsverlust verbunden ist. Deshalb ist die ursprüngliche Datenreihe (Urliste) von großer Bedeutung, sie muss in jedem Fall verfügbar bleiben. So geht bereits durch das Ordnen von Daten die Information über die Reihenfolge, in der die Daten gewonnen wurden, verloren. Messwerte können aber einen Trend enthalten, beispielsweise können sich die Werte in einer Messreihe ändern, wenn sich während der Durchführung der Messungen etwa die Temperatur gleichmäßig ändert (steigend oder fallend). Ein solcher Trend ist nur an der ursprünglichen Reihenfolge der einzelnen Messwerte erkennbar.

Beschreibung einer Datenreihe durch Lage- und Streuungsmaß

Lagemaße und Streuungsmaße sind die wichtigsten Kenngrößen für metrische Daten (→ Kap. 3.3.2, 4.1.4). Während ein Lagemaß die Lage des mittleren Bereichs einer Messreihe bestimmt, beschreiben die Streuungskenngrößen die Streuung einzelner Werte um das Lagemaß. Diese Kennzahlen sollen die Eigenschaften einer Messreihe möglichst gut wiedergeben.

Es können unterschiedliche Mittelwerte gebildet werden, wobei die Auswahl von den Eigenschaften und der Anzahl der Daten abhängig ist.

4.1.1 Der Modalwert

Der Modalwert ist der am häufigsten auftretende Wert.

Das einfachste Lagemaß ist der Modalwert oder Modus $\bar{x}_D$, der den in einer Datenreihe am häufigsten auftretenden Wert beschreibt. Die Bestimmung des Modalwertes ist deshalb auch nur dann sinnvoll, wenn eine relativ große Anzahl an Werten vorliegt. Für nominalskalierte Merkmale (→ Kap. 3.3.1) ist der Modalwert der einzige sinnvolle Lageparameter.

4.1.2 Der Median (Zentralwert)

Der Median bezeichnet denjenigen Wert einer Messreihe, bei dem die der Größe nach geordneten Werte in zwei gleich große Anteile geteilt werden, d.h. oberhalb und unterhalb des Medians liegt die gleiche Anzahl an Werten. Ist die Anzahl n der

Beobachtungswerte $x_1, x_2, \ldots, x_n$ ungerade, so gibt es genau einen mittleren Wert und es gilt für den Median:

$$\tilde{x} = x_{\frac{n+1}{2}}$$

Gleichung 4.1.2–1

mit x_n als Rangzahl des größten Wertes,
z. B. bei einer geordneten Messreihe von 5 Werten entspricht also der dritte Wert dem Median.

Der Median teilt die Datenreihe in zwei gleich große Hälften.

Beispiel 4.1.2–1
Messwerte in einer Urliste mit $n = 5$

Urliste (n = 5)	8,7	5,2	6,1	7,9	6,5
Geordnete Messwerte	5,2	6,1	6,5	7,9	8,7

$\tilde{x}$ = mittlerer Wert = <u>6,5</u>

Bei einer geraden Anzahl von Werten ist der Median der arithmetische Mittelwert (→ Kap. 4.1.4) der beiden in der Mitte der geordneten Reihe stehenden Werte:

$$\tilde{x} = \frac{1}{2}\left(x_{\frac{n}{2}} + x_{\frac{n}{2}+1} \right)$$

Gleichung 4.1.2–2

Beispiel 4.1.2–2
Messwerte in einer Urliste mit $n = 6$.

Urliste (n = 6)	5,4	3,9	4,7	4,2	5,8	4,4
Geordnete Messwerte	3,9	4,2	4,4	4,7	5,4	5,8

$$\tilde{x} = \frac{(4,4+4,7)}{2} = 4,55 \approx \underline{\underline{4,6}}$$

Der Median ist unabhängig von Extremwerten, die z. B. Ausreißer (→ Kap. 9.1) sein können. Er wird deshalb häufig für die Auswertung von Werten, die eine große Streuung aufweisen, wie z. B. In-vivo-Werten (Daten, die am lebenden Organismus (Tier oder Mensch) gewonnen werden), eingesetzt. Außerdem wird er auch bei kleinen Stichproben ($n \leq 4$) als Mittelwert berechnet, da diese häufig schief verteilt sind.

Ausreißer haben auf den Median keinen Einfluss.

4.1.3 Das Quantil

Quantile bezeichnen diejenigen Werte einer Messreihe, die die der Größe nach geordneten Werte nach einem bestimmten Schema unterteilen. Hierbei werden die geordneten Werte in x gleich große Anteile aufgeteilt, wobei sich $x-1$ Schnittstellen ergeben.

Das Quantil gibt an, welcher Wert von einem bestimmten Anteil der Daten nicht überschritten wird.

Quantile sind Kenngrößen, die auf Rangnummern beruhen. Sie stellen sowohl ein Maß für die Lage einer Verteilung als auch für deren Breite dar. Der Median ist ein Beispiel eines Quantils. Anstatt die geordnete Reihe in zwei gleich große Hälften zu zerlegen, kann sie aber auch in vier (Quartile), zehn (Dezile) oder hundert (Perzentile) gleich große Anteile aufgeteilt werden.

Das 1. Quartil ($x_{0,25}$) trennt das untere Viertel von den oberen drei Vierteln der geordneten Daten ab. Das 2. Quartil ($x_{0,5}$) ist identisch mit dem Median: $x_{0,5} = \tilde{x}$. Teilt man eine geordnete Datenreihe nicht in vier, sondern in zehn gleiche Teile, so erhält man als Trennpunkte die Dezile. Es gibt demnach neun Dezile: $x_{0,1}$, $x_{0,2}, \ldots, x_{0,9}$.

Beispiel 4.1.3–1
Messwerte in geordneter Reihenfolge mit $n = 10$

Messwerte (geordnet)	32	34	35	37	38	39	41	42	43	46
Rang-nummer	1	2	3	4	5	6	7	8	9	10

$$\bar{x} = 38{,}5; \quad x_{0,25} = 35; \quad x_{0,75} = \underline{\underline{42}}$$

Eine allgemeine Regel zur Bestimmung der p-Quantile x_p von geordneten Messreihen metrischer Merkmale des Umfanges n lautet:

Regel zur Bestimmung eines Quantils

Ist das Produkt $n \cdot p$ nicht ganzzahlig, so wird die größte ganze Zahl bestimmt, die kleiner oder gleich $n \cdot p$ ist, zu dieser wird 1 addiert. Die erhaltene Summe ist die Rangnummer desjenigen Messwertes, der gleich x_p ist.

Im obigen Beispiel ($n = 10$, $p = 0,25$) ist $n \cdot p = 10 \cdot 20 = 2,5$. Die Rangnummer ist $2 + 1 = 3$, somit ist $x_{0,25} = 35$. Entsprechend erhält man $x_{0,75} = 42$, denn es ist $10 \cdot 0,75 = 7,5$ und $7 + 1 = 8$.

Ist das Produkt $n \cdot p$ ganzzahlig, so ist x_p vereinfacht gleich dem arithmetischen Mittel der beiden Messwerte mit den Rangnummern $n \cdot p$ und $n \cdot p + 1$.

Das 9. Dezil für das obige Beispiel berechnet sich wie folgt:

$$n = 10, p = 0,9 \qquad n \cdot p + 1 = 10 \qquad x_{0,9} = \frac{(43 + 46)}{2} = \underline{\underline{44,5}}$$

Der arithmetische Mittelwert 4.1.4

Das bekannteste und am häufigsten eingesetzte Lagemaß ist der arithmetische Mittelwert. Zu seiner Ermittlung werden die Einzelwerte addiert und die erhaltene Summe durch die Anzahl der Werte dividiert.

Das am häufigsten verwendete Lagemaß

$$\bar{x} = \frac{1}{n}\left(x_1 + x_2 + x_3 + \dots + x_n\right) = \frac{1}{n}\sum_{i=1}^{n} x_i$$

Gleichung 4.1.4–1

Da alle Werte in die Berechnung eingehen, wird der arithmetische Mittelwert auch von Extremwerten beeinflusst. Die Bestimmung des arithmetischen Mittels ist nur sinnvoll für metrische Daten (→ Kap. 3.3.2).

Der arithmetische Mittelwert ist bei eingipfeligen, angenähert symmetrischen Verteilungen ein geeignetes Lagemaß, sogar das effizienteste, wenn die Daten normalverteilt (→ Kap. 6) sind. Bei ausgeprägt schiefen Verteilungen (→ Kap. 6.3.3, 6.3.4) oder mehrgipfeligen Verteilungen ist das arithmetische Mittel für die Beschreibung der „durchschnittlichen Lage" einer Verteilung dagegen ungeeignet. Ein häufig zitiertes Beispiel für eine schiefe Verteilung ist die Häufigkeitsverteilung der Einkommen der Bevölkerung in einem Land. Schiefe eingipfelige Verteilungen sind dadurch charakterisiert, dass der größte Teil der Werte auf der einen Seite vom Mittelwert liegt, während eine geringe Anzahl von Werten weit auseinander liegend über die andere Seite verteilt ist. So hatten in Deutschland etwa 82 % der Erwerbstätigen ein Brutto-Jahreseinkommen von bis 50 000 €, während der restliche Teil der Bevölkerung ein Einkommen bis zu 5 000 000 € und mehr hatte (Angaben für 2001, Quelle: Statistisches Bundesamt). Der mittels des arithmetischen Mittelwertes berechnete Durchschnittsverdienst liegt zu hoch. Ein realistisches Bild gibt in diesem Fall der Median. Da die meisten Arbeitnehmer ein „unterdurchschnittliches" Einkommen aufweisen, ist das „Medianeinkommen" kleiner als das arithmetische Mittel der Einkommen.

Ungeeignet bei schiefen und mehrgipfeligen Verteilungen

Beispiel für eine schiefe Verteilung: durchschnittliches Jahreseinkommen

Beschreibt $\bar{x}$ das arithmetische Mittel, $\tilde{x}$ den Median und $\bar{x}_D$ den Modus einer eingipfeligen Häufigkeitsverteilung, so wird diese wie folgt bezeichnet:

Rechtsschief oder linkssteil, wenn:	$\bar{x} > \tilde{x} > \bar{x}_D$
Linksschief oder rechtssteil, wenn:	$\bar{x} < \tilde{x} < \bar{x}_D$
Symmetrisch, wenn:	$\bar{x} = \tilde{x} = \bar{x}_D$

Der geometrische Mittelwert 4.1.5

Ein weiteres, allerdings weniger häufig als der arithmetische Mittelwert eingesetztes Lagemaß ist der geometrische Mittelwert. Hierzu wird aus dem Produkt von n Werten die n-te Wurzel gezogen.

$$\bar{x}_G = \sqrt[n]{x_1 \cdot x_2 \cdot \dots \cdot x_n} = \sqrt[n]{\prod_{i=1}^{n} x_i}$$

Gleichung 4.1.5–1

Es kann auch die Summe der Logarithmen der Einzelwerte durch die Anzahl der Werte dividiert werden. Das gesuchte geometrische Mittel wird nach Entlogarithmieren des hierbei berechneten Wertes erhalten.

$$\lg \overline{x}_G = \frac{1}{n}\left(\lg x_1 + \lg x_2 + \lg x_3 + \ldots\ldots + \lg x_n\right)$$

Gleichung 4.1.5–2

Mittelwert für relative Änderungen, z. B. Wachstumsprozesse

Der geometrische Mittelwert ist dann ein geeignetes Lagemaß, wenn Merkmalsausprägungen relative bzw. proportionale Änderungen darstellen, z. B. Wachstumsprozesse: Zellzahl im Laufe der Vermehrung von Bakterien, mittlere Zuwachsraten, mittlere Produktionssteigerung, durchschnittliche Zunahme der Bevölkerung in der Zeit.

Beispiel 4.1.5–1
Wachstum von Bakterien

Platte, Nr.	Koloniebildende Einheiten nach 2 Tagen
1	30
2	16
3	64
4	32
5	26
6	54

In diesem Beispiel beträgt der geometrische Mittelwert 33,4, d. h. nach 2 Tagen liegen durchschnittlich 33 koloniebildende Einheiten vor.

4.1.6 Der harmonische Mittelwert

Mittelwert für Verhältniszahlen

Der harmonische Mittelwert wird angewandt, wenn der relevante Parameter der zu mittelnden Größe im Nenner steht, z. B. bei der Bestimmung der mittleren Dichte im Gesamtraum aus einzelnen Dichten von Flüssigkeiten in Teilräumen, bei Frequenzmessungen (Frequenz als Kehrwert der Zeit) oder der Bestimmung einer Durchschnittsgeschwindigkeit aus Geschwindigkeiten für Teilstrecken. Zur Berechnung wird der Quotient aus der Anzahl der Werte und der Summe der reziproken Werte der Einzelwerte gebildet (Gleichung 4.1.6–1).

$$\overline{x}_H = \frac{n}{\dfrac{1}{x_1} + \dfrac{1}{x_2} + \dfrac{1}{x_3} + \ldots\ldots + \dfrac{1}{x_n}} = \frac{n}{\displaystyle\sum_{i=1}^{n} \dfrac{1}{x_i}}$$

Gleichung 4.1.6–1

1 Kilometer wurde mit 30 km/h gefahren, ein weiterer Kilometer mit 60 km/h. Wie groß ist die Durchschnittgeschwindigkeit?

$$\text{Durchschnittsgeschwindigkeit für die 2 km} = \frac{2}{\dfrac{1}{30} + \dfrac{1}{60}} = 40 \text{ km/h}$$

Das arithmetische Mittel zur Bestimmung von Durchschnittsgeschwindigkeiten führt dann zum richtigen Ergebnis, wenn die gegebenen Geschwindigkeiten sich nicht auf Teilstrecken, sondern auf Teilzeiträume beziehen (Angaben wie Stunden pro Kilometer, anstatt Kilometer pro Stunde).

Die Streuungsmaße

4.2

Mittelwerte sind zwar geeignet, Verteilungen hinsichtlich ihrer Lage zu vergleichen, zeigen aber nicht, wie sich die Werte bzw. deren Häufigkeiten um einen Mittelwert verteilen. Diesem Zweck dienen die Streuungsmaße einer Verteilung.

Streuung der Einzelwerte in einer Verteilung

Beispiel 4.2–1
Es liegen folgende Beobachtungsreihen mit jeweils 3 Werten vor:
a) 499, 500, 501   b) 400, 500, 600   c) 5, 500, 995

In allen drei Fällen beträgt das arithmetische Mittel $\bar{x} = 500$. Die Verteilungen sind dennoch unterschiedlich, da die Werte bei c) sehr viel weiter auseinander liegen als bei b) und diese weiter auseinander liegen als bei a). Die Charakterisierung einer Datenreihe allein durch den Mittelwert ist deshalb nicht ausreichend, zusätzlich muss die Streuung der Werte berücksichtigt werden.
Die Streuung von Beobachtungswerten kann durch unterschiedliche Kenngrößen beschrieben werden.

Die Spannweite

4.2.1

Das einfachste Streuungsmaß ist die Spannweite R. Unter der Spannweite wird die Differenz zwischen dem größten und dem kleinsten Beobachtungswert verstanden.

$$R = x_{i_{\max}} - x_{i_{\min}}$$

Gleichung 4.2.1–1

Die Spannweite ist ein sehr einfach zu bestimmendes, aber wenig aussagekräftiges Streuungsmaß. Sie berücksichtigt nur den größten und kleinsten Wert der Verteilung. Eine Aussage darüber, wie die Werte dazwischen streuen, ist mit der Spannweite nicht möglich. Allerdings ist die Spannweite bei kleinen Stichproben ($n < 10$) ein sehr sinnvolles und häufig eingesetztes Streuungsmaß ($\rightarrow$ Kap. 6.5.5).

Ein einfach zu bestimmendes, aber wenig aussagekräftiges Streuungsmaß

4.2.2 Die mittlere absolute Abweichung

Die mittlere absolute Abweichung ist ein Streuungsmaß, welches alle Werte einer Verteilung berücksichtigt.

Mittlere absolute Abweichung vom Mittelwert

$$d = \frac{1}{n}\sum_{i=1}^{n}\left|x_i - \overline{x}\right|$$

Gleichung 4.2.2–1

Mittlere absolute Abweichung vom Median

$$d = \frac{1}{n}\sum_{i=1}^{n}\left|x_i - \tilde{x}\right|$$

Gleichung 4.2.2–2

4.2.3 Die Varianz und die Standardabweichung

Das am häufigsten verwendete Streuungsmaß ist die Varianz s^2 bzw. die Quadratwurzel der Varianz, die Standardabweichung s. Sie stellt die Summe der Quadrate der Abweichungen der Einzelwerte vom Mittelwert, dividiert durch die Zahl der Freiheitsgrade ($\rightarrow$ Kap. 6.3.3, 7.8), dar.

Varianz

$$s^2 = \frac{1}{n-1}\sum_{i=1}^{n}\left(x_i - \overline{x}\right)^2$$

Gleichung 4.2.3–1

Standardabweichung

$$s = \sqrt{\frac{\sum_{i=1}^{n}\left(x_i - \overline{x}\right)^2}{n-1}}$$

Gleichung 4.2.3–2

Maß für die Schwankungen der Werte in einer Verteilung

Die Standardabweichung ist ein sehr wichtiges Maß für die Präzision. Ein direkter Vergleich von Standardabweichungen zur Beurteilung der Präzision ist jedoch nicht möglich, da bei größeren Werten in der Regel auch größere Standardabweichungen erhalten werden. Es darf deshalb nicht allein aus einer höheren Standardabweichung auf eine höhere Variabilität der Werte geschlossen werden. Für einen solchen direkten Vergleich muss der Variationskoeffizient berechnet werden.

Der Variationskoeffizient (relative Standardabweichung)

In vielen Fällen ist weniger die Streuung von Messwerten als ihre Relation zum arithmetischen Mittelwert von Interesse. Dieses Verhältnis wird durch den Variationskoeffizienten CV (relative Standardabweichung) gemessen, der häufig in Prozentzahlen angegeben wird.

$$CV = \frac{s}{\bar{x}}$$

Gleichung 4.2.4–1

$$CV(\%) = \frac{s}{\bar{x}} \cdot 100$$

Gleichung 4.2.4–2

Der Variationskoeffizient ist somit ein relatives, dimensionsloses Streuungsmaß, das insbesondere zum Vergleich der Streuung von zwei oder mehreren Messreihen eingesetzt wird.

Der Variationskoeffizient ist geeignet Standardabweichungen zu vergleichen.

Der Standardfehler des Mittelwertes

Ein weiteres Streuungsmaß ist der Standardfehler des Mittelwertes $s_{\bar{x}}$:

$$s_{\bar{x}} = \frac{s}{\sqrt{n}}$$

Gleichung 4.2.5–1

s: Stichproben-Standardabweichung von n Einzelwerten, n: Stichprobenumfang. Während die Standardabweichung die in der Grundgesamtheit zu erwartende Streuung der Einzelwerte beschreibt, gibt der Standardfehler des Mittelwertes die Variabilität der Mittelwerte ($\rightarrow$ Gleichung 6.6.1–4 bis 6.6.1–6) an. Würden aus einer Grundgesamtheit wiederholt Zufallsstichproben des Umfangs n gezogen werden und jeweils der arithmetische Mittelwert berechnet werden, so würde eine Serie von Mittelwerten $\bar{x}_1$, $\bar{x}_2$, … erhalten werden. Haben Einzelwerte x_i aus einer normalverteilten Grundgesamtheit die Standardabweichung σ, so besitzt die Verteilung der Mittelwerte $\bar{x}$ die Standardabweichung $\sigma/\sqrt{n}$.

Der Standardfehler des Mittelwertes ist somit die Standardabweichung der Mittelwerte-Verteilung, von der der beobachtete Mittelwert $\bar{x}$ ein einzelnes Element ist. Er beschreibt die Präzision des geschätzten Mittelwertes und dient hauptsächlich zur Berechnung des Vertrauensbereiches des berechneten Mittelwertes.

Streuung der Stichproben-Mittelwerte um den Mittelwert der Grundgesamtheit

Aus Gleichung 4.2.5–1 ergibt sich eine für die Praxis wichtige Erkenntnis: Die Präzision einer Schätzung ist umgekehrt proportional zur Quadratwurzel des Stichprobenumfangs. Um z. B. durch Mehrfachmessungen eine doppelte Präzision erhalten zu können, muss der Stichprobenumfang vervierfacht werden.

Der Variationskoeffizient des Mittelwertes (Relativer Standardfehler des arithmetischen Mittelwertes)

Um die Präzision des Mittelwertes, gemessen durch $s_{\bar{x}}$, zu vergleichen, wird, wie beim Variationskoeffizienten, s_x in Beziehung zu $\bar{x}$ gesetzt.

$$CV_{s_{\bar{x}}} = \frac{s_{\bar{x}}}{\bar{x}}$$

Gleichung 4.2.5–2

Oft wird $s_{\bar{x}}$ auch als Prozentanteil von $\bar{x}$ angegeben und als prozentualer Fehler des Mittelwertes bezeichnet.

$$CV_{s_{\bar{x}}}(\%) = \frac{s_{\bar{x}}}{\bar{x}} \cdot 100$$

Gleichung 4.2.5–3

4.2.6 Die Quantilsabstände

Quartilsabstand ist unabhängig von Extremwerten

Als ein weiteres Streuungsmaß ist der Quartilsabstand zu nennen, die Differenz zwischen dem 3.($x_{0,75}$) und 1.($x_{0,25}$) Quartil der geordneten Messwert-Reihe (→ Kap. 4.1.3). Innerhalb des Quartilsabstands liegen 50 % („zentrale 50 %") der geordneten Messwerte, da unterhalb von $x_{0,75}$ drei Viertel der geordneten Messwert-Reihe und unterhalb von $x_{0,25}$ ein Viertel liegen. Der Quartilsabstand Q wird deshalb auch als Hälftespielraum bezeichnet.

Verallgemeinerungen des Quartilsabstandes ergeben sich, wenn anstelle des ersten und dritten Quartils beliebige Quantile verwendet werden. So liegen (bei umfangreichen Messwert-Reihen) die zentralen 80 % der geordneten Messwerte zwischen dem 10 %- und dem 90 %-Quantil (80 %-Spielraum). Die zentralen 90 % werden dagegen von dem 5 %- und dem 95 %-Quantil eingeschlossen (90 %-Spielraum). Die ☐ Tab. 4.2.6–1 gibt eine Übersicht über die für die verschiedenen Skalenniveaus geeigneten Lage- und Streuungsmaße.

☐ **Tab. 4.2.6–1** Skalenniveau und zulässige Lage- und Streuungsmaße

Skalenniveau	Lagemaße	Streuungsmaße
Nominalskala	Modalwert	
Ordinalskala	Modalwert Median Quantile	Quartilsabstand sonstige Quantilsabstände
Metrische Skala	Modalwert Median Quantile arithmetischer Mittelwert geometrischer Mittelwert harmonischer Mittelwert	Quartilsabstand sonstige Quantilsabstände Spannweite Varianz Standardabweichung

Graphische Darstellungen von Häufigkeitsverteilungen 4.3

Die Zusammenfassung und Darstellung von Daten können in unterschiedlicher Weise erfolgen. Neben der Darstellung in Tabellenform und der zahlenmäßigen Charakterisierung durch statistische Kenngrößen (→ Kap. 4.1) können Daten durch eine graphische Darstellung aufbereitet werden. Hierzu gibt es eine Vielzahl von Möglichkeiten, von denen nur einige wenige, häufig verwendete Darstellungsformen hier vorgestellt werden können.

Bei der Aufbereitung umfangreicher Beobachtungsreihen werden zunächst Klassen gebildet, in denen gleiche oder ähnliche Merkmalsausprägungen zusammengefasst werden. Die Anzahl der Werte in einer einzelnen Klasse wird als Klassenhäufigkeit, Besetzungszahl oder absolute Häufigkeit bezeichnet. Wenn unterschiedliche Beobachtungsreihen miteinander verglichen werden sollen, ist die relative Häufigkeit zu berechnen.

Die Auswahl einer korrekten und geeigneten graphischen Darstellung ist vom Skalenniveau (→ Kap. 3.3.1) der Daten abhängig.

Visualisierung von Daten

Graphische Darstellung von qualitativen und diskret quantitativen Merkmalen 4.3.1

Das Stabdiagramm

Bei nominalen Daten (→ Kap. 3.3.1) wird die Zuordnung von Merkmalsausprägungen zu verschiedenen Klassen als Klassifikation bezeichnet. Als graphische Darstellung wird häufig ein Stabdiagramm gewählt, wobei die Höhe der Stäbe proportional zu den absoluten bzw. relativen Häufigkeiten in den einzelnen Klassen ist. Die Breite und der Abstand der Stäbe sind frei wählbar. Aus optischen Gründen sollten auch bei nominalskalierten Daten die Abstände gleich gewählt werden, obwohl bei nominalen Daten die Abstände zwischen den Klassen ohne Bedeutung sind. Eine graphische Variante des Stabdiagramm ist das Säulendiagramm, bei dem die Stäbe lediglich durch Rechtecke ersetzt werden, die mittig über die Ausprägungen gezeichnet werden, wobei die Rechteckflächen nicht aneinander stoßen. Eine weitere Variante stellt das Balkendiagramm dar, bei dem Merkmalsausprägungen auf der vertikalen Achse (Ordinate) und die Häufigkeiten auf der horizontalen Achse abgetragen werden.

Bei Auftragung relativer Häufigkeiten zum Vergleich mehrerer Beobachtungsreihen sehr gut geeignet

Beispiel 4.3.1–1
Häufigkeit der Blutgruppen

Blutgruppe	%
A	40
0	40
B	15
AB	5

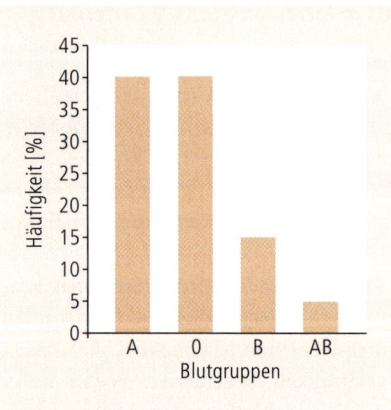

○ **Abb. 4.3.1–1** Relative Häufigkeit der Blutgruppen A, B, 0, AB, dargestellt als Säulendiagramm, Werte aus Beispiel 4.3.1–1

☐ **Tab. 4.3.1–1** Schulnoten im Fach Chemie, Physik und Mathematik (Ergebnis einer Umfrage bei Studierenden der Pharmazie im 1. Semester)

Note	Absolute Häufigkeit	Relative Häufigkeit	Absolute Summen-häufigkeit	Relative Summen-häufigkeit
Chemie				
Sehr gut	16	0,18	16	0,18
Gut	54	0,62	70	0,80
Befriedigend	16	0,18	86	0,98
Ausreichend	1	0,02	87	1,00
Physik				
Sehr gut	7	0,09	7	0,09
Gut	37	0,46	44	0,55
Befriedigend	30	0,38	74	0,93
Ausreichend	5	0,06	79	0,99
Ungenügend	1	0,01	80	1,00
Mathematik				
Sehr gut	23	0,24	23	0,24
Gut	35	0,37	58	0,61
Befriedigend	33	0,35	91	0,96
Ausreichend	2	0,02	93	0,98
Ungenügend	2	0,02	95	1,00

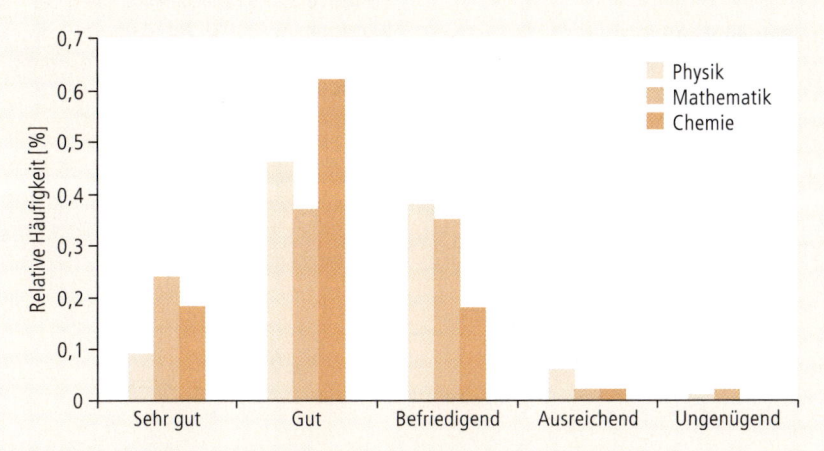

○ **Abb. 4.3.1–2** Relative Häufigkeit von Schulnoten in den Fächern Physik, Chemie und Mathematik, dargestellt als Säulendiagramm (Werte aus □ Tab. 4.3.1–1)

Bei ordinalen Daten (→ Kap. 3.3.1) ist die Anordnung der Klassen nicht mehr frei wählbar, da die Merkmalsausprägungen einer Rangordnung unterliegen (s. □ Tab. 4.3.1–1). Die Stablänge gibt die absolute bzw. relative Häufigkeit der Merkmalsausprägungen an.

Die Häufigkeitssummenverteilung

Durch Addition der absoluten oder relativen Häufigkeiten der einzelnen Klassen wird die Häufigkeitssummenverteilung erhalten, aus der unmittelbar der Anteil, der höchstens gleich (kleiner gleich) einem bestimmten Wert ist, abgelesen werden kann, z. B. kann ausgesagt werden, dass 55 % der befragten Studenten ($n = 80$) in Physik die Note gut oder sehr gut erhalten haben (s. □ Tab. 4.3.1–1).

Das Kreisdiagramm (Sektordiagramm, Tortendiagramm)

Eine weitere Möglichkeit, die Häufigkeit qualitativer (nominale und ordinale) und diskret quantitativer Merkmale graphisch darzustellen, ist ein Kreisdiagramm. Jeder Merkmalsausprägung wird ein Kreissektor zugeordnet. Die Größe eines Kreissektors ist proportional zu den absoluten bzw. relativen Häufigkeiten. In einem Kreisdiagramm wird die Reihenfolge der einzelnen Merkmalsausprägungen nicht wiedergegeben. Bei ordinalen Daten ist deshalb ein Säulen- oder Balkendiagramm dem Kreisdiagramm vorzuziehen. Es eignet sich besonders zur Darstellung von relativen Zahlenverhältnissen.

Vergleich relativer Häufigkeiten

Der Vollkreis (360°) wird gleich 100 % gesetzt, die prozentuale Winkel-Einteilung (α) erfolgt anhand folgender Gleichung:

$$\alpha = \frac{360° \cdot f_i(\%)}{100\%} = \underline{\underline{3{,}6 \cdot f_i\,(\%)}}$$

Gleichung 4.3.1–1

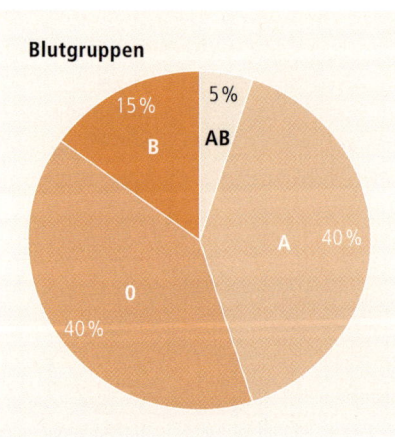

Blutgruppen

○ **Abb. 4.3.1–3** Relative Häufigkeit der Blutgruppen A, B, 0, AB, dargestellt als Kreisdiagramm (Sektordiagramm), Werte aus Beispiel 4.3.1–1

Werte aus Beispiel 4.3.1–1

Blutgruppe	f_i (%)	α°
A	40	144
0	40	144
B	15	54
AB	5	18

Nachteilig ist, dass beim Vergleich Unterschiede zwischen ähnlich großen Sektoren schwieriger zu erkennen sind als beim Stabdiagramm.

4.3.2 Graphische Darstellung von metrischen Merkmalen

Das Histogramm

Während sich bei nominalen und ordinalen Daten (→ Kap. 3.3.1) die Klassenbildung oft auf Grund natürlicher Unterschiede (z. B. Geschlecht, Blutgruppen) bzw. vorgegebener Abstufungen (z. B. Schulnoten) von selbst ergibt, müssen bei metrischen Daten (→ Kap. 3.3.2) die Klassen künstlich festgelegt werden. Durch die Zuordnung zu Klassen werden Daten zusammengefasst. Dieser Vorgang wird als Klassierung bezeichnet.

Bei der graphischen Darstellung tritt an die Stelle des Stabdiagramms das Histogramm. Beim Histogramm (griech. *histon*: Säule) ist neben der Anordnung und Höhe der Säulen auch deren Breite von Bedeutung, denn der Flächeninhalt repräsentiert graphisch die Klassenhäufigkeit.

Gewinn an Übersichtlichkeit ist mit Informationsverlust verbunden.

Es muss beachtet werden, dass durch das Klassieren von Werten einerseits mehr Übersichtlichkeit gewonnen wird, andererseits damit aber auch ein Informationsverlust verbunden ist. So ist die Reihenfolge, in der die Urdaten gewonnen wurden, nicht mehr erkennbar. Weiterhin ist aus der Häufigkeitsverteilung nicht zu erkennen, wie die einzelnen Werte innerhalb einer Klasse verteilt sind. Für eine Auswertung eines Histogramms muss angenommen werden, dass die Werte zwischen den Klassengrenzen gleichmäßig verteilt sind und durch die Klassenmitte repräsentiert werden. Die Verfälschung der Urdaten ist umso größer, je breiter die Klassen sind.

Beispiel 4.3.2–1
Urliste einer Stichprobe von $n = 100$ Tablettenmassen (mg)

117,0	117,5	118,5	118,6	118,9
120,2	120,4	119,4	119,1	119,4
120,1	120,9	119,7	119,4	119,2
120,9	121,3	121,0	120,1	120,6
121,1	123,9	121,3	121,2	120,8
121,4	125,1	119,9	121,0	120,2
121,5	122,5	120,1	121,5	119,5
120,6	123,5	122,9	123,8	123,7
119,5	122,1	123,4	123,5	121,0
118,6	122,4	122,5	124,5	122,5
121,6	122,6	124,3	119,5	123,2
123,6	122,8	123,6	120,0	122,1
120,5	121,7	121,8	122,1	120,3
120,1	121,6	122,1	122,6	120,4
119,6	121,7	120,5	121,9	121,7
119,8	121,3	120,9	123,6	122,0
121,4	120,7	119,6	120,6	120,5
119,6	124,0	123,4	122,6	120,6
119,4	123,3	123,5	121,7	120,8
121,4	122,4	122,5	122,5	121,6

Es muss festgelegt werden, ob Messwerte, die genau auf eine Klassengrenze fallen, der benachbarten unteren oder oberen Klasse zugeordnet werden sollen. Die Wahl ist beliebig, muss dann aber für alle Klassen einheitlich sein. Schlägt man solche Werte jeweils der unteren Klasse zu, so erhält man bei einer Klassenbreite $w = 1$ mg Klassen z. B. 117,6 bis 118,5; man kann dafür eine symbolische Schreibweise verwenden, z. B. (117,5–118,5], (118,5–119,5]. Die runde bzw. eckige Klammer soll bedeuten, dass die daneben stehende Klassengrenze aus- bzw. eingeschlossen wird.

Festlegung der Klassenbreite

Die graphische Darstellung einer Häufigkeitsverteilung wird wesentlich von der Wahl der Klassenbreiten bestimmt. Um dies zu zeigen, werden für das Beispiel der Tablettenmassen drei unterschiedliche Klassenbreiten gewählt: 0,5 mg (□ Tab. 4.3.2–1), 1 mg (□ Tab. 4.3.2–2) und 2 mg (□ Tab. 4.3.2–3).

Der Einfluss der Klassenbreite auf das Aussehen des Histogramms ist deutlich zu erkennen. Bei geringer Klassenbreite entfallen auf eine einzelne Klasse oft nur wenige Beobachtungen. Die Folge kann ein unausgewogenes, lückenhaftes Histogramm sein (□ Tab. 4.3.2–1, ○ Abb. 4.3.2–1a). Breitere Klassen führen zu größeren Besetzungszahlen, aber es muss damit auch ein höherer Informationsverlust hingenommen werden. Werden die in der Urliste der Stichprobe von 100 Tabletten aufgeführten Tablettenmassen lediglich in 5 Klassen zusammengefasst, so ergibt

Die Klassenbreite bestimmt wesentlich das Aussehen eines Histogramms.

◻ **Tab. 4.3.2–1** Stichprobe von n = 100 Tablettenmassen (mg, s. Beispiel 4.3.2–1) mit Klasseneinteilung in k = 18 Klassen der gleichen Breite von w = 0,5 mg

Klassen-nummer	Klasse	Absolute Häufigkeit	Relative Häufigkeit	Absolute Summenhäufig-keit	Relative Summen-häufigkeit
1	(116,5–117,0]	1	0,01	1	0,01
2	(117,0–117,5]	1	0,01	2	0,02
3	(117,5–118,0]	0	0,0	2	0,02
4	(118,0–118,5]	1	0,01	3	0,03
5	(118,5–119,0]	3	0,03	6	0,06
6	(119,0–119,5]	9	0,09	15	0,15
7	(119,5–120,0]	7	0,07	22	0,22
8	(120,0–120,5]	12	0,12	34	0,34
9	(120,5–121,0]	13	0,13	47	0,47
10	(121,0–121,5]	10	0,10	57	0,57
11	(121,5–122,0]	10	0,10	67	0,67
12	(122,0–122,5]	11	0,11	78	0,78
13	(122,5–123,0]	5	0,05	83	0,83
14	(123,0–123,5]	7	0,07	90	0,90
15	(123,5–124,0]	7	0,07	97	0,97
16	(124,0–124,5]	2	0,02	99	0,99
17	(124,5–125,0]	0	0,0	99	0,99
18	(125,0–125,5]	1	0,01	100	1,00

sich das in Abbildung 4.3.2–1c dargestellte Histogramm. Für die Anzahl der Klassen und damit für die Wahl der Klassenbreite existieren einige Empfehlungen, z. B. $k = \sqrt{n}$, $k = 2\sqrt{n}$, $k = 10 \log n$. Allerdings sollte auch der subjektive Eindruck, den das Histogramm vermittelt, bei der Auswahl der Klassenbreite mit berücksichtigt werden. So ist in dem dargestellten Beispiel der Tablettenmassen das in O Abb. 4.3.2–1b dargestellte mit neun Klassen (w = 1 mg) das geeignete.

Häufigkeitssummen-verteilung unempfind-licher gegenüber der Wahl der Klassenbrei-ten

Eine weitere Möglichkeit der graphischen Darstellung von Daten ist die Häufigkeitssummenverteilung (kumulierte Häufigkeitsverteilung), die durch schrittweises Aufsummieren der Besetzungszahlen erhalten wird. Aus den absoluten Häufigkeiten (z. B. ◻ Tab. 4.3.2–2) werden schrittweise die absoluten Häufigkeitssummen gebildet. Die relative Häufigkeitssumme wird entsprechend durch Addieren der relativen Häufigkeiten erhalten. Aus der Berechnung bzw. Darstellung der relativen Häufigkeitssumme lässt sich unmittelbar der Anteil derjenigen Werte ermitteln, der kleiner oder gleich einem interessierenden Wert ist, so lässt sich der

□ **Tab. 4.3.2–2** Stichprobe von $n = 100$ Tablettenmassen (mg, s. Beispiel 4.3.2–1) mit Klasseneinteilung in $k = 9$ Klassen der gleichen Breite von $w = 1$ mg

Klas-sen-num-mer	Klasse	Absolute Häufig-keit	Relative Häufigkeit	Absolute Summenhäufig-keit	Relative Summenhäufig-keit
1	(116,5–117,5]	2	0,02	2	0,02
2	(117,5–118,5]	1	0,01	3	0,03
3	(118,5–119,5]	12	0,12	15	0,15
4	(119,5–120,5]	19	0,19	34	0,34
5	(120,5–121,5]	23	0,23	57	0,57
6	(121,5–122,5]	21	0,21	78	0,78
7	(122,5–123,5]	12	0,12	90	0,90
8	(123,5–124,5]	9	0,09	99	0,99
9	(124,5–125,5]	1	0,01	100	1,00

□ **Tab. 4.3.2–3** Stichprobe von $n = 100$ Tablettenmassen (mg, s. Beispiel 4.3.2–1) mit Klasseneinteilung in $k = 5$ Klassen der gleichen Breite von $w = 2$ mg

Klassen-Nummer	Klasse	Absolute Häufig-keit	Relative Häufigkeit	Absolute Summenhäufig-keit	Relative Summen-häufigkeit
1	(116,5–118,5]	3	0,03	3	0,03
2	(118,5–120,5]	31	0,34	34	0,34
3	(120,5–122,5]	44	0,44	78	0,78
4	(122,5–124,5]	21	0,21	99	0,99
5	(124,5–126,5]	1	0,01	100	1,00

Anteil der Tablettenmassen angeben, der gleich oder kleiner einem vorgegebenen Wert sind, z. B. 47 der untersuchten Tabletten besitzen eine Masse gleich oder kleiner als 121 mg (s. □ Tab. 4.3.2–1).

Eine andere Darstellungsform der Häufigkeitsverteilung ist der Polygonzug (griech.: *polys*: viel, *gonia*: Winkel). Die Ecken eines Polygonzuges markieren die Häufigkeiten in den einzelnen Klassen, wobei der Kurvenzug jeweils durch die Klassenmitte gelegt wird.

Aus dieser Abbildung lässt sich abschätzen, dass z. B. 50 % aller in der Stichprobe untersuchten Tabletten eine Tablettenmasse gleich oder kleiner als 120,7 mg aufweisen, allerdings unter der Voraussetzung, dass die Tablettenmassen innerhalb der Klasse gleichmäßig verteilt sind (s. O Abb. 4.3.2–3).

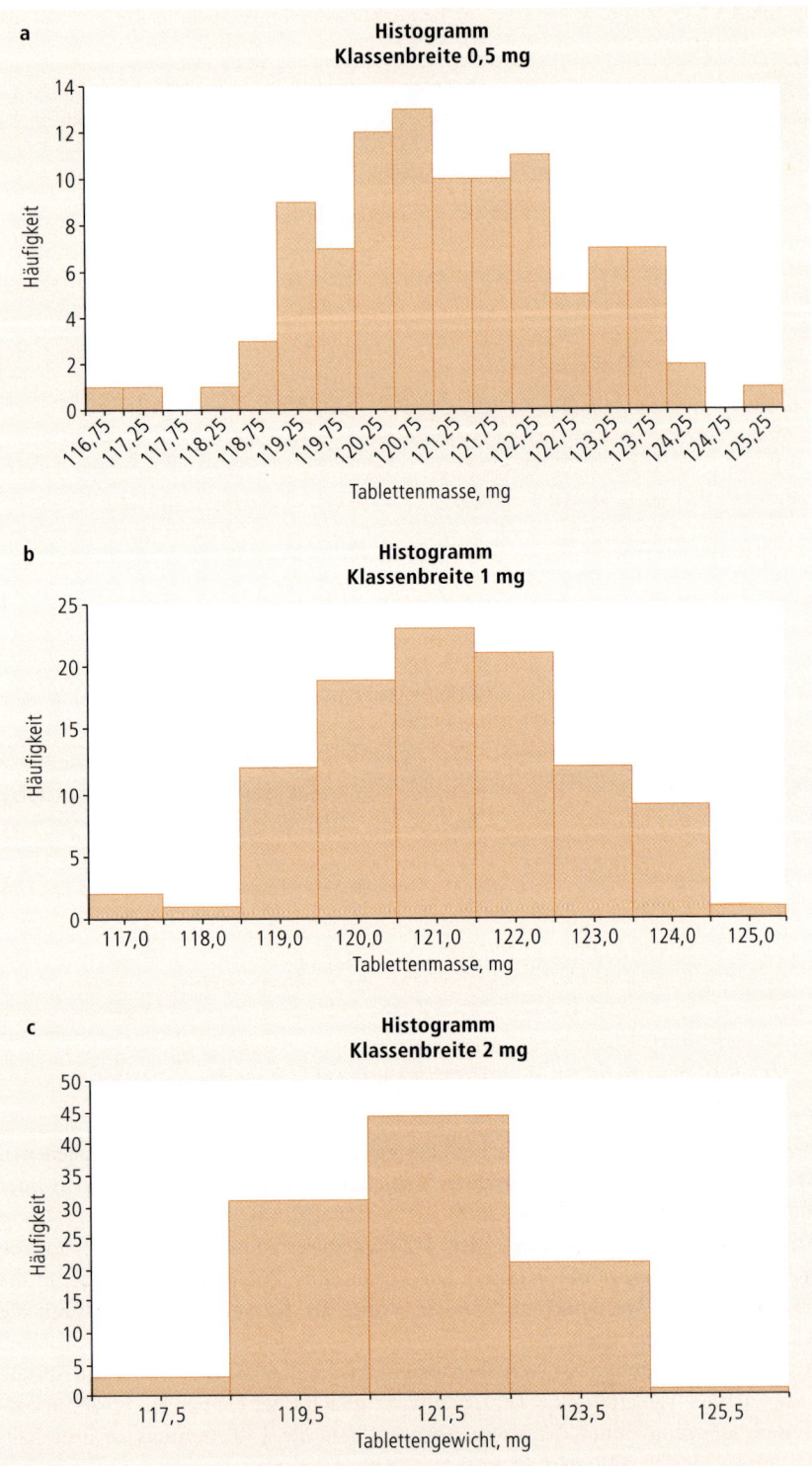

○ **Abb. 4.3.2–1** Histogramm der Tablettenmassen mit unterschiedlichen Klassenbreiten (Beispiel 4.3.2–1, ☐ Tab. 4.3.2–1 bis 4.3.2–3)

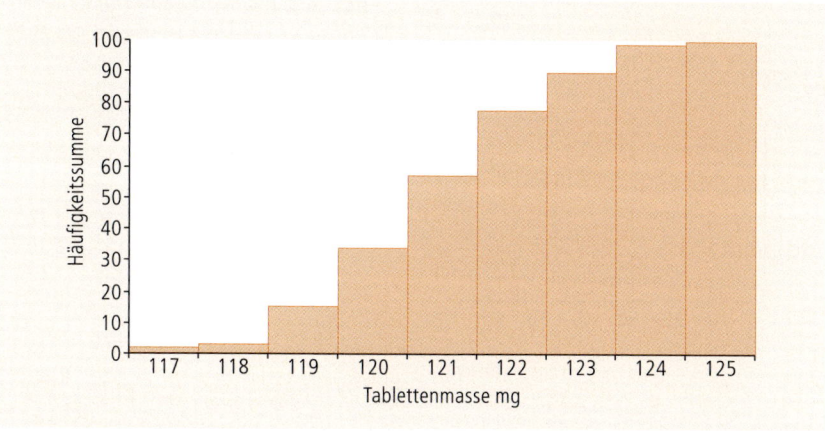

o **Abb. 4.3.2–2** Häufigkeitssummenverteilung von 100 Tablettenmassen (s. ☐ Tab. 4.3.2–2)

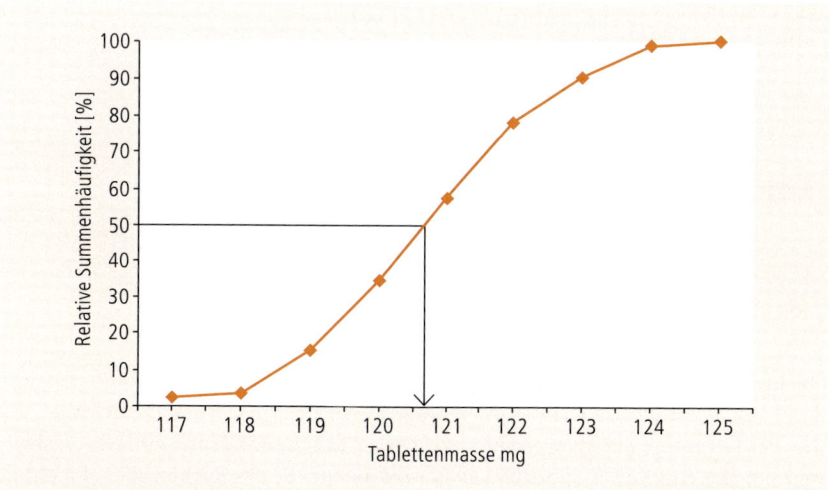

o **Abb. 4.3.2–3:** Polygonzug der Summenhäufigkeitsverteilung von 100 Tablettenmassen (☐ Tab. 4.3.2–2)

Das flächenproportionale Histogramm

Die in einer Leistungskontrolle von den Teilnehmern erzielten Punkte (→ Beispiel 4.3.2–2) sollen in einem Histogramm veranschaulicht werden. Hierzu werden die absoluten Häufigkeiten, wie in der Regel üblich, als Rechtshöhe über den einzelnen Klassen abgetragen.

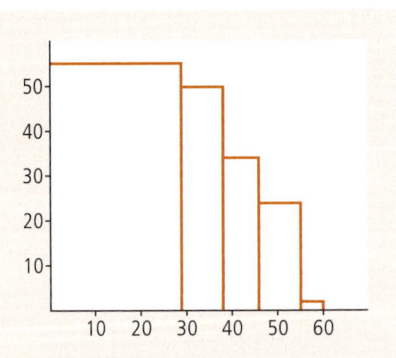

○ Abb. 4.3.2–4 Histogramm der erreichten Punktzahlen (Werte aus Beispiel 4.3.2–2)

Beispiel 4.3.2–2

In einer Leistungskontrolle wurden von den Teilnehmern folgende Punktzahlen erreicht (□ Tab. 4.3.2–4):

Erreichte Punktzahl	Häufigkeit
0–29	55
29–38	50
38–46	34
46–55	24
55–60	2

Fehlinterpretation eines Histogramms durch nichtäquidistante Klassenbreiten

Die hierbei erhaltene Darstellung erweckt den Eindruck, als ob die Häufigkeit, mit der 0 bis 29 Punkte erreicht worden sind, wesentlich größer ist als diejenige, mit der 29–38 Punkte erzielt worden sind. Dieser falsche Eindruck entsteht deshalb, weil sich das Auge des Betrachters an der Flächengröße der Rechtecke und nicht an ihrer Höhe orientiert. Die Flächeninhalte der Rechtecke werden mit den absoluten Häufigkeiten der entsprechenden Klassen in Bezug gebracht. Diese nicht realitätsgetreue Darstellung ist auf die unterschiedlichen Klassenbreiten (nichtäquidistant) zurückzuführen, was in der Praxis häufiger auftritt, z. B. bei der Auswertung einer Siebanalyse, bei der die Klassenbreiten durch die Maschenweite der eingesetzten Siebe vorgegeben sind. In solchen Fällen muss die Klassenhäufigkeit auf die Klassenbreite normiert werden. Es gilt dann:

$$Rechteckshöhe = \frac{Klassenhäufigkeit\,[n_i]}{Klassenbreite\,[b_i]}$$

Gleichung 4.3.2–1

Das nun erhaltene Histogramm ist ein flächenproportionales Histogramm. Nur wenn alle Klassen gleich breit (äquidistant) sind, dürfen als Höhen der Rechtecke unmittelbar die absoluten Häufigkeiten der Klassen benutzt werden.

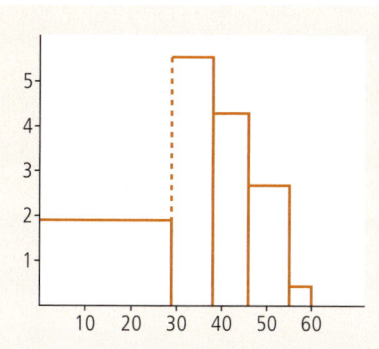

○ **Abb. 4.3.2–5** Flächenproportionales Histogramm für Werte aus Beispiel 4.3.2–2

◻ **Tab. 4.3.2–4** Ergebnisse einer Leistungskontrolle (Beispiel 4.3.2–2), normiert auf die Klassenbreite zur Darstellung als flächenproportionales Histogramm

Erreichte Punktzahl	Häufigkeit $[n_i]$	Klassenbreite $[b_i]$	$\dfrac{n_i}{b_i}$
0 – 29	55	29	1,897
29 – 38	50	9	5,556
38 – 46	34	8	4,25
46 – 55	24	9	2,667
55 – 60	2	5	0,4

Der Boxplot

4.3.3

In einem Boxplot (auch Box-and-Whisker-Plot; engl. *plot*: Graph, Diagramm) werden Lage und Streuung einer Messreihe graphisch dargestellt. Er eignet sich insbesondere zum visuellen Vergleich mehrerer Datensätze. Für die Darstellung eines Boxplots können unterschiedliche Lage- und Streuungsmaße ausgewählt werden, so dass es eine Vielzahl von Varianten gibt. Häufig werden Median, Quartilsabstand und Spannweite dargestellt. Zusätzlich kann der arithmetische Mittelwert eingetragen werden. Zur Erstellung des Boxplots werden das 1. Quartil (auch als „hinge" (Angelpunkt) bezeichnet), das 2. Quartil (Median) und das 3. Quartil bestimmt. Als Box wird ein Rechteck zwischen dem 1. und dem 3. Quartil (Quartilsabstand Q, auch h-spread) gezeichnet. Innerhalb der Box liegen somit 50 % aller Werte (Hälftespielraum). Der Quartilsabstand ist damit ein Maß für die Streuung der Werte. In die Box wird der Median eingetragen. Aus der Lage des Median innerhalb der Box ist erkennbar, ob eine symmetrische oder eine schiefe Verteilung vorliegt; im zweiten Fall besitzen erstes und drittes Quartil (bzw. kleinster und größter Messwert) verschieden große Abstände vom Median.

Als Whisker (engl. *whisker*: Schnurrhaar) werden die horizontalen Linien bezeichnet, deren Länge in unterschiedlicher Weise festgelegt werden kann. Häufig erstrecken sich die whiskers bis zum kleinsten bzw. größten Wert. Der Abstand zwischen den beiden äußeren Enden der Linien beschreibt somit die Spannweite.

Veranschaulichung von Lage, Streuung und Schiefe einer Verteilung

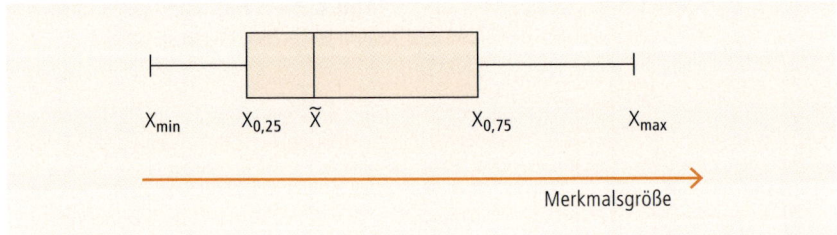

o **Abb. 4.3.3–1** Boxplot

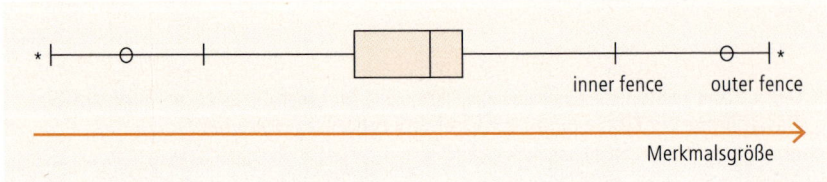

o **Abb. 4.3.3–2** Modifizierter Boxplot

Eine Modifikation des Boxplots ermöglicht eine Visualisierung von Werten, die als potenzielle Ausreißer in Frage kommen. Die Länge der whiskers wird hierbei durch die sog. inneren und äußeren Zäune (inner fences und outer fences) bestimmt (siehe o Abb. 4.3.3–2).
Es gilt:

- Grenzen des inneren Zaunes: $x_{0,25} - 1,5\ Q$ und $x_{0,75} + 1,5\ Q$.
- Grenzen des äußeren Zaunes: $x_{0,25} - 3\ Q$ und $x_{0,75} + 3\ Q$.

Werte zwischen inner- und outer fence werden häufig einzeln als Kreise (o) markiert. Bei diesen Werten besteht der Verdacht, dass es sich um Ausreißer handelt. Werte, die außerhalb des outer fence liegen, werden als extreme Ausreißer angesehen und häufig durch Kreuze (*) dargestellt.

Beispiel 4.3.3–1
Bei einer Messung der Körpergröße von Frauen und Männern wurden folgende Werte ermittelt, die bereits der Größe nach geordnet sind:
Körpergröße (in cm)
Frauen
152; 154; 154; 155; 156; 157; 158; 158; 160; 160;
163; 164; 166; 166; 168; 168; 169; 170; 172; 174
Männer
161; 165; 170; 171; 173; 173; 174; 174; 174; 175;
175; 176; 176; 177; 177; 180; 183; 184; 184; 192
Beide Messreihen sollen in Form von Boxplots graphisch dargestellt werden.

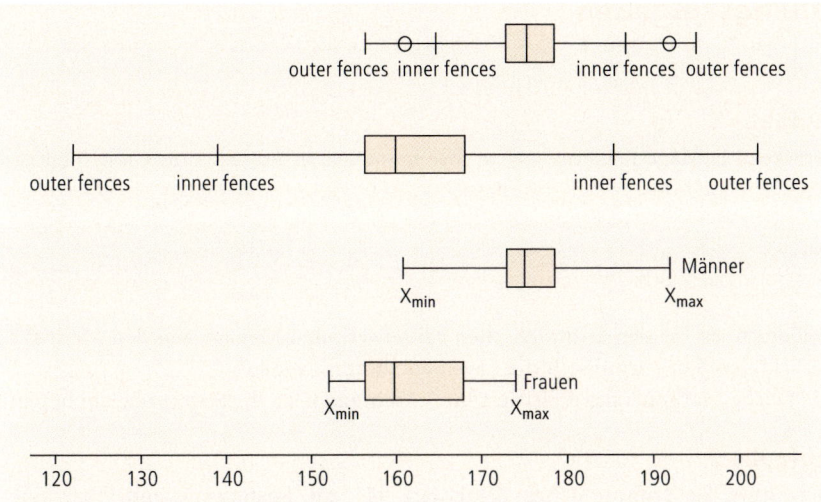

○ **Abb. 4.3.3–3** Boxplot für Körpergröße von Frauen und Männern (Beispiel 4.3.3–1)

Zunächst müssen die hierzu erforderlichen Werte berechnet werden:

Frauen:

$x_{0,25} = 156,6$ $\tilde{x} = 160,0$ $x_{0,75} = 168,0$ $Q = 11,5$

inner fences: $156,5 - (1,5 \cdot 11,5) = 139,25$ $168,0 + (1,5 \cdot 11,5) = 185,25$

outer fences: $156,5 - (3 \cdot 11,5) = 122,0$ $168,0 + (3 \cdot 11,5) = 202,5$

Männer:

$x_{0,25} = 173,6$ $\tilde{x} = 175,0$ $x_{0,75} = 178,5$ $Q = 5,5$

inner fences: $173,0 - (1,5 \cdot 5,5) = 164,7$ $178,5 + (1,5 \cdot 5,5) = 168,75$

outer fences: $173,0 - (3 \cdot 5,5) = 156,5$ $178,5 + (3 \cdot 5,5) = 195,0$

An den Boxplots ist deutlich erkennbar, dass bei den Frauen im Vergleich zu den Männern

- die Körpergröße geringer ist (Lage des Boxplots),
- die Streuung der Werte geringer ist ($R = 22$, im Vergleich dazu bei den Männern $R = 31$),
- eine linkssteile Verteilung vorliegt.

Der Quartilsabstand ist allerdings mit $Q = 11,5$ größer als der entsprechende Wert ($Q = 5,5$) bei den Männern. Bei den Frauen liegt kein Wert zwischen dem inneren und dem äußeren Zaun, während bei den Männern mit 161 kg und 192 kg zwei ausreißerverdächtige Werte vorliegen, da sie in diesem Bereich liegen.

Literatur

Burkschat M, Cramer E, Kramps U. Beschreibende Statistik. Springer Verlag, Berlin 2004

Harms V. Biomathematik, Statistik und Dokumentation. 7. Aufl., Harms Verlag, Kiel 1998

Lorenz RJ. Grundbegriffe der Biometrie. 4. Aufl., Gustav Fischer Verlag, Stuttgart 1996

Sachs L, Hedderich J. Angewandte Statistik. 12. Aufl., Springer, Berlin 2006

Timischl W. Qualitätssicherung, Statistische Methoden. 3. Aufl., Hanser Verlag, München 2003

Toutenburg H, Heumann C. Deskriptive Statistik. 5. Aufl., Springer, Berlin 2006

4.4 Übungsaufgaben

Aufgabe 1

Fünfzehn befragte Personen geben ihre monatlichen Ausgaben in € wie folgt an:

1200	300	250	300	3000	1400	700	750
1450	1500	800	900	950	1300	300	

a) Berechnen Sie den arithmetischen Mittelwert, den Median und den Modus!
b) Erklären Sie, warum sich die Lagemaße unterscheiden!
c) Welche Maßzahl charakterisiert Ihrer Meinung nach die Stichprobe am besten?

Aufgabe 2

Berechnen Sie arithmetischen Mittelwert, Median, Spannweite und Quartilsabstand der folgenden Datenreihe:

3	12	6	10	12	14	7	7	5	9

Aufgabe 3

Die Häufigkeitstabelle zeigt die Anzahl fehlerhafter Ampullen, die bei der Qualitätskontrolle an 30 aufeinander folgenden Arbeitstagen beobachtet wurde

Anzahl fehlerhafter Ampullen	0	1	2	3	4	6	7	9
Absolute Häufigkeit	1	3	4	5	8	3	2	4

Stellen Sie die Verteilung in einem Säulendiagramm dar!
Berechnen Sie den Median und den arithmetischen Mittelwert!
Berechnen Sie die mittlere Abweichung der Werte vom Median und Mittelwert!

Aufgabe 4

Die Körpergewichte der Schüler einer Klasse sind nach Geschlechtern aufgeteilt
Körpergewichte der Schüler in kg

w	55	57	63	52	60	62	51	62	62	51	54	58	59	
m	70	73	79	85	68	67	72	70	66	64	61	60	63	71

w: weiblich, m: männlich

Berechnen Sie nach den Geschlechtern getrennt die Spannweite und den Median! Stellen Sie beide Datenreihen der Körpergewichte in einem Boxplot dar und vergleichen Sie die beiden Darstellungen!

Attributive Verteilungen

In diesem Abschnitt stellen wir Ihnen die wichtigsten Wahrscheinlichkeitsverteilungen für zählende Prüfungen vor. Sie geben den Zusammenhang zwischen der Ereignisanzahl für ein diskretes Merkmal und der zugehörigen Wahrscheinlichkeit an. Die jeweilige Problemstellung zur entsprechenden Verteilung, sowie die zugehörigen Berechnungen für Zufalls- und Vertrauensbereich werden vorgestellt. Erläuternde Beispiele aus der Qualitätssicherung zu praxisrelevanten Fragestellungen ergänzen die Ausführungen. In den folgenden Abschnitten finden Sie dann dazu entsprechende Ausführungen mit Gleichungen und Beispielen.

Bei der hypergeometrischen und der Binomialverteilung handelt es sich um die zählende Prüfung (Attributprüfung) eines Merkmals wie z. B. „gut/schlecht", „vorhanden/nicht vorhanden" oder „entspricht/entspricht nicht". Für beide Verteilungen gilt, dass die Anzahl der fehlerhaften Einheiten x höchstens so groß sein kann, wie der Umfang der Stichprobe $x \leq n$. Eine Einheit kann jedoch auch beliebig viele Fehler x haben. Dabei ist dann die Anzahl der Fehler pro Einheit mit $x < \infty$ nach oben offen. Solche Verteilungen werden als Poisson-Verteilung bezeichnet. Die Poisson-Verteilung kann beliebig viele Fehler aufweisen.

In vielen Bereichen werden fehlerhafte Einheiten oder Fehlerzahlen aufgrund von Stichproben bestimmt. Gemeint sind hier allerdings nicht „Fehler" im Sinne von „Nichterfüllung einer Forderung". Im Bereich der Statistik wird auch dann teilweise von „Fehlern" gesprochen, wenn unkritische Fehlstellen vorliegen, die jedoch keine Grenzwertüberschreitung ($\rightarrow$ Kap. 3.4, 3.8) bedeuten.

Hypergeometrische Verteilung

In der Qualitätssicherung ist häufig folgender Fall anzutreffen:
Es sind die fehlerhaften Einheiten innerhalb einer Charge (in einigen Branchen auch als Los bezeichnet) zu bestimmen. Das Los enthält insgesamt N Einheiten. Davon entsprechen d Einheiten nicht der Spezifikation. Demzufolge sind $(N - d)$ Einheiten fehlerfrei. Dem Los wird eine Stichprobe vom Umfang n entnommen. Es unterliegt somit dem Zufall welche Einheiten (fehlerfrei oder fehlerhaft) in die Stichprobe gelangen. Die Anzahl der fehlerhaften Einheiten x in der Stichprobe ist damit eine Zufallsvariable. Somit hängt es vom Zufall ab, welchen Wert die Zufallsvariable x bei einer bestimmten Stichprobe annimmt. Daraus ergibt sich für jedes x eine andere Wahrscheinlichkeit. Zusammen mit den dazugehörigen Wahrscheinlichkeiten werden die möglichen Anzahlen x unter hypergeometrische Verteilung zusammengefasst. Sie ist von den folgenden Parametern abhängig:
- vom Umfang der Grundgesamtheit N,
- dem Umfang n der Stichprobe,
- der Anzahl d der fehlerhaften Einheiten in der Grundgesamtheit.

Die Verteilung ist von drei Parametern abhängig (N, d; n).

Ziehen ohne Zurück-
legen

Mithilfe des Urnenmodells lassen sich die Wahrscheinlichkeiten einer bestimmten Merkmalsausprägung d (z. B. defekt) in einer bestimmten Menge N berechnen. Das Entnehmen einer Stichprobe n erfolgt so, dass eine bereits gezogene Stichprobe nicht wieder zum Prüflos zurückgelegt wird. Damit ändert sich bei jeder Entnahme der Anteil p fehlerhafter Einheiten in der Grundgesamtheit. Dadurch, dass sich die Grundgesamtheit mit jeder Entnahme um eine Einheit verringert, sind die einzelnen Ziehungen, im Gegensatz zur Binomialverteilung nicht mehr unabhängig ($\rightarrow$ Kap. 2.7).

Die hypergeometrische Verteilung wird auch kurz mit $H(x|N, d; n)$ bezeichnet. N, d und n sind die Parameter der Verteilung. Die Stichprobe n wird dabei mittels eines Semikolons von der Grundgesamtheit (N, d) getrennt.

Die Wahrscheinlichkeit $P(x)$, genau x fehlerhafte Einheiten in der Stichprobe zu finden, ist eine Funktion von x. Diese Funktion heißt Wahrscheinlichkeitsfunktion und wird mit $g(x)$ bezeichnet.

$$g(x) = P(x) = \frac{\binom{d}{x} \cdot \binom{N-d}{n-x}}{\binom{N}{n}}$$

Gleichung 5.1–1

Der Zähler repräsentiert die Anzahl günstiger Fälle, während der Nenner die Anzahl möglicher Fälle beschreibt (Das Rechnen mit Binomialkoeffizienten wird im Kap. 2.1.4 erklärt). Wird jedem möglichen Wert von x die Wahrscheinlichkeit $P(\leq x)$, höchstes x fehlerhafte Einheiten in der Stichprobe zu finden, zugeordnet, so erhält man die Verteilungsfunktion $G(x)$. Für jede Beobachtung x ergibt sich eine andere Wahrscheinlichkeit $g(x)$. Die Wahrscheinlichkeitssumme $G(x)$ ist also die Summe der Einzelwahrscheinlichkeiten $g(x)$.

$$G(x) = g(0) + g(1) + g(2) + (\ldots) + g(x)$$
(siehe Gleichung 5.1–4)

Gleichung 5.1–2

$g(0)$, $g(1)$, $g(x)$ sind somit die Wahrscheinlichkeiten 0, 1 oder x fehlerhafte Einheiten in der Stichprobe vorzufinden.

Für die Praxis ergeben sich drei wichtige Fragestellungen:

Wie groß ist die Wahrscheinlichkeit, genau x fehlerhafte Einheiten d in einer Stichprobe zu finden?

$$P(\text{genau } x) = P(x) = g(x) = G(x) - G(x-1)$$

Gleichung 5.1–3

Wie groß ist die Wahrscheinlichkeit, höchstens x fehlerhafte Einheiten d in einer Stichprobe zu finden?

$$P(\text{höchstens } x) = P(\leq x) = G(x)$$
(siehe Gleichung 5.1–2)

Gleichung 5.1–4

Wie groß ist die Wahrscheinlichkeit, mindestens x fehlerhafte Einheiten d in einer Stichprobe zu finden?

$$P(\text{mindestens } x) = P(\geq x) = 1 - G(x-1)$$

Gleichung 5.1–5

Beispiel 5.1–1 ($\rightarrow$ Beispiel 2.7.2–2 zur bedingten Wahrscheinlichkeit)

An einer neuen Verpackungsstraße eines Verpackungsbetriebes wird in einem Probelauf eine Teemischung in Beuteln abgepackt. Eine Packung enthält 50 Beutel. Diese Packungen haben im Mittel 5 fehlerhafte Einheiten. Einer solchen Packung wird eine Stichprobe vom Umfang $n = 5$ entnommen. Wie groß sind folgende Wahrscheinlichkeiten? Die Stichprobe enthält

a) keine fehlerhafte Einheit,

b) mindestens eine fehlerhafte Einheit,

c) weniger als zwei fehlerhafte Einheiten.

d) Angenommen eine neue Verpackungsstraße würde unter diesen Bedingungen den Tee abpacken. In einer Lieferantenvereinbarung zwischen dem pharmazeutischen Unternehmen und dem Verpackungsbetrieb sei folgende schriftliche Vereinbarung getroffen: Ein Los wird dann angenommen, wenn in der Stichprobe vom Umfang $n = 5$ höchstens zwei Beutel fehlerhaft sind. Wie groß ist unter dieser Voraussetzung die Wahrscheinlichkeit, dass eine Packung mit 50 Beuteln sieben fehlerhafte Beutel enthalten, angenommen wird?

Lösung

a) Kein fehlerhafter Beutel in der Stichprobe bedeutet $d = 0$. Es gelten somit die folgenden Parameter: $H(0|50, 5; 5)$.

$$g(0) = \frac{\binom{5}{0} \cdot \binom{50-5}{5-0}}{\binom{50}{5}} = \frac{1 \cdot 1221759}{2118760} = \underline{\underline{0{,}5766}}$$

$$P(x = 0) = g(0) = 0{,}5766 \approx \underline{\underline{58\,\%}}$$

Die Wahrscheinlichkeit beträgt etwa 58 %, dass die Stichprobe keinen fehlerhaften Beutel enthält.

b) Mindestens ein fehlerhafter Beutel in der Stichprobe bedeutet $d \geq 1$. g(0) haben Sie bereits im vorherigen Teil errechnet. Dieser Wert kann dann hier eingesetzt werden.

$$P(x \geq 1) = P(x > 0) = 1 - g(0) = 1 - 0{,}5766 = 0{,}4234 \approx \underline{\underline{42\,\%}}$$

Die Wahrscheinlichkeit beträgt etwa 42 %, dass die Stichprobe mindestens einen fehlerhaften Beutel enthält.

c) Weniger als zwei fehlerhafter Beutel in der Stichprobe bedeutet $d < 2$ und damit keinen fehlerhaften Beutel oder einen fehlerhaften Beutel zu finden. Deshalb sind die Wahrscheinlichkeiten $g(0)$ und $g(1)$ zu addieren.

$$g(1) = \frac{\binom{5}{1} \cdot \binom{50-5}{5-1}}{\binom{50}{5}} = \frac{5 \cdot 148995}{2118760} = \underline{\underline{0{,}3516}}$$

Im Teil a haben wir bereits $g(0)$ errechnet. Die Wahrscheinlichkeit lautet somit:

$P(x < 2) = G>(1) = g(0) + g(1) = 0{,}5766 + 0{,}3516 = 0{,}9282 \approx \underline{93\,\%}$

Die Wahrscheinlichkeit beträgt etwa 93 %, dass die Stichprobe weniger als zwei fehlerhafte Beutel enthält.

d) Beachten Sie, dass hier nicht nach der Wahrscheinlichkeit der fehlerhaften Beutel gefragt ist, sondern nach dem Gegenereignis (fehlerfreier Beutel) gefragt ist. Die Wahrscheinlichkeit, die fehlerhaften Beutel zu finden beträgt:

$P(x \leq 2) = G(2) = g(0) + g(1) + g(2)$

$$g(\mathrm{x}) = \frac{\binom{7}{x} \cdot \binom{50-7}{5-x}}{\binom{50}{5}} = P(x) = 0{,}5443 + 0{,}4077 + 0{,}1213 = 0{,}9843 \approx \underline{\underline{98\,\%}}$$

Die Wahrscheinlichkeit beträgt etwa 98 % die fehlerhaften Beutel zu entdecken. Damit beträgt die Wahrscheinlichkeit des Gegenereignisses den Fehler nicht zu entdecken etwa 2 % und demzufolge das Los anzunehmen.

Vergleichen Sie die Übereinstimmung der Betrachtungen hier mit denen in Kap. 2.7.2.

5.1.1 Die Parameter des Prüfloses

Wie auch bei jeder anderen Verteilung ist die Grundgesamtheit über die Parameter Mittelwert μ und Varianz σ^2 bzw. Standardabweichung σ gekennzeichnet. Bei der Entnahme von Stichproben (ohne Zurücklegen in die Grundgesamtheit) wird die hypergeometrische Verteilung verwendet. Ohne weitere Ableitung gilt für die hypergeometrische Verteilung:

$$\mu = n \cdot p \qquad\qquad\qquad\qquad \text{Gleichung 5.1.1–1}$$

$$\sigma^2 = n \cdot p \cdot q \cdot \frac{N-n}{N-1} \qquad\qquad \text{Gleichung 5.1.1–2}$$

Zu beachten ist dabei, dass der Anteil der fehlerhaften Einheiten $p = \dfrac{d}{N}$ in der Grundgesamtheit ist. Hier ist $q = 1 - p$ der Anteil der fehlerfreien Einheiten in der Grundgesamtheit.

Beispiel 5.1.1–1

Für ein Nasenspray werden bei einem Zulieferer Druckgaspatronen hergestellt. Diese sind in Schachteln zu jeweils 120 Stück abgepackt. Es werden $n = 12$ Druckgaspatronen zufällig entnommen. Von einer Probelieferung mit insgesamt 120 Druckgaspatronen waren 4 fehlerhaft

a) Wie groß ist die Standardabweichung?

b) Wie viele fehlerhafte Druckgaspatronen sind im Mittel pro Schachtel zu erwarten?

Lösung

Es sind gegeben: $N = 120$, $d = 4$, $n = 12$

a) $\sigma^2 = n \cdot p \cdot q \cdot \dfrac{N-n}{N-1} = 12 \cdot \dfrac{4}{120} \cdot \dfrac{120-4}{4} \cdot \dfrac{120-12}{120-1} = \underline{\underline{0,3509}}$

$\sigma = \underline{\underline{0,5924}}$

Die Standardabweichung beträgt 0,5923 Druckgaspatronen.

b) $\mu = n \cdot p = 12 \cdot \dfrac{4}{120} = \underline{\underline{0,4}}$

Im Mittel ist mit 0,4 fehlerhaften Druckgaspatronen pro Schachtel zu rechnen.

Ist der Losumfang N groß und der Stichprobenumfang n klein, also wenn $N \gg n$ ist, so ist auch beim Ziehen ohne Zurücklegen der Anteil p fehlerhafter Einheiten praktisch konstant. Liegt solch eine Voraussetzung vor, dann kann die Binomialverteilung mit $p = \dfrac{d}{N}$ als Näherung für die hypergeometrische Verteilung heran gezogen werden. Die Binomialverteilung ($\rightarrow$ Kap. 5.2) kann angewendet werden, wenn: *(Ersatz der hypergeometrischen Verteilung durch die Binomialverteilung.)*

$N \geq 50$ \hfill Gleichung 5.1.1–3

$n \leq \dfrac{N}{10}$ \hfill Gleichung 5.1.1–4

In guter Näherung kann für etwa $d \leq 0,1$, für etwa $n \geq 10$ und für etwa $N \geq 20 \cdot n$ die hypergeometrische Verteilung durch Poisson-Verteilung ($\rightarrow$ Kap. 5.3) ersetzt werden:

$\mu = n \cdot p$ \hfill Gleichung 5.1.1–5

Die Binomialverteilung

5.2

Mit der Binomialverteilung (auch Bernoulli-Verteilung) lässt sich die Wahrscheinlichkeit $g(x)$ berechnen, mit dem einen Wert x als Stichprobenergebnis auftritt. Die Binomialverteilung wird auch kurz mit $Bi\left(p = \dfrac{d}{N}; n\right)$ bezeichnet.

In einer Grundgesamtheit N sind p fehlerhafte Teile enthalten. Es wird eine Stichprobe vom Umfang n gezogen; und im Gegensatz zur hypergeometrischen Verteilung, in die Grundgesamtheit zurückgelegt und erneut gezogen.

Diese Vorgehensweise erscheint sicherlich nicht praxisgerecht. Es wird niemand eine bereits gezogene Probe wieder zur Grundgesamtheit zurücklegen, um dann erneut eine weitere Stichprobe zu ziehen. Jedoch bleibt im Gegensatz zur hypergeometrischen Verteilung bei dieser Vorgehensweise der Anteil p fehlerhafter Einheiten d konstant. Beachten Sie, dass die Binomialverteilung nur zwei Parameter besitzt, während die hypergeometrische Verteilung drei Parameter *(Ziehen mit Zurücklegen)*

Die Verteilung besitzt zwei Parameter (p; n).

besitzt. Daher sind die Werte $g(x) = P(x)$ der Wahrscheinlichkeitsfunktion der Binomialverteilung gegenüber der hypergeometrischen Verteilung wesentlich leichter zu berechnen. Ein weiterer Vorteil ist, dass für die Binomialverteilung zur Bestimmung der Werte $G(x) = P(\leq x)$ die wichtigsten Werte für p und n tabelliert (Anhang Tabelle 1) sind.

Die Binomialverteilung gibt an, mit welcher Wahrscheinlichkeit $g(x)$ in Stichproben vom Umfang n die Fehlerzahl x auftreten wird, wenn die Stichprobe aus einem Los mit einem Fehleranteil p gezogen wird.

5.2.1 Die Parameter des Prüfloses

Auch hier ist die Grundgesamtheit durch die Parameter Mittelwert μ und Varianz σ^2 (bzw. Standardabweichung σ) gekennzeichnet. Bei der Entnahme von Stichproben (mit Zurücklegen in die Grundgesamtheit) wird die Binomialverteilung verwendet. Ohne weitere Ableitung gilt für die Binomialverteilung:

$$\mu = n \cdot p$$

Gleichung 5.2.1–1

$$\sigma^2 = n \cdot p \cdot q$$

Gleichung 5.2.1–2

Statt μ wird häufig auch das Symbol $E(x)$ verwendet (E = Erwartungswert). Auch hier ist $q = 1 - p$ der Anteil an fehlerfreien Einheiten in der Grundgesamtheit. Damit ergibt sich:

$$\sigma^2 = n \cdot p \cdot (1 - p)$$

Gleichung 5.2.1–3

5.2.2 Die Wahrscheinlichkeitsdichte- und Verteilungs-funktion

Larson-Nomogramm

Die Werte für $G(x)$ können aus der Tabelle 1 (Anhang) abgelesen werden. Alternativ können die gesuchten Werte auch im Larson-Nomogramm ermittelt werden, dass eine graphische Darstellung der Verteilungsfunktion $G(x)$ bietet. Auf die graphische Ermittlung wird hier jedoch verzichtet.

Die Wahrscheinlichkeitsfunktionen können auch graphisch dargestellt werden. Sie ist dann asymmetrisch, wenn $p \neq q$. Die Asymmetrie der Wahrscheinlichkeitsfunktion ist umso größer, desto mehr sich p und q voneinander unterscheiden und desto kleiner der Stichprobenumfang n ist (○ Abb. 5.2.2–1).

Mit größer werdendem Stichprobenumfang n nähert sich die Binomialverteilung einer Normalverteilung an. Mithilfe der Tabelle 1 (Anhang) können die Werte $G(x) = P(\leq x)$ der Verteilungsfunktion bestimmt werden. Allgemein gilt:

$$g(x) = G(x) - G(x - 1)$$

Gleichung 5.2.2–1

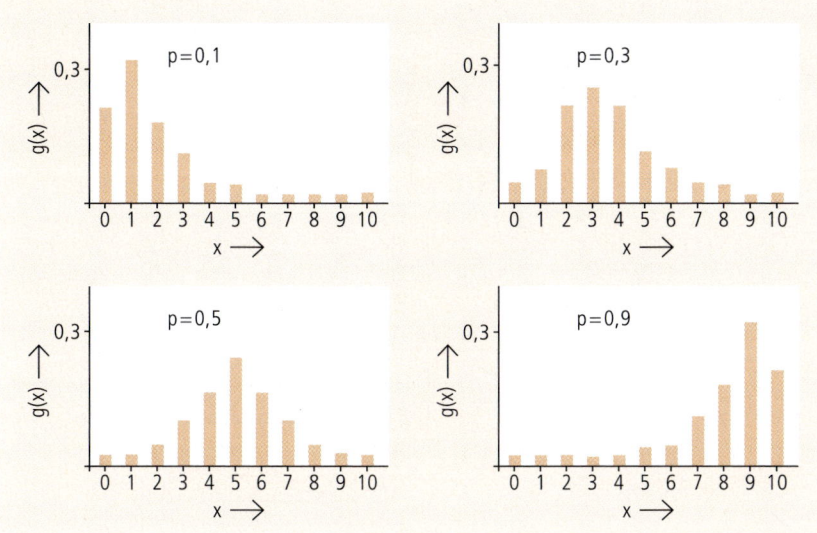

○ **Abb. 5.2.2–1** Wahrscheinlichkeitsfunktionen für Stichprobenumfang *n* = 10 (schematisch)

Für die Praxis sind die folgenden Wahrscheinlichkeiten relevant:
genau *x*

$$P(x) = g(x) = G(x) - G(x-1) \qquad \text{Gleichung 5.2.2–2}$$

höchstens *x*

$$P(\leq x) = g(0) + g(1) + g(2) + \ldots + g(x) = G(x) \qquad \text{Gleichung 5.2.2–3}$$

weniger als *x*

$$P(<x) = P(\leq x - 1) = g(0) + g(1) + (\ldots) + g(x-1) = G(x-1) \qquad \text{Gleichung 5.2.2–4}$$

mindestens *x*

$$P(\geq) = 1 - G(x-1) \qquad \text{Gleichung 5.2.2–5}$$

mehr als *x*

$$P(>x) = 1 - G(x) \qquad \text{Gleichung 5.2.2–6}$$

Praxisrelevante Fragestellungen sind:
Wie viele
– genau?
– höchstens?
– weniger als?
– mindestens?
– mehr als?

Diese typischen Fragestellungen wiederholen sich bei allen diskreten Verteilungen. Die folgende Abbildung soll Ihnen noch einmal die Problematik verdeutlichen und gibt auch das Verständnis für die Berechnungen.

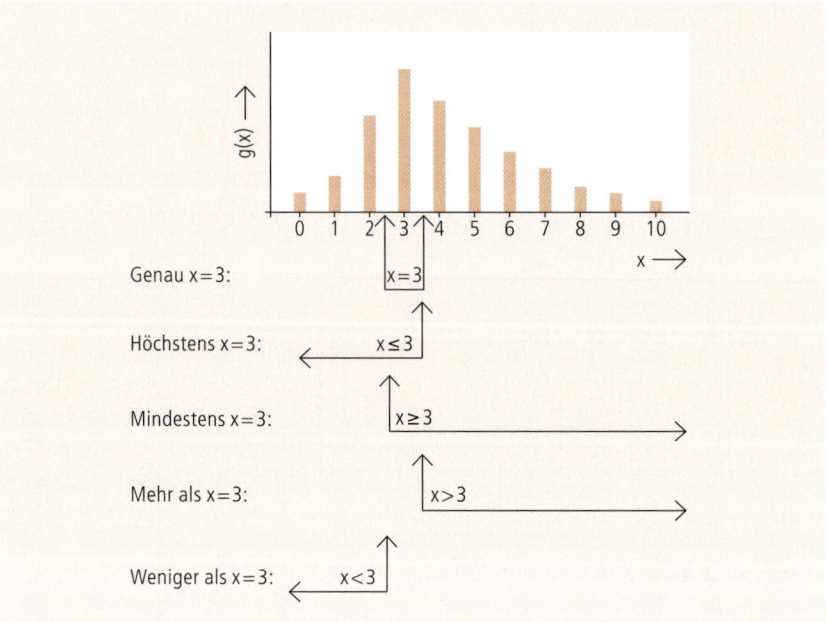

○ Abb. 5.2.2–2 Typische Fragestellung zur Wahrscheinlichkeitsberechnung am Beispiel für *x* = 3 fehlerhafte Einheiten

Die Wahrscheinlichkeit $P(x)$, genau x fehlerhafte Einheiten in der Stichprobe zu finden ist, ist eine Funktion von x. Diese Funktion heißt Wahrscheinlichkeitsfunktion und wird mit $g(x)$ bezeichnet. Die Wahrscheinlichkeit in einer Stichprobe vom Umfang n genau x fehlerhafte und damit $(n-x)$ fehlerfreie Einheiten zu erhalten beträgt:

Gleichung 5.2.2–7

$$g(x) = P(x) = \binom{n}{x} \cdot p^x \cdot (1-p)^{n-x}$$

Sind keine Tabellenwerte (Tabelle 1 des Anhangs) für $g(x)$ vorhanden, so ist $g(x)$ auszurechnen. Die Handhabung dazu mittels Gleichung 5.2.2–7 soll Ihnen anhand des folgenden Zahlenbeispiels dargestellt werden. Zur Bildung des Binomialkoeffizienten (Gleichung 2.1.4–1) oder Anwendung der Stirling-Formel (Gleichung 2.1.4–6) lesen Sie bitte im Kap. 2.1.4 nach.

Beispiel 5.2.2–1

Der Stichprobenumfang sei $n = 250$, die Fehlerzahl $x = 2$ und der Fehleranteil betrage $p = 2\,\%$. Wie groß ist die Wahrscheinlichkeit genau 2 fehlerhafte Teile zu entnehmen?

Lösung

$$g(x) = g(2) = \frac{250!}{2! \cdot (250-2)!} \cdot 0{,}02^2 \cdot (1-0{,}02)^{250-2}$$

$$= \frac{250 \cdot 249 \cdot 248 \cdot 247 \cdot (...) \cdot 1}{(2 \cdot 1) \cdot (248 \cdot 247 \cdot (...) \cdot 1)} \cdot 0{,}0004 \cdot 0{,}006669 = \underline{\underline{0{,}0830}}$$

Hierbei handelt es sich um die Wahrscheinlichkeit $P(2) = G(2) = g(2) = 8{,}3\,\%$ **genau** zwei fehlerhafte Teile zu entnehmen.

Wäre die Fragestellung nach der Höchstzahl (**höchstens**) der zu erwartenden fehlerhaften Teile, so müssen die Einzelwahrscheinlichkeiten bis $g(2)$ addiert werden. Sie müssen dazu also wie in dem o. g. Beispiel jede Einzelwahrscheinlichkeit berechnen und diese zum Schluss addieren.

$$P(2) = G(2) = g(0) + g(1) + g(2)$$

Beispiel 5.2.2–2

Bei der Herstellung von Kapseln hat sich herausgestellt, dass 10 % der Kapseln einen fehlerhaften Aufdruck haben. Von einer Produktionscharge wird eine Stichprobe von $n = 20$ entnommen und nach einer Spezifikation untersucht.
Wie groß ist die Wahrscheinlichkeit der folgenden angegebenen Anzahl an fehlerhaften Kapseln zu finden?
a) genau 2   b) höchstens 2   c) weniger als 2   d) mindestens 2   e) mehr als 2

Lösung

Die zugehörigen G-Werte werden aus Tabelle 1 (Anhang) abgelesen.
a) $P(\text{x} = 2)$ $= g(2) = G(2) - G(1) = 0{,}6769 - 0{,}3917 = 0{,}2852 \approx \underline{29\,\%}$
b) $P(\text{x} \le 2)$ $= g(0) + g(1) + g(2) = G(2) = 0{,}6769 \approx \underline{68\,\%}$
c) $P(\text{x} < 2)$ $= G(2-1) = G(1) = 0{,}3917 \approx \underline{39\,\%}$
d) $P(\text{x} \ge 2)$ $= 1 - G(2-1) = 1 - G(1) = 1 - 0{,}3917 = 0{,}6083 \approx \underline{61\,\%}$
e) $P(\text{x} > 2)$ $= 1 - G(2) = 1 - 0{,}6796 = 0{,}3204 \approx \underline{32\,\%}$

Der Zufallsstreubereich   5.2.3

Wird einem Los eine Stichprobe vom Umfang n entnommen, so lässt sich aufgrund der zufälligen Entnahme das Stichprobenergebnis x nicht vorhersagen ($\rightarrow$ Kap. 3.7). Die Anzahl x fehlerhafter Einheiten in der Stichprobe hängt nicht nur von der Produktionslage und vom Stichprobenumfang ab, sondern auch vom Zufall. Alle möglichen Stichprobenergebnisse x werden in einem Bereich $0 \le x \le n$ liegen. Dieser Zufallsstreubereich kann mit seiner Wahrscheinlichkeit vorgegeben werden; z. B. 80 %, 90 %, 95 % und 99 %. Der 95 %-Zufallsstreubereich ist dann der Bereich, in dem die Stichprobenergebnisse x mit 95 %iger Wahrscheinlichkeit liegen.

Der zweiseitige Zufallsstreubereich

Dieser Bereich wird für $P = 0{,}95 = 95\,\%$ als 95 %-Zufallsstreubereich bezeichnet. Damit liegen 95 % der x-Werte im Zufallsstreubereich; 5 % der x-Werte liegen außerhalb. Man sagt auch, dass Irrtumsniveau α beträgt 5 %. Im $(1-\alpha)$ Zufalls-streubereich von x wird der Anteil $(1-\alpha)$ aller x-Werte liegen.

Im zweiseitigen $(1-\alpha)$ Zufallsstreubereich von x liegt somit jeder Wert mit der Wahrscheinlichkeit P $= 1 - \alpha$. Dafür wird die folgende Schreibweise angegeben:

$$P(x_{un} \leq x \leq x_{ob}) = 1 - \alpha$$ Gleichung 5.2.3–1

Beispiel 5.2.3–1

Wir kommen jetzt auf Beispiel 5.2.2–2 zurück. Wie groß ist der Zufallsstreubereich mit $\alpha = 5\,\%$, $n = 20$, $p = 0{,}10$?

Lösung

Um die Grenzen eines zweiseitigen Zufallsstreubereichs für $P = 0{,}95 = 95\,\%$ zu erlangen, ist auf beiden Seiten der Verteilung je ein Teil mit $\frac{\alpha}{2} = 0{,}025 = 2{,}5\,\%$ ab zu schneiden. Da aber die x-Werte nur ganze Zahlen annehmen können ($x = 0, 1, 2, \ldots$), ist ein genaues Abschneiden von 2,5 % unmöglich. Es wurde deshalb folgende Übereinkunft getroffen: Auf jeder Seite wird der größtmögliche Anteil $\leq \frac{\alpha}{2}$ abgeschnitten.

- $x_{un} = 0$ x-Wert (0,1216) für den $G(x)$ erstmalig über 0,025.
- $x_{ob} = 5$ x-Wert (0,9887) für den $G(x)$ erstmalig über oder gleich 0,975.

Der zweiseitige 95 %-Zufallsstreubereich für das Beispiel lautet somit: $0 \leq x \leq 5$. Zum besseren Verständnis kann das Problem auch anders erläutert werden. Würde man aus einem Los mit $p = 10\,\%$ fehlerhaften Einheiten einhundert mal eine Stichprobe vom Umfang $n = 20$ ziehen, so würde in $\alpha = 5\,\%$ aller Fälle, also in 5 Stichproben, $x = 0$ und/oder $x > 5$ sein. Dieses Beispiel gilt dann für die Fälle, an deren oberer/unterer Grenze es einen x-Wert gibt, dessen $G(x)$ nicht genau $\frac{\alpha}{2}$ bzw. genau $1 - \frac{\alpha}{2}$ beträgt.

Da x nur ganzzahlige Werte $(0, 1, 2, 3, \ldots)$ annehmen kann, ist es nicht möglich auf jeder Seite der Verteilung genau $\frac{\alpha}{2}$ abzuschneiden. Deshalb gilt folgende Regel:

Merkregel

- **x-Wert** nicht ganzzahlig: unten und oben: den größeren Wert als Grenze bestimmen,
- **x-Wert** ganzzahlig: unten: den nächstgrößeren Wert als Grenze bestimmen,
- **x-Wert** ganzzahlig: oben: diesen Wert selbst als Grenze bestimmen.

Der einseitige Zufallsstreubereich

Im vorigen Abschnitt wurde der zweiseitige Zufallsstreubereich untersucht. Es ist aber auch möglich, nur nach dem oberen oder unteren Zufallsstreubereich zu fragen. Dies führt dann zu einseitig nach oben oder einseitig nach unten abgegrenzten Zufallsstreubereichen.

☐ **Tab. 5.2.3–1** Formeln zum Zufallsstreubereich der Binomialverteilung

Zufallsstreubereich ($x_{un} \leq x \leq x_{ob}$)			
Zweiseitig:	unten oben	$G_{un}(x-1;\, n,\, p)$ $G_{ob}(x;\, n,\, p)$	$\leq \dfrac{\alpha}{2}$ $\geq 1 - \dfrac{\alpha}{2}$
Einseitig:	unten	$G(x-1;\, n,\, p)$	$\leq \alpha$
Einseitig:	oben	$G(x;\, n,\, p)$	$\geq 1 - \alpha$

Bei einseitigen Fragestellungen handelt es sich dann in der Praxis um Fragen nach „mindestens" oder „höchstens". Bei einem Irrtumsniveau von $\alpha = 5\,\%$ und einer einseitigen Fragestellung werden jeweils am oberen oder unteren Ende $\leq \alpha$ abgeschnitten werden. In diesen Fällen wird nur unten bzw. oben der größtmögliche Anteil $\leq \alpha$ abgeschnitten.

Folgend sind die Ablesevorschriften für die einseitige und zweiseitige Fragestellung zusammengefasst.

Einseitig oben abgegrenzt: Wir setzen das Beispiel 5.2.3–1 fort. Auf der oberen Seite wird der größtmögliche Anteil $\leq \alpha$ abgeschnitten.

$x_{ob} = 4$ x-Wert (0,9568) für den $G(x)$ erstmalig über oder gleich 0,95.

Der einseitige obere 95 %-Zufallsstreubereich für das Beispiel lautet somit:

$$x_{un} \leq 4$$

Einseitig unten abgegrenzt: Auf der unteren Seite wird der größtmögliche Anteil $\leq \alpha$ abgeschnitten.

$x_{un} = 0$ x-Wert (0,1216) für den $G(x)$ erstmalig über 0,05.

Der einseitige untere 95 %-Zufallsstreubereich für das Beispiel lautet somit:

$$x_{ob} \leq 0$$

Sonderfälle 5.2.4

Es können sich folgende Sonderfälle ergeben:

Fehleranteil sehr klein ($p < 0,01$)

Ist $p < 0,01$, so ist das Ablesen aus der Tabelle 1 (Anhang) nicht möglich. Auch eine graphische Lösung mittels Larson-Nomogramm ist nicht mehr möglich. Für diesen Fall kann mit den Ersatzparametern n^* und p^* (sprich: n-Stern, p-Stern) operiert werden. Diese Operation ist nur möglich, da die G-Werte für kleine p und hinreichend große n nur von dem Produkt $n \cdot p$ als Näherung zur Poisson-Verteilung (→ Gleichung 5.2.1–1) möglich ist.

Verwendung der Ersatzparameter n^* und p^*

$$n \cdot p = n^* \cdot p^* \qquad\qquad \text{Gleichung 5.2.4–1}$$

Fehleranteil sehr groß ($p > 0,5$)

Ist der Fehleranteil ist sehr groß ($p > 50\,\%$), kann anstelle dessen eine Berechnung über den Anteil der fehlerfreien Einheiten $q = 1 - p$ durchgeführt werden. Hier verweisen wir auf entsprechend weiterführende Literatur.

5.2.5 Approximation durch die Poisson-Verteilung

Bevor man eine attributive Prüfung durchführt, ist immer zu prüfen ob die Voraussetzungen gegeben sind, um eine entsprechende Verteilung als Grundlage herzuziehen. Ist eine Approximation durch eine andere Verteilung möglich, so ist diese anzuwenden.

Bedingung: $\mu \leq 9$, $p \leq 0,1$; $n \geq 10$

Bedingung

Nach einer Faustregel kann die Binomialverteilung durch die Poisson-Verteilung ($\rightarrow$ Kap. 5.3) mit $\mu = n \cdot p$ ($\rightarrow$ Gleichung 5.2.1–1) in der Praxis in guter Annäherung ersetzt werden, wenn $\mu \leq 9$ und gleichzeitig $p \leq 0,1$ und $n \geq 10$ sind. Damit ist die Beziehung zur Beschreibung seltener Ereignisse geeignet.

Beispiel 5.2.5–1

Unter 10 000 Personen tritt durchschnittlich einmal eine seltene Erbkrankheit auf. Wie groß ist die Wahrscheinlichkeit, dass die Erbkrankheit in einer Stichprobe von 5000 Personen mindestens zweimal auftritt?

Lösung

Gegeben sind $p = \dfrac{1}{10000} = 0,0001$ und $n = 5000$; gleichzeitig sind die Bedingungen für n und p erfüllt. Dann ist die Bedingung für μ zu prüfen.

$\mu \leq n \cdot p \leq 9 \quad \Rightarrow \quad 9 \geq 5000 \cdot 0,0001 \geq 0,5 \quad \Rightarrow \quad \mu = 0,5 \leq 9$ Bedingung erfüllt!

Mit $\mu = 0,5$ gehen Sie in Tabelle 2 des Anhangs und lesen ab:

$P(\geq 2) = g(2) = 1 - G(1) = 1 - 0,9098 = \underline{\underline{0,0902}}$

Die Wahrscheinlichkeit, dass mindestens zwei Personen an der Krankheit leiden beträgt $\approx 9\,\%$.

5.2.6 Approximation durch die Normalverteilung

Bei großen Stichprobenumfängen kann die Binomialverteilung durch die Normalverteilung approximiert werden, wenn folgende Voraussetzung gegeben ist:

$$n \cdot p \cdot (1 - p) \geq 9 \qquad\qquad \text{Gleichung 5.2.6–1}$$

Ohne weitere Herleitung sei folgender Zusammenhang zwischen der Binomialverteilung und der Normalverteilung gegeben:

$$\mu = n \cdot p \qquad\qquad \text{Gleichung 5.2.6–2}$$

$$\sigma = \sqrt{n \cdot p \cdot (1 - p)} \qquad\qquad \text{Gleichung 5.2.6–3}$$

Zur Berechnung der Zufallsstreubereiche verweisen wir auf weiterführende Literatur.

Auswerteverfahren

Die Bestimmung der Vertrauensgrenzen kann mit verschiedenen Verfahren durchgeführt werden:

- Näherung für große Stichprobenumfänge mittels Normalverteilung,
- Vertrauensbereiche für Fehleranteile (Tabelle 11 im Anhang),
- Berechnung mittels F-Verteilung,
- graphische Auswertung im Larson-Nomogramm,
- Näherung für kleine Anteile fehlerhafter Einheiten mittels Poisson-Verteilung.

Zu diesen Verfahren beachten Sie bitte die weiterführende Literatur.

Die Poisson-Verteilung 5.3

Eine untersuchte Einheit die beliebig viele Vorgänge oder Fehler (Vorgänge oder Fehler pro Einheit) haben kann, wird die Poisson-Verteilung angewendet. Dabei ist dann die Anzahl der Ereignisse oder Fehler pro Einheit nach oben offen; $x < \infty$. Die Wahrscheinlichkeit für das Auftreten eines solchen Ereignisses besitzt eine geringe Wahrscheinlichkeit (sog. seltenes Ereignis). Solche Verteilungen werden als Poisson-Verteilung bezeichnet.

Aus dem pharmazeutischen und medizinischen Bereich sind zahlreiche Vorgänge als poissonverteilt bekannt; z. B.:

- Emittierung von α-Teilchen einer radioaktiven Substanz pro Zeiteinheit,
- Druckfehler pro Packungsbeilage,
- Anzahl weißer Blutkörperchen pro ml,
- Teilchen in einer Injektionslösung pro ml,
- Fadenbrüche pro m^2 Verbandsmaterial.

Beispiele für poisson-verteilte Ereignisse

Die Wahrscheinlichkeit $P(x)$, dass genau x Fehler gefunden oder Vorgänge beobachtet werden, wird mit folgender Formel beschrieben und als Poisson-Verteilung mit $Po(x\,|\,\mu)$ bezeichnet.

$$g(x) = P(x) = \frac{\mu^x \cdot e^{-\mu}}{x!}$$

Gleichung 5.3–1

Die Poisson-Verteilung ist im Gegensatz zur hypergeometrischen- und Binomialverteilung nur durch einen Parameter charakterisiert – dem Mittelwert μ. Die Werte der Verteilungsfunktion $G(x)$ können in der Tabelle 2 (Anhang) abgelesen werden.

Sind keine Tabellenwerte für $g(x)$ vorhanden, so ist $g(x)$ auszurechnen. Die Handhabung dazu mittels der Gleichung 5.3–1 soll Ihnen anhand des folgenden Zahlenbeispiels dargestellt werden.

Die Poisson-Verteilung ist nur durch den Parameter (μ) gekennzeichnet.

Beispiel 5.3–1

Die mittlere Anzahl der Fehler betrage $\mu = 5$, die Fehlerzahl ist mit $x = 2$ gegeben. Wie groß ist die Wahrscheinlichkeit für das Auftreten von genau 2 Fehlern?

Lösung

$$g(2) = \frac{\mu^x \cdot e^{-\mu}}{x!} = \frac{5^2 \cdot e^{-5}}{2!} = \frac{25 \cdot 0{,}006738}{1 \cdot 2} = \underline{\underline{0{,}08423}}$$

Die Wahrscheinlichkeit für das Auftreten von genau 2 Fehlern beträgt etwa 8 %.

5.3.1 Die Parameter des Prüfloses

Auch hier ist die Grundgesamtheit über die Parameter Mittelwert μ und Varianz σ^2 (bzw. Standardabweichung σ) gekennzeichnet. Ohne weitere Ableitung gilt für die Poisson-Verteilung (E = Erwartungswert):

$$E(x) = \mu \qquad\qquad\qquad\qquad \text{Gleichung 5.3.1–1}$$

$$\sigma^2 = \mu \qquad\qquad\qquad\qquad \text{Gleichung 5.3.1–2}$$

Zunächst sei noch auf eine wichtige Eigenschaft der Poisson-Verteilung hingewiesen.

Der Additionssatz

Ist die Fehlerzahl x (bzw. die beobachteten Ereignisse) pro Einheit mit dem Parameter μ poissonverteilt und man fasst mehrere Einheiten (2, 3, … , n) zu einer neuen Prüfeinheit zusammen, so ist in der neuen zusammengefassten Prüfeinheit die Fehlerzahl x wiederum poissonverteilt mit dem Parameter $2\,\mu$, $3\,\mu$, (…), $n \cdot \mu$.

Zusammenfassung von Einheiten zu einer neuen Einheit

Somit erhöht sich die mittlere Fehlerzahl im gleichen Maß, wie Einheiten zu einer neuen Prüfeinheit zusammengefasst werden. Die mittlere Fehlerzahl μ bezieht sich dabei immer auf die Prüfeinheit, die aus einer oder mehreren materiellen Einheiten bestehen kann. Beachten Sie, dass sich die Wahrscheinlichkeiten nicht proportional dazu verhalten, also nicht gleich groß sind ($\rightarrow$ Kap. 5.4 Aufgabe 8). Deshalb ist eine Festlegung auf die Größe der Prüfeinheit bei Qualitätssicherungsvereinbarungen wichtig.

Beispiel 5.3.1–1

Bei einem Hersteller von Verbandsmaterial treten bei der Herstellung im Mittel 3 Webfehler/m² auf. Für die Herstellung eines Verbands muss eine Fläche von 100 cm² verarbeitet werden. Mit wie vielen Webfehlern ist im Mittel für einen Verband zu rechnen?

Lösung

Beachten Sie zur Lösung der Aufgabe ggf. auch das Beispiel der Aufgabe 8 im Kap. 5.4. Gegeben ist: $\mu = 3$

$1\,\mathrm{m}^2 = 10\,000\,\mathrm{cm}^2$; somit sind auf $100\,\mathrm{cm}^2$ im Mittel $\dfrac{3}{100} = 0{,}03$ Fehler ($\mu = 0{,}03$) zu finden.

Mittels eines Beispiels soll im folgenden Abschnitt berechnet werden, mit welcher Wahrscheinlichkeit in einer Stichprobe 0, 1, 2, (…), n Fehler gefunden werden bzw. welcher Anteil der Stichprobe genau x Fehler aufweist.

Die Wahrscheinlichkeitsdichte- und Verteilungsfunktion

5.3.2

Können die Werte für die Wahrscheinlichkeit $G(x)$ nicht aus der Tabelle 2 (Anhang) abgelesen werden, so lässt sich die Lösung auch graphisch im Thorndike-Nomogramm ermitteln. Auf die graphische Ermittlung wird hier jedoch ebenfalls nicht eingegangen, wir verweisen auf die entsprechend weiterführende Literatur. Für kleine Werte von μ besitzt die Verteilungskurve eine beträchtliche Schiefe. Diese nimmt jedoch mit wachsendem μ rasch ab. Die Form der Kurve nähert sich dann einer Normalverteilung ($\rightarrow$ Kap. 5.3.4) mit dem Mittelwert μ und der Standardabweichung:

Graphische Lösung im Thorndike-Nomogramm

$$\sigma = \sqrt{\mu}$$

In der folgenden Darstellung ist das Ableseschema zur Poisson-Verteilung (Tabelle 2 im Anhang) angegeben. Die Tabelle enthält die Werte $G(x) = P(\leq)$ der Verteilungsfunktion.

Die Werte $g(x) = P(\text{beobachteter Wert} = x)$ der Wahrscheinlichkeitsfunktion können wie folgt berechnet werden:

$$g(x) = G(x) - G(x-1) \qquad\qquad \text{Gleichung 5.3.2–1}$$

$$g(0) = G(0) \qquad\qquad \text{Gleichung 5.3.2–2}$$

Mit wachsendem Mittelwert μ Annäherung an die Nominalverteilung

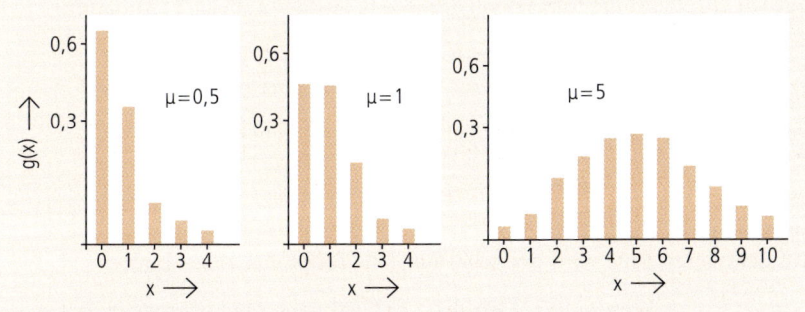

⚬ Abb. 5.3.2–1 Wahrscheinlichkeitsverteilung zu verschiedenen Mittelwerten μ (schematisch)

Beispiel 5.3.2–1

Bei der Herstellung einer Injektionslösung beträgt die mittlere Partikelzahl 2 pro 100 ml für Partikel die $\geq 25\,\mu m$ sind. Wie groß ist die Wahrscheinlichkeit (pro 100 ml) für:

a) genau 4 Partikel   b) mindestens 4 Partikel   c) höchstens 4 Partikel?

Lösung

Gegeben sind: $\mu = 2$, (Anhang Tabelle 2)

a) $P(4) = g(4) = G(4) - G(3) = 0{,}9473 - 0{,}8571 = \underline{\underline{0{,}0902}}$

   Die Wahrscheinlichkeit genau 4 Partikel zu finden beträgt $\approx 9\,\%$.

   Rechnerisch kann das auch wie folgt erhalten werden:

   $$P(4) = g(4) = \frac{2^4 \cdot e^{-2}}{4!} = \frac{16 \cdot 0{,}1353}{24} = \underline{\underline{0{,}0902}}$$

b) $P(\geq 4) = g(4) = 1 - G(3) = 1 - 0{,}8571 = \underline{\underline{0{,}1429}}$

   Die Wahrscheinlichkeit mindestens 4 Partikel zu finden beträgt $\approx 14\,\%$.

   Rechnerisch kann das auch wie folgt erhalten werden:

   $$G(3) = g(0) + g(1) + g(2) + g(3) = \frac{2^0 \cdot e^{-2}}{0!} + \frac{2^1 \cdot e^{-2}}{1!} + \frac{2^2 \cdot e^{-2}}{2!} + \frac{2^3 \cdot e^{-2}}{3!}$$

   $$= 0{,}1353 + 0{,}2707 + 0{,}2707 + 0{,}1804 = \underline{\underline{0{,}8571}}$$

   Mit $G(3)$ wurden die Wahrscheinlichkeiten bis einschließlich $x = 3$ berechnet. Da die Frage aber nach „mindestens 4" lautet, ist die oben berechnete Wahrscheinlichkeit von „1" abzuziehen.

   $\Rightarrow P(\leq 4) = 1 - G(3) = 1 - 0{,}8571 = \underline{\underline{0{,}1429}}$

c) $P(\leq 4) = G(4) = 0{,}9473 = \underline{\underline{0{,}9473}}$

   Die Wahrscheinlichkeit höchstens 4 Partikel zu finden beträgt $\approx 95\,\%$.

   Rechnerisch kann das auch wie folgt erhalten werden:

   $G(3)$ und $g(4)$ wurden bereits unter b) und a) berechnet; es wird nur noch eingesetzt.

   $G(4) = G(3) + g(4) = 0{,}8571 + 0{,}0902 = \underline{\underline{0{,}9473}}$

5.3.3 Der Zufallsstreubereich

Der zweiseitige Zufallsstreubereich

Wie groß ist für das Beispiel 5.3.2–1 der Zufallsstreubereich mit $\alpha = 5\,\%$ bei einer mittleren Partikelzahl $\mu = 2$? Wie auch bei der Binomialverteilung verfahren, ergeben sich dann die folgenden $G(x)$ Werte aus der Tabelle 2 (Anhang):

$x_{un} = 0$x-Wert (0,1353) für den $G(x)$ erstmalig über 0,025

$x_{ob} = 5$x-Wert (0,9843) für den $G(x)$ erstmalig über oder gleich 0,975

Der zweiseitige 95 %-Zufallsstreubereich für $\mu = 2$ lautet somit: $0 \leq x \leq 5$

Der einseitige Zufallsstreubereich

Einseitig oben abgegrenzt:

Auf der oberen Seite wird der größtmögliche Anteil $\leq \alpha$ abgeschnitten.

$x_{ob} = 5$ x-Wert (0,9834) für den $G(x)$ erstmalig über oder gleich 0,95

☐ **Tab. 5.3.3–1** Formeln zum Zufallsstreubereich der Poisson-Verteilung

Zufallsstreubereich ($x_{un} \leq x \leq x_{ob}$)				
Zweiseitig:	unten		$G_{un}(x-1; \mu)$	$\leq \dfrac{\alpha}{2}$
	oben		$G_{ob}(x; \mu)$	
				$\geq 1 - \dfrac{\alpha}{2}$
Einseitig:	unten		$G(x-1; \mu)$	$\leq \alpha$
Einseitig:	oben		$G(x; \mu)$	$\geq 1 - \alpha$

Der einseitige obere 95 %-Zufallsstreubereich für das Beispiel lautet somit:

$$x_{ob} \leq 5$$

Einseitig unten abgegrenzt:

Auf der unteren Seite wird der größtmögliche Anteil $\leq \alpha$ abgeschnitten.

$x_{un} = 0$ x-Wert (0,1353) für den $G(x)$ erstmalig über 0,05

Der einseitige untere 95 %-Zufallsstreubereich für das Beispiel lautet somit:

$$x_{ob} \geq 0$$

Approximation durch die Normalverteilung   5.3.4

Ist $\mu \geq 9$, so kann die Poisson-Verteilung an eine Normalverteilung angenähert werden. Hier verweisen wir wiederum auf weiterführende Literatur zur Berechnung der Zufallsstreubereiche. Auch findet sich hier der Korrektursummand 0,5 wie bei der Approximation von der Binomialverteilung zur Normalverteilung (○ Abb. 5.3.4–1).

In den entsprechenden Formeln ist der Summand 0,5 vorhanden. Der Summand 0,5 hat dort die Funktion einer Stetigkeitskorrektur (Kontinuitätskorrektur) für den Übergang von einer diskreten Verteilung zu einer stetigen Verteilung, der standardisierten Normalverteilung. Bei der Annäherung der Poisson- (wie auch bei der Binomialverteilung) an die Normalverteilung wird jeweils nur eine halbe Säule addiert, da die Binomialverteilung eine Verteilung ohne Zwischenwerte ist und die stetige Verteilung unendlich viele Zwischenwerte besitzt. Dabei werden die Treppenstufen von der stetigen Verteilungsfunktion der Normalverteilung ungefähr in der Mitte getroffen. Aus diesem Grund wird der Summand zur Stetigkeitskorrektur eingeführt. Die Approximation wird umso besser, je größer der Stichprobenumfang n ist. Ohne weitere Ableitung wird angeführt:

Bei Berechnung der Zufallsstreubereiche wird der Korrektursummand 0,5 eingeführt.

Der zweiseitige Zufallsstreubereich

$$x_{un/ob} \approx \mu \pm (0,5 + u_{1-\frac{\alpha}{2}} \cdot \sqrt{n})$$

Gleichung 5.3.4–1

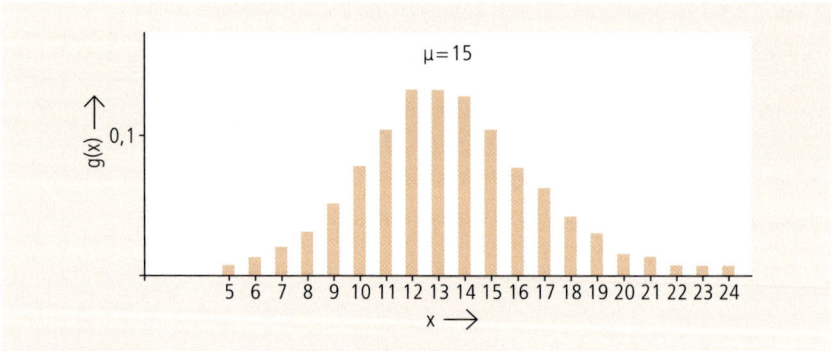

○ **Abb. 5.3.4–1** Näherung einer Poisson-Verteilung mit μ = 15 an eine Normalverteilung (schematisch)

Der einseitige Zufallsstreubereich

Einseitig oben (höchstens):

$$x_{un} \approx \mu - (0{,}5 + u_{1-\alpha} \cdot \sqrt{n})$$

Gleichung 5.3.4–2

Einseitig unten (mindestens):

$$x_{un} \approx \mu + (0{,}5 + u_{1-\alpha} \cdot \sqrt{n})$$

Gleichung 5.3.4–3

5.3.5 Auswerteverfahren

Werden z. B. in der Qualitätssicherung aus einer Stichprobe n insgesamt x Fehler festgestellt, so kann die Fehlerzahl x als ein Kennwert der mittleren Fehlerzahl $\frac{\mu}{n}$ aufgefasst werden. Damit ist $\hat{\mu} = x$ als Schätzer des Parameters μ aufzufassen.
Wie Sie es sicherlich schon annehmen, werden $\hat{\mu}$ und μ in den seltensten Fällen genau übereinstimmen. So wird auch hier, wie beim Zufallsstreubereich, das Intervall angegeben, das den wahren Parameter μ der Poisson-Verteilung mit einem Vertrauensniveau $1-\alpha$ umschließt. Zur Berechnung des Vertrauensbereichs für mittlere Fehlerzahlen pro Einheit sind verschiedene Verfahren möglich.
Die Bestimmung dieser Vertrauensgrenzen kann durchgeführt werden mittels:
- Auswertung mittels χ^2-Verteilung (Tabelle 5 des Anhangs),
- Poisson-Verteilung der Vertrauensbereiche für Fehlerzahlen,
- Näherung für große Fehlerzahlen durch Wurzeltransformation,
- Graphische Lösung im Thorndike-Nomogramm.

Folgend werden nur die beiden ersten Auswerteverfahren erörtert. Für die anderen Auswerteverfahren beachten Sie bitte die weiterführende Literatur.

Der Vertrauensbereich mittels Chi²-Verteilung

Die Berechnung der oberen und unteren Vertrauensgrenze ergibt sich aus dem Zusammenhang zwischen der Poisson- und der χ^2-Verteilung. Als Verteilungsfunktion gilt:

$$G(x; \mu) = G(\chi^2 = 2\,\mu; f = 2(x+1))$$ Gleichung 5.3.5–1

Die Formel wird entsprechend nach μ umgestellt. Damit ergibt sich:

Der zweiseitige Vertrauensbereich

$$0{,}5 \cdot \chi^2_{f;G} \le \mu \le 0{,}5 \cdot \chi^2_{f;G}$$ Gleichung 5.3.5–2

Für μ_{un} mit $f = 2\,x$; $G = \dfrac{\alpha}{2}$ für μ_{ob} mit $f = 2\,(x+1)$; $G = 1 - \dfrac{\alpha}{2}$

Der einseitige Vertrauensbereich

Einseitig unten (mindestens):

$$\mu_{un} \ge 0{,}5 \cdot \chi^2_{f;G} \quad \text{mit } f = 2\,x; \;\; G = \dfrac{\alpha}{2}$$ Gleichung 5.3.5–3

Einseitig oben (höchstens):

$$\mu_{ob} \le 0{,}5 \cdot \chi^2_{f;G} \quad \text{mit } f = 2\,(x+1); \;\; G = 1 - \dfrac{\alpha}{2}$$ Gleichung 5.3.5–4

Beachten Sie bitte, dass die Gleichungen der zweiseitigen Fragestellung entsprechen. Lediglich die Bedingungen für f und G sind unterschiedlich.

Beispiel 5.3.5–1

Kartons werden in einem Herstellerbetrieb bedruckt und dürfen im Mittel maximal 0,2 Druckfehler pro Karton nicht übersteigen. Ein Abnehmer entnimmt in der Wareneingangskontrolle eine Stichprobe mit $n = 100$ und findet dabei 8 Druckfehler. In einer Qualitätsvereinbarung zwischen Hersteller und Abnehmer wurde eine Irrtumswahrscheinlichkeit von 1 % vereinbart. Kann die Lieferung angenommen werden?

Lösung

Die Fragestellung ist einseitig oben (nicht übersteigen). Gegeben sind: $n = 100$, $\alpha = 1\,\%$. Es wird Gleichung 5.3.5–4 verwendet.

$$f = 2\,(x+1) = 2\,(8+1) = 18, \; G = 1 - \frac{\alpha}{2} = 1 - \frac{0{,}01}{2} = 1 - 0{,}005 = 0{,}995.$$

Der Chi^2-Schwellenwerte (Tabelle 5 im Anhang) beträgt $\chi^2 = 37{,}156$.

$$\mu_{ob} \le 0{,}5 \cdot \chi^2_{f;G} \le 0{,}5 \cdot 37{,}156 \le \underline{18{,}578}$$

Da eine Stichprobe mit $n = 100$ entnommen wurde, muss durch 100 dividiert werden um die Fehlerzahl pro Faltschachtel zu errechnen (Additionssatz). Die Fehlerzahl pro Einheit wird mit p bezeichnet.

$$P \le 18{,}578/100 \le \underline{\underline{0{,}1858}}$$

Die Lieferung kann angenommen werden da 0,1858 < 0,2 Fehler/Einheit.

Vertrauensbereiche über Tabellenwerte

Für die im vorigen Abschnitt kennen gelernten Formeln gibt es entsprechende Tabellen. Hier sind die zugehörigen Vertrauensgrenzen direkt ablesbar.

Die Auswertung kann auch über statistische Vergleiche erfolgen. Dazu werden hier jedoch keine Vergleichstests behandelt. Für den einfachen Vergleich von Fehlerzahlen mittels Vertrauensbereich, den zweifachen Vergleich mittels F-Test, sowie die Berechnung von Stichprobenumfängen bei der Planung von Tests beachten Sie bitte weiterführende Literatur.

Literatur

DGQ 18-105, Tabellen, Auswerteblätter und Nomogramme zu den statistischen Methoden des Qualitätsmanagements, Ausgabe: 2003

DGQ-Band 11-05 und 18-105, Formelsammlungen zu den statistischen Methoden des Qualitätsmanagements, Tabellen, Nomogramme, und Auswerteblätter, Ausgabe: 2003

DIN 53804-2, Statistische Auswertungen; Zählbare (diskrete) Merkmale, Ausgabe: 1985-03

DIN 55350-22, Begriffe der Qualitätssicherung und Statistik; Begriffe der Statistik; Spezielle Wahrscheinlichkeitsverteilungen, Ausgabe: 1987-02

DIN 55350-22, Begriffe der Qualitätssicherung und Statistik; Begriffe der Statistik; Spezielle Wahrscheinlichkeitsverteilungen, Ausgabe: 1987-02

DIN 55350-31, Begriffe der Qualitätssicherung und Statistik; Begriffe der Annahmestichprobenprüfung, Ausgabe: 1985-12

ISO 2859-1, Annahmestichprobenprüfung anhand der Anzahl fehlerhafter Einheiten oder Fehler (Attributprüfung) – Teil 1: Nach der annehmbaren Qualitätsgrenzlage (AQL) geordnete Stichprobenanweisungen für die Prüfung einer Serie von Losen anhand der Anzahl fehlerhafter Einheiten oder Fehler, Ausgabe: 1999-11

ISO 2859-10, Annahmestichprobenprüfung anhand der Anzahl fehlerhafter Einheiten oder Fehler (Attributprüfung) – Teil 10 Übersicht über das ISO-2859-Attribut-Stichprobensystem, Ausgabe: 2006-07

Sachs L, Hedderich J. Angewandte Statistik. 12. Aufl., Springer, Berlin 2006

5.4 Übungsaufgaben

Aufgabe 1

Die Überlebenschance für mindestens 1 Jahr bei einer bestimmten Operation beträgt 0,8. Es werden 10 Patienten operiert. Welche Aussage ist falsch?

A Es ist zu erwarten, dass nach einem Jahr durchschnittlich 2 Patienten verstorben sind.

B Die Standardabweichung beträgt 1,2649.

C Die Wahrscheinlichkeit, dass nach einem Jahr noch alle Patienten leben, beträgt etwa 11 %.

D Die Wahrscheinlichkeit, dass nach einem Jahr noch mindestens 8 Patienten leben, beträgt etwa 68 %.

E Die Aufgabe lässt sich über eine Poisson-Verteilung lösen.

Aufgabe 2

Die Qualitätsvereinbarung zwischen einem Safthersteller und einem Zulieferer für Faltkartons sieht vor, dass im Mittel $\mu = 0{,}2$ Fehler pro Faltkarton nicht überstiegen werden dürfen. Die zufällige Entnahme einer Stichprobe $n = 100$ ergab 7 Fehler.

Entspricht die Lieferung bei einem Signifikanzniveau von $\alpha = 5\,\%$ der Qualitätsvereinbarung?

Aufgabe 3

Wodurch unterscheiden sich die hypergeometrische Verteilung und Binomialverteilung? Welche der beiden Methoden ist unabhängig? Erläutern Sie!

Aufgabe 4

In einem Los sind 12 % fehlerhafte Einheiten enthalten. Dem Los sollen 100 Einheiten entnommen werden. Das Irrtumsniveau ist auf $\alpha = 1\,\%$ festgelegt. Wie groß ist mindestens die Anzahl der fehlerhaften Einheiten die entnommen werden?

Aufgabe 5

Bei einem Pharmaunternehmen gehen in der Telefonzentrale in der Zeit zwischen 10 Uhr und 12 Uhr im Mittel 2,5 Anrufe pro Minute ein. Mit welcher Wahrscheinlichkeit gehen während einer Minute ein:
a) kein Anruf
b) 1 Anruf
c) 2 Anrufe
d) ≤ 4 Anrufe
e) mehr als 6 Anrufe.
f) Geben Sie für b) den zweiseitigen 95 %- und den einseitig oberen 95 % Zufallsstreubereich an.
g) Nehmen Sie an, im Mittel würden $\mu = 10{,}3$ Anrufe pro Minute eingehen und die Wahrscheinlichkeit für $x = 2$ Anrufe pro Minute wäre gefragt. Wie würden Sie zur Berechnung vorgehen?

Aufgabe 6

Aus einem Kartenspiel mit 52 Karten (4 Farben und jede Farbe von 2 bis 10 sowie Bube, Dame, König, As), werden fünf Karten gezogen. Wie groß ist die Wahrscheinlichkeit folgende Karten in beliebiger Reihenfolge zu ziehen?
a) 4 Asse,
b) 2 Damen und 3 Zehner,
c) 3 Karten von einer Farbe und 2 Karten von irgendeiner anderen Farbe,
d) mindestens 1 König.

Aufgabe 7

In einer Urne befinden sich 8 Kugeln. Von diesen 8 Kugeln sind 37,5 % rote Kugeln. Wie groß ist die Wahrscheinlichkeit eine rote Kugel zu ziehen?
A   0,2666
B $\approx 37\,\%$
C   1,4380
D   0,4286
E $\approx 54\,\%$

Aufgabe 8

Zeigen Sie anhand eines selbst gewählten Beispiels, dass sich die Wahrscheinlichkeiten, bei Anwendung des Additionssatzes zur Poisson-Verteilung, nicht proportional verhalten.

Aufgabe 9

Für den Bau einer Ortsumgehungsstraße werden auf einer verkehrsreichen Landstraße Fahrzeuge gezählt. Dabei wird festgestellt, dass für eine Richtung die Anzahl der passierenden Fahrzeuge im Mittel $\mu_1 = 1$ beträgt, während in der anderen Richtung $\mu_2 = 3$ im Mittel pro Zeiteinheit gezählt werden.
Welche der folgenden Aussagen (pro Zeiteinheit) sind richtig?

1 Die Wahrscheinlichkeit, dass für beide Richtungen kein Fahrzeug beobachtet wird, beträgt etwa 2 %.
2 Der Erwartungswert μ_G für beide Richtungen beträgt

$$\mu_G = \frac{\mu_1 + \mu_2}{2} = \frac{1+3}{2} = 2.$$

3 Die Wahrscheinlichkeit, dass für beide Richtungen zusammen höchstens 2 Fahrzeuge beobachtet werden, beträgt 0,2381.
4 Die Wahrscheinlichkeit, dass für beide Richtungen zusammen mindestens 2 Fahrzeuge beobachtet werden, beträgt etwa 91 %.
5 Es liegt eine poissonverteilte Fragestellung vor.
A Nur 1 und 4 sind richtig,
B nur 2 ist richtig,
C nur 2 und 5 sind richtig,
D nur 1, 3, 4 und 5 sind richtig,
E alle Aussagen 1–5 sind richtig.

Aufgabe 10

Eine Versicherungsgesellschaft schließt mit zehn gleichaltrigen weiblichen Kunden eine Lebensversicherung ab. Für jede Kundin beträgt die Wahrscheinlichkeit die nächsten 20 Jahre zu überleben 70 %. Für die Versicherungsgesellschaft ist es wichtig zu wissen, wie die Lebenschancen im höheren Alter einzuschätzen sind. Berechnen Sie die folgenden Wahrscheinlichkeiten, dass nach 20 Jahren noch am Leben sind.
a) Alle 10,
b) mindestens 5,
c) genau 5,
d) weniger als 3.

Die Normalverteilung

Zur statistischen Beschreibung von Erscheinungen ist sehr oft (zumindest näherungsweise) die Normalverteilung geeignet. Die besondere und zentrale Bedeutung dieser Verteilung beruht auf dem zentralen Grenzwertsatz. Die Verteilungen vieler Maßzahlen konvergieren mit wachsendem Stichprobenumfang n gegen die Normalverteilung. Die meisten statistischen Methoden (Auswahlverfahren, Konfidenzschätzungen und Tests) setzen Normalverteilung voraus. In diesem Kapitel lernen Sie die Grundlagen kennen.

Die Wahrscheinlichkeitsdichte- und Verteilungsfunktion

Die Normalverteilung (Gauß-Verteilung, Gauß-Kurve, Gauß-Glockenkurve, Laplace-Gauß Verteilung, normale Häufigkeitsverteilung) ist eine mathematische Funktion, die Daten beschreibt, die einer besonderen Art der stetigen, symmetrisch eingipfeligen Verteilung folgen und sich asymptotisch der x-Achse nähern. Für die Normalverteilung mit dem Mittelwert μ und der Varianz σ^2 schreibt man kurz $N(\mu, \sigma^2)$. Sie wurde ursprünglich von Johann Carl Friedrich Gauß (1777 – 1855, Deutscher Mathematiker, Physiker und Astronom) als wichtigster Bestandteil der kontinuierlichen Wahrscheinlichkeitsverteilungen zur Beschreibung von Messfehlern entwickelt. Die Wahrscheinlichkeitsdichtefunktion $g(x)$ hat die mathematische Form:

$$g(x) = \frac{1}{\sigma \cdot \sqrt{2\pi}} \cdot e^{-\frac{1}{2}\left(\frac{x-\mu}{\sigma^2}\right)^2}$$

Gleichung 6.1–1

In der Gleichung bedeuten:
$g(x)$ = Wahrscheinlichkeitsdichtefunktion
σ = Standardabweichung der Grundgesamtheit (Breiteparameter)
x = Messwerte
μ = Mittelwert der Grundgesamtheit

Die Wahrscheinlichkeit $P(x \le x_0) = G_0$ gibt an, dass ein Messwert x maximal x_0 ist oder kleiner. G bezeichnet auch hier die Verteilungsfunktion. Es gilt:

$$G(x) = P(\le x)$$

Gleichung 6.1–2

Die Verteilungsfunktion $G(x)$ ist das Integral der Wahrscheinlichkeitsfunktion $g(x)$, also der Fläche unter dem Graphen $g(x)$ im ausgewählten Bereich. In der Normalverteilung ist die Häufigkeit mit der ein Wert x auftritt, proportional zum folgenden Ausdruck:

Die Verteilung ist durch ihre Parameter Mittelwert μ und Standardabweichung σ genau bestimmt. Arithmetisches Mittel, Median und häufigster Wert (Modalwert)

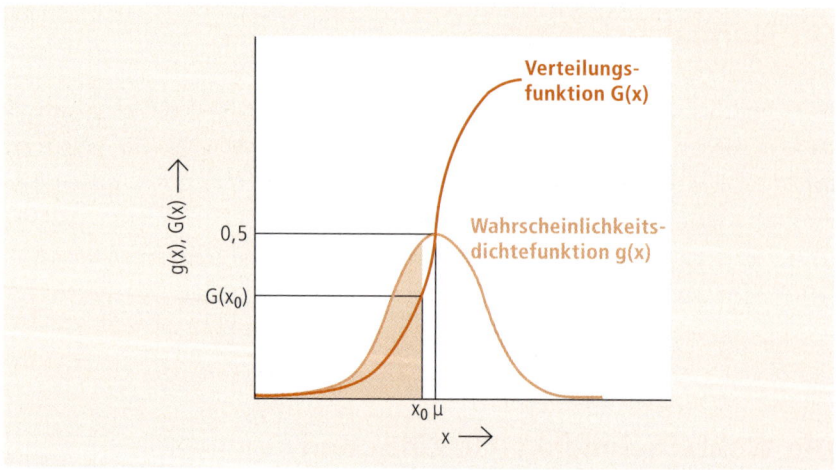

○ **Abb. 6.1–1** Zusammenhang zwischen Wahrscheinlichkeitsdichte- $g(x)$ und Verteilungsfunktion $G(x)$

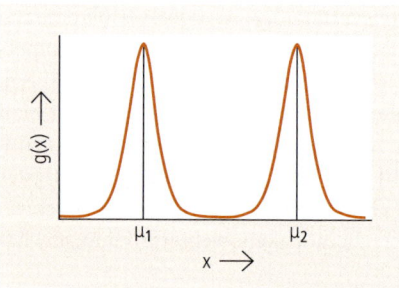

○ **Abb. 6.1-2** Lage unterschiedlicher Mittelwerte aus jeweiligen Normalverteilungen

fallen zusammen. Der Modalwert ($\rightarrow$ Kap. 4.1.1) dazu wird im Rahmen dieses
Abschnittes nicht weiter behandelt.

Der Zusammenhang zwischen der Wahrscheinlichkeitsdichtefunktion $g(x)$ und
der Verteilungsfunktion $G(x)$ ist der ○ Abb. 6.1–1 zu entnehmen.

Mit $G(x_0)$ kann sowohl die die Verteilungskurve dargestellt werden, als auch der
Flächeninhalt unter der Glockenkurve $g(x_0)$. Bei stetigen Verteilungen ist die
Wahrscheinlichkeitsdichte $g(x)$ die Wahrscheinlichkeit, mit der ein Messwert
genau einen bestimmten Wert annimmt. In der ○ Abb. 6.1–1 ist das z. B. der
Wert x_0.

Normalverteilung ist eindeutig durch Mittelwert und Varianz bestimmt.

Jede Normalverteilung ist durch die beiden Parameter Mittelwert μ und Varianz σ^2
(bzw. die Standardabweichung s) eindeutig bestimmt. Der Mittelwert ist ein Lageparameter (○ Abb. 6.1–2).

Die Standardabweichung σ ist ein Parameter der Streuung. Kleines σ bedeutet
„schlanke Glockenkurve", d. h. die Werte weichen nur wenig vom Mittelwert ab;
großes σ bedeutet „breite Glockenkurve", d. h. die Werte weichen stärker vom
Mittelwert ab ($\rightarrow$ Kap. 4.2.3).

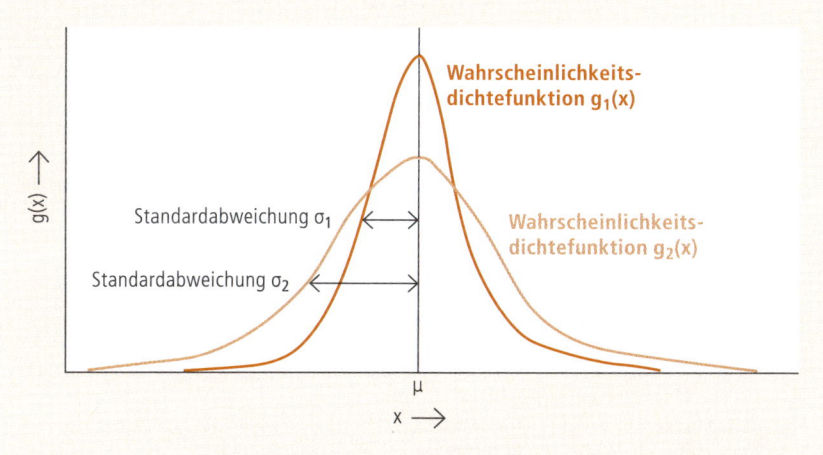

○ Abb. 6.1-3 Auswirkung unterschiedlicher Standardabweichungen

> **Merke**
>
> Kleines σ bedeutet schlanke Glockenkurve, großes σ bedeutet breite Glockenkurve.

Die Wahrscheinlichkeitsdichtefunktion $g(x)$ hat bei $x = \mu$ ihr Maximum. Die Glockenkurve ist symmetrisch bezüglich μ. Mit der ○ Abb. 6.1–3 können Sie bereits Eigenschaften der Normalverteilung erkennen:

- Werte mit positiven und mit negativen Abweichungen vom Mittelwert treten gleichwahrscheinlich auf.
- Werte mit geringen Abweichungen vom Mittelwert häufen sich um den Mittelwert.
- Je größer die Abweichungen der Werte vom Mittelwert, desto seltener treten sie auf. Werte mit sehr großen Abweichungen vom Mittelwert treten nur sehr selten auf. Das Auftreten solcher Werte ist aber nicht auszuschließen.
- Die Dichtefunktion der Normalverteilung hat zwei Wendepunkte. Der Abstand der Wendepunkte vom Mittelwert ist die Standardabweichung σ.
- Normalverteilungen sind symmetrisch und nähern sich asymptotisch der x-Achse.

Im Gegensatz zum arithmetischen Mittelwert $\bar{x}$ einer Stichprobe, wird der Mittelwert μ für eine Grundgesamtheit angegeben. Diese Kenngröße ist in der Regel unbekannt. Eine berechnete Stichprobenkenngröße $\bar{x}$ ist also nur ein Schätzwert für μ ($\rightarrow$ Kap. 3.1, 4.1.3).

Die der Standardabweichung s einer Stichprobe entsprechende Kenngröße der Grundgesamtheit ist σ. Diese Kenngröße ist in der Regel ebenfalls unbekannt. Die berechnete Stichprobenkenngröße s ist ebenfalls nur ein Schätzwert für σ ($\rightarrow$ Kap. 4.2.3).

In der Praxis treten im Allgemeinen drei Fragestellungen auf, wobei der Bereich bis x_0 bzw. zwischen x_{un} und x_{ob} entspricht:

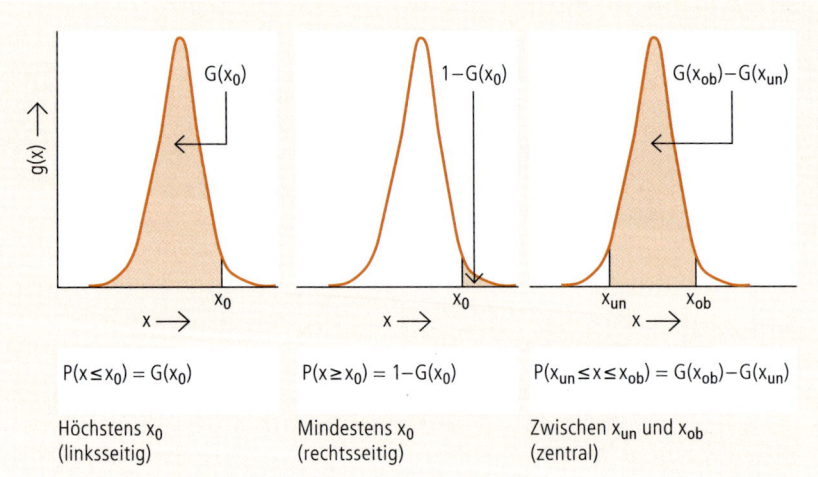

Abb. 6.1–4 Dichtefunktionen G(x) mit zugehöriger Gleichung; die Fläche entspricht dem Wert der Verteilungsfunktion G(x$_0$).

$$P(x \leq x_0) = G(x_0)$$

Gleichung 6.1–3

$$P(x \geq x_0) = 1 - G(x_0)$$

Gleichung 6.1–4

$$P(x_{un} \leq x \leq x_{ob}) = G(x_{ob}) - G(x_{un})$$

Gleichung 6.1–5

Kleiner Exkurs

Bei der Auswertung von Ausfalldaten (z. B. bei Glühbirnen, Motoren, …) hat sich herausgestellt, dass die Normalverteilung als Modell der Beschreibung der Ausfallmechanismen (Materialermüdung) nur selten geeignet ist und dass auch eine logarithmische Transformation nur selten Abhilfe schafft. Eine Ausweichlösung bietet dazu die RRSB-Verteilung (Weibullverteilung). Diese Verteilung bietet aufgrund ihrer variablen Form den Vorteil, dass sie die verschiedenen Ausfallmechanismen (Frühausfälle, Zufallsausfälle, Verschleißausfälle) gleichermaßen abzubilden vermag.

Haufwerke unterliegen häufig der RRSB-Verteilung.

Auch Haufwerke (z. B. Pulver aus Mahlprozessen oder Granulierungen) entsprechen in ihrer Partikelgrößenverteilung bzw. Korngrößenverteilung (Siebanalyse) nicht einer Normalverteilung, sondern der Weibullverteilung (RRSB-Verteilung). Ebenso ist die Verteilung zur Beschreibung von Lösungs- und Freisetzungskurven geeignet. Es gibt dazu ein Spezialpapier, wie z. B. bei der Siebanalyse. Näheres finden Sie dazu auch in der Norm DIN 66145.

Die Standardisierung der Normalverteilung   6.2

Um die Normalverteilung für rechnerische Operationen besser verwenden zu können, hat man eine „standardisierte Normalverteilung" eingeführt. Bei der Standardisierung werden die Parameter $\mu = 0$ und $\sigma^2 = 1$ gesetzt. Um beliebige Normalverteilungen in eine Standardnormalverteilung umzurechnen, wird folgende Substitution durchgeführt:

Parameter:
$\mu = 0$, $\sigma^2 = 1$

Gleichung 6.2–1

$$u = \frac{x - \mu}{\sigma}$$

Die Verteilung wird dann kurz mit $N(0, 1)$ bezeichnet. Zu ihrer Kennzeichnung wird statt „x" der Buchstabe „u" gesetzt. Die Verteilung wird deshalb auch u-Verteilung genannt. Wenn x eine $N(\mu, \sigma^2)$ verteilte Zufallsvariable ist, dann ist u auch eine $N(0, 1)$ verteilte Zufallsvariable. Durch Transformation von $g(x)$ nach $g(u)$ erhält man die standardisierte Verteilungsfunktion der Normalverteilung. Der Abstand zwischen den Wendepunkten der Wahrscheinlichkeitsdichtefunktion (bzw. Dichtefunktion) $g(x)$, $g(u)$ und Mittelwert (siehe ○ Abb. 6.1–3) ist die Standardabweichung σ. Mittels dieser Transformation ist es möglich, die Werte $G(u)$ für $u \geq 0$ zu tabellieren (Anhang Tabelle 3).

Standardisierte Normalverteilung wird auch u-Verteilung genannt.

> **Tipp:**
> In medizinischer und mathematischer Literatur wird häufig statt $G(u)$ die griechische Bezeichnung Phi mit $\Phi(Z)$ verwendet. Die Bedeutung ist die gleiche.

Die Fläche unter der Glockenkurve von $-\infty$ bis $+\infty$ beträgt damit immer 1. Es ist vereinbart, dass die Fläche unter der Kurve von $-\infty$ bis u wird kurz G_u genannt wird (siehe ○ Abb. 6.2–1).
Die ausführliche Angabe $G(u|0,1)$ kann damit entfallen. Dabei sind dann per Definition:

- Mittelwert: $\mu = 0$
- Standardabweichung: $\sigma = 1$
- Varianz: $\sigma^2 = 1$

In der standardisierten Normalverteilung ist:
$\mu = 0$, $\sigma = 1$, $\sigma^2 = 1$

Der Vorteil einer standardisierten Normalverteilung liegt darin, dass G-Werte jeglicher Normalverteilung einfach zu ermitteln sind. Anhand des folgenden Beispiels wollen wir Sie mit der Anwendung der Tabelle 3 (Anhang) bekannt machen und gleichzeitig den Zusammenhang zwischen bestimmten σ Bereichen und deren prozentualen Anteilen aufzeigen.

Beispiel 6.2–1

Ein Abfüllprozess sei normalverteilt und mit dem Mittelwert μ und der Standardabweichung σ gegeben. Es sind mithilfe der Tabelle 3 (Anhang) die folgenden Wahrscheinlichkeiten der Standardabweichungen σ zu berechnen:

a) $\pm 1\,\sigma$ b) $\pm 2\,\sigma$ c) $\pm 3\,\sigma$

Lösung

a) Zu berechnen sind die Wahrscheinlichkeiten für x zwischen x_{un} und x_{ob} mit der Gleichung 6.1–5 mit $P(\mu - \sigma \leq x \leq +\sigma)$. Das ist die Fläche zwischen -1σ und $+1\sigma$. Mit dem Wert $u = 1$, welcher der Standardabweichung $\sigma = 1$ entspricht, lesen Sie in der Tabelle 3 für $G(u) = 0{,}84134$ ab. Anschließend wird in Gleichung 6.1–5 eingesetzt.

$P(\mu - \sigma \leq x \leq \mu + \sigma) = G(\mu + \sigma) - G(\mu - \sigma)$

$-\sigma$ und $+\sigma$ sind auf beiden Seiten gleich groß

$= G(1) - G(-1) = 2\,G(1) - 1$

Die Fläche unter der Kurve $(2 \cdot \dfrac{1}{2} = 1)$ muss subtrahiert werden

$= (2 \cdot 0{,}84134) - 1 = \underline{\underline{0{,}68268 \approx 68\,\%}}$

Die Wahrscheinlichkeit, Werte zwischen $\pm 1\sigma$ zu erhalten, beträgt etwa 68 %.

b) Zu berechnen sind $P(\mu - 2\sigma \leq x \leq +2\sigma)$. Das ist die Fläche zwischen -2σ und $+2\sigma$.

$P(\mu - 2\sigma \leq x \leq \mu + 2\sigma)$

$= G(2) - G(-2) = 2\,G(2) - 1 = (2 \cdot 0{,}97725) - 1 = 1{,}9545 - 1 = \underline{\underline{0{,}9545 \approx 95{,}5\,\%}}$

Die Wahrscheinlichkeit, Werte zwischen $\pm 2\sigma$ zu erhalten, beträgt etwa 95,5 %.

c) Zu berechnen sind $P(\mu - 3\sigma \leq x \leq +3\sigma)$. Das ist die Fläche zwischen -3σ und $+3\sigma$.

$P(\mu - 3\sigma \leq x \leq \mu + 3\sigma)$

$= G(3) - G(-3) = 2\,G(3) - 1 = (2 \cdot 0{,}99865) - 1 = 1{,}9973 - 1 = \underline{\underline{0{,}9973 \approx 99{,}7\,\%}}$

Die Wahrscheinlichkeit, Werte zwischen $\pm 3\sigma$ zu erhalten, beträgt etwa 99,7 %.

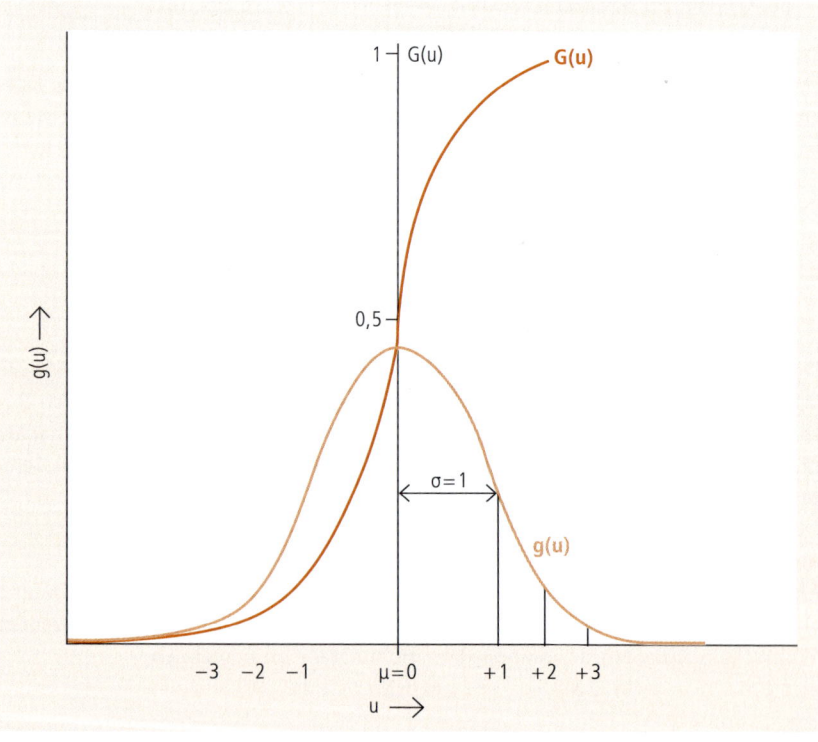

○ **Abb. 6.2–1** Standardisierte Wahrscheinlichkeitsdichte- und Verteilungsfunktion

☐ **Tab. 6.2–1** Prozentuale Bereiche der Messwertverteilung

Bereich	Anteil
$\mu - 1\sigma \leq x \leq \mu + 1\sigma$	$\approx 68\,\%$ oder $\approx \frac{2}{3}$
$\mu - 2\sigma \leq x \leq \mu + 2\sigma$	$\approx 95\,\%$
$\mu - 3\sigma \leq x \leq \mu + 3\sigma$	$\approx 99{,}7\,\%$

Diese Zusammenhänge werden auch als Sigma-Regeln bezeichnet. Daraus ergeben sich folgende Bereiche:

Das Sigma entspricht der Standardabweichung der Normalverteilung. Aus der Anzahl der Fehler ($\rightarrow$ Kap. 3.8.1) in einem Prozess kann das Sigma-Niveau ermittelt werden. **Sigma-Regeln**

So gibt es auch einen Sechs-Sigma-Bereich (Six Sigma). Er bedeutet nach Auswertung statistischer Regeln, dass unter einer Million Beobachtungen weniger als 4 Beobachtungen außerhalb der Messwertverteilung zu finden sind. In einigen kritischen Bereichen gelten selbst 6σ noch zu fehleranfällig, z. B. bei Autozulieferern, Fluggesellschaften oder Elektrizitätsunternehmen. **Sechs-Sigma-Regel**

In vielen Tabellen sind nicht die G(u)- bzw. Q(u)-Werte für negative u-Werte aufgeführt. Der Grund dafür, liegt in der Symmetrie der Glockenkurve um $\mu = 0$ und der Bedeutung von Q. Es gilt folgende Beziehung:

$$G(-u) = 1 - G(+u)$$ Gleichung 6.2–2

$$G(-u) = Q(+u)$$ Gleichung 6.2–3

Beispiel 6.2–2

Die Verteilung der Tablettenmassen einer Charge sei normalverteilt mit $\mu = 250$ mg und $\sigma = 3$ mg. Wie viel Prozent der Tabletten besitzen eine Masse zwischen 245 mg und 252 mg?

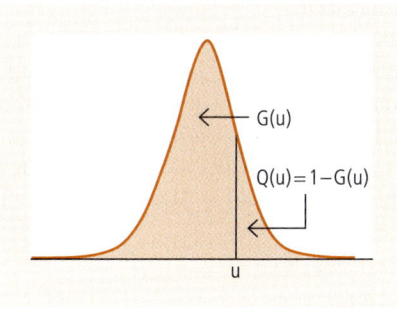

○ **Abb. 6.2–2** G(u) und Q(u) bei der u-Verteilung

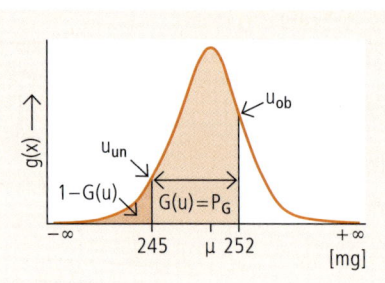

Abb. 6.2–3 Gefragter Bereich für den Anteil der Tablettenmassen

Lösung

Zum besseren Verständnis sei das Beispiel anhand der Normalverteilungskurve schematisch visualisiert (siehe ○ Abb. 6.2–3).

Dabei sind u_{un} = 245 mg und u_{ob} = 252 mg. Unter Verwendung der Gleichung 6.2–1 ergibt sich jeweils:

$$u_{un} \leq \frac{x_{un} - \mu}{\sigma} \leq \frac{245 - 250}{3} \leq -1,6667 \approx \underline{\underline{-1,67}}$$

$$u_{ob} \leq \frac{x_{ob} - \mu}{\sigma} \leq \frac{252 - 250}{3} \leq 0,6667 \approx \underline{\underline{0,67}}$$

In der Tabelle 3 (Anhang) müssen Sie für negative Werte unter $1 - G(u)$ ablesen. In Gleichung 6.2–2 eingesetzt und aus Tabelle 3 (Anhang) der Wert für $G(u)$ abgelesen, ergibt sich:

$$G(-1,67) = 1 - G(1,67) = 1 - 0,9525 = \underline{0,0475}$$

Für u_{ob} ist aus der Tabelle 3 der Wert $G(u)$ = 0,7486 abzulesen. Als Gesamtwahrscheinlichkeit P_G für die Fläche unter der Kurve zwischen u_{un} = 245 mg und u_{ob}= 252 mg ergibt sich dann:

$$P_G = G(u_{ob}) - G(u_{un}) = 0,7486 - 0,0475 = 0,7011 \approx \underline{70\%}$$

Etwa 70 % der Tablettengewichte liegen zwischen 245 mg und 252 mg.

Erläuterungen zur Rechenoperation

Noch einmal zum Verständnis der Rechenoperation:

Im ersten Schritt wird die Fläche unter der Kurve von $-\infty$ kommend bis u_{ob} (252 mg) berechnet. Um dann auch die untere Grenze u_{un} (245 mg) zu erhalten, müssen Sie im zweiten Schritt die Fläche unter der Kurve von $-\infty$ kommend bis u_{un} berechnen und dann diesen Betrag von u_{ob} subtrahieren um die Wahrscheinlichkeit P_G zwischen 245 mg und 252 mg zu erhalten. Sehen Sie sich dazu auch noch einmal die ○ Abb. 6.1–4 (siehe Gleichung 6.1–5) und ○ Abb. 6.2–2 an.

Verteilungen von Stichprobenkenngrößen **6.3**

In den folgenden Abschnitten wird ein so genannter „direkter Schluss" (→ ○ Abb. 3.1–1) durchgeführt. Dazu wird von einer bekannten oder als bekannt geltenden Grundgesamtheit auf das Verhalten von Stichproben geschlossen (→ Kap. 4). Es wird dabei angenommen, dass die jeweiligen Kenngrößen verschiedener Stichproben aus derselben Grundgesamtheit nicht identisch sind, sondern um einen Kennwert streuen. Die Verteilung der theoretisch unendlich vielen Kennwerte nennt man Stichprobenkenngrößenverteilung. Die Streuung der Stichprobenkenngrößenverteilung ist ein Maß dafür, wie gut ein Kennwert den Parameter schätzt. Dazu werden die Verteilungen und deren Zufallsstreubereiche für gängige Kenngrößen bestimmt. Diese Kenngrößen stellen Zufallsvariable dar, da sie nur von der Stichprobe und dem Zufall abhängen. Zur Untersuchung dieser Kenngrößen wird von einem normalverteilten Prozess ausgegangen, der durch die Grundgesamtheit mit dem Mittelwert μ und der Standardabweichung σ repräsentiert ist.

Die Verteilung der arithmetischen Mittelwerte **6.3.1**

Aus einer vorgegebenen Grundgesamtheit werden Messwerte x und Mittelwerte $\bar{x}$ bestimmt und diese in einer Häufigkeitsverteilung aufgetragen (○ Abb. 6.3.1–1). Anhand der Graphik ist ersichtlich, dass normalverteilte Messwerte x und die Mittelwerte $\bar{x}$ einen gemeinsamen Mittelwert μ besitzen. Die Mittelwerte $\bar{x}$ sind normalverteilt, wenn auch die Messwerte x normalverteilt sind. Dabei streuen die Mittelwerte $\bar{x}$ weniger als die Messwerte x. Sind Messwerte x mit $\mu_x = \mu$ und $\sigma_x = \sigma$ normalverteilt, so sind die Mittelwerte $\bar{x}$ von Stichproben des Umfangs n ebenfalls normalverteilt. Es gilt:

$$\mu_{\bar{x}} = \mu_x = \mu \qquad \text{Gleichung 6.3.1–1}$$

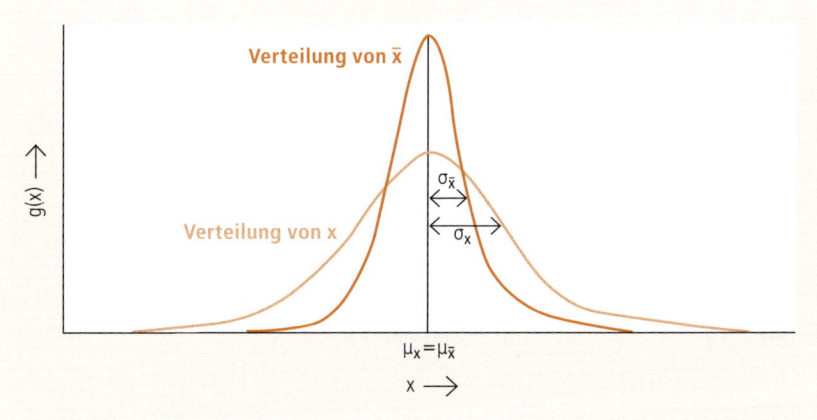

○ **Abb. 6.3.1–1** Häufigkeitsverteilung von Messwerten x deren Mittelwerte $\bar{x}$ (schematisch)

$$\sigma_{\bar{x}} = \frac{\sigma_x}{\sqrt{n}} = \frac{\sigma}{\sqrt{n}}$$

Gleichung 6.3.1–2

Die Streuung $\sigma_{\bar{x}}$ ist von der Datenzahl n abhängig (siehe Gleichung 6.3.1–2, ○ Abb. 6.3.1–1).

6.3.2 Die Verteilung der Mediane

Aus einer vorgegebenen Grundgesamtheit werden Messwerte x und Mediane $\tilde{x}$ (Zentralwerte) bestimmt und diese in einer Häufigkeitsverteilung aufgetragen (○ Abb. 6.3.2–1). Aus der Graphik ist ersichtlich, dass normalverteilte Messwerte x und der Median einen gemeinsamen Mittelwert μ besitzen. Sind Messwerte normalverteilt, so sind auch die Mediane normalverteilt. Im Gegensatz dazu streuen die Mediane weniger als die Messwerte x, aber mehr als die Mittelwerte $\bar{x}$ (○ Abb. 6.3.1–1).

Sind Messwerte x mit $\mu_x = \mu$ und $\sigma_x = \sigma$ normalverteilt, so sind die Mediane $\tilde{x}$ von Stichproben des Umfangs n ebenfalls normalverteilt. Die Werte für die Hilfsgröße c_n in der Gleichung 6.3.2–2 sind in Tabelle 4 (Anhang) angegeben. Es gilt:

$$\mu_{\tilde{x}} = \mu_x = \mu$$

Gleichung 6.3.2–1

$$\sigma_{\tilde{x}} = c_n \cdot \sigma_{\bar{x}} = c_n \cdot \frac{\sigma}{\sqrt{n}}$$

Gleichung 6.3.2–2

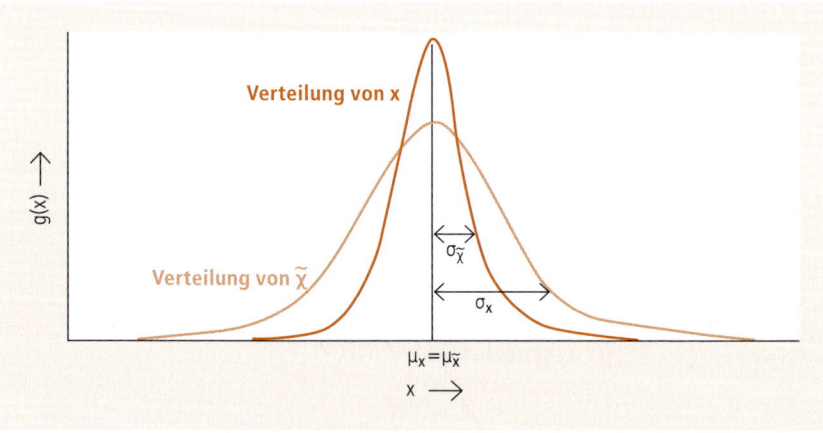

○ **Abb. 6.3.2–1** Häufigkeitsverteilung von x und $\tilde{x}$ (schematisch)

Verteilungen der Varianzen und Standard-abweichungen

Aus einer vorgegebenen Grundgesamtheit werden die Varianz s^2 und die Standardabweichung s bestimmt und diese in einer Häufigkeitsverteilung aufgetragen (O Abb. 6.3.3–1).

Aus der Graphik wird ersichtlich, dass Varianz und Standardabweichung aus normalverteilten Grundgesamtheiten nicht symmetrisch verteilt sind und sicher nicht einer Normalverteilung unterliegen.

Durch Bezug von s^2 auf σ^2 erhält man die tabellierten Prüfgrößen χ^2 (sprich Chi Quadrat) im Anhang der Tabelle 5.

Es werden im Allgemeinen nur die Tabellen für die Varianz verwendet und nicht für die Standardabweichung. Liegt der Hauptteil einer Verteilung auf der linken Seite der Verteilung konzentriert, so spricht man hier von einer positiven Schiefe ($\rightarrow$ Kap. 4.1.3) und bezeichnet sie als linkssteil. Die Chi^2-Verteilung ist somit eine linkssteile Verteilung (O Abb. 6.3.3–2) und stark vom Freiheitsgrad f abhängig. Hier gilt $f = n - 1$ ($\rightarrow$ Kap. 7.8).

Für sehr große n ist anzunehmen, dass die Chi^2-Verteilung annähernd normalverteilt ist. Für $f > 2$ nähert sie sich mit wachsenden Freiheitsgraden mit den

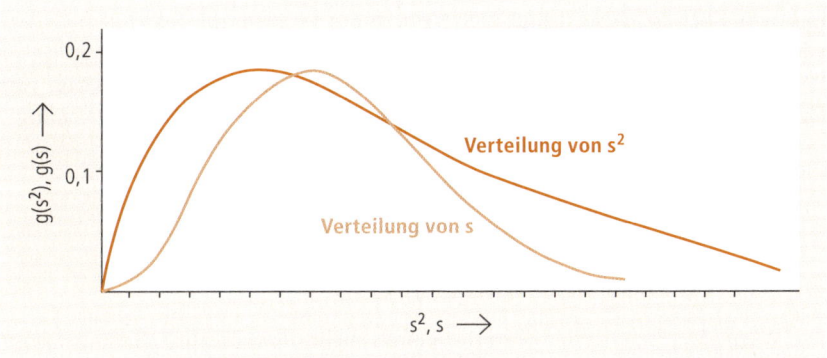

O **Abb. 6.3.3–1** Wahrscheinlichkeitsfunktionen der Standardabweichung und der Varianz (schematisch)

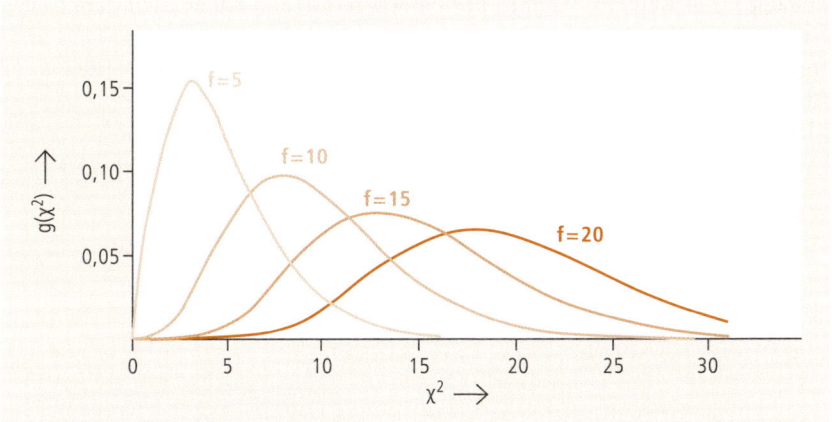

O **Abb. 6.3.3–2** Wahrscheinlichkeitsfunktion für Chi^2 in Abhängigkeit von $f = n - 1$

Parametern f und $2 \cdot f$ einer Normalverteilung $N(f, 2 \cdot f)$ für $\mu = f$, $\sigma^2 = 2 \cdot f$ und wird dabei flacher und symmetrischer. In der Tabelle 5 des Anhangs finden Sie die Schwellenwerte zur Chi^2-Verteilung.

> **Merke**
>
> Wenn aus einer Stichprobe vom Umfang n die Varianz s^2 bestimmt wird und daraus die Prüfgröße χ^2 berechnet wird, so unterliegt Prüfgröße χ^2 einer Chi^2-Verteilung mit $f = n - 1$ Freiheitsgraden.

$$f = n - 1$$

Gleichung 6.3.3–1

Gleichung 6.3.3–2

$$\chi^2 = (n-1) \cdot \frac{s^2}{\sigma^2}$$

Der Chi^2-Wert ist somit ein normiertes Maß für die Differenz zwischen beobachteten und erwarteten Häufigkeiten. Da die Chi^2-Verteilung im Allgemeinen etwas unverständlich ist, veranschaulichen Sie sich das Problem mit folgendem Gedankenexperiment:

Werden einer Grundgesamtheit mit der Varianz σ^2 sehr viele Stichproben vom Umfang n entnommen und von jeder Stichprobe die Standardabweichung s berechnet, so bildet χ^2 das Verhältnis

$$\chi^2 = f \cdot \frac{s^2}{\sigma^2} \text{ mit } f = n - 1.$$

6.3.4 Die Verteilung der Spannweiten

Die Werte der Spannweiten R sind ebenfalls nicht normalverteilt. Sie unterliegen einer w-Verteilung (Gleichung 6.3.4–1) und sind vom Stichprobenumfang n abhängig (O Abb. 6.3.4–1). Die Verteilung ist eine asymmetrische linkssteile Verteilung. Die Maximumstelle verschiebt sich mit größer werdendem Stichprobenumfang n ($\rightarrow$ Kap. 6.4) immer mehr nach rechts und nähert sich damit einer Normalverteilung .

In der Tabelle 6 des Anhangs finden Sie die Schwellenwerte der w-Verteilung in Abhängigkeit vom Stichprobenumfang n.

$$W = \frac{R}{\sigma}$$

Gleichung 6.3.4–1

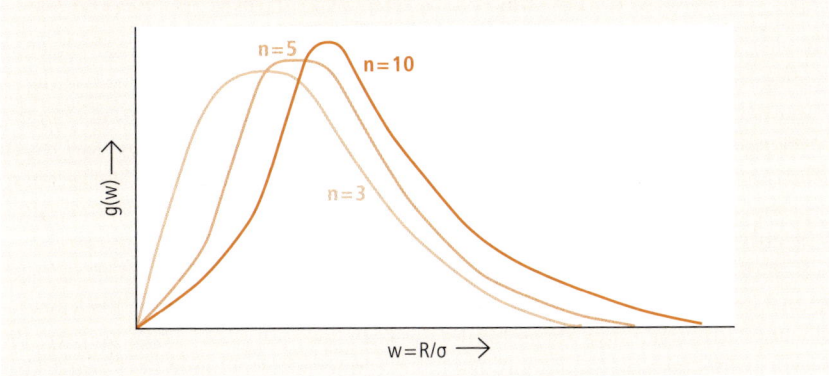

○ **Abb. 6.3.4–1** Wahrscheinlichkeitsfunktion w in Abhängigkeit von verschiedenen Datenzahlen n

Der zentrale Grenzwertsatz   6.4

Die Bedeutung des zentralen Grenzwertsatzes besteht darin, dass arithmetische Mittelwerte $\bar{x}$ von großen Stichprobenumfängen beliebiger Verteilungen annähernd normalverteilt sind, und zwar um so besser angenähert, je größer die Anzahl der Stichproben ist. Dadurch können Stichprobenverteilungen oberhalb eines bestimmten Stichprobenumfangs (viele Autoren sehen diese bei $n \geq 30$ an) approximativ durch eine Normalverteilung ersetzt werden. In der Praxis werden bereits Stichproben mit $n \geq 5$ häufig als normalverteilt betrachtet.

Es sei ausdrücklich erwähnt, dass dies für die Verteilung der Mittelwerte gilt, eine geometrisch- oder eine binominalverteilte Stichprobe bleibt eine solche und wird nicht durch höhere Datenzahlen n normalverteilt.

Zufallsstreubereiche für Messwerte und   6.5
Stichprobenkenngrößen

Für die bereits besprochenen Verteilungen von Stichprobenkenngrößen werden in diesem Abschnitt die entsprechenden Zufallsstreubereiche hergeleitet. Mithilfe der Zufallsstreubereiche kann für einen Prozess, z. B. die Produktion, welche mit den Parametern μ und σ vorgegeben ist oder unter diesen Bedingungen gefertigt wird, festgestellt werden, ob die Stichprobe aus einer vorgegebenen Grundgesamtheit oder bekannten Grundgesamtheit stammen kann.

Da die u-Werte (→ ☐ Tab. 6.5.1–1) bekannt sind, können diese sogleich in die Formeln eingesetzt werden. Es sind jeweils in den folgenden Abschnitten nur die Zufallsstreubereiche für das Signifikanzniveau 0,05 angegeben, wie sie auch üblicherweise angewendet wird.

Beachten Sie, dass je größer die vorgegebene Irrtumswahrscheinlichkeit ist, desto größer wird der Zufallsstreubereich (→ Kap. 3, 7).

6.5.1 Der Zufallsstreubereich normalverteilter Messwerte

Ist eine Grundgesamtheit bekannt (z. B. dadurch, dass laufend unter gleichen Bedingungen produziert wird), so ist auch die Form der Verteilung sowie deren Parameter bekannt. Dadurch ist es möglich, einen Bereich anzugeben, in dem der Merkmalswert einer Stichprobe mit einer vorgegebenen Wahrscheinlichkeit liegen wird. Der Zufallsstreubereich ist also das Intervall, in welchem ein Stichprobenergebnis mit einer vorgegebenen Wahrscheinlichkeit $P = 1 - \alpha$ zu erwarten ist.

Wie auch bei den attributiven Prüfungen ($\rightarrow$ Kap. 5) kann die zufällige Streuung, z. B. 95 % der Messwerte, angegeben werden. Da die Messwerte stetig verteilt sind, kann hier genau ein entsprechender Anteil am oberen und/oder (je nach Fragestellung) unteren Ende abgeschnitten werden ($\rightarrow$ Kap. 7.5). Dazu werden die Normalverteilungen $N(\mu, s^2)$ auf die Standardnormalverteilung $N(0, 1)$ zurückgeführt ($\rightarrow$ Kap. 6.2).

Um die Grenzen eines zweiseitigen Zufallsstreubereichs für $P = 0,95 = 95\%$ zu erlangen, ist auf beiden Seiten je ein Teil mit $\dfrac{\alpha}{2} = \dfrac{0,5}{2} = 0,025 = 2,5\%$ abzuschneiden. Für die Grenze eines einseitigen Zufallsstreubereichs für $P = 0,95 = 95\%$, ist auf der jeweiligen Seite ein Teil mit $\alpha = 0,05 = 5\%$ abzutrennen.

Der zweiseitige Zufallsstreubereich

Bei einer zweiseitigen Fragestellung ist am unteren und oberen Ende jeweils $\dfrac{\alpha}{2}$ abzutrennen. Es gilt damit für den 95 %-Zufallsstreubereich ($\circ$ Abb. 6.5.1–1):

$$G(un) = \quad \frac{\alpha}{2} = 0,025 = u_{un} = u_{\frac{\alpha}{2}} = u_{0,025} = -1,96$$

$$G(ob) = \quad 1 - \frac{\alpha}{2} = 0,975 = u_{ob} = u_{1-\frac{\alpha}{2}} = u_{0,975} = +1,96$$

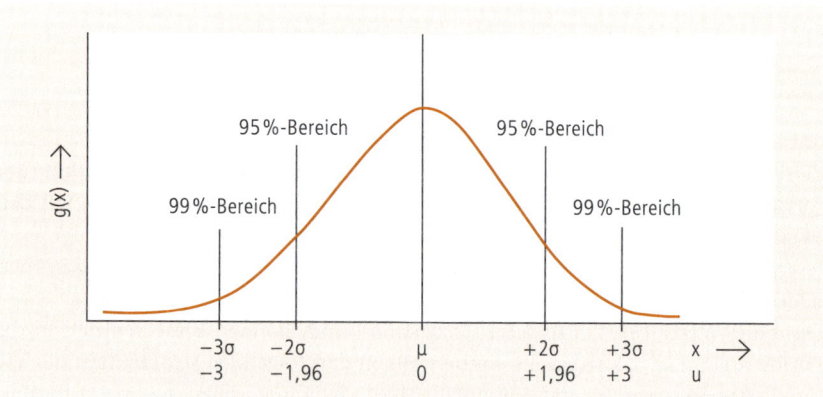

$\circ$ **Abb. 6.5.1–1** Zweiseitiger Zufallsstreubereich (schematisch)

□ **Tab. 6.5.1–1** Die gängigsten u-Werte für verschiedene Signifikanzniveaus

$1 - \alpha$	$u_{1-\frac{\alpha}{2}}$ (zweiseitig)	$u_{1-\alpha}$ (einseitig)
0,90	1,6449	1,2816
0,95	1,9600	1,6449
0,99	2,5758	2,3263
0,999	3,2905	3,0902

Somit liegen 95 % der u-Werte der Standardnormalverteilung im Bereich von $-1,96 \leq u \leq +1,96$. Das bedeutet aber auch, dass 95 % der Messwerte x im Bereich $\mu - 1,96\,\sigma \leq x \leq \mu + 1,96\,\sigma$ liegen. Damit ergibt sich folgender Zusammenhang:

$$\mu - u_{1-\frac{\alpha}{2}} \cdot \sigma \leq x \leq \mu + u_{1-\frac{\alpha}{2}} \cdot \sigma \qquad \text{Gleichung 6.5.1–1}$$

Was sich bereits mit der ○ Abb. 6.2–1 andeutete, lässt sich nun auch rechnerisch über die standardisierte Normalverteilung nachvollziehen. Die Werte um den Mittelwert μ streuen umso mehr, je größer die Standardabweichung σ ist. Die folgende Tabelle enthält die wichtigsten u-Werte zur einseitigen- und zweiseitigen Fragestellung für verschiedene Signifikanzniveaus, wobei eine genügend hohe Anzahl an Messwerten vorhanden sein muss ($\rightarrow$ Kap. 6.4).

Beispiel 6.5.1–1

Ein pharmazeutischer Unternehmer füllt eine Salbe mit einem Sollgewicht von 100 g in Tuben ab. Die Standardabweichung des Abfüllprozesses beträgt $\sigma = 0,3$ g. In welchem Bereich liegen:
a) 90 %,
b) 99 % und
c) 99,9 % der Abfüllmengen?
d) 90 % der Abfüllmengen, wenn durch Verschleiß an der Dosiervorrichtung die Standardabweichung auf $\sigma = 0,5$ g ansteigt?

Lösung

Gegeben sind für a bis c: $\mu = 100$ g, $\sigma = 0,3$ g bzw. für d: $\mu = 100$ g, $\sigma = 0,5$ g

a) Auf beiden Seiten werden $\dfrac{10\%}{2}$ abgeschnitten. Das ergibt $u_{0,95}$ und $u_{0,05}$. Der obere und untere Schwellenwert (Anhang Tabelle 3) ist dann unter $G(u)$ und $1 - G(u)$ zu finden und demzufolge auch gleich groß. Aus der Tabelle (Anhang Tabelle 3) sind folgende u_G-Werte für $G(u_G)$ abzulesen, bzw. linear zu interpolieren. Die gefundenen Werte werden in Gleichung 6.5.1–1 eingesetzt:

$u_{0,95}$ = 1,6449 $100 \pm 1,6449 \cdot 0,3 = 99,51$ g $\leq \mu \leq 100,49$ g

b) $u_{0,995}$ = 2,5758 $100 \pm 2,5758 \cdot 0,3 = 99,23$ g $\leq \mu \leq 100,77$ g

c) $u_{0,9995}$ = 3,2905 $100 \pm 3,2905 \cdot 0,3 = 99,01$ g $\leq \mu \leq 100,99$ g

d) Der Zufallsstreubereich wird größer, die Normalverteilungskurve ($\rightarrow$ ○ Abb. 6.1–3) damit also breiter.

$\Rightarrow u_{0,95}$ = 1,6449 $100 \pm 1,6449 \cdot 0,5 = 99,18$ g $\leq \mu \leq 100,82$ g

Der einseitige Zufallsstreubereich

Da bei einer einseitigen Fragestellung (mindestens, höchstens) am unteren oder oberen Ende jeweils α abgetrennt und damit ein α entsprechender Anteil berücksichtigt wird, gilt für den 95 %-Zufallsstreubereich:

$$G_{(un)} = \alpha \quad = 0{,}05 = u_{un} \quad = u_\alpha \quad = u_{0{,}05}$$
$$G_{(ob)} = 1 - \alpha \quad = 0{,}95 = u_{ob} \quad = u_{(1-\alpha)} = u_{0{,}95}$$

Damit ergeben sich die beiden folgenden Zusammenhänge:
Einseitig unten (mindestens):

$$x \geq \mu + u_\alpha \cdot \sigma = \mu - u_{1-\alpha} \cdot \sigma \qquad \text{Gleichung 6.5.1–2}$$

Einseitig oben (höchstens):

$$x \leq \mu + u_{1-\alpha} \cdot \sigma \qquad \text{Gleichung 6.5.1–3}$$

6.5.2 Der Zufallsstreubereich des arithmetischen Mittelwertes

Mittelwerte $\bar{x}$ von Stichproben sind normalverteilt ($\rightarrow$ Kap. 6.3.1). Unter Anwendung der Gleichung 6.3.1–1 und 6.3.1–2 ersetzt man in diesen Gleichungen jeweils μ durch $\mu_{\bar{x}}$ und σ durch $\sigma_{\bar{x}}$. Letztendlich wird x durch $\bar{x}$ und σ durch $\dfrac{\sigma}{\sqrt{n}}$ ersetzt. Beachten Sie, dass durch diesen Zusammenhang zwischen dem Stichprobenumfang n und dem Abstand der oberen/unteren Grenze vom Mittelwert, bei einer Vervierfachung des Stichprobenumfangs der Abstand zur Grenze des Mittelwertes nur halb so groß wird.

Der zweiseitige Zufallsstreubereich

Durch Einsetzen erhält man:

$$\mu_{\bar{x}} - u_{1-\frac{a}{2}} \cdot \sigma_{\bar{x}} \leq \bar{x} \leq \mu_{\bar{x}} + u_{1-\frac{a}{2}} \cdot \sigma_{\bar{x}} \qquad \text{Gleichung 6.5.2–1}$$

oder

$$\mu - u_{1-\frac{a}{2}} \cdot \frac{\sigma}{\sqrt{n}} \leq \bar{x} \leq \mu + u_{1-\frac{a}{2}} \cdot \frac{\sigma}{\sqrt{n}} \qquad \text{Gleichung 6.5.2–2}$$

Der einseitige Zufallsstreubereich

Einseitig oben (höchstens):

$$\bar{x} \leq \mu + u_{1-\alpha} \cdot \frac{\sigma}{\sqrt{n}} \qquad \text{Gleichung 6.5.2–3}$$

Einseitig unten (mindestens):

$$\overline{x} \geq \mu - u_{1-\alpha} \cdot \frac{\sigma}{\sqrt{n}}$$

Gleichung 6.5.2–4

Der Zufallsstreubereich des Median   6.5.3

Mediane $\tilde{x}$ von Stichproben sind normalverteilt ($\rightarrow$ Kap. 6.3.2), wenn auch die Messwerte x dieser Stichprobe normalverteilt sind. Damit können die Gleichungen 5.3.2–1 und 5.3.2–2 angewendet werden. In diesen werden μ durch $\mu_{\tilde{x}}$ und σ durch $\sigma_{\tilde{x}}$ ersetzt. Letztendlich wird der Term $\frac{\sigma}{\sqrt{n}}$ durch $c_n \cdot \frac{\sigma}{\sqrt{n}}$ ersetzt. Die Werte für c_n entnehmen Sie wieder der Tabelle 4 des Anhangs.

Der zweiseitige Zufallsstreubereich

$$\mu - u_{1-\frac{a}{2}} \cdot c_n \cdot \frac{\sigma}{\sqrt{n}} \leq \tilde{x} \leq \mu + u_{1-\frac{a}{2}} \cdot c_n \cdot \frac{\sigma}{\sqrt{n}}$$

Gleichung 6.5.3–1

Der einseitige Zufallsstreubereich

Einseitig unten (mindestens):

$$\tilde{x} \leq \mu + u_{1-\alpha} \cdot c_n \cdot \frac{\sigma}{\sqrt{n}}$$

Gleichung 6.5.3–2

Einseitig oben (höchstens):

$$\tilde{x} \leq \mu + u_{1-\alpha} \cdot c_n \cdot \frac{\sigma}{\sqrt{n}}$$

Gleichung 6.5.3–3

Zufallsstreubereiche der Varianz und der Standardabweichung   6.5.4

Die Varianz und die Standardabweichung unterliegen nicht der Normalverteilung, sondern können durch eine Chi^2-Verteilung mit $f = n - 1$ beschrieben werden ($\rightarrow$ Kap. 6.3.3). Da die Chi^2-Verteilung vom Stichprobenumfang abhängig ist, muss der jeweilige Freiheitsgrad f ($\rightarrow$ Kap. 7.8) eingesetzt werden.

Chi^2-Verteilung ist vom Stichprobenumfang abhängig

Entsprechend der jeweiligen Fragestellung (zweiseitig oder einseitig) wird die gesetzte Irrtumswahrscheinlichkeit berücksichtigt, so dass sich der entsprechend gefragte Zufallsstreubereich ergibt. Beachten Sie, dass die Zufallsstreubereiche für die Varianz s^2 und der Standardabweichung s von der Lage der Verteilung (Mittelwert μ) abhängen.

Der zweiseitige Zufallsstreubereich

Durch das beidseitige berücksichtigen der Irrtumswahrscheinlichkeit $\frac{\alpha}{2}$ ergibt sich der zweiseitig begrenzte Zufallsstreubereich zur Chi^2-Verteilung.

Mit ○ Abb. 6.5.4–1 kann man erkennen, dass folgender Zusammenhang besteht:

$$\chi^2_{un} = \chi^2_{f;\frac{a}{2}}$$

Gleichung 6.5.4–1

$$\chi^2_{ob} = \chi^2_{f;1-\frac{a}{2}}$$

Gleichung 6.5.4–2

Damit ergibt sich für die zweiseitige Fragestellung:

$$\chi^2_{f;\frac{a}{2}} \leq \chi^2 \leq \chi^2_{f;1-\frac{a}{2}}$$

Gleichung 6.5.4–3

Da Chi^2 dem Ausdruck der Gleichung 6.3.3–2 entspricht wird einsetzt.

$$\chi^2 \leq (n-1)\cdot\frac{s^2}{\sigma^2} \leq \chi^2 \quad \text{durch } (n-1) \text{ dividieren}$$

$$\frac{\chi^2}{n-1} \leq \frac{s^2}{\sigma^2} \leq \frac{\chi^2}{n-1} \quad \text{mit } \sigma^2 \text{ multiplizieren}$$

$$\sigma^2 \cdot \frac{\chi^2_{f;\frac{a}{2}}}{n-1} \leq s^2 \leq \sigma^2 \cdot \frac{\chi^2_{f;1-\frac{a}{2}}}{n-1}$$

Gleichung 6.5.4–4

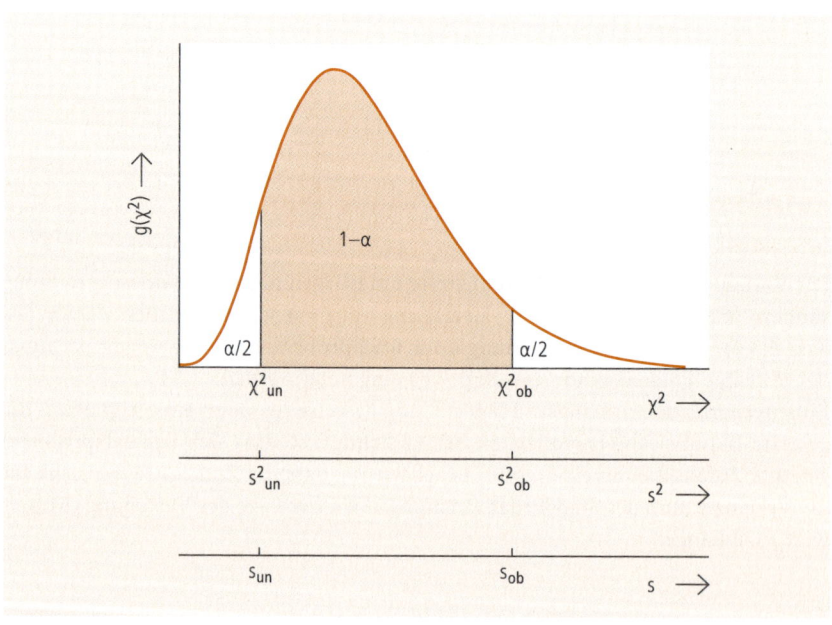

○ **Abb. 6.5.4–1** Zufallsstreubereich für die Varianz s^2 (schematisch)

Durch anschließende Radizierung erhält man den zweiseitigen Zufallsstreubereich der Standardabweichung s:

$$\sigma \cdot \sqrt{\frac{\chi^2_{f;\frac{a}{2}}}{n-1}} \leq s \leq \sigma \cdot \sqrt{\frac{\chi^2_{f;1-\frac{a}{2}}}{n-1}}$$

Gleichung 6.5.4–5

Für die Wurzel-Terme gibt es entsprechende Tabellen, die dort als sog. „Kappa-Faktoren" für ausgesuchte Signifikanzniveaus tabelliert (Anhang Tabelle 7) sind. Die „Kappa-Faktoren" sind somit durch folgenden Zusammenhang gekennzeichnet:

$$k_{un} = \sqrt{\frac{n-1}{\chi^2_{f;1-\frac{\alpha}{2}}}}$$

Gleichung 6.5.4–6

$$k_{ob} = \sqrt{\frac{n-1}{\chi^2_{f;\frac{\alpha}{2}}}}$$

Gleichung 6.5.4–7

Dadurch vereinfacht sich die jeweilige Angabe zu:

$$s_{un} = \frac{\sigma}{k_{ob}}$$

Gleichung 6.5.4–8

$$s_{ob} = \frac{\sigma}{k_{un}}$$

Gleichung 6.5.4–9

Der einseitige Zufallsstreubereich

Einseitig unten (mindestens): Durch das einseitige Abschneiden der Irrtumswahrscheinlichkeit $1 - \alpha$ ergibt sich aus Gleichung 6.3.3–2 der einseitig begrenzte Zufallsstreubereich zur Chi^2-Verteilung.

$$\chi^2 \geq \chi^2_{f;\alpha}$$

Gleichung 6.5.4–10

Wie o. a. wird ebenfalls mit $\frac{\sigma^2}{n-1}$ multipliziert und anschließend radiziert. Man erhält dann zur jeweiligen Fragestellung die Varianz s^2 und die Standardabweichung s:

$$s^2 \geq \frac{\sigma^2 \cdot \chi^2_{f;\alpha}}{n-1}$$

Gleichung 6.5.4–11

$$s \geq \sigma \cdot \sqrt{\frac{\chi^2_{f;\alpha}}{n-1}}$$

Gleichung 6.5.4–12

Einseitig oben (höchstens):
Durch das einseitige Abschneiden der Irrtumswahrscheinlichkeit α ergibt sich aus Gleichung 6.3.3–2 der einseitig begrenzte Zufallsstreubereich zur Chi^2-Verteilung.

$$\chi^2 \leq \chi^2_{f;1-\alpha}$$

Gleichung 6.5.4–13

Wie o. a. wird ebenfalls mit $\dfrac{\sigma^2}{n-1}$ multipliziert und anschließend radiziert. Man erhält dann zur jeweiligen Fragestellung die Varianz s^2 und Standardabweichung s:

$$s^2 \leq \frac{\sigma^2 \cdot \chi^2_{f;1-\alpha}}{n-1}$$

Gleichung 6.5.4–14

$$s \leq \sigma \cdot \sqrt{\frac{\chi^2_{f;1-\alpha}}{n-1}}$$

Gleichung 6.5.4–15

Beispiel 6.5.4–1
Ein Tablettierprozess sei normalverteilt und mit dem Mittelwert μ = 120 mg und einer Standardabweichung σ = 3 mg gegeben. Es wird eine Stichprobe mit n = 20 Tabletten der laufenden Fertigung entnommen. Wie groß ist der zu erwartende zweiseitige Zufallsstreubereich der Standardabweichung s bei einer Irrtumswahrscheinlichkeit von α = 5 %?

Lösung
Gegeben sind: μ = 120 mg, σ = 3 mg, n = 20, α = 0,05
Die Fragestellung zur Standardabweichung s ist zweiseitig; es ist nicht nach höchstens oder mindestens gefragt.
a) Die Lösungen ergeben sich mit Gleichung 6.5.4–5. Die Chi^2-Schwellenwerte werden aus der Tabelle 5 (Anhang) abgelesen.

$$\sigma \cdot \sqrt{\frac{\chi^2_{f;\frac{\alpha}{2}}}{n-1}} \leq s \leq \sigma \cdot \sqrt{\frac{\chi^2_{f;1-\frac{\alpha}{2}}}{n-1}}$$

$$3 \cdot \sqrt{\frac{10{,}117}{20-1}} \leq s \leq 3 \cdot \sqrt{\frac{32{,}852}{20-1}}$$

$$\underline{2{,}19\ \text{mg} \leq s \leq 3{,}95\ \text{mg}}$$

Der Zufallsstreubereich der Standardabweichung ist zwischen 2,19 mg und 3,95 mg zu erwarten.

b) Die Lösungen ergeben sich noch leichter über die Kappa-Faktoren (Gleichungen 6.5.4–8, 6.5.4–9). Die zugehörigen Schwellenwerte werden der Tabelle 7 (Anhang) entnommen.

$$s_{un} = \frac{\sigma}{k_{ob}} = \frac{3}{1,46} = \underline{\underline{2,05 \text{ mg}}}$$

$$s_{ob} \leq \frac{\sigma}{k_{un}} = \frac{3}{0,76} = \underline{\underline{3,95 \text{ mg}}}$$

Beachten Sie für das Ablesen aus den Tabellen zweierlei:
Im Gegensatz zur Tabelle 5 (Anhang) werden in der Tabelle 7 (Anhang) zu den Kappa-Faktoren in der linken Spalte die Stichprobengrößen n abgelesen. In der Tabelle 5 sind in der linken Spalte die Freiheitsgrade f angegeben. Für einseitig begrenzte Zufallsstreubereiche kann nur mit der Chi^2-Verteilung der Tabelle 5 (Anhang) gerechnet werden.

Der Zufallsstreubereich der Spannweite 6.5.5

Die Spannweite R ist nicht normalverteilt (→ Kap. 6.3.4). Sie ist vom Stichprobenumfang n abhängig; die Werte $\frac{R}{\sigma}$ unterliegen der sog. w-Verteilung. In der ○ Abb. 6.3.4–1 wird entsprechend der jeweiligen Fragestellung (einseitig oder zweiseitig) und dem entsprechenden Stichprobenumfang n die gesetzte Irrtumswahrscheinlichkeit α abgetrennt, so dass sich der entsprechend gefragte Zufallsstreubereich ergibt. Die Schwellenwerte der w-Verteilung finden Sie in Tabelle 6 des Anhangs. Zur Überwachung von Fertigungsprozessen werden im Allgemeinen Qualitätsregelkarten (QRK) verwendet. Mit ihrer Hilfe ist es möglich systematische Änderungen bzw. Abweichungen von Merkmals- und Prozessvorgaben zu erkennen. Die Qualitätsregelkarte stellt ein Werkzeug dar, dass es gestattet mit einem geringen Zeitaufwand für Prüfungen auszukommen und dabei eine schnelle Rückkopplung über den Zustand einer Fertigung zu bekommen.
So findet die Spannweitenkarte (R-Karte) ebenso wie die Standardabweichungskarte (s-Karte) zur Überwachung der Fertigungsstreuung Anwendung. Hier können dann zur Berechnung von Warn- und Eingriffsgrenzen die Schwellenwerte der w-Verteilung verwendet werden.

Der zweiseitige Zufallsstreubereich

Durch das beidseitige Abschneiden der Irrtumswahrscheinlichkeit $\frac{\alpha}{2}$ ergibt sich aus Gleichung 6.3.4–1 der zweiseitig begrenzte Zufallsstreubereich der w-Verteilung.

Gleichung 6.5.5–1

$$w_{\frac{\alpha}{2}} \leq \frac{R}{\sigma} \leq w_{1-\frac{\alpha}{2}}$$

Durch Multiplikation mit σ ergibt sich der Zufallsstreubereich:

$$w_{\frac{\alpha}{2}} \cdot \sigma \leq R \leq w_{1-\frac{\alpha}{2}} \cdot \sigma$$

Gleichung 6.5.5–2

Der einseitige Zufallsstreubereich

Durch das einseitige Abschneiden der Irrtumswahrscheinlichkeit α ergibt sich aus Gleichung 6.3.4–1 nach Umformung zu R der einseitig begrenzte Zufallsstreubereich der w-Verteilung.
Einseitig unten (mindestens):

$$R \geq w_{\alpha} \cdot \sigma$$

Gleichung 6.5.5–3

Einseitig oben (höchstens):

$$R \leq w_{1-\alpha} \cdot \sigma$$

Gleichung 6.5.5–4

6.6 Der Vertrauensbereich der Normalverteilung

Den Unterschied zwischen Zufallsstreubereich und Vertrauensbereich hatten Sie bereits im Kapitel 3.1 kennen gelernt. Der Rückschluss von der Stichprobe auf die Grundgesamtheit anhand einer Punktschätzung (z. B. Mittelwert $\bar{x}$ oder Varianz s^2) ist unzureichend, da über die Abweichung der Stichprobenkennwerte vom Parameter der Grundgesamtheit (μ oder σ^2) nichts ausgesagt wird. Deshalb ist die Frage nach einem Intervall, in welchem der gesuchte Parameter mit einer bestimmten Wahrscheinlichkeit liegt, sinnvoller.
Der Vertrauensbereich, auch Konfidenzintervall oder Intervallschätzung genannt, ist das aufgrund eines Stichprobenergebnisses berechnete Intervall, das den wahren Wert des zu schätzenden Parameters auf einem vorgegebenen Vertrauensniveau $1 - \alpha$ einschließt. Es ergibt sich aus der Überlegung zum Zufallsstreubereich:
Für die jeweilige Entscheidung werden wir uns je nach Fragestellung, analog zu den Zufallsstreubereichen, einseitige und zweiseitige Vertrauensbereiche zu den Parametern arithmetischer Mittelwert und Standardabweichung zunutze machen.

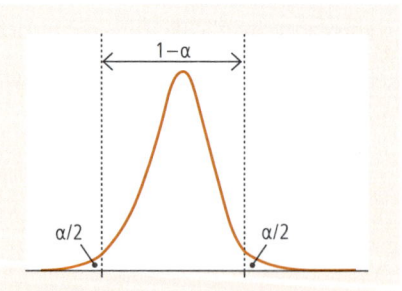

o **Abb. 6.6–1** Der Vertrauensbereich für $1 - \alpha$

Der Vertrauensbereich des arithmetischen Mittelwertes

Unter dem Vertrauensbereich des Mittelwerts ist das Intervall zu verstehen, dass den Mittelwert μ mit dem Vertrauensniveau $1 - \alpha$ einschließt ($\rightarrow$ Kap. 7). Dabei sind immer zwei Fälle zu unterscheiden; die Standardabweichung σ ist bekannt oder sie ist unbekannt.

Worauf beruht nun diese Unterscheidung?

Im Kap. 3.1 haben Sie bereits die Unterscheidung zwischen einem direkten- und einem indirekten Schluss kennen gelernt; danach richtet sich die Anwendung.

Mittels direkten Schluss kann gerechnet werden, wenn von den Parametern einer bekannten oder als bekannt vorausgesetzten Grundgesamtheit auf Mittelwert und Standardabweichung der Stichprobe geschlossen wird. Solche Parameter der Grundgesamtheit können z.B. vorliegen, wenn über einen gleich bleibenden Fertigungsprozess längerfristige Kenntnisse vorliegen ($\rightarrow$ Beispiel 6.6.3–1). Im Allgemeinen sind die beiden Kenngrößen der Grundgesamtheit sind jedoch unbekannt.

Der zweiseitige Vertrauensbereich (σ bekannt)

Um den Vertrauensbereich herzuleiten, werden die Gleichungen 6.5.2–1 bzw. 6.5.2–2 aus dem Zufallsstreubereich verwendet. Liegt ein Mittelwert $\bar{x}$ in diesem Zufallsstreubereich, dann ergibt sich daraus, dass μ höchsten von $\bar{x}$ entfernt ist:

$$1{,}96 \cdot \frac{\sigma}{\sqrt{n}}$$

Das ist dann für den Lageparameter μ, der Abstand vom Mittelwert, der dem Vertrauensbereich entspricht. Hier kann der Vertrauensbereich mithilfe der Schwellenwerte der u-Verteilung (Tabelle 3, Anhang) errechnet werden.

$$\bar{x} - u_{1-\frac{\alpha}{2}} \cdot \frac{\sigma}{\sqrt{n}} \leq \mu \leq \bar{x} + u_{1-\frac{\alpha}{2}} \cdot \frac{\sigma}{\sqrt{n}}$$

Gleichung 6.6.1–1

Wie aus der Gleichung zu erkennen, ist die Breite des Vertrauensbereichs umgekehrt proportional zur Wurzel aus n.

> **Merke**
> Um z.B. die Breite des Vertrauensbereichs auf $\frac{1}{3}$ zu verkleinern, wird der 9-fache Stichprobenumfang benötigt.

Der einseitige Vertrauensbereich (σ bekannt)

Vertrauensbereiche können auch einseitig angegeben werden: Mindestens bedeutet einen Schwellenwert der überschritten oder eingehalten werden soll ($\rightarrow$ Kap. 7.5).

Einseitig unten (mindestens):

$$\mu \geq \bar{x} - u_{1-\alpha} \cdot \frac{\sigma}{\sqrt{n}}$$

Gleichung 6.6.1–2

Einseitig oben (höchstens):

$$\mu \le \overline{x} + u_{1-\alpha} \cdot \frac{\sigma}{\sqrt{n}}$$

Gleichung 6.6.1–3

Der zweiseitige Vertrauensbereich (σ unbekannt)

In diesem Falle werden in den Gleichungen für den Vertrauensbereich (σ bekannt) die u-Werte durch t-Werte mit $f = n - 1$ einer t-Verteilung ersetzt. Die t-Verteilung ist wie die Normalverteilung eine symmetrische Verteilung und ist auch in ihrer Form sehr ähnlich – sie ist lediglich etwas breiter und flacher ($\rightarrow$ Kap. 9.1). Die bekannte Standardabweichung σ der Grundgesamtheit wird durch die Standardabweichung s der Stichprobe ersetzt ($\rightarrow$ Kap. 4.2.5). Die zugehörigen t-Schwellenwerte können Sie aus der Tabelle 10 des Anhangs ablesen.

$$\overline{x} - t_{f;1-\frac{\alpha}{2}} \cdot \frac{s}{\sqrt{n}} \le \mu \le \overline{x} + t_{f;1-\frac{\alpha}{2}} \cdot \frac{s}{\sqrt{n}}$$

Gleichung 6.6.1–4

Die Unsicherheit der Schätzung der Standardabweichung s ist bei dieser Berechnung berücksichtigt. Da hier die Unsicherheit der Schätzung eingeht, ist auch nachvollziehbar, dass hier die Breite der Gaus-Glockenkurve größer sein muss, als wenn bekannter Standardabweichung σ über die u-Verteilung (siehe Gleichung 6.6.1–1) gerechnet wird.

Beispiel 6.6.1–1

Zur Weiterverarbeitung bei einem Herstellprozess ist es wichtig, dass der Feuchtigkeitsgehalt eines Wirkstoffs einen bestimmten prozentualen Feuchtigkeitsgehalt (Sollwert = 5,0 %) besitzt. Dazu wurde der Wirkstoff nach einer Spezifikation an verschiedenen Stellen der einzusetzenden Menge auf den Feuchtigkeitsgehalt untersucht. Es wurden folgende Feuchtigkeitsgehalte nach Karl-Fischer festgestellt (%): 5,2; 4,9; 5,1; 5,0; 5,0; 5,2.
Das Signifikanzniveau beträgt $\alpha = 5\,\%$. Kann der Wirkstoff zur Weiterverarbeitung eingesetzt werden?

Lösung

Gegeben sind: $n = 6$, $\overline{x} = 5,1\,\%$, $s = 0,1211\,\%$, $\alpha = 0,05$, $\mu = 5,0\,\%$. Der zugehörige Schwellenwert t wird aus Tabelle 10 des Anhangs abgelesen. Es wird dann nur noch in Gleichung 6.6.1–4 eingesetzt:

$$\overline{x} - t_{f;1-\frac{\alpha}{2}} \cdot \frac{s}{\sqrt{n}} \le \mu \le \overline{x} + t_{f;1-\frac{\alpha}{2}} \cdot \frac{s}{\sqrt{n}}$$

$$5,1 - 2,571 \cdot \frac{0,1211}{\sqrt{6}} \le \mu \le 5,1 + 2,571 \cdot \frac{0,1211}{\sqrt{6}}$$

$$\underline{4,97\,\% \le \mu \le 5,23\,\%}$$

Der Sollwert von 5,0 % liegt innerhalb des 95 %iger Vertrauensbereichs. Die Abweichung von 5,0 % ist durch zufällige Streuung bedingt. Der Wirkstoff kann weiter verarbeitet werden.

Der einseitige Vertrauensbereich (σ unbekannt)

Einseitig unten (mindestens):

$$\mu \geq \overline{x} - t_{f;1-\alpha} \cdot \frac{s}{\sqrt{n}}$$

Gleichung 6.6.1–5

Einseitig oben (höchstens):

$$\mu \leq \overline{x} + t_{f;1-\alpha} \cdot \frac{s}{\sqrt{n}}$$

Gleichung 6.6.1–6

Der Vertrauensbereich der Standardabweichung   6.6.2

Unter dem Vertrauensbereich der Standardabweichung versteht man das Intervall, dass den Parameter σ mit dem Vertrauensniveau $1 - \alpha$ einschließt. Um den Vertrauensbereich herzuleiten, wird die Gleichung 6.5.4–5 vom Zufallsstreubereich verwendet. Durch Umstellung nach σ erhält man jeweils die Randwerte die den Bereich angeben, der σ mit einer Wahrscheinlichkeit von z. B. 95 % eingrenzt. Die zugehörigen Schwellenwerte werden aus der Tabelle 5 des Anhangs abgelesen. Alternativ können die Berechnungen auch einfacher über die Tabelle 7 des Anhangs mithilfe der Kappa-Faktoren gelöst werden.

Der zweiseitige Vertrauensbereich

$$s \cdot \sqrt{\frac{n-1}{\chi_{f;1-\frac{\alpha}{2}}}} \leq \sigma \leq s \cdot \sqrt{\frac{n-1}{\chi^2_{f;\frac{\alpha}{2}}}}$$

Gleichung 6.6.2–1

oder

$$s \cdot k_{un} \leq \sigma \leq s \cdot k_{ob}$$

Gleichung 6.6.2–2

Der einseitige Vertrauensbereich

Einseitig unten (mindestens):

$$\sigma_{un} \geq s \cdot \sqrt{\frac{n-1}{\chi^2_{f;1-\alpha}}}$$

Gleichung 6.6.2–3

oder

$$\sigma_{un} \geq s \cdot k_{un}$$

Gleichung 6.6.2–4

Einseitig oben (höchstens):

$$\sigma_{ob} \leq s \cdot \sqrt{\frac{n-1}{\chi^2_{f;1-\alpha}}}$$

Gleichung 6.6.2–5

oder

$$\sigma_{ob} \leq s \cdot k_{ob}$$

Gleichung 6.6.2–6

Beispiel 6.6.2–1

Ein Qualitätskriterium bei der Herstellung von Depottabletten ist u. a. die Standardabweichung des Wirkstoffgehalts. Aus der laufenden Produktion werden 30 Tabletten entnommen. Die festgestellte Standardabweichung des Wirkstoffgehalts beträgt 0,70 mg. Die Irrtumswahrscheinlichkeit wird mit 1 % angesetzt. Innerhalb welcher Grenzen ist die Standardabweichung zu erwarten?

Lösung

Gegeben sind: $n = 30$, $s = 0,70$ mg, $1 - \alpha = 1 - 0,01 = 0,99$

Gefragt ist nach dem zweiseitigen Vertrauensbereich der Standardabweichung σ. Die Schwellenwerte werden aus Tabelle 5 (Anhang) abgelesen und in Gleichung 6.6.2–1 eingesetzt (Alternativ über die k-Faktoren der Tabelle 7 des Anhangs).

Schwellenwert unten für $\chi^2_{f;1-\frac{\alpha}{2}} = \chi^2_{29;0,995} \Rightarrow 52,335$

Schwellenwert oben für $\chi^2_{f;\frac{\alpha}{2}} = \chi^2_{29;0,005} \Rightarrow 13,121$

$$s \cdot \sqrt{\frac{n-1}{\chi^2_{f;1-\frac{\alpha}{2}}}} \leq \sigma \leq s \cdot \sqrt{\frac{n-1}{\chi^2_{f;\frac{\alpha}{2}}}}$$

$$0,70 \cdot \sqrt{\frac{29}{52,335}} \leq \sigma \leq 0,70 \cdot \sqrt{\frac{29}{13,121}}$$

$\underline{0,521 \text{ mg} \leq \sigma \leq 1,041 \text{ mg}}$

Der zu erwartende Vertrauensbereich der Standardabweichung wird in 99 von 100 Fällen zwischen 0,52 mg und 1,04 mg liegen.

6.6.3 Die Auswahl des Stichprobenumfangs

Da ein Stichprobenumfang nicht Allgemein gültig festgelegt werden kann, stellt sich für die Praxis häufig die Frage, welcher minimale Stichprobenumfang zu wählen ist, um eine gewünschte Schätzgenauigkeit bei vorgegebener statistischer Sicherheit zu erreichen.

Man erwartet von einer Schätzfunktion (→ Kap. 4.1, 4.2), dass sie mit zunehmendem Stichprobenumfang n immer besser wird (→ Kap. 2.6.3) und mit zunehmender Sicherheit den unbekannten Parameter möglichst genau trifft. Die Schätzgenauigkeit ist somit ein Maß für die Annäherung an den Parameter.

Die Punktschätzung

Generell ist zwischen einer Punkt- und einer Intervallschätzung zu unterscheiden. Die Punktschätzung liefert als Ergebnis einen Schätzwert für einen unbekannten Parameter. Dieser Schätzwert wird aufgrund einer Schätzfunktion ($\rightarrow$ Kap. 4.1, 4.2) erhalten. Inwieweit der erhaltene Schätzwert vom Parameter abweicht, bleibt unbekannt.

Die Intervallschätzung

Hier gibt man bei vorgegebener Vertrauenswahrscheinlichkeit α ein Intervall, die den unbekannten Parameter enthalten oder auch nicht enthalten werden. Diese Intervalle sind die Ihnen bereits unter den Begriffen Vertrauensbereich oder Konfidenzintervall bekannt.

Wie ist nun die Schätzgenauigkeit definiert?

Schätzgenauigkeit

Die Schätzgenauigkeit b des Mittelwertes ist definiert als Differenz zwischen Kennwert und Vertrauensgrenze:

$$b = \mu_{ob} - \bar{x} \qquad \text{Gleichung 6.6.3–1}$$

$$b = \bar{x} - \mu_{un} \qquad \text{Gleichung 6.6.3–2}$$

Auch hier sind immer zwei Fälle zu unterscheiden; die Standardabweichung σ ist bekannt oder sie ist unbekannt.

Standardabweichung σ bekannt

Die Schätzgenauigkeit b kann aus der Gleichung 6.6.1–1 hergeleitet werden und ist gegeben mit:

$$b = u_G \cdot \frac{\sigma}{\sqrt{n}} \qquad \text{Gleichung 6.6.3–3}$$

Durch Umstellung nach n erhält man die Stichprobenzahl n. Das Ergebnis ist dann immer auf die nächste ganze Zahl aufzurunden.

$$n = \left(\frac{u_G \cdot \sigma}{b} \right)^2 \qquad \text{Gleichung 6.6.3–4}$$

Sollte der berechnete Stichprobenumfang größer als 10 % ($n > 0,1 \cdot N$) der Grundgesamtheit N sein, so benötigt man nicht n, sondern lediglich n':

$$n' = \frac{n}{\left(1 + \dfrac{n}{N} \right)} \qquad \text{Gleichung 6.6.3–5}$$

Beispiel 6.6.3–1

Bei der Herstellung von Tabletten sei das Tablettengewicht normalverteilt. Es wird eine Stichprobe vom Umfang $n = 20$ entnommen. Die Standardabweichung der Produktion wurde über einen längeren Zeitraum mit $\sigma = 2{,}5$ mg bestimmt. Das mittlere Tablettengewicht der Stichprobe ergab $\bar{x} = 30{,}2$ mg. Das Signifikanzniveau beträgt 95 %. Welcher Schätzgenauigkeit entspricht dieser Stichprobenumfang? Ist der Stichprobenumfang berechnet über die Schätzgenauigkeit gerechtfertigt?

Lösung

Gegeben sind: $n = 20$, $\sigma = 2{,}5$ mg, $\bar{x} = 30{,}2$ mg, $\alpha = 0{,}05$, $u_G = u_{1-\frac{\alpha}{2}} = u_{0{,}975} = 1{,}96$
(Tabelle 3 des Anhangs)

Da μ_{ob} und μ_{un} nicht bekannt sind (Gleichung 6.6.3–1, 6.6.3–2), ist zunächst der Vertrauensbereich des arithmetischen Mittelwerts (Gleichung 6.6.1–1) zu errechnen. Dadurch erhält man die untere und obere Vertrauensgrenze für μ.

$$\bar{x} - u_{1-\frac{\alpha}{2}} \cdot \frac{\sigma}{\sqrt{n}} \leq \mu \leq \bar{x} + u_{1-\frac{\alpha}{2}} \cdot \frac{\sigma}{\sqrt{n}}$$

$$30{,}2 - 1{,}96 \cdot \frac{2{,}5}{\sqrt{20}} \leq \mu \leq 30{,}2 + 1{,}96 \cdot \frac{2{,}5}{\sqrt{20}}$$

$$30{,}2 - 1{,}096 \leq \mu \leq 30{,}2 + 1{,}096$$
$$\underline{29{,}104 \text{ mg} \leq \mu \leq 31{,}396 \text{ mg}}$$

Die Schätzgenauigkeit b ergibt sich bereits mit Gleichung 6.6.1–2, bzw. mit der Gleichung 6.6.3–1, bzw. Sie können sie auch aus der vorletzten Zeile der o. a. Gleichung ablesen.
$$b = \mu_{ob} - \bar{x} = 30{,}200 - 29{,}104 = \underline{1{,}096 \text{ mg}}$$

Die erhaltene Schätzgenauigkeit mit $b = 1{,}096$ mg wird dann in Gleichung 6.6.3–4 eingesetzt. Über diese Kontrollrechnung lässt sich somit ein „Fehler ausschließen, dann es wird der angegebene Stichprobenumfang $n = 20$ errechnet.

$$n_{\bar{x}} = \left(\frac{u_G \cdot \sigma}{b}\right)^2 = \left(\frac{1{,}96 \cdot 2{,}5}{1{,}096}\right)^2 = 4{,}47^2 = 19{,}98 \approx \underline{\underline{20}}$$

Der Stichprobenumfang mit $n = 20$ ist somit korrekt und gerechtfertigt.

Standardabweichung σ unbekannt

Wenn die Standardabweichung σ unbekannt ist, so muss diese erst durch eine Zufallsstichprobe vom Umfang n mit der Standardabweichung s geschätzt werden. Die Standardabweichung ist somit ein Schätzer für σ. Näherungsweise kann der Stichprobenumfang n über eine t-Verteilung ($\rightarrow$ Kap. 9.1) bestimmt werden mit:

$$n_{\bar{x}} \approx \left(\frac{t_{f;G} \cdot s}{b}\right)^2$$

Gleichung 6.6.3–6

Wie Sie der Gleichung entnehmen können, muss bereits die Standardabweichung s aus Stichproben zur Verfügung stehen. Erst dann kann durch eine iterative Vorgehensweise eine Lösung herbeigeführt werden. Bei Stichproben unter $n \approx 60$ wird ein Korrekturfaktor verwendet. Hier verweisen wir auf weiterführende Literatur.

Literatur

DGQ-Band 16-02, Auswertungsverfahren, Deutsche Gesellschaft für Qualität, 1.Auflage 1996

DGQ-Band 16-43, Annahmestichprobenprüfung auf den Anteil fehlerhafter Einheiten anhand normalverteilter Merkmale, Ausgabe: 1999

DGQ-Band 18-164, Annahmestichprobenprüfung auf den Anteil fehlerhafter Einheiten anhand normalverteilter Merkmale nach DIN ISO 3951, 5 Tabellenschieber, Ausgabe: 1999

DIN 55350-21, Begriffe der Qualitätssicherung und Statistik; Begriffe der Statistik; Zufallsgrößen und Wahrscheinlichkeitsverteilungen, Ausgabe: 1982-05

DIN 66145, Darstellung von Korn-(Teilchen-)größenverteilungen; RRSB-Netz, Ausgabe: 1976-0

DIN ISO 16269-7, Statistische Auswertung von Daten – Teil 7: Median – Punktschätzung und Vertrauensbereiche, Ausgabe: 2007-08

Linß G. Statistiktraining im Qualitätsmanagement, Hanser Verlag, München 2006

Sachs L, Hedderich J. Angewandte Statistik. 12. Aufl., Springer, Berlin 2006

Schipp B, Töpfer A. Statistische Anforderungen des Six Sigma Konzepts. Springer, Berlin 2007

Timischl W. Qualitätssicherung, Statistische Methoden. 3. Aufl., Hanser Verlag, München 2003

Übungsaufgaben 6.7

Aufgabe 1

Ein pharmazeutisches Auftragsunternehmen füllt einen Presssaft in Flaschen ab und versichert, dass die Abfüllmenge normalverteilt mit $\mu = 100{,}0$ ml und $\sigma = 10{,}0$ ml ist. Der Abnehmer entnimmt einer Lieferung zufällig $n = 15$ Flaschen und misst die Füllmengen. Er erhält $\bar{x} = 106{,}5$ ml und $s = 12{,}6$ ml. Überprüfen Sie, ob dieses Resultat mit den Herstellerangaben zu vereinbaren ist.

a) Den Zufallsstreubereich für den Mittelwert der Abfüllung ($1 - \alpha = 95\,\%$).

b) Den Zufallsstreubereich für die Streuung ($1 - \alpha = 95\,\%$).

c) Wie groß ist die Wahrscheinlichkeit, eine Flasche zu finden, deren Abfüllmenge weniger als 90 ml beträgt?

Kommentieren Sie a) und b).

Aufgabe 2

Geben Sie an, welche der folgenden Aussagen zur Dichte der Normalverteilung falsch ist:

A Sie ist symmetrisch zu μ.

B Sie ist symmetrisch zu σ^2.

C Sie ist eindeutig bestimmt durch die Parameter μ und σ^2.

D Der Median der Verteilung ist μ.

E Wenn bei einem Herstellprozess die Toleranz kleiner als $\pm 3\sigma$ ist, dann muss es mehr als $0{,}3\,\%$ Ausschuss geben.

Aufgabe 3

Geben Sie an, welche der folgenden Aussagen zur Standardnormalverteilung falsch ist:

A Die Spannweite ist 2.

B Die Standardabweichung ist 1.

C Der Erwartungswert ist 0 (Null).

D Die Varianz ist 1.

E Der Median ist 0 (Null).

Aufgabe 4

Ein 80 %-Konfidenzintervall für den Mittelwert μ eines normalverteilten Merkmals mit bekannten Standardabweichung $\sigma = 5$ hat eine Breite von ± 2.

a) Welcher Stichprobenumfang wurde zur Berechnung des Zufallsintervalls berücksichtigt?

b) Wie groß muss der Stichprobenumfang n gewählt werden, damit das angegebene Konfidenzintervall den wahren Mittelwert μ mit einer Wahrscheinlichkeit von 99 % einschließt?

Aufgabe 5

Welche der folgenden Aussagen ist richtig?

Ein Konfidenzintervall mit der Vertrauenswahrscheinlichkeit $1 - \alpha = 0,95$ zur Schätzung des unbekannten wahren Mittelwertes einer Grundgesamtheit gibt an:

A Ein Intervall, das mit der 95 %iger Sicherheit den empirischen Mittelwert der Stichprobe enthält,

B ein Intervall, das mit der Wahrscheinlichkeit $\alpha = 0,05$ den empirischen Mittelwert der Stichprobe enthält,

C in welchen Grenzen der wahre Mittelwert der Grundgesamtheit schwankt,

D ein Intervall, dass mit 95 %iger Sicherheit den wahren Wert der Grundgesamtheit umschließt,

E ein Intervall, das mit der Wahrscheinlichkeit $\alpha = 0,05$ den wahren Mittelwert der Grundgesamtheit enthält.

Aufgabe 6

In einem Betrieb zur Herstellung von Badesalzen erfolgt eine Abfüllung in 1 kg Packungen mit einer Standardabweichung von $\sigma = 0,5$ g. Die Abfüllung kann als normalverteilt betrachtet werden. Die Abfülltoleranz ist mit einem unteren Grenzwert (UGW) von 998,5 g und einem oberen Grenzwert (OGW) von 1001,5 g vorgegeben. Abfüllgewichte außerhalb dieser Toleranz gelten als Ausschuss.

a) Angenommen, der Abfüllprozess wird fehlerhaft auf $\mu = 1,001$ kg eingestellt. Mit wie viel Prozent Ausschuss ist zu rechnen?

b) Unter den angegebenen Bedingungen von a) wird in den Abfüllprozess eingegriffen und auf $\mu = 1,000$ kg eingestellt. In welchem Bereich sind die tatsächlichen Abfüllmengen ($1 - \alpha = 99$ %) zu erwarten? War die Prozesskorrektur erfolgreich?

c) Mit welchem Ausschussanteil ist zu rechnen, wenn sich die Prozesslage des Mittelwertes $\mu = 1000,0$ g um $\pm 0,5$ g verschiebt ($\sigma = 0,5$ g)?

Aufgabe 7

Bei der Herstellung von Tabletten beträgt der Sollwert (Mittelwert) für das Tablettengewicht $\mu = 270$ mg und die Standardabweichung $\sigma = 3,0$ mg. Der laufenden Produktion wird eine Stichprobe mit $n = 5$ entnommen. Welche Höchstwerte der Stichprobe sind bei $1 - \alpha = 99\,\%$ zu erwarten für:

a) Mittelwert,
b) Zentralwert (Median),
c) Standardabweichung,
d) Spannweite.

Aufgabe 8

Ein Vitaminbrausegranulat wird in Dosen abgefüllt. Die Abfüllung ist näherungsweise normalverteilt. Dem Abfüllprozess werden zufällig 100 Dosen entnommen und deren Abfüllgewicht gewogen. Dazu wurde die folgende Größe ermittelt: Gesamtgewicht:

$$\sum_{i=1}^{100} x_i = 34974\,\mathrm{g}$$

a) Bestimmen sie den Schätzwert für den Erwartungswert μ.
b) Berechnen Sie das Konfidenzintervall für μ bei einer bekannten Standardabweichung des Herstellungsprozess von $\sigma = 4$ mit $\alpha = 0,01$.
c) Wie groß muss der Stichprobenumfang mindestens sein, wenn man bei bekannter Prozesslage mit $\sigma = 4\,\mathrm{g}$ und einem Signifikanzniveau von $1{-}0,99$ ein Konfidenzintervall für μ erhält, dessen Länge höchsten 1 g beträgt?
d) Geben Sie das Konfidenzintervall an, wenn anstelle der bekannten Prozesslage $\sigma = 4\,\mathrm{g}$ diese unbekannt wäre und eine Standardabweichung $s = 4\,\mathrm{g}$ aus der Stichprobe errechnet wurde. Das Signifikanzniveau sei mit 95 % definiert.
e) Angenommen die Varianz sei unbekannt. Bestimmen Sie das zweiseitige Konfidenzintervall für die Standardabweichung σ. Das Signifikanzniveau sei mit 95 % gegeben.
f) Kann der Unternehmer aufgrund des Stichprobenergebnisses behaupten, dass der Erwartungswert μ größer als 345 g sei? Die Varianz aus dem Herstellprozess sei nicht bekannt. Das Signifikanzniveau sei mit 95 % gegeben. (Hinweis: Dieser Aufgabenteil kann erst gelöst werden, wenn Sie das Kap. 8 bearbeitet haben)

Aufgabe 9

Ein normalverteilter Abfüllprozess hat einen Erwartungswert von $\mu = 100,0$ ml und eine Standardabweichung von $\sigma = 1,0$ ml. Welche der folgenden Aussagen ist richtig?

A Der Median dieser Verteilung ist aufgrund der vorliegenden Kennwerte nicht zu bestimmen.
B Es kann ausgeschlossen werden, dass eine Abfüllung 103,0 ml übersteigt.
C Etwa die Hälfte der abgefüllten Flaschen hat ein Füllvolumen zwischen 98 ml und 102 ml.

D Würde der Abfüllprozess auf einer zweiten Anlage erfolgen, welche mit einer Standardabweichung von 1,5 ml abfüllt, so würde die Glockenkurve der Normalverteilung schmaler und flacher.

E Etwa 95 % der abgefüllten Flaschen haben ein Füllvolumen zwischen 98 ml und 102 ml.

Aufgabe 10

Welche Aussage trifft nicht zu?

Für das zweiseitige Konfidenzintervall des Erwartungswerts $N(\mu, \sigma)$ gilt aufgrund einer Stichprobe:

A Mit wachsendem Stichprobenumfang konvergiert die Intervalllänge gegen 0 (Null).

B Mit wachsendem Stichprobenumfang konvergieren beide Intervallgrenzen gegen den Mittelwert $\bar{x}$ der Stichprobe.

C Die Länge des Intervalls ist umso größer, je kleiner der Stichprobenumfang ist.

D Das Intervall liegt symmetrisch zum Mittelwert $\bar{x}$ der Stichprobe.

E Das Intervall liegt symmetrisch zum Erwartungswert μ.

Statistische Prüfverfahren **7**

Dieser Teil soll Ihnen die für statistische Vergleiche notwendigen Rahmenbedingungen vermitteln. Damit soll Ihnen ein problemloses Herangehen an einen statistischen Test ermöglicht werden. Dazu geben wir Ihnen auch die schrittweise Vorgehensweise an.

INHALTSVORSCHAU

Null- und Alternativhypothese 7.1

Zunächst möchten wir Ihnen einige Tipps zur Vorgehensweise bei statistischen Problemen in der Praxis und ggf. in einer Klausur geben. Wenn Sie die folgenden Punkte berücksichtigen, die Sie sich vor dem rein rechnerischen Lösungsweg notieren, so kann (fast) nichts mehr „schief gehen".

Tipps zur Klausur

> **Tipp**
>
> Vorab sollten Sie klären: Kann Normalverteilung verwendet werden? Welche andere Verteilung ist ggf. anzuwenden? Besteht die Möglichkeit der Approximation zu einer Normalverteilung? Wenn ja, dann ist diese anzuwenden (So spät wie möglich, so früh wie nötig). Wie ist die Fragestellung gerichtet (einseitig oder zweiseitig)? Welche Vorgaben habe ich? Kenngrößen zur Grundgesamtheit und zur Stichprobe, Signifikanzniveau α, etc. Formulieren Sie bei Auswerteverfahren über Hypothesen klar und eindeutig die Null- und die Alternativhypothese. Fassen Sie anschließend Ihr Ergebnis in einem Antwortsatz zusammen, damit Ihnen (und anderen) das Ergebnis deutlich wird.

Fassen Sie Ihr Ergebnis in einem Antwortsatz zusammen.

Ein kleiner aber wichtiger Aspekt sei noch angemerkt, obwohl er vielleicht selbstverständlich ist: Bevor Sie in eine Klausur gehen, sollten Sie die Bedienungsanleitung Ihres Taschenrechners lesen und sich für die statistischen Funktionen die entsprechenden Tastenfunktionen heraussuchen.

> **Tipp**
>
> Lernen Sie keine Formeln auswendig! Stellen Sie sich ein kleines Diarium zusammen, in welchem Sie die wichtigsten Formeln geordnet nach Verteilungen parat haben und legen Sie sich die statistischen Tabellen dazu.

Der Begriff „Hypothese" bedeutet etwa Vermutung oder Unterstellung und ist eine Aussage zu einem bestimmten Sachverhalt, die man auf Grund von Einzelbeobachtungen macht.

Bei dem Versuch, zu Entscheidungen zu gelangen, ist es von Vorteil, Annahmen (oder Vermutungen) über die betroffene Grundgesamtheit zu treffen. Solche Annahmen, die wahr oder unwahr sein können, werden statistische Hypothesen genannt. Sie sind allgemeine Aussagen über die Wahrscheinlichkeitsverteilungen der Grundgesamtheiten. Ein Hypothesentest ist somit nichts anderes als eine Prozedur zur Entscheidung zwischen unterschiedlichen Annahmen über eine unbekannte Grundgesamtheit auf der Basis von Informationen aus einer Stichprobe. Dabei ist zu beachten, dass ein Hypothesentest nur die Nullhypothese überprüft und damit das Testergebnis von der Wahl der Annahme oder Nicht-Annahme abhängt.

Nullhypothese

H_0-Hypothese ist immer Arbeitshypothese

Die so genannte Nullhypothese (kurz H_0) besagt z.B., dass der angenommene Erwartungswert μ zutrifft. Die Nullhypothese ist zunächst immer nur eine Arbeitshypothese. Sie bringt einen bestehenden Zusammenhang oder Unterschied zum Ausdruck und enthält stets den Fall der Gleichheit ($\leq$, $=$, $\geq$). Dabei wird ihre Gültigkeit zunächst als gegeben angenommen. Diese Aussage entspricht der so genannten Nullhypothese, die in ihrer Kurzform lautet:

$$H_0: \mu = \mu_0 \text{ (bzw. } \mu \leq \mu_0, \mu \geq \mu_0)$$

H_0-Hypothesen lassen sich nicht bestätigen.

Wenn die Nullhypothese verworfen wird, dann trifft die Alternativhypothese zu. Nullhypothesen können grundsätzlich nur widerlegt werden. Es ist nicht möglich, sie zu bestätigen.

Alternativhypothese

Jede Hypothese, die sich von einer gegebenen Hypothese unterscheidet, wird Alternativhypothese genannt. Die Alternativhypothese enthält stets den Fall der Ungleichheit ($<$, $\neq$, $>$). Die Hypothese wird kurz mit H_1 bezeichnet; die Kurzform lautet:

H_1-Hypothese ist immer Alternativhypothese

$$H_1: \mu \neq \mu_0 \text{ (bzw. } \mu < \mu_0, \mu > \mu_0)$$

Wenn die H_0-Hypothese verworfen wird, ist dies ein Hinweis auf eine Nicht-Übereinstimmung. Wird sie jedoch nicht verworfen, kann dies zweierlei bedeuten: Entweder die H_0-Hypothese trifft tatsächlich zu, oder der Prüfumfang war zu klein oder die Standardabweichung σ zu groß. Mangels „Beweisen" bleibt dann die Annahme, dass die H_0-Hypothese zuträfe, gültig.

Um Ihnen diese Überlegung bildlich darzustellen ($\bigcirc$ Abb. 7.1–1), bedienen wir uns des Vertrauensbereichs. Ausgehend von einem Stichprobenmittelwert $\bar{x}$ ($\rightarrow$ Kap. 4.1.3) will man auf den wahren Mittelwert μ schließen. Durch die Messunsicherheit kann dies aber nicht genau angegeben werden ($\rightarrow$ Kap. 6.3), sondern nur ein Bereich, in welchem der Mittelwert liegt. Es werden die Grenzen μ_{un} und μ_{ob} errechnet.

In der unteren Abbildung ist das Vertrauensband so eng, dass der Sollwert μ_0 nicht vom Vertrauensbereich umfasst wird. Da der wahre Parameter μ_0 (aus der Stich-

Zusammenhang zwischen Vertrauensbereich und Nullhypothese

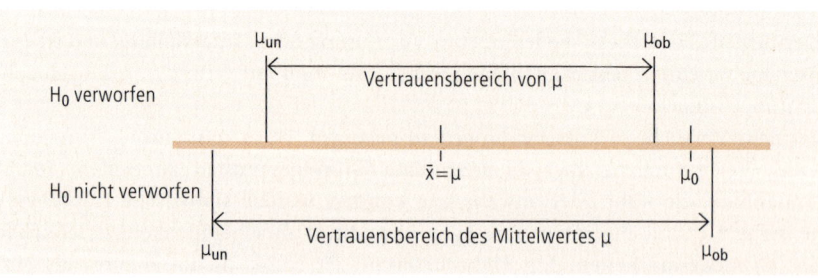

$\bigcirc$ **Abb. 7.1–1** Zusammenhang zwischen Vertrauensbereich und Nullhypothese

probe $\bar{x}$) mit seinem Vertrauensband μ_0 aber nicht umfasst, muss daraus geschlossen werden, dass er nicht darin enthalten ist. Daraus kann dann gefolgert werden, dass der Mittelwert μ nicht dem Sollwert μ_0 entspricht; H_0 ist somit zu verwerfen. Im unteren Fall umschließt das Vertrauensband μ und μ_0; der Sollwert μ_0 und der Mittelwert μ entsprechen sich somit. H_0 ist **nicht** zu verwerfen. Liegt die Prüfgröße im kritischen Bereich, dann entscheidet man sich für die H_1-Hypothese.

Durchführung eines statistischen Tests   7.2

Die Durchführung statistischer Tests, man spricht in diesem Zusammenhang von einem Hypothesentest, kann auf zweierlei Art geschehen: geplant oder ungeplant. Bei einem ungeplanten Test wird auf bereits bestehendes Datenmaterial zurückgegriffen. Die Fragestellung wird aus den Beobachtungswerten abgeleitet. Solche Vorgehensweisen werden in der deskriptiven Statistik behandelt. Hier kommen z. B. die aus der Wirtschaft bekannten Begriffe wie Indexzahl (z. B. Veränderung der Preise eines Warenkorbs), Saisonbereinigung und Trendermittlung zur Sprache.

Zwei Vorgehensweisen: geplanter und ungeplanter statistischer Test

Im Gegensatz dazu wird bei einem geplanten Test zuerst die Fragestellung bestimmt und dann aufgrund einer oder mehrerer Stichproben die Beobachtungswerte gewonnen. Der sich anschließende Test soll die gestellte Frage beantworten. Grundsätzlich lässt sich die Vorgehensweise bei einem geplanten Test in mehreren Schritten festlegen:

☐ **Tab. 7.2–1** Schrittweises Vorgehen bei einem geplanten Test

Schritte	Vorgehen
Schritt 1:	Fragestellung mit H_0-Hypothese formulieren. Sie beschreibt den erwarteten bzw. gewünschten Fall. Dann H_1-Hypothese formulieren, welche im Falle eines Verwerfens der H_0-Hypothese angenommen werden soll
Schritt 2:	Geeigneten Test auswählen
Schritt 3:	Signifikanzniveau α festlegen (soweit eine verbindliche Festlegung möglich ist)
Schritt 4:	Stichprobenumfang oder -umfänge festlegen
Schritt 5:	Stichprobe(n) ziehen und Beobachtungswerte gewinnen
Schritt 6:	Weiterführen oder abbrechen, wenn z. B. Daten eine deutliche Verschlechterung zeigen und der Test bereits an dieser Stelle abgebrochen werden kann, obwohl eine signifikante Verbesserung gezeigt werden soll
Schritt 7:	Prüfgröße berechnen und den kritischen Wert der entsprechenden Tabelle entnehmen
Schritt 8:	Treffen der Testentscheidung bezüglich des Verwerfens oder nicht Verwerfens der H_0-Hypothese
Schritt 9:	Erzieltes Ergebnis interpretieren

Zusammengefasst ist ein Hypothesentest nichts anderes als eine Prozedur zur Entscheidung zwischen zwei Alternativen, sich gegenseitig ausschließenden Annahmen über eine unbekannte Grundgesamtheit auf der Basis von Informationen, die mit Stichprobenfehlern behaftet sind.

Beachten Sie, dass der letzte Schritt „Interpretation" besondere Aufmerksamkeit erfordert. An dieser Stelle wird eine Rücktransformation des statistischen Ergebnisses auf die praktische Ebene von Medizin oder Pharmazie vollzogen. Was können ggf. die Ursachen für ein verwerfen der H_0-Hypothese sein?

Auch der Punkt „Hypothesenerstellung" muss stimmen; wenn bereits an diesem Punkt in der Vorbereitung der falsche Ansatz geführt wird, wird die Durchführung des Testes auch fehlerhaft sein. Möglicherweise wird dann ein unzutreffender Schluss gezogen (→ Kap. 7.1).

7.3 Der Fehler erster und zweiter Art

Wie im letzten Abschnitt bereits erwähnt, ist für die Testdurchführung ein Signifikanzniveau α vorzugeben (→ Kap. 7.7).

Ein Hypothesentest liefert keinen sicheren Schluss.

Da beim Testen von Hypothesen der wahre Sachverhalt in der Grundgesamtheit nicht bekannt ist, gibt es keine vollkommen sicheren Schlüsse. Jede Entscheidung ist daher mit einem Fehlerrisiko behaftet.

Je nachdem, was in der Grundgesamtheit tatsächlich gilt und wie die Testentscheidung ausfällt, gibt es vier Möglichkeiten. Wie immer in der Situation einer Unsicherheit kann die Entscheidung richtig oder falsch sein. Dazu werden zwei Fehlerarten unterschieden: der Fehler 1. Art und der Fehler 2. Art.

☐ **Tab. 7.3–1** Fehler 1. Art und Fehler 2. Art bei statistischen Testverfahren

Die Testentscheidung lautet:	Zustand in der Grundgesamtheit	
	H_0 **trifft nicht zu**	H_0 **trifft zu**
H_0-Hypothese wird verworfen („signifikanter" Unterschied)	Richtige Entscheidung, $1 - \beta$	Fehler 1. Art mit Irrtumswahrscheinlichkeit α (Fehlalarm!)
H_0-Hypothese wird nicht verworfen (kein „signifikanter" Unterschied)	Fehler 2. Art mit Irrtumswahrscheinlichkeit β (unterlassener Alarm!)	Richtige Entscheidung, $1 - \alpha$

Fehler 1. Art

Fehler 1. Art: H_0 für Grundgesamtheit zutreffend, für Stichprobenergebnis unzutreffend

Aufgabe des Signifikanzniveaus α ist es, den Fehler 1. Art möglichst zu verhindern, bzw. die Wahrscheinlichkeit dafür zu quantifizieren. Der vorgegebene Höchstwert für den Fehler 1. Art ist das Signifikanzniveau α.

Der Fehler 1. Art besteht nun darin, dass zwar für die Grundgesamtheit die Nullhypothese zutrifft, diese aber aufgrund des Stichprobenergebnisses verworfen wird. In Wirklichkeit war jedoch die Stichprobe zufallsbedingt nicht repräsentativ für die Grundgesamtheit. Beispielsweise würde dies für das Signifikanzniveau α = 5 % bedeuten, dass eine Nullhypothese mit einer Wahrscheinlichkeit von maximal 5 % verworfen wird, obwohl sie eigentlich richtig ist.

> **Merge**
>
> Das Verwerfen einer an sich gültigen Nullhypothese heißt Fehler 1. Art. Die Nullhypothese wird fälschlicherweise (unberechtigterweise) abgelehnt. Die Wahrscheinlichkeit, dass dies passiert, ist α.

Beispiel 7.3–1

Ein solcher Fehler wird begangen, wenn die Hypothese – 1 % Ausschuss bei der Herstellung von Salbentuben – abgelehnt wird, obwohl tatsächlich ≤ 1 % mangelhaft ist.

Fehler 2. Art

Die umgekehrte Situation liegt beim Fehler 2. Art vor. Die kritischen Grenzen werden von der Testfunktion nicht über- oder unterschritten und die Nullhypothese wird nicht abgelehnt. Auch das kann eine Fehlentscheidung sein.

Der beobachtete Effekt ist tatsächlich vorhanden, aber das Ergebnis wird als nicht „signifikant" erkannt. Die zugehörige Irrtumswahrscheinlichkeit 2. Art, auch bezeichnet als β, also die Wahrscheinlichkeit dafür, dass die Nullhypothese nicht abgelehnt wird, obwohl sie falsch ist, kann sehr groß sein. Das ist sicherlich dann der Fall, wenn der zu testende Parameter nicht zum Hypothesenbereich gehört, aber vom Grenzwert weit entfernt ist. Der Fehler 2. Art soll jedoch so klein wie möglich gehalten werden und damit eine hohe Teststärke (power) besitzen.

Wenn man eine größere Sicherheit braucht, also α verkleinert, erhöht man gleichzeitig die Wahrscheinlichkeit, einen wahren Effekt nicht zu sehen. Man vergrößert dann den β-Fehler und verkleinert damit die power. Die Größe $1 - \beta$ heißt power; je größer die power eines Testverfahrens, um so eher stellt sich im Falle eines tatsächlich vorhandenen Unterschieds ein „signifikantes" Ergebnis ein. Mit β wird dabei die Wahrscheinlichkeit bezeichnet, einen Fehler 2. Art zu begehen.

Der β-Fehler kann im Gegensatz zum α-Fehler nicht explizit angegeben werden. Während es nur einen Gleichheitszustand in Bezug auf die H_0-Hypothese gibt, gibt es unendlich viele Möglichkeiten für Abweichungen. Wenn es einen wahren Unterschied gibt, dann kann er viel leichter gefunden werden, wenn der Abstand groß ist.

Eine wahre Veränderung von 1 % ist sicherlich schwerer zu erkennen, als eine wahre Veränderung von 50 %. Deshalb wird der β-Fehler (bei gleichem α-Fehler!) bei einer kleinen Veränderung viel größer sein, als bei einer größeren Veränderung.

Fehler 2. Art: H_0 für Grundgesamtheit unzutreffend, für das Stichprobenergebnis zutreffend

> **Merge**
>
> Das Nichtverwerfen einer an sich falschen Nullhypothese heißt Fehler 2. Art. Die Wahrscheinlichkeit, einen solchen Fehler zu begehen, bezeichnet man als Irrtumswahrscheinlichkeit oder Risiko 2. Art oder β-Fehler. β wird auch als Abnehmerrisiko oder Kundenrisiko bezeichnet. Die Nullhypothese wird fälschlicherweise (unberechtigterweise) angenommen, bzw. beibehalten. Die Wahrscheinlichkeit, dass dies passiert, ist β.

Beispiel 7.3–2 (Weiterführung von Beispiel 7.3–1)

Der fehlerhafte Anteil wäre in Wahrheit 1,2 %. Der β-Fehler sagt dann aus, mit welcher Wahrscheinlichkeit der Unterschied nicht zu finden ist.

Stellt sich bei einem statistischen Vergleich heraus, dass ein neues Medikament besser ist, obwohl es in Wirklichkeit dem ursprünglichen Medikament gleichwertig ist, so liegt ein Fehler 1. Art vor; stellt sich mittels des Vergleichs jedoch heraus, dass beide Medikamente gleichwertig sind, obwohl tatsächlich das neue Medikament besser ist, so wird der Fehler 2. Art begangen. Die Irrtumswahrscheinlichkeit β hängt also von mehreren Faktoren ab.

β-Fehler sind abhängig von

- der Größe der Differenz der Parameter (z. B. Mittelwert),
- den Streuungen s der Messwerte,
- dem Stichprobenumfang n,
- Art der Fragestellung (einseitig oder zweiseitig),
- Irrtumswahrscheinlichkeit α.

Für einen Test dürfen α und n nicht zu klein gewählt sein.

Je kleiner α, je kleiner der Stichprobenumfang und je kleiner die tatsächlich bestehende Differenz, desto größer ist das Risiko, einen tatsächlich existierenden Zusammenhang zu übersehen. Der Ausweg wäre die Inkaufnahme eines größeren α-Fehlers und/oder die Vergrößerung des Stichprobenumfangs. Bei Kenntnis der vorgegebenen α- und β-Fehler kann für einen konkreten Test der benötigte Stichprobenumfang berechnet werden. Dazu werden Unterschiede in ein Verhältnis zur Standardabweichung gesetzt.

Da die Größe des tatsächlich vorhandenen Effekts nicht bekannt ist, kann die Irrtumswahrscheinlichkeit β nur grob geschätzt werden.

Wie Sie sich sicherlich schon denken können, sind die Fehler 1. Art und 2. Art gar nicht zu vermeiden. Wenn das möglich wäre, so wäre jeder Zufallseinfluss vermeidbar ($\rightarrow$ Kap. 3.4.1). Im konkreten Fall ist abzuwägen, welche Fehlentscheidung folgenschwerer ist. Danach wird man im konkreten Fall α und β zum Beispiel so festlegen, dass die kritische Wahrscheinlichkeit $\alpha = 0{,}05$ und $\beta = 0{,}10$ ist.

Beispiel 7.3–3

Die Herstellung einer Injektionslösung mit herzwirksamen Glykosiden erfordert äußerste Konstanz in der Herstellung. Nicht konforme Chargen müssen bereits während der Herstellung rechtzeitig erkannt werden. Wird eine fehlerhafte Charge (β-Fehler) beibehalten (Injektionslösung in Ordnung, obwohl sie es tatsächlich nicht ist) und für den Verkehr freigegeben, so bedeutet dies einen gefährlichen Qualitätsfehler. Man bringt somit irrtümlicherweise eine fehlerhafte Charge der Injektionslösung in den Verkehr, was möglicherweise zu Injektionszwischenfällen führt. Dies könnte, unabhängig vom Imageschaden für die Firma, ggf. einen körperlichen Schaden am Patienten mit der Folge eines unabsehbaren finanziellen Haftungsschadens für den pharmazeutischen Unternehmer bedeuten. Man sollte also β möglichst klein wählen, während das Verwerfen „guter" Chargen über einen α-Fehler zwar Kosten bedeuten, aber keine im Sinne von unabsehbaren Haftungskosten.

Arten von Hypothesentests 7.4

Man unterscheidet parametrische (verteilungsgebunden) und nicht parametrische (verteilungsfrei) Tests (→ Kap. 9.1, 9.4).

Parametrische Tests (verteilungsgebunden)

Unter parametrischen Tests versteht man statistische Vergleiche die einer bestimmten Verteilung unterliegen; in der Regel sind sie normalverteilt.

Solche Verfahren heißen werden deshalb so benannt, weil innerhalb einer bestimmten Verteilungsform nur die Parameter der Verteilung von Interesse sind. Dabei wird eine bestimmte Verteilungsfunktion vorausgesetzt. Die bekanntesten parametrischen Testverfahren sind F-Test, t-Test und Varianzanalyse.

Voraussetzung sind normalverteilte oder annähernd normalverteilte Datenreihen.

Nicht parametrische Tests (verteilungsfrei)

Die Menge der für H_0-Hypothese und H_1-Hypothese zugelassenen Verteilungen stellen keine Bedingung an die Verteilungsform der zugrunde liegenden Grundgesamtheit und somit der statistischen Kennwerte. Ein weniger üblicher, aber klarerer Name dafür ist „verteilungsfreier Test".

Ursprünglich wurde unter diesem Begriff nur die statistische Verarbeitung nichtnormal verteilter Messwerte verstanden. Heutzutage fallen alle Methoden des Häufigkeitsvergleichs darunter, hier insbesondere die klassischen Chi^2-Techniken wie z. B. der Chi^2-Unabhängigkeitstest.

Verteilungsfreie Methoden sind also Methoden, die auf jede Art der Häufigkeitsverteilung angewendet werden können, also auch auf Rangdaten (z. B. Wilcoxon-Rangsummentest). Das Vorliegen einer Normalverteilung ist also nicht Voraussetzung. Verteilungsfreie Methoden dürfen auch dann herangezogen werden, wenn die Verteilung von der Normalität abweicht oder sogar gänzlich unbekannt ist.

Verteilungsfreie Methoden sind Methoden, die auf jede Art von Häufigkeitsverteilung angewendet werden können.

Die einseitige und zweiseitige Fragestellung 7.5

Eine einseitige Fragestellung liegt immer dann vor, wenn entweder nur die Überschreitung eines Höchstwertes (im Sprachgebrauch wird dann z. B. „besser" oder „überlegen" formuliert) oder nur die Unterschreitung eines Mindestwertes auftreten kann. Solche Fragestellungen werden auch als eine gerichtete Hypothese bezeichnet. Da bei einer einseitigen Fragestellung das Signifikanzniveau α auf eine Seite gelegt wird (→ O Abb. 7.5–1, O Abb. 7.5–2). Dies hat Folgen für das Verwerfen der H_0-Hypothese.

Beim Zugrundelegen des gleichen Signifikanzniveaus α (z. B. 5 %) fällt μ_{ob} bzw. μ_{un} kleiner aus, als bei der zweiseitigen Fragestellung (am oberen oder unteren Bereich wird nur $\frac{\alpha}{2}$ abgetrennt). Hierdurch kommt es bei einer einseitigen Fragestellung bereits früher zum Verwerfen der H_0-Hypothese.

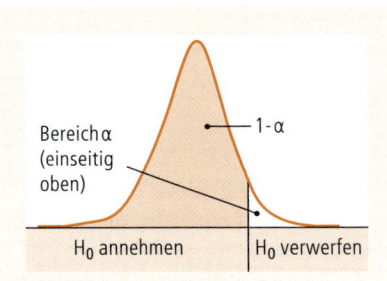

Abb. 7.5–1 Verwerfen der H_0-Hypothese zur einseitig oberen Fragestellung

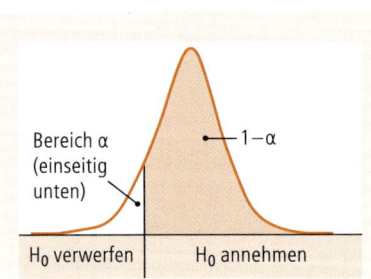

Abb. 7.5–2 Verwerfen der H_0-Hypothese zur einseitig unteren Fragestellung

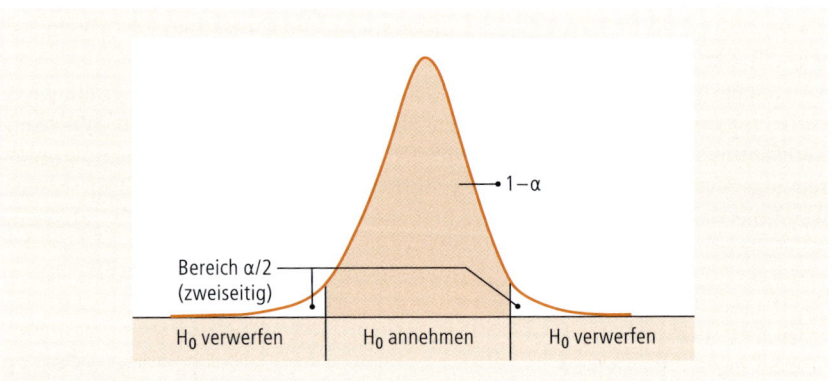

Abb. 7.5–3 Verwerfen der H_0-Hypothese zur zweiseitigen Fragestellung

---

Beispiel 7.5–1

Wir betrachten den theoretischen Fall, dass zwei Therapien T_1 und T_2, möglicherweise gleichwertig sind. Als Ergebnis vieler Studien würde in 50 % der Fälle mal T_1 überlegen sein, mal T_2. Das Signifikanzniveau sei mit $\alpha = 5\,\%$ vorgegeben.

Welche dieser Studien nun ein signifikantes Ergebnis zeigt, bzw. sich überlegen präsentiert, hängt vom Fehler 1. Art und von der Fragestellung (einseitig oder zweiseitig) ab.

Bei einseitiger Fragestellung (H_1: T_1 ist besser als T_2, $T_1 > T_2$) werden die 5 % aller Studien als signifikant gefunden, bei denen T_1 gegenüber T_2 Überlegenheit hat.

Bei zweiseitiger Fragestellung (H_1: T_1 und T_2 unterscheiden sich, $T_1 \neq T_2$) werden Studien als signifikant bezeichnet, bei denen sich bei T_1 mit 2,5 % als überlegen zeigt und zusätzlich 2,5 % der Studien, bei denen T_2 Überlegenheit hat.

Machen Sie sich die Problematik anhand der ○ Abb. 7.5–1 bis 7.5–3 klar.
Nimmt man allgemein eine Beziehung von *A* und *B* an, ohne die Art des Zusammenhangs vorhersagen zu können, so spricht man auch von einer ungerichteten Hypothese; die Fragestellung ist dann immer zweiseitig. Sie sollten also immer gut überlegen, ob Sie mit einer gerichteten oder einer ungerichteten Hypothese arbeiten wollen, da dies Auswirkungen auf die statistische Auswertung hat. Diese Entscheidung beruht auf einer sachlogischen Überlegung.

Beachten Sie in der Praxis unbedingt die Richtung der Fragestellung. Häufig wird für zweiseitige Fragestellungen mit dem Wert aus der einseitigen Fragestellung, also α, gerechnet.

Wichtige Unterscheidung: einseitige oder zweiseitige Fragestellung

Merke

In der zweiseitigen Fragestellung teilt sich die Irrtumswahrscheinlichkeit α nach beiden Seiten der Verteilung mit $\dfrac{\alpha}{2}$ auf.

Bei den einseitigen Fragestellungen wird die gesamte Irrtumswahrscheinlichkeit α auf einer Seite der Verteilung festgelegt.

Der Signifikanztest

7.6

Statistische Tests werden anhand der sog. Signifikanztests durchgeführt. Die Tests sind meist nach der für den Test notwendigen Verteilung benannt, z. B. F-Test, t-Test und Chi²-Test. Andere Tests sind nach ihrem oder ihren Entdeckern benannt, z. B. Grubbs-Test oder Shapiro-Wilk-Anpassungstest. Gemeinsam ist allen Tests, dass eine Prüfgröße anhand von Beobachtungswerten berechnet wird (z. B. $F_{Prüf}$, $t_{Prüf}$) und der erhaltene Wert mit einem kritischen (Tabellen-) Wert (auch Schwellenwert genannt) verglichen (z. B. F_{krit}, t_{krit}) wird. Die Gegenüberstellung beider Werte entscheidet dann über das Verwerfen oder Nichtverwerfen der H_0-Hypothese.

Möglich ist es hingegen auch, eine Berechnung anhand der Vertrauensbereichsgrenzen durchzuführen. Liegt die Stichprobe innerhalb der Grenzen des Vertrauensbereichs, so ist die H_0-Hypothese als nicht widerlegt zu betrachten. Jedoch sind hier zwei Vertrauensgrenzen anstatt nur einer Prüfgröße zu bestimmen. Das Verfahren über einen Signifikanztest ist also vorteilhafter. Häufig wird jedoch nach dem Verwerfen der H_0-Hypothese gefragt, wie groß der Unterschied ist. Dazu wird dann der Vertrauensbereich der Mittelwertdifferenzen bestimmt. An dieser Stelle sei dazu auf weiterführende Literatur sowie auf DIN 55303 Teil 2 verwiesen.

Prüfung erfolgt gegen einen Schwellenwert.

Das Signifikanzniveau

7.7

Zur Durchführung des Signifikanztestes ist es notwendig, ein Signifikanzniveau α festzulegen. Das Signifikanzniveau ist prinzipiell freigestellt, es sei denn, dass es entsprechende Vorschriften, Gesetze, Verordnungen gibt oder ein Wert durch eine Leitlinie empfohlen ist.

Signifikanzniveau α kann vorgegeben sein

Da die H_0-Hypothese umso später verworfen wird, je kleiner das Signifikanzniveau α gewählt ist, kann über die Wahl von α die Annahme oder das Verwerfen der H_0-Hypothese „manipuliert" werden. Die Wahl des „richtigen" Signifikanzniveaus muss sich immer am Untersuchungsgegenstand orientieren und soll vor der Datenerhebung erfolgen.

Existieren keine verbindlichen Vorgaben, so hat sich die Vorgehensweise (z. B. DGQ-Band 16–02) bewährt, den Test mit drei Signifikanzniveaus (0,1 %, 1 % und 5 %) durchzuführen, um somit zu einer übersichtlichen Bewertung zu kommen. Beachten Sie, dass es unzulässig ist „nach zu manipulieren", indem andere Tests ausprobiert werden, das Signifikanzniveau α nachträglich verändert wird oder weitere Stichproben gezogen werden, bis es zum „Wunschergebnis" kommt (z. B. durch Ablehnung von H_0).

Eine Bewertung wird dann wie in folgender Tabelle vorgenommen:

☐ **Tab. 7.7–1** Testbewertung auf verschiedenen Signifikanzniveaus

Ergebnis	Bewertung
Die Prüfgröße führt beim Signifikanzniveau $\alpha = 5\,\%$ nicht zum Verwerfen der H_0-Hypothese	(-)
Die Prüfgröße führt beim Signifikanzniveau $\alpha = 5\,\%$ zum Verwerfen der H_0-Hypothese **und** beim Signifikanzniveau $\alpha = 1\,\%$ nicht zum Verwerfen der H_0-Hypothese	(*)
Die Prüfgröße führt beim Signifikanzniveau $\alpha = 1\,\%$ zum Verwerfen der H_0-Hypothese **und** beim Signifikanzniveau $\alpha = 0,1\,\%$ nicht zum Verwerfen der H_0-Hypothese	(**)
Die Prüfgröße führt beim Signifikanzniveau $\alpha = 0,1\,\%$ zum Verwerfen der H_0-Hypothese	(***)

Daraus ergibt sich folgende Interpretation:
(-)   Zufälliges Resultat.
       Es kann davon ausgegangen werden, dass die H_0-Hypothese zutrifft.
(*)   Indifferentes Resultat.
       Für die H_0-Hypothese oder die H_1-Hypothese ist keine Entscheidung zu treffen. Die Untersuchung sollte deshalb mit einem größeren Stichprobenumfang erneut durchgeführt werden, um zusätzliche Informationen zu erhalten.
(**)   Signifikantes Resultat.
       Es kann davon ausgegangen werden, dass die H_1-Hypothese zutrifft.
(***) Hochsignifikantes Resultat.
       Es kann davon ausgegangen werden, dass die H_1-Hypothese zutrifft.

7.8 Der Freiheitsgrad

Die Schätzung von Parametern ist abhängig von den zur Verfügung stehenden Informationen aus einer Stichprobe. Die Anzahl der Freiheitsgrade wird mit f bezeichnet und ist folgendermaßen definiert:

Definition

Die Anzahl der Freiheitsgrade einer statistischen Kenngröße (z. B. Standardabweichung) ist die Anzahl der unabhängigen Beobachtungen, die deren Berechnung zugrunde liegt, minus der Anzahl der in die Berechnung eingehenden zusätzlichen Parameter, die ebenfalls auf Beobachtungswerten basieren.

Diese vielleicht doch etwas unverständliche Definition soll an einem Beispiel näher erläutert sein.

Beispiel 7.8–1

Für die Berechnung der Stichprobenvarianz s^2 (→ Gleichung 4.2.3–1) stehen n Messwerte zur Verfügung. Außerdem wird ein zusätzlicher Parameter, der Mittelwert, benötigt. Sie dividieren hier also nicht durch den Stichprobenumfang n, sondern einen um „1" geringeren Wert.

Diese Division beruht auf folgender Überlegung:

Es gibt nicht n, sondern nur $n-1$ unabhängige Differenzen für $x_i - \bar{x}$ aufgrund des zusätzlichen Mittelwertparameters. Das bedeutet somit, dass eine der Differenzen nicht unabhängig von den anderen ist und dadurch nicht mehr frei gewählt werden kann. Beachten Sie, dass der Mittelwert bereits aus den ermittelten Daten schon geschätzt wurde. Beim Grenzfall $n = 1$ ist der Mittelwert immer noch zu bestimmen, hingegen die Standardabweichung s nicht mehr ($f = 0$).

Mit n gegen ∞ (also großem Stichprobenumfang) ist dies unerheblich, da sich s^2 an σ^2 annähert. Dies wäre z. B. bei der Berechnung der Standardabweichung σ für die Grundgesamtheit der Fall. Bei der Betrachtung der Grundgesamtheit rechnen Sie also nicht mit $f = n-1$ wie bei der Stichprobe, sondern nur mit n der Gesamtanzahl n der Werte. Beachten Sie deshalb bei Taschenrechnern oder entsprechenden Programmen (z. B. Excel®) diese Überlegung zur Anwendung der korrekten Funktion.

Beispiel 7.8–2

Ist z. B. die Summe von drei Messwerten bekannt, so lassen sich zwei Werte frei definieren. Die dritte Zahl wird dann automatisch durch die Summe festgelegt. Dazu sei folgende Summe dreier Messwerte bekannt:

$x_1 + x_2 + x_3 = 10 + 5 + x_3 = 20$

Wenn x_1 und x_2 festgelegt sind, dann ist x_3 nicht mehr frei wählbar. In dieser Datenreihe mit drei Elementen beträgt der Freiheitsgrad $f = 2$. Hier sind zwei Werte frei zu definieren, während die dritte Zahl ($x_3 = 5$) beträgt.

Über den Freiheitsgrad geht also der Stichprobenumfang n in die Formel ein, die für das Erstellen statistischer Tabellen benutzt werden, z. B. beim t-Test für paarweise verbundene (abhängige) Stichproben mit $f = n-1$ bzw. dem t-Test bei unverbundenen (unabhängigen) Stichproben mit $f = n_1 + n_2 - 2$ (→ Kap. 9.2, 10). Die Vorschrift zur Berechnung des Freiheitsgrades ist dazu immer als Index zur jeweiligen Verteilung angegeben.

Beispiel 7.8–3

Lesen Sie aus der Tabelle zur t-Verteilung (Anhang Tabelle 10) die kritischen Schwellenwerte t_{krit} ab:

1) Für paarweise verbundene Stichproben mit $n = 10$, $\alpha = 0{,}05$ zur
   a) einseitigen   b) zweiseitigen Fragestellung
   Die Ablesevorschrift lautet für
   a) $t_{f;\ 1-\alpha}$ mit $f = n-1$ b) $t_{f; 1-\frac{\alpha}{2}}$ mit $f = n-1$

2) Für unverbundene Stichproben mit $n_1 = 10$ und $n_2 = 8$, $\alpha = 0,05$ zur
   a) einseitigen   b) zweiseitigen Fragestellung
   Die Ablesevorschrift lautet für
   a) $t_{f;\ 1-\alpha}$ mit $f = n_1 + n_2 - 2$ b) $t_{f;1-\frac{\alpha}{2}}$ mit $f = n_1 + n_2 - 2$

Lösung

Sie müssen dazu beachten, dass die Tabelle nur die einseitig oberen Schwellenwerte zur Fragestellung $(G = 1 - \alpha)$ enthält. Für die zweiseitige Fragestellung ist bei $G = 1 - \dfrac{\alpha}{2}$ abzulesen.

1a)
$$t_{f;G} = t_{f=\ n-1;\ G=\ 1-\alpha} = t_{9;\ 0,95}$$
$$\underline{t_{krit} = 1,833}$$

1b)
$$t_{f;G} = t_{f=n-1;G=1-\frac{\alpha}{2}} = t_{9;0,975}$$
$$\underline{t_{krit} = 2,262}$$

2a)
$$t_{f;G} = t_{f=n_1+n_2-2;\,G=1--} = t_{16;0,95}$$
$$\underline{t_{krit} = 1,746}$$

2b)
$$t_{f;G} = t_{f=n_1+n_2-2;\,G=1-\frac{\alpha}{2}} = t_{16;0,975}$$
$$\underline{t_{krit} = 2,120}$$

Literatur

DGQ-Band 16-02 Auswertungsverfahren, Ausgabe: 1996

DIN 13303-2, Stochastik; Mathematische Statistik; Begriffe und Zeichen, Ausgabe: 1982-11

DIN 55303-2 Beiblatt 1, Statistische Auswertung von Daten; Operationscharakteristiken von Tests für Erwartungswerte und Varianzen, Ausgabe: 1984-05

DIN 55303-2, Statistische Auswertung von Daten; Testverfahren und Vertrauensbereiche für Erwartungswerte und Varianzen, Ausgabe: 1984-05

DIN 55350-24, Begriffe der Qualitätssicherung und Statistik; Begriffe der Statistik; Schließende Statistik, Ausgabe: 1982-11

Matthäus WG, Schulze J. Statistik mit Excel, Beschreibende Statistik für jedermann 2. Aufl., Vieweg + Teubner, Wiesbaden 2005

Monka M, Voß W, Schöneck N. Statistik am PC, Lösungen mit Excel. 5. Aufl., Hanser Verlag, München 2008

Timischl W. Qualitätssicherung, Statistische Methoden. 3. Aufl., Hanser Verlag, München 2003

7.9 Übungsaufgaben

Aufgabe 1

Welche Aussage ist richtig?

A Wenn die Prüfgröße in den kritischen Bereich fällt, wird die H_0-Hypothese beibehalten.

B Der β-Fehler ist unabhängig vom α-Fehler.

C Ein α-Fehler wird gemacht, wenn man fälschlicherweise die H_0-Hypothese beibehält.

D Je höher die power eines Tests, desto größer ist auch der β-Fehler.

E Man entscheidet sich fälschlicherweise für die H_1-Hypothese, obwohl in Wirklichkeit die H_0-Hypthese richtig ist. Es liegt dann ein α-Fehler vor.

Aufgabe 2

Beurteilen Sie die folgende Aussage:

Die H_0-Hypothese wird mit einer Irrtumswahrscheinlichkeit $\alpha = 0,001\,\%$ in der einseitigen Fragestellung bestätigt ($n = 6$).

Aufgabe 3

Bei welchem der folgenden Probleme ist es sinnvoll, einen einseitigen Test durchzuführen?

Welche Aussagen sind richtig?

A Untersuchung über die Änderung des Bierkonsums pro Kopf der Bevölkerung.

B Untersuchung über die Zunahme des LKW-Verkehrs.

C Prüfung auf Abweichung des Wirkstoffgehaltes einer Tablette von der Spezifikation.

D Untersuchung der Chancen einer kleinen Partei, die 5 %-Hürde zu überwinden.

Aufgabe 4

Ein pharmazeutisches Unternehmen möchte für eines seiner OTC (freiverkäuflichen) Arzneimittel mit einem Test statistisch belegen, dass durch einen Werbefeldzug der Bekanntheitsgrad mindestens verdoppelt wurde. Vor Beginn der Maßnahmen sei der Bekanntheitsgrad des Arzneimittels mit OTC_B festlegt. Wie wäre die H_0-Hypothese zu formulieren?

A H_0: $OTC = 2\ OTC_B$

B H_0: $OTC \geq 2\ OTC_B$

C H_0: $OTC \geq 0,5\ OTC_B$

D H_0: $OTC < OTC_B$

E H_0: $OTC < 2\ OTC_B$

Aufgabe 5

Welche der folgenden Aussagen über die Testtheorie sind richtig?

A Die H_1-Hypothese ist immer das logische Gegenteil der H_0-Hypothese.

B Je kleiner das Signifikanzniveau α für einen Test gewählt wird, umso kleiner ist der Annahmebereich.

C Zur Formulierung der Hypothesen eines Tests sollte die „nachzuweisende" Behauptung stets als Alternativhypothese gewählt werden.

D Bei Nichtablehnung der H_0-Hypothese kann diese immer als gesichert angesehen werden.

Aufgabe 6

Welche der folgenden Aussagen ist zutreffend?

A Die zweiseitige Fragestellung bei einem Hypothesentest bildet eine übliche Ausgangsfragestellung; die einseitige ist speziell zu begründen.

B Wird die H_0-Hypothese abgelehnt, kann diese trotzdem mit der Wahrscheinlichkeit α richtig sein.

C Als Fehler 1. Art wird das Verwerfen einer falschen H_0-Hypothese bezeichnet.

D Eine H_0-Hypothese kann bewiesen oder bestätigt werden.

Aufgabe 7

Bevor ein geplanter statistischer Test durchgeführt wird, ist folgendes zu tun:
1 Die H_0-Hypothese aufstellen,
2 den Stichprobenumfang n festlegen,
3 für den Fehler 1. Art den kritischen Wert festlegen,
4 die H_1-Hypothese aufstellen,
5 prüfen, ob das mathematische Modell für die Problematik geeignet ist.

Welche der Antworten A – D ist richtig?
A Nur 1 und 2 sind richtig.
B Nur 1, 2 und 3 sind richtig.
C Nur 1, 2 und 5 sind richtig.
D Nur 1, 2, 3 und 5 sind richtig.
E 1 bis 5, alle sind richtig.

Aufgabe 8

Welche der folgenden Aussagen A – E sind richtig?
1 Es liegt ein Fehler 1. Art vor, wenn bei einem Vergleichstest festgestellt wird, dass ein neues Arzneimittel besser ist, obwohl es in Wirklichkeit dem Alten gleichwertig ist.
2 Der Vertrauensbereich wird größer, sobald der Stichprobenumfang erhöht wird.
3 Der Vertrauensbereich wird enger, sobald die Irrtumswahrscheinlichkeit α größer wird.
4 Die Art der Hypothese (einseitig oder zweiseitig) hat keinen Einfluss auf die Ablehnung der H_0-Hypothese.
5 Der Freiheitsgrad einer statistischen Kenngröße ist immer die Anzahl der unabhängigen Beobachtungen minus 1.

Welche Antwort ist richtig?
A Nur 1 und 2 sind richtig.
B Nur 1, 2 und 3 sind richtig.
C Nur 2 und 5 sind richtig.
D Nur 1, 2 und 3 sind richtig.
E Nur 1 und 3 sind richtig.

Aufgabe 9

Die klinische Prüfung eines neuen Medikaments *B* gegenüber dem Standardpräparat *A* ergab, dass der Unterschied bei einer Irrtumswahrscheinlichkeit von 5 % signifikant ist. Was bedeutet das Testergebnis?

A Bei gleicher Wirksamkeit beider Medikamente würde ein noch größerer Unterschied als der beobachtete nur mit einer Wahrscheinlichkeit kleiner als 5 % rein zufällig auftreten.
B Nur 5 % der Probanden zeigten unter der Behandlung mit *B* kein besseres Ergebnis als unter der Behandlung mit *A*.
C *B* wirkt nur mit einer Wahrscheinlichkeit von 5 % besser als *A*.

D In 5 % der zukünftigen Behandlungen wird Medikament B voraussichtlich nicht besser wirken als Medikament A.

E Die mittlere Wirksamkeit von B ist um 5 % höher als die von A.

Aufgabe 10

Wann wird bei einem statistischen Test ein Fehler 1. Art gemacht?

A Wenn H_0 zutrifft, aber verworfen wird.

B Wenn H_1 zutrifft, aber H_0 nicht verworfen wird.

C Wenn H_0 nicht zutrifft, aber H_0 nicht verworfen wird.

D Wenn H_0 zutrifft und H_1 verworfen wird.

E Wenn H_1 zutrifft und H_1 verworfen wird.

8 Testverfahren auf Ausreißer und Normalverteilung

INHALTSVORSCHAU   In den folgenden Abschnitten stellen wir Ihnen eine kleine Auswahl statistischer Tests vor, die zur Prüfung auf vorhandene Ausreißer in einer Messreihe und auf Normalverteilung eingesetzt werden können.

8.1 Ausreißer

Treten innerhalb einer Messreihe im Vergleich zu den anderen Werten extrem hohe oder niedrige Werte dürfen oder müssen diese unter gewissen Umständen vernachlässigt werden. Diese auch als Ausreißer bezeichneten Werte können z. B. den Mittelwert erheblich beeinflussen. Damit kann der ermittelte Wert nicht mehr als Repräsentant des wahren Wert μ angesehen werden. Mit statistischen Testverfahren kann geprüft werden, ob diese Extremwerte als Ausreißer anzusehen sind, d. h. ob sie aus einer anderen Grundgesamtheit stammen als die übrigen Stichprobenwerte.

Ausreißertests bei Verdacht auf unterschiedliche Grundgesamtheiten

Testverfahren auf Aufreißer sollten jedoch nur dann angewendet werden, wenn sichergestellt ist, dass auch die als Ausreißer verdächtigten Werte zuverlässig, d. h. richtig und präzise, ermittelt worden sind. So müssen alle Werte unter vergleichbaren Bedingungen gewonnen worden sein, Mess-, Rechen- oder Übertragungsfehler müssen ausgeschlossen sein. Fehlerhafte Werte müssen korrigiert oder gestrichen werden ($\rightarrow$ Kap. 3.4.1, 3.8.1).

Prinzipiell gibt es keine Ausreißer; entweder basieren sie z. B. auf groben Fehlern ($\rightarrow$ Kap. 3.8.1), das zugrunde liegende Verteilungsmodell ist falsch oder es wurden z. B. während der Herstellung/Prüfung andere bzw. neue Maschinen/Messmittel ($\rightarrow$ Kap. 9.1) eingesetzt. Es ist somit immer zu klären, woher Ausreißer stammen können.

Maskierungseffekt verhindert das Erkennen weiterer Ausreißer

Die mit den unterschiedlichen Testverfahren als Ausreißer erkannten Werte werden gekennzeichnet und aus der Datenreihe entfernt; Mittelwert und Standardabweichung werden ohne diese Werte erneut berechnet. Danach ist mit dem jetzt kleinsten und größten Wert der Ausreißertest erneut durchzuführen. Dies ist deshalb notwendig, da eventuell weitere Ausreißer in der Datenreihe einen Maskierungseffekt bewirken. Dabei verhindert der weitere Ausreißer unter Umständen, dass der erste Ausreißer als signifikant eingestuft wird. Bei der Bewertung der Ergebnisse von Ausreißer-Tests muss berücksichtigt werden, dass ein Ausreißer umso unwahrscheinlicher ist, je kleiner die Stichprobe ist.

Eine allgemein gültige Regel besagt, dass bei mindestens 10 Einzelwerten ein Wert als Ausreißer verworfen werden darf, wenn er außerhalb des Bereiches $\bar{x} \pm 4\,s$ („4-Sigma-Bereich") liegt (Tab. 6.2.1). Hierbei werden $\bar{x}$ und s ohne den ausreißerverdächtigten Wert berechnet. Bei Vorliegen einer Normalverteilung ($\rightarrow$ Kap. 6.2) liegen in diesem Bereich 99,99 % der Werte, bei symmetrisch-eingipfeligen ($\rightarrow$ Kap. 6.3.3) Verteilungen 97 % und bei beliebigen Verteilungen 94 %.

Im Folgenden werden zwei häufig eingesetzte Ausreißertests beschrieben:

- Test nach Dixon und
- Test nach Grubbs.

Diese Testverfahren basieren auf der Normalverteilungsannahme für die Grundgesamtheit, aus der die Stichprobe stammt, abgesehen von eventuellen Ausreißern. Es liegt dabei eine Stichprobe von n Einzelwerten x_i ($i = 1, 2, \dots , n$) vor. Ausreißertests werden immer einseitig ($\rightarrow$ Kap. 7.5) durchgeführt, da die zu beurteilenden Messwerte immer am äußeren Rand einer Messwertverteilung anzutreffen sind.

Zunächst werden die Null- und Alternativhypothese aufgestellt:

- H_0: $x_{(1)}$ bzw. $x_{(n)}$ ist kein Ausreißer, d.h. der Extremwert stammt aus derselben Normalverteilung wie die übrigen Werte der Stichprobe;
- H_1: $x_{(1)}$ bzw. $x_{(n)}$ ist ein Ausreißer, d.h. der Extremwert stammt nicht aus derselben Normalverteilung wie die übrigen Werte der Stichprobe.

Null- und Alternativhypothese

Der Ausreißertest nach Dixon

8.1.1

Der Test nach Dixon wird angewendet, wenn der Stichprobenumfang n weniger als 30 beträgt.

Ausreißertest für kleinen Stichprobenumfang

Berechnung der Prüfgröße

Die Werte werden der Größe nach geordnet und die Prüfgröße $M_{Prüf}$ ist nach der in der zugehörigen Tabelle (Anhang Tabelle 13) angegebenen Vorschrift zu berechnen. Überschreitet $M_{Prüf}$ die Signifikanzschranke, so liegt ein Ausreißer vor. Hierbei ist zu berücksichtigen, dass die Berechnung der Prüfgröße in Abhängigkeit vom vorliegenden Stichprobenumfang erfolgt. Anschließend wird die Prüfgröße mit dem Schwellenwert verglichen.

Entscheidungsregel

Prüfgröße $M_{Prüf} <$ Schwellenwert $M_{Tab} \rightarrow H_0$ wird beibehalten
Prüfgröße $M_{Prüf} >$ Schwellenwert $M_{Tab} \rightarrow H_0$ wird mit α verworfen

Beispiel 8.1.1–1

Aus der Charge eines Tablettenpräparates wurde eine Stichprobe von 10 Tabletten gezogen und der Wirkstoffgehalt bestimmt (mg Wirkstoff/Tablette):

103,2; 98,2; 96,3; 104,3; 98,7; 106,3; 101,5; 97,5; 88,5; 99,5

Mithilfe des Dixon-Tests soll ermittelt werden, ob die Werte 88,5 und 106,3 Ausreißer sind, die Irrtumswahrscheinlichkeit ist auf $\alpha = 0,05$ festgelegt.

Zunächst sind die Werte zu ordnen:

geordnete Reihe: 88,5; 96,3; 97,5; 98,2; 98,7; 99,5; 101,5; 103,2; 104,3; 106,3.

Berechnung der Prüfgröße $M_{Prüf}$ bei $n = 8$ bis $n = 10$ für den größten Wert:

$$M_{Prüf} = \frac{x_{(n)} - x_{(n-1)}}{x_{(n)} - x_{(2)}}$$

Gleichung 8.1.1–1

Berechnung der
Prüfgröße abhängig
vom Stichprobenum-
fang

Mit Gleichung 8.1.1–1 ergibt sich:

$$M_{Prüf} = \frac{106,3 - 104,3}{106,3 - 96,3} = \frac{2}{10} = 0,20$$

Der Schwellenwert M_{Tab} ($n = 10$; $\alpha = 0,05$, Tabelle 13) beträgt 0,477. Da die berechnete Prüfgröße (0,2) kleiner ist als der Schwellenwert, kann die Nullhypothese nicht verworfen werden, d. h. der Wert 106,3 ist kein Ausreißer.
Berechnung der Prüfgröße $M_{Prüf}$ für den kleinsten Wert:

$$M_{Prüf} = \frac{x_{(2)} - x_{(1)}}{x_{(n-1)} - x_{(1)}}$$

$$M_{Prüf} = \frac{96,3 - 88,5}{104,3 - 88,5} = \frac{7,8}{15,8} = 0,4937$$

Da die berechnete Prüfgröße (0,4937) größer ist als der Schwellenwert (0,477) muss die Nullhypothese, es liegt kein Ausreißer vor, beim Signifikanzniveau $\alpha = 5\,\%$ verworfen werden, d. h. der Wert 88,5 ist ein Ausreißer.

8.1.2   Der Ausreißertest nach Grubbs

Der Test nach Grubbs wird insbesondere dann angewendet, wenn der Stichprobenumfang n mehr als 30 Einzelwerte beträgt.

Berechnung der Prüfgröße
Die Werte werden der Größe nach geordnet und dann aus allen Werten, auch den ausreißerverdächtigen, der Mittelwert $\bar{x}$ und die Standardabweichung s berechnet. Mithilfe der beiden nachfolgend angegebenen Gleichungen werden die Prüfgröße $T_{Prüf}$ für den kleinsten Wert T_1 und für den größten Wert T_n berechnet. Die Schwellenwerte sind im Anhang der Tabelle 14 zu entnehmen.
Der Test liefert keine zuverlässigen Ergebnisse, wenn sich am Ende einer Datenreihe zwei in etwa gleich große Werte befinden (Maskierungseffekt). In diesem Fall ist die Prüfung erst mit einem verdächtigen Messwert vorzunehmen, um dann erneut die Messreihe zu prüfen.

$$T_1 = \frac{\bar{x} - x_{(1)}}{s}$$

Gleichung 8.1.2–1

$$T_n = \frac{x_{(n)} - \bar{x}}{s}$$

Gleichung 8.1.2–2

Entscheidungsregel
T_1 oder $T_n < T_{(n;1-\alpha)} \rightarrow H_0$ wird nicht verworfen
T_1 oder $T_n > T_{(n;1-\alpha)} \rightarrow H_0$ wird mit α verworfen

Beispiel 8.1.2–1

Bei der Bestimmung der Wiederfindungsrate (%) eines Arzneistoffs wurden folgende Werte erhalten ($n = 35$):

Wirkstoffgehalt:

99,4; 89,2; 95,3; 89,5; 84,1; 95,6; 87,3; 96,8; 98,9; 97,4;
94,2; 98,3; 93,5; 97,8; 98,1; 92,8; 94,2; 93,6; 90,9; 94,3;
98,6; 94,7; 93,6; 98,1; 95,2; 96,2; 98,7; 89,3; 89,1; 98,2;
95,4; 96,1; 92,1; 93,2; 94,7

Geordnete Messreihe:

84,1; 87,3; 89,1; 89,2; 89,3; 89,5; 90,9; 92,1; 92,8; 93,2
93,5; 93,6; 93,6; 94,2; 94,3; 94,3; 94,7; 94,7; 95,2; 95,3;
95,4; 95,6; 96,1; 96,2; 96,8; 97,4; 97,8; 98,1; 98,1; 98,2;
98,3; 98,6; 98,7; 98,9; 99,4

Handelt es sich bei dem kleinsten (84,1) und dem größten (99,4) Wert um Ausreißer?

Lösung

Der Mittelwert und die Standardabweichung betragen:

$\overline{x}$ = 94,4 mg, s = 3,68 mg

Die diese Werte sind dann in Gleichung 8.1.2–1 und 8.1.2–2 einzusetzen.

$$T_{Prüf} = T_1 = \frac{94,4 - 84,1}{3,68} = \underline{\underline{2,7989}} \qquad T_{Prüf} = T_{35} = \frac{99,4 - 94,4}{3,68} = \underline{\underline{1,3587}}$$

$$T_{krit} = T_{35;\ 0,05} = 2,811 \text{ (Anhang Tabelle 14)} \qquad \Rightarrow T_1 < T_{krit} \qquad T_{35} < T_{krit}$$

Sowohl der kleinste Wert (84,1) als auch der größte Wert (99,4) sind keine Ausreißer, da die berechneten Prüfgrößen kleiner als der kritische Wert der Teststatistik sind.

Statistische Testverfahren auf Normalverteilung

8.2

Viele statistische Aussagen treffen nur für normalverteilte Grundgesamtheiten zu. Werte sind häufig jedoch nicht genau normalverteilt. Mit solchen Werten wird im Wahrscheinlichkeitsnetz keine Ausgleichsgerade erhalten. In diesem Fall sollte mit einem statistischen Testverfahren geprüft werden, ob die Stichprobe aus einer normalverteilten Grundgesamtheit stammt.

Kenntnis der Normalverteilung von Daten ist wichtig für die Anwendung statistischer Verfahren

Sollten die Tests auf Normalverteilung ein negatives Resultat liefern, so sind die Daten mittels geeigneter Transformation in normalverteilte Daten zu überführen. Allerdings bleiben statistische Aussagen bei nicht zu starken Abweichungen auch gültig, denn Mittelwerte und andere wichtige statistische Kennwerte beliebiger Zufallsverteilungen nähern sich bei zunehmender Anzahl von Werten der Normalverteilung an (zentraler Grenzwertsatz, → Kap. 6.4).

Allerdings können auch erhebliche Abweichungen von der Normalverteilung auftreten. Ein Beispiel hierfür sind bimodale Verteilungen, die z. B. durch das Mischen zweier Pulver unterschiedlicher durchschnittlicher Teilchendurchmesser entstehen können. Ein weiteres Beispiel ist die Verteilung der relativen Molekülmasse in einem Gemisch von Macrogol 300 und Macrogol 1500. Auch schiefe

Verteilungen ($\rightarrow$ Kap. 6.3.3) sind oft nicht mehr normalverteilt. Sie entstehen durch naturgegebene oder z. B. durch Qualitätsanforderungen festgelegte Schranken. Wird z. B. bei der Abfüllung von Salben in Tuben ein Mindestfüllgewicht vorgeschrieben und werden alle Tuben unterhalb dieser Grenze aussortiert, dann resultiert eine asymmetrische Gewichtsverteilung und damit eine schiefe Verteilung.

In vielen Fällen ist es also wichtig zu prüfen, ob eine Normalverteilung vorliegt. Dafür sind eine Reihe von Tests entwickelt worden, von denen zwei vorgestellt werden.

Die Hypothesen dieser Testverfahren lauten:

- **Nullhypothese:** Stichprobe stammt aus einer Grundgesamtheit, deren Einzelwerte normalverteilt sind.
- **Alternativhypothese:** Stichprobe stammt nicht aus einer Grundgesamtheit, deren Einzelwerte normalverteilt sind.

Voraussetzung: Es liegen Stichproben mit Einzelwerten vor.

8.2.1 Der Test nach David

Schnelle Prüfung auf Nicht-Normalverteilung

Ein einfach durchzuführender Test zur Prüfung auf Normalverteilung ist von David entwickelt worden. Mit diesem Test können nur ausgeprägte Abweichungen von der Normalverteilung erkannt werden; allerdings sind auch nur solche in der Praxis zu berücksichtigen. Um eine zuverlässige Aussage zu erhalten, sollte der Stichprobenumfang mindestens sechs Einzelwerte umfassen.

Berechnung der Prüfgröße

Die Prüfgröße T_D wird durch den Vergleich von Spannweite R und Standardabweichung s ermittelt:

$$T_D = \frac{R}{s}$$

Gleichung 8.2.1–1

Liegt eine Normalverteilung vor, dann wird dieses Verhältnis zwischen einer oberen und einer unteren Toleranzgrenze liegen, die von der Anzahl der Werte abhängt und in Tabelle 15 (Anhang) angegeben ist.

Entscheidungsregel

Bei Vorliegen einer Normalverteilung wird die Prüfgröße $R_{Prüf}$ zwischen einer unteren und oberen Toleranzgrenze liegen. Werden diese Schranken unter- oder überschritten, dann wird die Nullhypothese mit der gewählten Irrtumswahrscheinlichkeit α abgelehnt, d. h. die Abweichungen zur Normalverteilung sind signifikant. Wird die obere Grenze überschritten, so kann dies auch auf Ausreißer in der untersuchten Stichprobe zurückzuführen sein.

Beispiel 8.2.1–1

Folgende Messwerte liegen vor: 4,0; 6,1; 4,2; 4,4; 2,3; 4,9

Es soll geprüft werden, ob diese Stichprobe aus einer Grundgesamtheit entnommen wurde, deren Werte normalverteilt sind. Die Irrtumswahrscheinlichkeit ist auf $\alpha = 0,05$ festgelegt.

Lösung

Gegeben sind $n = 6$; $\alpha = 0{,}05$ $T_{Prüf} = T_D = \dfrac{3{,}8}{1{,}24} = \underline{\underline{3{,}0645}}$

untere Schranke: 2,28; obere Schranke: 3,012 (Anhang Tabelle 15)

Da die obere Schranke von dem ermittelten Wert der Prüfgröße überschritten wird, muss die Nullhypothese bei einem Signifikanzniveau von $\alpha = 5\,\%$ abgelehnt werden, d. h. es kann angenommen werden, dass die Stichprobe aus einer nicht normalverteilten Grundgesamtheit entnommen wurde.

Stichprobe stammt aus einer nicht normalverteilten Grundgesamtheit

Schärfere Tests zur Prüfung auf Normalverteilung sind der Shapiro-Wilk-Test ($\rightarrow$ Kap. 8.2.2) sowie der hier nicht vorgestellte Chi^2-Test.

Der Shapiro-Wilk-Test

8.2.2

Ein häufig eingesetztes Verfahren zur Prüfung auf Normalverteilung ist der Shapiro-Wilk-Test. Dieser Test ist auch geeignet, wenn relativ kleine Stichproben vorliegen (geforderter Stichprobenumfang: $3 \leq n \leq 50$).

Rechenaufwendiger Test auf Normalverteilung

Verfahrensweise

Die Werte x_i werden der Größe nach geordnet: x_1 sei der kleinste Wert; x_n der größte Wert.

Prüfgröße

Die Prüfgröße lautet:

$$W_{Prüf} = \frac{b^2}{Q}$$

Gleichung 8.2.2–1

$$Q = \sum_{i=1}^{n} \left(x_i - \overline{x} \right)^2$$

Gleichung 8.2.2–2

$$b = \sum_{i=1}^{k} a_i \left(x_{(n-i+1)} - x_i \right)$$

Gleichung 8.2.2–3

Bei geradem n wird bis $k = \dfrac{n}{2}$, bei ungeradem n bis $k = \dfrac{n-1}{2}$ summiert. Die Koeffizienten a_i sind der Tabelle 8 des Anhangs zu entnehmen.

Entscheidungsregel

Im Allgemeinen wird die Entscheidung auch im Shapiro-Wilk-Test auf einem Signifikanzniveau von $\alpha = 0{,}05$, d. h. 5 %iger Irrtumswahrscheinlichkeit, zu treffen sein. Dient er als Vortest, um die Bedingung „Normalverteilung" für einen nachfolgenden parametrischen Test zu prüfen, wird häufig ein Niveau von $\alpha = 0{,}10$ (10 %ige Irrtumswahrscheinlichkeit) empfohlen.

☐ **Tab. 8.2.2–1** Berechnung von Q und b für die Werte aus Beispiel 8.2.2–1

Index i	Werte x_i	$(\bar{x} - x_i)^2$	$x_{(n-i+1)}$	$x_{(n-i+1)} - x_i$	a_i	$a_i \cdot (x_{(n-i+1)} - x_i)$
1	93,1	46,24	106,3	13,2	0,5739	7,5755
2	96,3	12,96	104,3	8,0	0,3291	2,6328
3	97,5	5,76	103,2	5,7	0,2141	1,2204
4	98,2	2,89	101,5	3,3	0,1224	0,4039
5	98,7	1,44	99,5	0,8	0,0399	0,0319
6	99,5	0,16				$\sum a_i (x_{(n-i+1)} - x_i)$
7	101,5	2,56				$= 11,8645$
8	103,2	10,89				$= b$
9	104,3	19,36				
10	106,3	40,96				
	$\sum x_i = 998,6$	$\sum (\bar{x} - x_i)^2 = 143,22$				
	$\bar{x} = 99,9$	$= Q$				

Beispiel 8.2.2–1

Aus einer Charge eines Tablettenpräparates ist eine Stichprobe von 10 Tabletten gezogen worden und der Wirkstoffgehalt bestimmt worden. Dabei wurden folgende Werte erhalten (mg Wirkstoffgehalt/Tablette):

103,2; 98,2; 96,3; 104,3; 98,7; 106,3; 101,5; 97,5; 93,1; 99,5

Mit dem Shapiro-Wilk-Test soll geprüft werden, ob die Grundgesamtheit, aus der diese Stichprobe entnommen wurde, normalverteilt ist. Die Irrtumswahrscheinlichkeit ist mit $\alpha = 0,05$ festgelegt (siehe ☐ Tab. 8.2.2–1).

Die Werte für b^2 und Q werden in die Gleichung 8.2.2–1 eingesetzt:

$$W_{Prüf} = \frac{b^2}{Q} = \frac{11,8645^2}{143,22} = \underline{\underline{0,9829}}$$

Schwellenwert für $n = 10$, $\alpha = 0,05$: $W(n,\alpha) = 0,842$ (Tabelle 9, Anhang), d.h. $W > W(n,\alpha)$
Die Nullhypothese „Werte entstammen einer Normalverteilung" wird nicht verworfen, d.h. die Werte der Stichprobe entstammen einer Grundgesamtheit, die normalverteilt ist.

Literatur

Harms V. Biomathematik, Statistik und Dokumentation. 7. Aufl., Harms Verlag, Kiel 1998
Lorenz RJ. Grundbegriffe der Biometrie. 4. Aufl., Gustav Fischer Verlag, Stuttgart 1996
Sachs L, Hedderich J. Angewandte Statistik. 12. Aufl., Springer, Berlin 2006
Timischl W. Qualitätssicherung, Statistische Methoden. 3. Aufl., Hanser Verlag, München 2003

Übungsaufgaben 8.3

Aufgabe 1
Bei einer Mehrfachuntersuchung des Arzneistoffgehalts einer Lösung sind folgende Werte erhalten worden:
Arzneistoffgehalt (mg/ml):
13,5; 14,3; 14,2; 14,8; 14,9; 14,5; 14,3; 14,6; 15,3; 14,4.
Prüfen Sie mit dem Dixon-Test, ob die Messreihe ausreißerfrei ist!
Die Irrtumswahrscheinlichkeit ist auf $\alpha = 5\%$ festgelegt worden.

Aufgabe 2
Bei der Bestimmung der Arzneistoffgehalts von Tabletten sind folgende Werte erhalten worden:
Arzneistoffgehalt (mg/Tablette):
15,1; 16,1; 18,9; 14,3; 15,3; 15,2; 15,5; 14,9; 15,3; 15,9;
16,5; 15,2; 14,4; 14,7; 15,8; 14,8; 15,1; 15,0; 14,9; 15,3;
15,5; 15,2; 15,4; 14,7; 14,8; 14,7; 15,1; 14,8; 15,9; 15,5.
Prüfen Sie mit dem Grubbs-Test, ob die Messreihe ausreißerfrei ist!
Die Irrtumswahrscheinlichkeit ist auf $\alpha = 5\%$ festgelegt worden.

Aufgabe 3
Prüfen Sie mit dem David-Test, ob die nachfolgend genannte Stichprobe aus einer normalverteilten Grundgesamtheit entnommen wurde! Die Irrtumswahrscheinlichkeit ist auf $\alpha = 5\%$ festgelegt worden.
15,1; 16,4; 17,3; 18,9; 14,3; 15,3; 15,9; 18,3; 14,9; 16,8;
17,5; 18,2; 16,4; 14,7; 15,8; 14,8; 16,1; 18,0; 17,9; 16,3.

Aufgabe 4
Folgende Messwerte sind ermittelt worden:
4,3; 3,9; 4,1; 5,6; 3,6; 3,8; 3,4; 5,1; 4,9; 5,3.
Prüfen Sie mit dem Shapiro-Wilk-Test, ob diese Stichprobe einer normalverteilten Grundgesamtheit entnommen wurde! Die Irrtumswahrscheinlichkeit ist auf $\alpha = 5\%$ festgelegt worden.

9 Auswertung mittels statistischer Vergleiche

INHALTSVORSCHAU

Im folgenden Abschnitt stellen wir Ihnen sowohl einfache statistische Vergleiche als auch zweifache Vergleiche in Form von Signifikanztests vor. Die Bezeichnung „einfacher Vergleich" bedeutet, dass der Vergleich anhand eines Stichprobenergebnisses durchgeführt wird. Das Stichprobenergebnis wird dann mit einem vorgegebenen Parameter verglichen. Im zweifachen Vergleich werden zwei Stichproben ohne Vorgabe eines Parameters miteinander verglichen.

Es gibt eine Vielzahl statistischer Verfahren zur Auswertung und Beurteilung von Daten, die in der Literatur ausführlich beschrieben sind. Die Vorgehensweise zur Durchführung eines statistischen Tests verläuft immer gleich (→ Kap. 7.2). Im Folgenden werden deshalb nur einige ausgewählte Verfahren für in der Praxis häufig auftretende Fragestellungen vorgestellt:

- Ist-/Sollwert-Vergleich (Ein-Stichproben-t-Test),
- Prüfung auf Varianzhomogenität (F-Test),
- Mittelwerte-Vergleich für unverbundene und verbundene Stichproben.

Neben den parametrischen (verteilungsabhängig) Verfahren werden die entsprechenden nicht parametrische (verteilungsfrei) Testverfahren vorgestellt, da diese in der Praxis sehr häufig eingesetzt werden. Verteilungsfreie Methoden sind solche, die auf jede Art der Häufigkeitsverteilung angewendet werden können, auch auf Rangdaten. Das beinhaltet, dass sie nicht an das Vorliegen einer Normalverteilung (→ Kap. 6) gebunden sind.

9.1 Grundlegendes zur t-Verteilung

Die Student t-Verteilung ist eine wichtige Prüfverteilung für Fragestellungen bzgl. des Mittelwertes. Im Jahre 1908 wurde diese von dem Chemiker und Statistiker Gosset (1876–1937) veröffentlicht. Gosset war bei der Guinness-Brauerei in Dublin beschäftigt. Die Veröffentlichung von Forschungsarbeiten unter seinem Namen war ihm nicht gestattet, so dass er unter dem Pseudonym „student" publizieren musste. Gosset entwickelte die Student t-Verteilung zur Auswertung kleiner Stichproben im Brauprozess. Mit der t-Verteilung wurde somit das Fundament für die Statistik der kleinen Stichprobenumfänge gelegt.

Für kleine Stichprobenumfänge t-Verteilung

Die t-Verteilung ist mit dem Mittelwert Null ebenfalls glockenförmig wie die Standardnormalverteilung (→ Kap. 6.1), sie verläuft in der Mitte jedoch etwas flacher, an den Seiten etwas breiter und fällt nach den Enden zu etwas langsamer ab (○ Abb. 9.1–1).

Je kleiner der Freiheitsgrad, desto breiter die t-Verteilung

Die Form der t-Verteilung wird nur von dem Freiheitsgrad f (→ Kap. 7.8) bestimmt. Sie ist umso breiter, je kleiner der Freiheitsgrad ist. Mit größer werdendem Freiheitsgrad geht die t-Verteilung in die Standardnormalverteilung über. Bei Stichproben mit $n \geq 10$ genügt eine annähernd symmetrische Verteilung. Bei Stichproben $n \geq 30$ kann aufgrund des zentralen Grenzwertsatzes (→ Kap. 6.4)

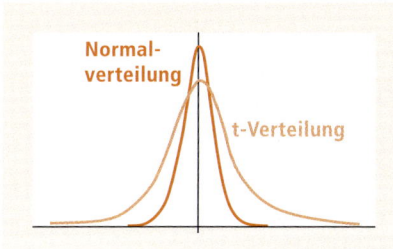

○ **Abb. 9.1–1** Wahrscheinlichkeitsdichte von t-Verteilung und Standardnormalverteilung

bereits eine Normalverteilung für Stichprobenmittelwerte angenommen werden. Dementsprechend gehen viele Tabellierungen der t-Verteilungen nur bis zu $f = 30$ Freiheitsgraden. Die auf der t-Verteilung basierenden statistischen Testverfahren sind deshalb relativ robust gegenüber Abweichungen von der Normalverteilung.

Der Einstichproben-t-Test

9.2

Bei diesem Test handelt es sich um den Vergleich eines empirischen Mittelwertes mit dem Erwartungswert einer normalverteilten Grundgesamtheiten bei unbekannter Varianz σ^2 bzw. Standardabweichung σ.

Mithilfe des Tests soll entschieden werden, ob der Stichprobenmittelwert $\bar{x}$ aus einer anderen Grundgesamtheit stammt als der vorgegebene Parameter μ_0 (Erfahrungswert oder Sollwert), wenn die Standardabweichung σ nicht (mehr) bekannt ist oder in zeitlicher Abhängigkeit variiert. Voraussetzung dazu ist, dass die Stichprobe einer normalverteilten Grundgesamtheit entstammt. Da aber die Standardabweichung σ der Grundgesamtheit unbekannt ist, wird diese aus den Daten der Stichprobe mittels der Standardabweichung s geschätzt.

Vergleich von Ist- und Sollwert

Tests müssen in der Regel zweiseitig durchgeführt werden, wenn nicht vor der Ermittlung der Werte eine begründete Hypothese möglich ist, dass der Istwert größer oder kleiner als der Sollwert ist. Ein- und zweiseitige Test unterscheiden sich in den tabellierten Werten. Bei gleicher Irrtumswahrscheinlichkeit ist ein einseitiger Test stets schärfer als ein zweiseitiger Test ($\rightarrow$ Kap. 7.3, 7.5).

Berechnung der Prüfgröße

Die Prüfgröße $t_{Prüf}$ wird wie folgt berechnet:

$$t_{Prüf} = \frac{\left|\bar{x} - \mu_0\right|}{s} \cdot \sqrt{n}$$

Gleichung 9.2–1

Der kritische Wert t_{Tab} für das Kriterium der Entscheidung ist gegeben mit:
$t_{Tab} = t_{f;G}$ mit $f = n-1$.

Entscheidungsregel

☐ **Tab. 9.2–1** Entscheidungsregeln für Einstichproben-t-Test

H_0	H_1	Test nur, wenn	$G =$	H_0 verwerfen, wenn:
$\mu \leq \mu_0$	$\mu > \mu_0$	$\bar{x} > \mu_0$	$1-\alpha$	
$\mu \geq \mu_0$	$\mu < \mu_0$	$\bar{x} < \mu_0$	$1-\alpha$	$t_{Prüf} > t_{Tab}$
$\mu = \mu_0$	$\mu \neq \mu_0$	$\bar{x} \neq \mu_0$	$1-\dfrac{\alpha}{2}$	

Beispiel 9.2–1

In einer Spezifikation für ein Arzneimittel ist festgelegt, dass nach 30 Minuten mindestens 80 % des Wirkstoffes freigesetzt sein müssen. Die Irrtumswahrscheinlichkeit ist auf α= 5 % festgelegt. An einer Stichprobe von 6 Tabletten des Präparates wurden folgende Werte für die Wirkstofffreisetzung nach 30 Minuten (in %) erhalten: 75,3; 70,0; 78,3; 76,5; 79,3; 74,3

Lösung

Der Mittelwert beträgt demnach $\bar{x} = 75,6$ %, die Standardabweichung $s = 3,3$ %.
Zu prüfen ist, ob der Mittelwert $\bar{x}$ dieser Stichprobe nur zufällig oder signifikant unterhalb des vorgegebenen Sollwertes von $\mu_0 = 80$ % liegt. Der Wert kann sich zufällig von dem geforderten Sollwert unterscheiden, weil es sich lediglich um das Ergebnis einer Stichprobenprüfung handelt.
Zunächst ist anhand der Tabelle 9.2–1 zu überlegen, ob eine Prüfung sinnvoll ist. Anhand der Problematik werden dann zunächst die Testhypothesen aufgestellt.
Nullhypothese: $\mu \geq \mu_0$
Die Arzneistofffreisetzung nach 30 Minuten beträgt mindestens 80 %, der festgestellte Unterschied ist rein zufällig.
Alternativhypothese: $\mu < \mu_0$
Die freigesetzte Menge ist signifikant geringer als der geforderte Sollwert von 80 %. Die Werte werden in Gleichung 9.2–1 eingesetzt.

$$t_{Prüf} = \frac{|\bar{x} - \mu_0|}{s} \cdot \sqrt{n} = \frac{|75,6 - 80,0|}{3,31} \cdot \sqrt{6} = \underline{\underline{3,2561}}$$

Der kritische Schwellenwert wird aus der Tabelle 10 (Anhang) abgelesen.
$t_{Tab} = t_{f;1-\alpha} = \underline{2,015}$
$t_{Prüf} > t_{Tab} \Rightarrow \overline{\text{Die}}$ Nullhypothese wird beim Signifikanzniveau $\alpha = 5$ % verworfen, d. h. der Istwert unterscheidet sich vom Sollwert signifikant.

Vergleich von zwei Stichproben

Zur Prüfung der Arzneistofffreisetzung aus einem Retardpräparat sind aus zwei unterschiedlichen Chargen des Präparates jeweils eine Stichprobe mit 10 Tabletten gezogen worden.

Folgende Ergebnisse wurden erhalten:

freigesetzte Arzneistoffmenge (%) nach 4 Stunden

Charge 1:

70,3; 68,2; 72,3; 75,3; 72,3; 73,2; 69,8; 74,3; 70,5; 73,9

$\bar{x}_1 = 72,0$ $s_1 = 2,26$

Charge 2:

75,3; 79,2; 82,1; 74,2; 81,3; 80,1; 78,3; 81,0; 76,3; 77,9

$\bar{x}_2 = 78,6$ $s_2 = 2,67$

Fragestellung

Die Fragestellung lautet in diesem Fall:

Sind die in den Stichproben beobachteten Abweichungen in Mittelwert und Standardabweichung zufällig oder muss angenommen werden, dass eine signifikante Abweichung besteht, die z. B. auf eine Veränderung der Tablettierbedingungen zurückgeführt werden könnte? Besteht also ein Handlungsbedarf oder nicht?

Damit diese Fragestellung mit statistischen Testverfahren beantwortet werden kann, muss zunächst geprüft werden, ob die beiden Stichproben aus normalverteilten Grundgesamtheiten stammen. Dazu wird der beschriebene Shapiro-Wilk-Test ($\rightarrow$ Kap. 8.2.2) durchgeführt.

Die Ergebnisse sind folgende:

- Stichprobe 1: $W = 0,9669$,
- Stichprobe 2: $W = 0,9552$.

$W_{10;0,05} = \underline{0,842}$; somit entstammen beide Stichproben normalverteilten Grundgesamtheiten.

Prüfung auf Normalverteilung

Der F-Test

Die Frage, ob zwischen den beiden Varianzen, bzw. den Standardabweichungen ein signifikanter Unterschied besteht, kann durch den F-Test beantwortet werden. Dieses Verfahren beruht auf der sog. F-Verteilung von Ronald Aylmer Fisher (1890 – 1962, Evolutionstheoretiker und Statistiker).

Die Nullhypothese lautet: „Die Varianzen sind bis auf zufällige Streuungen gleich", die Alternativhypothese lautet: „Der Unterschied in den Varianzen ist signifikant" (zweiseitige Fragestellung):

H_0: $\sigma_1 = \sigma_2$ H_1: $\sigma_1 \neq \sigma_2$

Unterscheiden sich die Varianzen zufällig, so liegen homogene Varianzen vor. Der F-Test wird deshalb häufig als „Test auf Varianzhomogenität" bezeichnet.

Prüfung auf Varianzhomogenität

Null- und Alternativhypothese

Voraussetzung

Die Werte beider Messreihen müssen aus normalverteilten Grundgesamtheiten stammen.

Berechnung der Prüfgröße

Zur Berechnung der Prüfgröße wird der Quotient der Varianzen gebildet. Die größere der beiden Standardabweichungen kommt dabei immer als s_1 in den Zähler, so dass F stets ≥ 1 ist.

$$F_{Prüf} = \frac{s_1^2}{s_2^2} \text{ mit } s_1 > s_2$$

Freiheitsgrade: $f_1 = n_1 - 1$; $f_2 = n_2 - 1$ und $F_{Tab} = F_{f_1, f_2; G}$

Entscheidungsregel

☐ **Tab. 9.3.1–1** Entscheidungsregeln für F-Test

H_0	H_1	Test nur, wenn:	$G =$	H_0 verwerfen, wenn:
$\sigma_1 \leq \sigma_2$	$\sigma_1 > \sigma_2$	$s_1 > s_2$	$1 - \alpha$	
$\sigma_1 \geq \sigma_2$	$\sigma_1 < \sigma_2$	$s_1 < s_2$	$1 - \alpha$	$F_{Prüf} > F_{Tab}$
$\sigma_1 = \sigma_2$	$\sigma_1 \neq \sigma_2$	$s_1 \neq s_2$	$1 - \frac{\alpha}{2}$	

Eine Anwendung des F-Tests besteht in der Prüfung der Frage, ob sich z. B. zwei unterschiedliche Herstellungsverfahren oder Messmethoden in den Streuungen ihrer Werte und damit in ihrer Qualität (→ Kap. 3.2) unterscheiden. So kann mit dem F-Test z. B. entschieden werden, ob auf eine verbesserte Analysenmethode geschlossen werden darf oder ob eine kleinere Standardabweichung in der Stichprobe zufällig gefunden wurde.

Beispiel 9.3.1–1

$s_1 = 2,26$; $s_2 = 2,67$, $n = 10$, $\alpha = 0,05$

Lösung

$$F_{Prüf} = \frac{2,67^2}{2,26^2} = 1,3957 \qquad F_{Tab} = F_{9,9; G = 1 - \frac{\alpha}{2}} = 4,03$$

einseitige und zweiseitige Fragestellung

Die Tabellen enthalten die obere Signifikanzgrenzen der F-Verteilung für die übliche einseitige Fragestellung. In diesem Fall soll jedoch lediglich untersucht werden, ob zwischen Varianzen ein Unterschied zu erwarten ist, es liegt also eine zweiseitige Fragestellung vor. Wird auf dem 5 %-Signifikanzniveau geprüft, so ist die Tabelle mit den 2,5 %-Schranken zu benutzen, bei einem zweiseitigen Test auf dem 10 %-Niveau entsprechend die Tabelle mit den 5 %-Schranken.

Da der Schwellenwert $F_{9,9;0,025} = 4,03$ größer ist als die berechnete Prüfgröße $F = 1,3957$, kann die Nullhypothese nicht verworfen werden, d. h. es ist kein signifikanter Unterschied der Varianzen nachweisbar.

Eine einseitige Fragestellung würde gewählt werden, wenn die Frage geklärt werden soll, ob eine der beiden normalverteilten Grundgesamtheiten, aus denen jeweils eine Stichprobe gezogen wurde, eine größere Varianz besitzt, weil dies z. B. durch Anwendung eines neuen Verfahrens, mit dem bisher noch keine Erfahrungen vorliegen, anzunehmen ist.

Für den F-Test mit einseitiger Fragestellung gilt:

$$H_0 : \sigma_1^2 \leq \sigma_2^2 \qquad H_1 : \sigma_1^2 > \sigma_3^2$$

Er wird genauso wie der zweiseitige Test durchgeführt, nur mit dem Unterschied, dass der kritische Wert lautet: $F_{f_1,\ f_2;\ G=1-\alpha}$ (siehe ▢ Tab. 9.3.1–1).

Der Zwei-Stichproben-t-Test für unverbundene Stichproben bei gleichen Varianzen

9.3.2

Für das in Kap. 9.3 angegebene Beispiel soll auch geprüft werden, ob der in den Stichproben festgestellte Unterschied zwischen den zwei Mittelwerten $\bar{x}_1$ und $\bar{x}_2$ zufällig oder wirklich vorhanden ist?

Fragestellung

Der Test soll also bei der Entscheidung helfen, ob unabhängig voneinander berechnete Mittelwerte $\bar{x}_1$ und $\bar{x}_2$ aus unterschiedlichen Grundgesamtheiten mit den Mittelwerten μ_1 und μ_2 stammen, wenn die gemeinsame Standardabweichung σ nicht bekannt ist. Das bedeutet aber auch, dass untersucht wird, ob zwei unabhängig gewonnene Zufallsstichproben einer gemeinsamen normalverteilten Grundgesamtheit entstammen.

Ist eine empirische Mittelwertsdifferenz signifikant oder ist sie zufällig beobachtet worden?

Für diese Fragestellung wird häufig der t-Test eingesetzt. Die Hypothesen lauten:
Nullhypothese: Die Mittelwerte $\bar{x}_1$ und $\bar{x}_2$ der beiden Stichproben unterscheiden sich zufällig.
H_0: $\quad \mu_1 = \mu_2$
Alternativhypothese: Die Unterschiede sind nicht zufällig, d. h. sie sind wirklich vorhanden (siehe ▢ Tab. 9.3.2–1).
H_1: $\quad \mu_1 \neq \mu_2$; $\quad$ wobei $\mu_1 < \mu_2$ **oder** $\mu_1 > \mu_2$ sein kann.
Der Test muss in der Regel zweiseitig durchgeführt werden, wenn nicht vor der Bestimmung der Mittelwerte eine begründete Hypothese möglich ist, welcher der Werte größer sein würde. In diesem Fall könnten folgende zwei Alternativhypothesen formuliert werden:
Grundsätzlich ist $\mu_1 > \mu_2$ (oder: grundsätzlich ist $\mu_1 < \mu_2$), d. h. aus sachbezogenen Gründen muss $\mu_1 \geq \mu_2$ (bzw. $\mu_1 \leq \mu_2$) sein.

Voraussetzung

Die Werte stammen aus einer Normalverteilung und die Verteilungen haben dieselben Standardabweichungen; $\sigma_1 = \sigma_2$ (F-Test).

Berechnung der Prüfgröße

$$t_{Prüf} = \frac{\left| \bar{x}_1 - \bar{x}_2 \right|}{s_d} \cdot \sqrt{\frac{n_1 \cdot n_2}{n_1 + n_2}}$$

Gleichung 9.3.2–1

$$s_d = \sqrt{\frac{s_1^2\left(n_1 - 1\right) + s_2^2\left(n_2 - 1\right)}{n_1 + n_2 - 2}}$$

Gleichung 9.3.2–2

s_d: Standardabweichung der Mittelwertdifferenzen

Liegen in beiden Messreihen gleich viele Einzelwerte ($n_1 = n_2 = n$) vor, kann folgende vereinfachte Gleichung zur Berechnung der Prüfgröße angewandt werden:

$$t_{Prüf} = \left|\overline{x}_1 - \overline{x}_2\right| \cdot \sqrt{\frac{n}{s_1^2 + s_2^2}} \quad \text{mit } n = n_1 = n_2$$

Gleichung 9.3.2–3

Freiheitsgrade f (oder FG): $f = n_1 + n_2 - 2$ (bei ungleichem Stichprobenumfang), bzw. $f = 2n - 2$ (bei gleichem Stichprobenumfang).

Entscheidungsregel

◻ **Tab. 9.3.2–1** Entscheidungsregeln für den Zweistichproben-t-Test

H_0	H_1	Test nur, wenn:	$G =$	H_0 verwerfen, wenn:
$\mu_1 \leq \mu_2$	$\mu_1 > \mu_2$	$\overline{x}_1 > \overline{x}_2$	$1 - \alpha$	
$\mu_1 \geq \mu_2$	$\mu_1 < \mu_2$	$\overline{x}_1 < \overline{x}_2$	$1 - \alpha$	$t_{Prüf} > t_{Tab}$
$\mu_1 = \mu_2$	$\mu_1 \neq \mu_2$	$\overline{x}_1 \neq \overline{x}_2$	$1 - \dfrac{\alpha}{2}$	

Beispiel 9.3.2–1

Die Voraussetzungen für die Durchführung des t-Tests sind erfüllt (Normalverteilung, Varianzhomogenität, s. Beispiel in Kap. 9.3).

Gegeben sind: $\overline{x}_1 = 72{,}0$; $s_1 = 2{,}26$; $\overline{x}_2 = 78{,}6$; $s_2 = 2{,}67$

Die Irrtumswahrscheinlichkeit ist auf $\alpha = 0{,}05$ festgelegt.

Lösung

Es liegt eine zweiseitige Fragestellung vor, da lediglich geprüft werden soll, ob ein Unterschied zwischen aus den beiden Chargen nach 4 Stunden freigesetzten Arzneistoffmengen besteht.

Berechnung der Prüfgröße

$$t_{Prüf} = \left|72{,}0 - 78{,}6\right| \cdot \sqrt{\frac{10}{2{,}26^2 + 2{,}67^2}} = \underline{\underline{5{,}9664}} \; t_{Tab} = t_{18;0{,}05} = 2{,}101 \Rightarrow t_{Prüf} > t_{Tab}$$

Da die berechnete Prüfgröße größer ist als der zugehörige Tabellenwert, muss die Nullhypothese bei einem Signifikanzniveau $\alpha = 5\%$ abgelehnt werden, d. h. die aus den beiden Chargen freigesetzten Arzneistoffmengen unterscheiden sich signifikant.

Der Welch-Test (Zwei-Stichproben-Test bei ungleichen Varianzen) 9.3.3

Fragestellung

Dieser Test soll bei der Entscheidung helfen, ob unabhängig voneinander berechnete Mittelwerte $\bar{x}_1$ und $\bar{x}_2$ aus unterschiedlichen Grundgesamtheiten mit den Mittelwerten μ_1 und μ_2 stammen, wenn die Standardabweichungen σ_1 und σ_2 unterschiedlich sind.

Voraussetzung

Die Werte stammen aus einer Normalverteilung und die Verteilungen haben unterschiedliche Standardabweichungen; $\sigma_1 \neq \sigma_2$ (F-Test).

Normalverteilung, aber Varianzinhomogenität

Berechnung der Prüfgröße und der Freiheitsgrade

$$t_{Prüf} = \frac{\left| \bar{x}_1 - \bar{x}_2 \right|}{\sqrt{\dfrac{s_1^2}{n_1} + \dfrac{s_2^2}{n_2}}}$$

Gleichung 9.3.3–1

$$f = \frac{\left(\dfrac{s_1^2}{n_1} + \dfrac{s_2^2}{n_2} \right)^2}{\dfrac{\left(\dfrac{s_1^2}{n_1} \right)^2}{n_1 - 1} + \dfrac{\left(\dfrac{s_2^2}{n_2} \right)^2}{n_2 - 1}}$$

Gleichung 9.3.3–2

Für gleich große Stichproben ($n_1 = n_2 = n$) werden Prüfgröße t und Freiheitsgrade f wie folgt berechnet:

$$t_{Prüf} = \frac{\left| \bar{x}_1 - \bar{x}_2 \right|}{\sqrt{\dfrac{s_1^2 + s_2^2}{n}}}$$

Gleichung 9.3.3–3

$$f = (n-1) + \frac{2n-2}{\dfrac{s_1^2}{s_2^2} + \dfrac{s_2^2}{s_1^2}}$$

Gleichung 9.3.3–4

Freiheitsgrade müssen berechnet werden

Die Zahl der Freiheitsgrade f resultiert aus dem auf eine ganze Zahl gerundeten Ergebnis.

Die Signifikanzentscheidung wird, wie beim Zweistichproben-t-Test, aufgrund des Vergleichs des berechneten t-Werts mit den zugehörigen Tabellenwerten $t\,(f, \alpha)$ der t-Verteilungstabelle (Anhang Tabelle 10) vorgenommen.

Entscheidungsregel

☐ **Tab. 9.3.3–1** Entscheidungsregeln für den Welch-Test

H_0	H_1	Test nur, wenn:	$G =$	H_0 verwerfen, wenn:
$\mu_1 \leq \mu_2$	$\mu_1 > \mu_2$	$\bar{x}_1 > \bar{x}_2$	$1 - \alpha$	
$\mu_1 \geq \mu_2$	$\mu_1 < \mu_2$	$\bar{x}_1 < \bar{x}_2$	$1 - \alpha$	$t_{Prüf} > t_{Tab}$
$\mu_1 = \mu_2$	$\mu_1 \neq \mu_2$	$\bar{x}_1 \neq \bar{x}_2$	$1 - \dfrac{\alpha}{2}$	

Beispiel 9.3.3–1

Stichprobe 1:

4,1; 4,8; 4,2; 4,4; 4,5; 4,9; $\bar{x}_1 = 4,5$; $s_1 = 0,32$

Stichprobe 2:

5,1; 5,7; 3,9; 7,5; 6,7; 7,4; $\bar{x}_2 = 6,1$; $s_2 = 1,41$

Es soll geprüft werden, ob der in Stichproben festgestellte Unterschied in den Mittelwerten zufällig ist oder nicht, d. h., ob die Stichproben aus unterschiedlichen Grundgesamtheiten entnommen worden sind. Die Irrtumswahrscheinlichkeit wird auf $\alpha = 0,05$ festgelegt.

Lösung

Mit dem F-Test wird auf Varianzhomogenität geprüft.

$$F_{Prüf} = \frac{1,41^2}{0,32^2} = 19,415 \qquad F_{Tab} = F_{5,5;0,025} = 7,15$$

Die Nullhypothese „Varianzhomogenität" muss bei einem Signifikanzniveau $\alpha = 0,05$ verworfen werden, d. h. die Varianzen sind ungleich und damit ist die Voraussetzung für den einfachen Zweistichproben-t-Test nicht gegeben. In diesem Fall muss ist der Welch-Test angewendet werden, der aufgrund der Fragestellung als zweiseitiger Test durchzuführen ist.

$$t_{Prüf} = \frac{\left| 4,5 - 6,1 \right|}{\sqrt{\dfrac{1,9881 + 0,1024}{6}}} = \frac{1,6}{0,5903} = 2,7105$$

$$f = 5 + \frac{10}{\dfrac{0,1024}{1,9881} + \dfrac{1,9881}{0,1024}} = \frac{10}{0,0515 + 19,415} = 5 + 0,5137 = \underline{5,5137} \Rightarrow f = 5$$

$t_{Tab} = t_{5;0,05} = 2,571 \qquad \Rightarrow \qquad t_{Prüf} > t_{Tab}$

Da die berechnete Prüfgröße größer ist als der zugehörige Tabellenwert muss die Nullhypothese bei einem Signifikanzniveau $\alpha = 5\,\%$ abgelehnt werden, d. h. es ist ein signifikanter Unterschied vorhanden.

Der t-Test für paarweise angeordnete Messwerte 9.3.4

Es soll geprüft werden, ob die in zwei Stichproben mit zwei Verfahren erhaltenen Ergebnisse zufällig unterschiedlich sind oder nicht (→ Beispiel 9.3.4–1). Wäre der Unterschied nicht zufällig, so bedeutet dies, dass die beiden Verfahren hinsichtlich der erhaltenen Ergebnisse nicht vergleichbar sind. Da lediglich danach gefragt wird, ob Unterschiede vorhanden sind, handelt es sich um eine zweiseitige Fragestellung.

Fragestellung

Der Test soll bei der Entscheidung helfen, ob zwischen zwei Verfahren A und B ein systematischer Unterschied mit $\Delta = \mu_A - \mu_B \neq 0$ besteht.

Die Werte der beiden Stichproben treten paarweise angeordnet auf; die beiden Werte jedes Paares stammen vom selben Untersuchungsobjekt. Zwei derartige Stichproben heißen abhängig oder auch „verbunden". Beispiele sind der Vergleich von zwei Geräten oder auch Prüfern, wenn jeweils immer paarweise Werte vom selben Element vorliegen (Verfahrensvergleich).

In einem solchem Fall wird der t-Test für paarweise angeordnete Messwerte angewendet. Mit ihm wird geprüft, ob sich der Mittelwert der Paardifferenzen signifikant von Null unterscheidet.

Vergleich zweier verbundener Stichproben

> **Merke**
>
> Dieser Test ist beim Aufdecken eines möglicherweise vorhandenen Unterschieds wirksamer als der für unverbundene Stichproben (→ Kap. 9.3.2). Hier werden zusätzlich die Informationen, welche in der paarweise vorhandenen Anordnung der Stichprobenwerte vorhanden sind, genutzt. Dieser Test ist somit, wenn möglich, dem Test für unverbundene Stichproben vorzuziehen.

Voraussetzung

Die Differenzen stammen aus einer normalverteilten Grundgesamtheit. Dabei brauchen die Merkmalswerte selbst nicht unbedingt einer Normalverteilung unterliegen.

Parametrisches Testverfahren

Berechnung der Prüfgröße

$$t_{Prüf} = \frac{\dfrac{\sum d_i}{n}}{\sqrt{\dfrac{\sum d_i^2 - \dfrac{\left(\sum d_i\right)^2}{n}}{n \cdot (n-1)}}}$$

Gleichung 9.3.4–1

x_i; y_i: Werte der verbundenen Stichproben; $x_i - y_i = d_i$; n = Anzahl der Paare; die Freiheitsgrade zur Ermittlung des Tabellenwertes t_{Tab} betragen $f = n - 1$.

Entscheidungsregel

☐ **Tab. 9.3.4–1** Entscheidungsregeln für den t-Test für paarweise angeordnete Messwerte

H_0	H_1	Test nur, wenn	$G =$	H_0 verwerfen, wenn:
$\mu_d \leq 0$	$\mu_d > 0$	$\bar{d} > 0$	$1 - \alpha$	
$\mu_d \geq 0$	$\mu_d < 0$	$\bar{d} < 0$	$1 - \alpha$	$t_{Prüf} > t_{Tab}$
$\mu_d = 0$	$\mu_d \neq 0$	$\bar{d} \neq 0$	$1 - \dfrac{\alpha}{2}$	

Beispiel 9.3.4–1

Prüfung auf Gleichwertigkeit von zwei analytischen Verfahren

Beim Vergleich von zwei analytischen Methoden zur Bestimmung des Wirkstoffgehaltes (mg/ml) wurden an identischem Probenmaterial folgende Ergebnisse erhalten (☐ Tab. 9.3.4–1). Es soll geprüft werden, ob die in den beiden Stichproben mit den beiden Verfahren erhaltenen unterschiedlichen Ergebnisse zufällig sind oder nicht.

Lösung

Wäre der Unterschied nicht zufällig, so bedeutet dies, dass die beiden Verfahren hinsichtlich der erhaltenen Ergebnisse nicht vergleichbar sind. Die Irrtumswahrscheinlichkeit wird auf $\alpha = 0{,}05$ festgelegt. Da lediglich danach gefragt wird, ob Unterschiede vorhanden sind, handelt es sich um eine zweiseitige Fragestellung.

Die Werte der beiden Stichproben treten paarweise angeordnet auf; die beiden Werte jedes Paares stammen vom selben Messobjekt. In einem solchem Fall wird der t-Test für paarweise angeordnete Messwerte angewendet. Mit ihm wird geprüft, ob sich der Mittelwert der Paardifferenzen signifikant von Null unterscheidet. Da der Test sinnvollerweise nur durchgeführt wird, wenn $\bar{d} \neq 0$ ist, so ist dies zunächst anhand der ☐ Tab. 9.3.4–2 zu prüfen mit:

$$\bar{d} = \frac{1}{n} \cdot \sum_{i=1}^{n} d_i$$

Gleichung 9.3.4–2

☐ **Tab. 9.3.4–2** Gehaltsbestimmung eines Wirkstoffs mit zwei unterschiedlichen Verfahren

Probe	mg Wirkstoff/mL	
	Verfahren 1	Verfahren 2
1	5,5	5,1
2	4,5	4,9
3	4,8	4,5
4	4,6	4,3
5	4,7	4,5
6	5,1	5,5

◻ **Tab. 9.3.4–3** Differenzen der Messwerte aus beiden Verfahren

Verfahren 1	Verfahren 2	d_i
5,5	5,1	0,4
4,5	4,9	-0,4
4,8	4,5	0,3
4,6	4,3	0,3
4,7	4,5	0,2
5,1	5,5	-0,4
		$\sum_{i=1}^{n} d_i = 0,4$

In Gleichung 9.3.4–2 eingesetzt ergibt sich:

$$\bar{d} = \frac{1}{n} \cdot \sum_{i=1}^{n} d_i = \frac{1}{6} \cdot 0,4 = 0,067$$

⇒ Die Differenz zwischen beiden Verfahren ist ≠ 0. Somit ist es sinnvoll den Test durchzuführen. Die Null- und Alternativhypothese (→ ◻ Tab. 9.3.4–1) lauten entsprechend:

$$H_0: \mu_d = 0 \quad H_A: \mu_d \neq 0$$

Mit der Nullhypothese wird behauptet, dass der Erwartungswert der Differenzen μ_d gleich 0 ist; daraus folgt, dass die Differenzen symmetrisch um 0 streuen und daher weder bevorzugt positiv noch negativ sind. Wären die Differenzen positiv oder negativ, würde dies bedeuten, dass die Methoden nicht gleichwertig sind. Mit Gleichung 9.3.4–1 wird $t_{Prüf}$ berechnet:

$$t_{Prüf} = \frac{0,0667}{\sqrt{\dfrac{0,70 - 0,0267}{30}}} = \frac{0,0667}{0,1498} = \underline{\underline{0,4453}}$$

Aus Tabelle 10 des Anhangs wird der kritische Schwellenwert entnommen:

$$t_{Tab} = t_{f;G} = t_{f;1-\frac{\alpha}{2}} = t_{5;0,975} = \underline{\underline{2,571}} \quad \Rightarrow t_{Prüf} < t_{Tab}$$

Da die Prüfgröße kleiner ist als der zugehörige Tabellenwert der t-Verteilung, kann die Nullhypothese nicht verworfen werden, d. h. mit beiden analytischen Verfahren werden vergleichbare Werte erhalten.

9.4 Verteilungsunabhängige Verfahren (Rangsummentests)

Nicht parametrische Verfahren

Die bisher vorgestellten statistischen Testverfahren setzen voraus, dass die Stichproben aus normalverteilten Grundgesamtheiten stammen, der Zweistichproben-t-Test zusätzlich Varianzhomogenität. Diese an Voraussetzungen gebundenen Verfahren werden auch als verteilungsabhängige oder parametrische Testverfahren bezeichnet. Die Voraussetzung der Normalverteilung ist streng genommen häufig nicht gegeben oder die Überprüfung auf der Grundlage kleiner Stichproben als kritisch anzusehen. Aus diesem Grund wurden verteilungsunabhängige oder nicht parametrische Methoden entwickelt, die die Normalverteilung nicht voraussetzen. Die dem t-Test entsprechenden verteilungsfreien Verfahren fordern lediglich unabhängige Daten, was durch den Aufbau des Versuchs und der Datengewinnung gewährleistet werden muss. Die nachfolgend vorgestellten verteilungsunabhängigen Verfahren sind sogenannte Rangsummentests.

Bei den Rangsummentests wird nicht mit den Messwerten gerechnet, sondern die Werte werden ihrer Größe nach in eine Rangfolge (→ Kap. 3.3.2) gebracht, so dass jedem Messwert ein bestimmter Rangplatz zugeordnet wird. Die Prüfgröße basiert auf den Rangplätzen.

Wenn die Werte einer Normalverteilung entstammen, haben die Rangsummentests fast dieselbe Teststärke (Power) (→ Kap. 7.3) wie entsprechenden t-Tests. Es wird bei den Rangsummentests nur eine um ca. 5 % größere Stichprobe benötigt, um denselben β-Fehler bzw. dieselbe Teststärke = $1 - \beta$ wie bei dem t-Test zu erreichen.

Im folgenden Teil wird ein Test für unabhängige Stichproben und ein Test für abhängige Stichproben (→ Kap. 2.7) vorgestellt.

9.4.1 Der Wilcoxon-Mann-Whitney-Test (U-Test)

Wenn bei einem Merkmal, z. B. dem Körpergewicht, nicht von einer Normalverteilung ausgegangen werden kann, soll ein nicht parametrischer Test eingesetzt werden. Das nichtparametrische Gegenstück zum Zweistichproben-t-Test ist der Wilcoxon-Mann-Whitney-Test (auch als U-Test bezeichnet), bei dem die beiden Mediane verglichen werden.

Voraussetzung

Dieser Test ist für den Vergleich von unabhängigen Stichproben geeignet. Merkmalsverteilungen in den beiden Grundgesamtheiten dürfen sich in ihrer Lage unterscheiden, jedoch nicht in ihrer Verteilungsform.

Verfahrensweise

Umfang der Stichprobe 1: n
Umfang der Stichprobe 2: m
- Stichprobenwerte in einer gemeinsamen aufsteigende Reihe anordnen,
- jeden Wert mit der entsprechenden Rangzahl versehen, zusätzlich vermerken, welcher der beiden Stichproben die entsprechenden Rangzahlen zu zuordnen ist; die Rangfolge beginnt mit Platz 1 für den niedrigsten Wert,

- Rangplatz bei 2 gleichen Werten: arithmetische Mittelwert der aufeinander folgenden Rangplätze; der diesen gleichen Werten folgende, nächst höhere Wert erhält die Rangzahl, die er bei, ungleichen vorausgehenden Werten einnehmen würde,
- Summe der Rangzahlen der Stichprobe 1 bilden: R_1
- Summe der Rangzahlen der Stichprobe 2 bilden: R_2.

Berechnung der Prüfgrößen

Mit den Gleichungen 9.4.1–1 und 9.4.1–2 werden die Prüfgrößen U_1 und U_2 berechnet:

$$U_1 = n \cdot m + \frac{n \cdot (n+1)}{2} - R_1$$

Gleichung 9.4.1–1

$$U_2 = n \cdot m + \frac{m \cdot (m+1)}{2} - R_2$$

Gleichung 9.4.1–2

Die **kleinere** der beiden Prüfgrößen ist die zu benutzende Prüfgröße. Wenn beispielsweise R_1 den Wert R_2 deutlich übersteigt, bedeutet dies, dass die Stichprobe 1 im Durchschnitt höhere Werte als die Stichprobe 2 aufweist.

Die Berechnung kann mit folgender Beziehung kontrolliert werden:

$$U_1 + U_2 = m \cdot n$$

Gleichung 9.4.1–3

Entscheidungsregel

☐ **Tab. 9.4.1–1** Entscheidungsregeln für den Wilcoxon-Mann-Whitney-Test

H_0	H_1	Test nur, wenn:	$G =$	H_0 verwerfen, wenn:
$\tilde{\mu}_1 \leq \tilde{\mu}_2$	$\tilde{\mu}_1 > \tilde{\mu}_2$	$\tilde{x}_1 > \tilde{x}_2$	$1-\alpha$	
$\tilde{\mu}_1 \geq \tilde{\mu}_2$	$\tilde{\mu}_1 < \tilde{\mu}_2$	$\tilde{x}_1 < \tilde{x}_2$	$1-\alpha$	$U_{Prüf} < U_{Tab}$
$\tilde{\mu}_1 = \tilde{\mu}_2$	$\tilde{\mu}_1 \neq \tilde{\mu}_2$	$\tilde{x}_1 \neq \tilde{x}_2$	$1-\frac{\alpha}{2}$	

Beispiel 9.4.1–1

Es soll untersucht werden, ob sich weibliche und männliche Studierende im Körpergewicht unterscheiden. Dazu wurden 15 Studentinnen und 15 Studenten nach ihrem Körpergewicht (kg) befragt (☐ Tab. 9.4.1–2). Das Signifikanzniveau ist auf $\alpha = 5\%$ festgelegt.

Stichprobe 1:   66; 77; 80; 87; 88; 72; 64; 87; 72; 82
(Männer, $n = 15$)   75; 68; 80; 79; 70

Stichprobe 2:   62; 60; 58; 54; 48; 55; 56; 64; 65; 50;
(Frauen, $n = 15$)   64; 57; 63; 66; 51

☐ **Tab. 9.4.1–2** Summe der Rangzahlen aus beiden Stichproben

Werte $x_{i1}; x_{i2}$	Entstammt Messreihe	Rangfolge Reihe 1	Reihe 2
48	2		1
50	2		2
51	2		3
54	2		4
55	2		5
56	2		6
57	2		7
58	2		8
60	2		9
62	2		10
63	2		11
64	2		13
64	2		13
64	1	13	
65	2		15
66	2		16,5
66	1	16,5	
68	1	18	
70	1	19	
72	1	20,5	
72	1	20,5	
75	1	22	
77	1	23	
79	1	24	
80	1	25,5	
80	1	25,5	
82	1	27	
87	1	28,5	
87	1	28,5	
88	1	30	
		$R_1 = 341,5$	$R_2 = 123,5$

Lösung

Da bei dem Merkmal „Körpergewicht" nicht von einer Normalverteilung ausgegangen werden kann, wird ein nichtparametrischer Test eingesetzt werden. Die Fragestellung ist zweiseitig, da lediglich geprüft werden soll, ob ein unterschiedliches Körpergewicht vorliegt.

Die Null- und Alternativhypothese (□ Tab. 9.4.1–1) lauten entsprechend:

Nullhypothese: H_0: $\tilde{\mu}_1 = \tilde{\mu}_2$

Alternativhypothese: H_1: $\tilde{\mu}_1 \neq \tilde{\mu}_2$

Mit den Gleichungen 9.4.1–1 und 9.4.1–2 werden die Prüfgrößen U_1 und U_2 berechnet werden:

$$U_1 = n \cdot m + \frac{n(n+1)}{2} - R_1 = 15 \cdot 15 + \frac{15 \cdot (15+1)}{2} - 341,5 = \underline{\underline{3,5}}$$

$$U_2 = n \cdot m + \frac{m(m+1)}{2} - R_2 = 15 \cdot 15 + \frac{15 \cdot (15+1)}{2} - 123,5 = \underline{221,5}$$

Aus Tabelle 16 des Anhangs wird der Wert für U_{Tab} in zweiseitiger Fragestellung (α = 0,05) abgelesen:

$U_{Tab} = U_{15,\ 15;\ 0,05} = 64$

Die kleinere Prüfgrößen ist die benutzende Prüfgröße: U_1 = 3,5.

Da die Prüfgröße kleiner ist als der tabellierte Wert, ist die Nullhypothese bei einem Signifikanzniveau α = 5 % abzulehnen, d.h. es besteht ein signifikanter Unterschied zwischen den Körpergewichten von Frauen und Männern.

Probe:

$3,5 + 221,5 = 15 \cdot 15 \quad \Rightarrow \quad \underline{225 = 225}$

Der Wilcoxon-Test für Paardifferenzen

9.4.2

Während der t-Test für den Vergleich zweier verbundener Stichproben bei normalverteilten Differenzen geeignet ist, wird bei nicht normalverteilten Differenzen der Wilcoxon-Test für Paardifferenzen (Vorzeichen-Rang-Test von Wilcoxon, Wilcoxon matched pairs signed rank test) eingesetzt. Dieser Test kann auch auf Rangdaten angewendet werden. Der Wilcoxon-Test erfordert weniger Rechenarbeit als der entsprechende t-Test und weist für normalverteilte Differenzen eine vergleichbare Teststärke auf.

Der Wilcoxon-Test prüft, ob die Differenzen paarweise angeordneter Werte symmetrisch mit dem Median gleich Null verteilt sind.

Vergleich gepaarter Beobachtungen bei nicht normalverteilten Differenzen

Verfahrensweise

- Bildung der Differenzen von allen Wertepaaren, $d_i = x_{i1} - x_{i2,}$
- Paare mit gleichen Einzelwerten werden nicht berücksichtigt,
- ansteigende Rangordnung der absoluten Beträge von d_i,
- kleinster Betrag: Rangzahl 1, größter Betrag: Rangzahl n,
- gleich große Beträge: Zuordnung einer mittleren Rangzahl,
- Vermerk des Vorzeichens (+/−) der zugehörigen Differenz bei jeder Rangzahl,
- Summe der Rangzahlen der positiven Differenzen: R_P,
- Summe der Rangzahlen der negativen Differenzen: R_n.

Entscheidungsregel

☐ **Tab. 9.4.2–1** Entscheidungsregeln für den Wilcoxon-Test für Paardifferenzen

H_0	H_1	Test nur, wenn:	$G =$	H_0 verwerfen, wenn:
$\tilde{\mu}_d \leq 0$	$\tilde{\mu}_d > 0$	$\bar{d} > 0$	$1-\alpha$	
$\tilde{\mu}_d \geq 0$	$\tilde{\mu}_d < 0$	$\bar{d} < 0$	$1-\alpha$	$R_{Prüf} < R_{Tab}$
$\tilde{\mu}_d = 0$	$\tilde{\mu}_d \neq 0$	$\bar{d} \neq 0$	$1-\dfrac{\alpha}{2}$	

Prüfgröße

Als Prüfgröße wird die **kleinere** der beiden Rangsummen benutzt.
Wenn z. B. R_p den Wert von R_n deutlich übersteigt, bedeutet dies, dass die Stichprobe 1 im Durchschnitt höhere Werte aufweist.
Die Berechnung der Summe der Rangzahlen kann mit folgender Gleichung kontrolliert werden:

$$R_p + R_n = \frac{n \cdot (n+1)}{2} \qquad \text{Gleichung 9.4.2–1}$$

Beispiel 9.4.2–1

An zwölf Patienten wurde der Blutdruck jeweils vor der Einnahme und nach der Einnahme eines Antihypertonikums gemessen. Dabei wurden die in Tabelle 9.4.2–2 aufgeführten Werte ermittelt. Es soll untersucht werden, ob die Einnahme des Antihypertonikums zu einer Blutdrucksenkung führt. Das Signifikanzniveau wird auf $\alpha = 0{,}05$ festgelegt.

Lösung

Die Fragestellung ist also einseitig (... ob die Einnahme zu einer Blutdruck**senkung** führt!). Dies ist berechtigt, da nach Einnahme eines Antihypertonikums zu erwarten ist, dass der Blutdruck im Vergleich zur Nichtbehandlung abnimmt. Es liegen verbundene Stichproben vor, da der Blutdruck am selben Patienten vor und nach Einnahme gemessen worden ist.

Die Null- und Alternativhypothese (☐ Tab. 9.4.2–1) lauten entsprechend:

Nullhypothese: $\qquad\qquad \tilde{\mu}_d \leq 0$
Alternativhypothese: $\qquad \tilde{\mu}_d > 0$

Kontrolle:

$$R_p + R_n = \frac{n \cdot (n+1)}{2} = 41{,}5 + 13{,}5 = 55 = \frac{10 \cdot (10+1)}{2}$$

Die Summe der negativen Rangzahlen ist mit dem Wert 13,5 die zu benutzende Prüfgröße (siehe ☐ Tab. 9.4.2–3).

□ **Tab. 9.4.2–2** Blutdruck vor und nach der Einnahme eines Antihypertonikums

Patient Nr.	Systolischer Blutdruck [mm Hg]	
	vor Einnahme	nach Einnahme
1	175	170
2	180	170
3	180	185
4	175	165
5	175	170
6	180	180
7	170	155
8	190	185
9	170	180
10	165	165
11	175	165
12	165	170

□ **Tab. 9.4.2–3** Berechnung der Prüfgrößen für die Werte aus □ Tab. 9.4.2–2

Patient Nr.	Systolischer Blutdruck (mm Hg) Einnahme vor / nach		Differenz d_i	$|d_i|$	Rangzahl positiv	Rangzahl negativ
1	175	170	5	5	3	
2	180	170	10	5	3	
3	180	185	−5	5	3	
4	175	165	10	5		3
5	175	170	5	5		3
6	180	180	0	10	7,5	
7	170	155	15	10	7,5	
8	190	185	5	10	7,5	
9	170	180	−10	10		7,5
10	165	165	0	15	10	
11	175	165	10		$R_p =$ 41,5	$R_n =$ 13,5
12	165	170	−5			

Da $13,5 > 10 = R$ (10; 0,05, Tabelle 17, Anhang), kann die Nullhypothese nicht abgelehnt werden, d. h. nach Einnahme des Antihypertonikums konnte keine Blutdrucksenkung nachgewiesen werden.

Literatur

DGQ-Band 16-02, Auswertungsverfahren, Ausgabe 1996

DIN 55303-2 Beiblatt 1, Statistische Auswertung von Daten; Operationscharakteristiken von Tests für Erwartungswerte und Varianzen, Ausgabe: 1984-05

DIN 55303-2, Statistische Auswertung von Daten; Testverfahren und Vertrauensbereiche für Erwartungswerte und Varianzen, Ausgabe: 1984-05

Harms V. Biomathematik, Statistik und Dokumentation. 7. Aufl., Harms Verlag, Kiel 1998

Lorenz RJ. Grundbegriffe der Biometrie. 4. Aufl., Gustav Fischer Verlag, Stuttgart 1996

Sachs L, Hedderich J. Angewandte Statistik. 12. Aufl., Springer, Berlin 2006

Timischl W. Qualitätssicherung, Statistische Methoden. 3. Aufl., Hanser Verlag, München 2003

9.5 Übungsaufgaben

Aufgabe 1

Einstichproben-t-Test

Aus einer Charge eines Tablettenpräparates ist eine Stichprobe von 10 Tabletten gezogen worden und der Wirkstoffgehalt bestimmt worden. Der Sollgehalt beträgt 100 mg.

Dabei wurden folgende Ergebnisse erhalten (mg Wirkstoffgehalt/Tablette):

103,2; 98,2; 96,3; 104,3; 98,7; 106,3; 101,5; 97,5; 93,1; 99,5;

Prüfen Sie mit dem Einstichproben-t-Test, ob ein signifikanter Unterschied zwischen dem ermittelten Ist-Gehalt und dem Soll-Gehalt von 100 mg besteht. Die Irrtumswahrscheinlichkeit (Signifikanzniveau) ist auf $\alpha = 5\,\%$ festgelegt worden.

Aufgabe 2

Aus zwei Chargen eines Tablettenpräparates ist je eine Stichprobe von 10 Tabletten gezogen worden und der Wirkstoffgehalt bestimmt worden. Dabei wurden folgende Ergebnisse erhalten (mg Wirkstoffgehalt/Tablette):

Stichprobe 1: 103,2; 98,2; 96,3; 104,3; 98,7; 106,3; 101,5; 97,5; 93,1; 99,5;

Stichprobe 2: 105,3; 92,1; 90,3; 93,5; 89,5; 90,3; 88,5; 87,5; 99,5; 94,3.

Prüfen Sie mit einem geeigneten parametrischen Test, ob sich die Chargen im mittleren Wirkstoffgehalt unterscheiden! Die Messreihen sind ausreißerfrei und entstammen normalverteilten Grundgesamtheiten. Die Irrtumswahrscheinlichkeit wird auf $\alpha = 0,05$ festgelegt, das statistische Testverfahren ist mit zweiseitiger Fragestellung durchzuführen.

Aufgabe 3

Bei der Bestimmung der aus Filmtabletten von zwei unterschiedlichen Chargen eines Präparates nach 60 Minuten freigesetzten Arzneistoffmenge wurden folgende Werte erhalten (freigesetzte Arzneistoffmenge in %):

Charge I: 78,1; 75,2; 78,2; 75,3; 76,2; 76,5
Charge II: 68,3; 61,4; 67,8; 72,1; 69,3; 70,3

Prüfen Sie mit einem geeigneten parametrischen Test, ob zwischen den beiden Chargen ein Unterschied in der nach 60 Minuten freigesetzten Arzneistoffmenge besteht!

Die Messreihen sind ausreißerfrei und entstammen normalverteilten Grundgesamtheiten. Die Irrtumswahrscheinlichkeit wird auf $\alpha = 0,05$ festgelegt.

Aufgabe 4

Prüfen Sie die beiden folgenden Messreihen mit dem Wilcoxon-Mann-Whitney-Test (U-Test) auf einen signifikanten Unterschied!

Messreihe 1: 495; 490; 510; 502; 501; 493
Messreihe 2: 479; 485; 490; 492; 487; 480.

Die Irrtumswahrscheinlichkeit wird auf $\alpha = 0,05$ festgelegt.

Aufgabe 5

Die Reißfestigkeit von Folien wird mit einer Zerreißmaschine A untersucht. Da die Anzahl der zu prüfenden Proben erheblich größer wird, muss eine weitere Zerreißmaschine B gekauft werden. Um die Gleichwertigkeit des alten und neuen Gerätes zu prüfen, werden 10 Folienmuster geteilt und jede Hälfte an einer Maschine untersucht. Dabei wurden folgende Reißlasten ermittelt:

Reißlast (*N*)										
Probe	1	2	3	4	5	6	7	8	9	10
A	82	102	62	55	75	96	85	78	90	85
B	74	93	70	63	65	75	73	89	85	90

Prüfen Sie mit einem geeigneten parametrischen Testverfahren, ob die Maschinen auf Grund dieser Stichproben als gleichwertig angesehen werden!

Die Irrtumswahrscheinlichkeit wird auf $\alpha = 0,05$ festgelegt.

Aufgabe 6

Beim Vergleich von zwei analytischen Methoden zur Bestimmung des Wirkstoffgehaltes sind an identischem Probenmaterial folgende Ergebnisse erhalten worden (mg Wirkstoff/ml):

Probe	Verfahren 1	Verfahren 2
1	5,50	5,10
2	4,50	4,90
3	4,80	4,50
4	4,30	4,60
5	4,70	4,50
6	5,10	5,50
7	4,90	4,50
8	4,60	4,40
9	4,30	4,10
10	4,70	4,40

Prüfen Sie mit dem Wilcoxon-Test für Paardifferenzen, ob die beiden Verfahren zu unterschiedlichen Ergebnissen führen!

Die Irrtumswahrscheinlichkeit wird auf $\alpha = 0,05$ festgelegt, das statistische Testverfahren ist mit zweiseitiger Fragestellung durchzuführen. Die Voraussetzungen für den Test sind erfüllt!

Lineare Regression

In sehr vielen Fällen beobachten wir, dass eine Größe linear mit einer anderen zusammenhängt. Ein Bonmot sagt sogar, dass es immer einen linearen Zusammenhang zwischen zwei beliebigen Größen gibt – wenn man nur stark genug vereinfacht. Im Folgenden werden wir besprechen, wie man lineare Zusammenhänge untersucht und darstellt.

Definition und Anwendung

Die lineare Regression beschreibt einen linearen Zusammenhang zwischen zwei Variablen (→ Kap. 2.1.2). Regressionsgeraden werden häufig berechnet, um anschließend über den linearen Zusammenhang Aussagen über unbekannte Variablen, z. B. x- und y-Werte, treffen zu können.

In vielen Fällen besteht ein linearer Zusammenhang zwischen zwei Größen. Wenn Dragees mit Wirkstoffgehalten von 100, 200 und 300 mg hergestellt werden, dann kann mit Recht davon ausgegangen werden, dass auch bei einer Gehaltsbestimmung entsprechende Mengen gefunden werden, z. B. durch den Verbrauch von 10, 20 und 30 ml Maßlösung.

Viele analytische Bestimmungen in der pharmazeutischen Qualitätskontrolle nutzen den linearen Zusammenhang zwischen der Konzentration der Substanz, die analytisch bestimmt werden soll, und dem Signal, dass durch die Absorption elektromagnetischer Wellen (UV-Licht, sichtbares Licht, Infrarot- oder Radiostrahlung, u. a.) zustande kommt (Lambert-Beer'sches-Gesetz). Aber auch bei betriebswirtschaftlichen Überlegungen spielt die lineare Regression eine Rolle. Größen wie Umsatz, Gewinn, Mitarbeiter- und Kundenzahl können in einem linearen Zusammenhang zueinander stehen. Durch eine Ausgleichsgerade kann ein linearer Zusammenhang zwischen zwei Variablen dargestellt oder ein vermuteter Zusammenhang bestätigt werden. Die Ermittlung dieser Ausgleichgeraden ist die erste Aufgabe der linearen Regression.

Um die unbekannte Konzentration einer Substanz in einer Probe zu bestimmen, werden zunächst Kalibrierlösungen bekannter, unterschiedlicher Konzentration x_i derselben Substanz vermessen. Dabei wird jeweils ein zugehöriges Signal y_i erhalten (schwarze Pfeile O Abb. 10.1–1). Aus diesen Bestimmungen wird ein lineares Modell abgeleitet (eingezeichnete Gerade) – wie, werden wir gleich sehen. Anschließend wird das Modell verwendet, um aus dem Signal y_p der Probe nun deren Konzentration x_p abzuschätzen (rote Pfeile O Abb. 10.1–1).

Beispiele für lineare Zusammenhänge

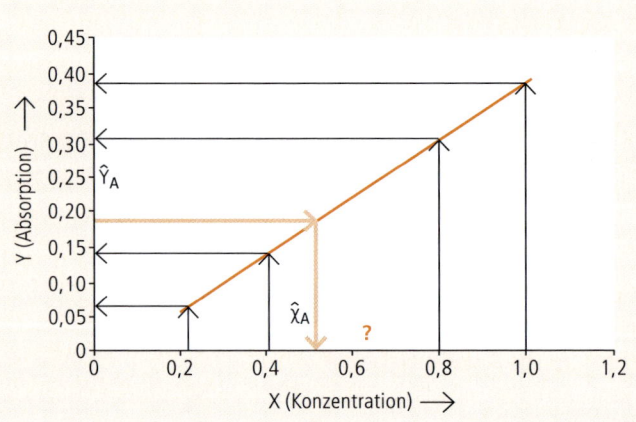

○ **Abb. 10.1–1** Aufbau einer linearen Regression. Zunächst werden verschiedene x-Werte, hier Konzentrationen, vermessen, und die zugehörigen Signale, z. B. die Absorption, ermittelt. Anschließend wird ein linearer Zusammenhang berechnet (schwarze Pfeile und Gerade). Wird im Anschluss die Absorption einer Lösung unbekannter Konzentration bestimmt, dann kann über die Regressionsgerade $\hat{x}_A$, hier also die Konzentration, abgeschätzt werden

10.2 Die Regressionsrechnung – Ein Optimierungsproblem

10.2.1 Ermittlung von Regressionskoeffizienten

Eine in 10.1 beschriebene Gerade ist durch Achsenabschnitt $\hat{\beta}_0$ und Steigung $\hat{\beta}_1$ eindeutig definiert (→ ○ Abb. 2.1.2–1):

$$y_i = \hat{\beta}_0 + \hat{\beta}_1 \cdot x_i + \hat{e}_i \qquad\qquad \text{Gleichung 10.2.1–1}$$

Auch bei linearen Zusammenhängen liegen Daten nie genau auf einer Geraden, da die lineare Beziehung immer von Messfehlern $\hat{e}_i$ überlagert wird. Diese Messfehler müssen bei der Modellbildung für die lineare Beziehung berücksichtigt werden. Wie können nun die Regressionskoeffizienten $\hat{\beta}_0$ und $\hat{\beta}_1$ konkret berechnet werden? In der Routine wird dies durch Computerprogramme erledigt. Es ist aber sehr interessant, das Grundkonzept zur Berechnung kennen zu lernen. Dadurch versteht man, auf welche anderen Bereiche die Regressionsrechnung übertragbar ist. Zusätzlich können einige Brücken zu Grundlagenthemen geschlagen werden: es wird deutlich, wofür mathematische Werkzeuge wie die Differential- und Optimierungsrechnung und die Vektor- und Matrixschreibweise entwickelt wurden. Wenn zwei verschiedene Punkte durch Wertepaare (x_1, y_1) und (x_2, y_2) vorgegeben sind, ist die zugehörige Gerade eindeutig festgelegt. Auch die Berechnung der Koeffizienten ist einfach: es müssen lediglich die folgenden zwei Gleichungen (10.2.1–2) mit den zwei Unbekannten $\hat{\beta}_0$ und $\hat{\beta}_1$ gelöst werden. Dazu wird eine der in 2.3.1 beschriebenen Methoden angewandt:

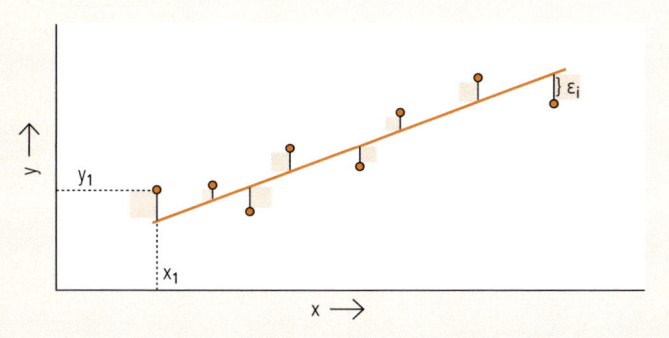

○ **Abb. 10.2.1–1** Gerade mit der jeweils kleinsten Summe der quadrierten Abweichungen

$$\text{I)} \quad \hat{\beta}_0 + x_1 \cdot \hat{\beta}_1 = y_1 \qquad \text{II)} \quad \hat{\beta}_0 + x_2 \cdot \hat{\beta}_1 = y_2$$

Gleichung 10.2.1–2

Die Ermittlung eines linearen Zusammenhangs durch nur zwei Punkte ist in der Praxis aber meist nicht ausreichend. Sehr leicht verursacht ein Messfehler in einem der Wertepaare eine völlig falsch geschätzte Gerade. Daher betrachtet man besser mehrere Punkte und berechnet $\hat{\beta}_0$ und $\hat{\beta}_1$ mit einem überbestimmten Gleichungssystem (2.3.5), d. h. es werden mehr Gleichungen eingesetzt als Parameter bestimmt:

$$\text{I)} \quad \hat{\beta}_0 + x_1 \cdot \hat{\beta}_1 = y_1 \qquad \text{II)} \quad \hat{\beta}_0 + x_2 \cdot \hat{\beta}_1 = y_2$$

Gleichung 10.2.1–3

$$\text{III)} \quad \hat{\beta}_0 + x_3 \cdot \hat{\beta}_1 = y_3 \qquad \text{...N)} \quad \hat{\beta}_0 + x_n \cdot \hat{\beta}_1 = y_n$$

Dieses Gleichungssystem ist selbstverständlich meist nicht mehr exakt lösbar. Es kann aber, wie in ○ Abb. 10.1–1 dargestellt, eine Gerade gefunden werden, deren Abstände zu allen Punkten gering ist. Größere Abweichungen der einzelnen Punkte werden durch Betrachtung der quadrierten Abstände üblicherweise stärker gewichtet (○ Abb. 10.2.1–1). Das ist nicht zwangsläufig, hat aber eine Reihe von Vorteilen; unter anderem lässt sich das folgende Optimierungsproblem auf diese Weise verhältnismäßig einfach lösen; ohne diese Wichtung wäre dies weitaus komplizierter.

Es werden also nicht die Abstände der Einzelpunkte zur Optimierung genutzt, sondern deren Quadrate (in ○ Abb. 10.2.1–1 in grau dargestellt). Die Gerade, welche insgesamt die geringste Flächensumme (alle Flächen zusammengelegt) ergibt, beschreibt den linearen Zusammenhang am besten. Formal geschrieben ist dies die Minimierung der quadrierten Abstände zur Ausgleichsgeraden:

$$f(\hat{\beta}_0, \hat{\beta}_1) = \sum_{i=1}^{n} e_i^2 = \sum_{i=1}^{n} (\hat{\beta}_0 + \hat{\beta}_1 \cdot x_i - y_i)^2 \stackrel{!}{=} \min$$

Gleichung 10.2.1–4

„! = min" bedeutet, dass $\hat{\beta}_0$ und $\hat{\beta}_1$ so gewählt werden sollen, dass der gesamte Ausdruck möglichst klein wird. Zum Rechnen mit Summenzeichen vgl. Kap. 2.1.1. An dieser Stelle können wir nun das Optimum, also hier das Minimum, suchen, indem wir die Nullstellen der zugehörigen 1. Ableitungen betrachten (s. → Kap. 2.4.5). Dabei können wir die in Kapitel 2.4.6 beschriebenen partiellen Ableitungen einsetzen. Beide Parameter $\hat{\beta}_0$ und $\hat{\beta}_1$ sollen optimiert werden, um die Gerade optimal auszurichten, also ist es notwendige Bedingung, dass die beiden partiellen Ableitungen der Funktion in Gleichung 10.2.1–3 gleich null werden, um diese Minimierungsbedingung zu erfüllen:

$$\frac{\partial f(\hat{\beta}_0,\hat{\beta}_1)}{\partial \hat{\beta}_0} = \sum_{i=1}^{n} 2\,(\hat{\beta}_0 + \hat{\beta}_1 \cdot x_i - y_i) = 0 \qquad \text{Gleichung 10.2.1–5}$$

$$\frac{\partial f(\hat{\beta}_0,\hat{\beta}_1)}{\partial \hat{\beta}_1} = \sum_{i=1}^{n} 2\,(\hat{\beta}_0 + \hat{\beta}_1 \cdot x_i - y_i)\,x_i = 0 \qquad \text{Gleichung 10.2.1–6}$$

Durch Umformen ergeben sich zwei Normalgleichungen:

$$n\hat{\beta}_0 + \left(\sum_{i=1}^{n} x_i\right)\hat{\beta}_1 = \sum_{i=1}^{n} y_i \qquad \text{Gleichung 10.2.1–7}$$

$$\left(\sum_{i=1}^{n} x_i\right)\hat{\beta}_0 + \left(\sum_{i=1}^{n} x_i^2\right)\hat{\beta}_1 = \sum_{i=1}^{n} x_i y_i \qquad \text{Gleichung 10.2.1–8}$$

Damit haben wir wieder zwei Gleichungen mit zwei Unbekannten vorliegen. Auch wenn die Terme mit den Summenzeichen etwas kompliziert aussehen, handelt es sich um Zahlen, die einfach ausgerechnet werden können. Diese Gleichungen können nun wieder einfach mittels der in 2.3.1 beschriebenen Möglichkeiten gelöst werden. Wenn die x_i sinnvoll gewählt werden (es dürfen nicht alle x_i identisch sein), gibt es immer eine eindeutige Lösung für diese Normalgleichungen.

Beispiel 10.2.1–1
Der Umsatz einer Apotheke ist ein wichtiger Indikator für ihre Wirtschaftlichkeit. Ist es möglich, diesen Umsatz einfach abzuschätzen, z. B. durch die Anzahl von Kunden pro Tag?

Aus O Abb. 10.2.1–2 kann geschlossen werden, dass wirklich ein linearer Zusammenhang zwischen diesen Größen besteht. Selbstverständlich ist aber der Umsatz pro Kunde von Gegend zu Gegend und von Standort zu Standort (Landapotheke/Apotheke in Einkaufszentrum oder Ärztehaus) unterschiedlich, man kann den Umsatz aus der Kundenzahl also nicht einfach durch Multiplikation mit einem Faktor berechnen.

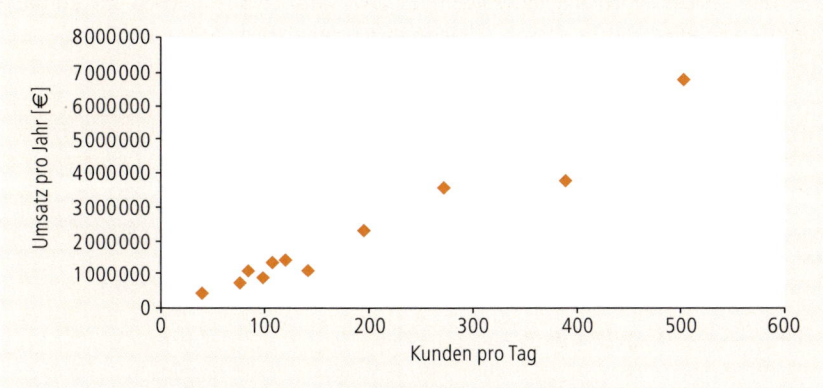

○ **Abb. 10.2.1–2** Beziehung zwischen Kundenzahl und Umsatz

Wir wollen aber den Faktor ermitteln, der eine Schätzung des Umsatzes aus der Kundenzahl ermöglicht. Dazu bestimmen wir zunächst die Regressionsgerade. Die Steigung dieser Geraden entspricht dann dem gesuchten Faktor.

Für 11 Apotheken werden die Kunden eines Tages gezählt. Der Jahresumsatz dieser Apotheken ist jeweils bekannt:

Kunden-anzahl	41	76	85	100	108	122
Jahres-umsatz	424 148 €	706 633 €	1 087 513 €	840 592 €	1 340 820 €	1 420 295 €
Kunden-anzahl	143	195	272	389	504	
Jahres-umsatz	1 079 703 €	2 270 793 €	3 560 796 €	3 748 364 €	6 778 634 €	

Gleichung 10.2.1–1 können wir dann aufstellen mit y_i = Jahresumsatz der Apotheke$_i$ und x_i = Kundenanzahl dieser Apotheke:

$$Jahresumsatz_i = \hat{\beta}_0 + \hat{\beta}_1 \cdot Kundenzahl_i + \hat{e}_i$$

Um die beiden Normalgleichungen 10.2.1–7 und 10.2.1–8 lösen zu können, müssen zunächst die in diesen Gleichungen enthaltenen Summen Σx, Σy, Σx^2 und Σxy ermittelt werden:

x	y	x^2	xy
41	424 148 €	1 681	17 390 060 €
76	706 633 €	5 776	53 704 084 €
85	1 087 51 €	7 225	92 438 605 €
100	840 592 €	10 000	84 059 219 €
108	1 340 820 €	11 664	1 4481E+08 €
122	1 420 295 €	14 884	1 7328E+08 €
143	1 079 703 €	20 449	1 5440E+08 €
195	2 270 793 €	38 025	4 4280E+08 €
272	3 560 796 €	73 984	9 6854E+08 €
389	3 748 364 €	151 321	1 4581E+09 €
504	6 778 634 €	254 016	3 4164E+09 €
Σ **2035**	**23 258 291 €**	**589 025**	**7 0060E+09 €**

Die jeweiligen Summen werden fett gedruckt, die Darstellung 70060E+09 bedeutet $7006 \cdot 10^9$. Diese Summen und die Anzahl der Datenpaare n werden nun in die Gleichungen 10.2.1–7 und 10.2.1–8 eingesetzt:

$$11\,\hat{\beta}_0 + 2035\,\hat{\beta}_1 = 23258291\,€ \qquad \text{Gleichung 10.2.1–9}$$

$$2035\,\hat{\beta}_0 + 589025\,\hat{\beta}_1 = 70060 \cdot 10^9\,€ \qquad \text{Gleichung 10.2.1–10}$$

Diese Gleichungen können nun mit den in → Kap. 2.3.1 gelernten Techniken, also zum Beispiel mit dem Additionsverfahren, gelöst werden.
Es ergeben sich gerundet -238444 für $\hat{\beta}_0$ und 12718 für $\hat{\beta}_1$.
Wie bereits angedeutet, werden Regressionsgeraden häufig berechnet, um anschließend Aussagen über unbekannte x- und y-Werte treffen zu können. Wenn x bekannt, das zugehörige y aber unbekannt ist, dann kann es über die Regressionsgerade abgeschätzt werden. Ein Dach über dem Parameter kennzeichnet wieder, dass es sich um eine Schätzung handelt.
Die nach Gleichung 10.2.1–7 erhaltenen Ergebnisse $\hat{y}(x)$ werden auch Erwartungswerte (→ Kap. 5.2.1, 5.3.1 und 7.1) genannt.

$$\hat{y}(x) = \hat{\beta}_0 + \hat{\beta}_1 x \qquad \text{Gleichung 10.2.1–11}$$

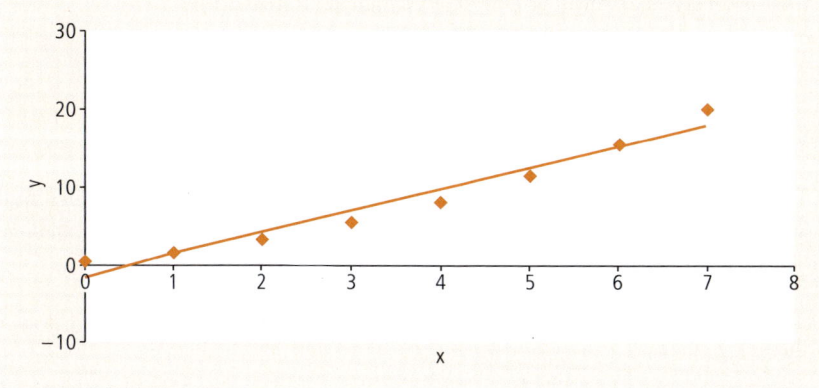

○ **Abb. 10.2.1–3** Nicht linearer Zusammenhang

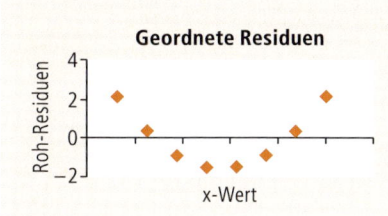

○ **Abb. 10.2.1–4** Residuenplot. Es werden Roh-Residuen (○ Abb. 10.2.1–2), also die Abstände der Einzelwerte zur Ausgleichsgeraden $y - \hat{y}(x)$, gegen die x-Werte aufgetragen

Beispiel 10.2.1–2 (10.2.1–1 fortgesetzt)

Es konnte leicht durch Zählen ermittelt werden, dass eine bestimmte Apotheke 130 Kunden pro Tag hat. Mit dem in Bsp. 10.2.1–1 ermittelten Regressionskoeffizienten lässt sich nun ein Schätzwert $\hat{y}(x)$ für den Jahresumsatz berechnen:

$$\hat{y}\,(x) = -238\,444 + 12\,718x$$

Für $x = 130$ ergibt sich ein Schätzwert $\hat{y}(x)$ von etwa 1415 Millionen Euro.
⇒ Für $x = 100$ Kunden ergibt sich ein Schätzwert von etwa 1033 Mill. €. Bitte beachten Sie, dass sich dieser Wert relativ stark von y-Werten, die zu $x = 100$ ermittelt wurden, unterscheiden kann. In unserem Beispiel wurde für $x = 100$ etwa 841 000 € festgestellt.

Man erkennt bereits in ○ Abb. 10.2.1–3, dass die Ausgleichsgerade die Werte nicht gut approximiert. Noch deutlicher wird die Nichtlinearität in einem Residuenplot (○ Abb. 10.2.1–4).

In solchen Fällen wählt man besser eine andere Ausgleichsfunktion als eine Gerade. Aus dem Residuenplot (○ Abb. 10.2.1–3) kann man vermuten, dass eine Parabel eine gute Ausgleichsfunktion wäre, oder allgemein ein geeignetes Polynom. Die Ermittlung eines solchen Polynoms $p(x)$

Polynome als Ausgleichsfunktionen

$$p(x) = \hat{\beta}_0 + \hat{\beta}_1\,x + \hat{\beta}_2\,x^2 + \hat{\beta}_3\,x^3 + \ldots + \hat{\beta}_m\,x^m \qquad \text{Gleichung 10.2.1–12}$$

erfolgt analog zur Ermittlung einer Geradengleichung 10.2.1–4:

$$f(\hat{\beta}_0, \hat{\beta}_1, ..., \hat{\beta}_m) = \sum_{i=1}^{n} e_i^2 = \sum_{i=1}^{n} (\hat{\beta}_0 + \hat{\beta}_1 \cdot x_i + ... + \hat{\beta}_m \cdot x_i^m - y_i)^2 \overset{!}{=} \min$$

Anschließend werden ebenso alle partiellen Ableitungen ermittelt und gleich null gesetzt. Daraus ergeben sich zu den Gleichungen 10.2.1–7 und 10.2.1.–8 analoge Normalgleichungen:

$$n\hat{\beta}_0 + \left(\sum_{i=1}^{n} x_i\right)\hat{\beta}_1 + ... + \left(\sum_{i=1}^{n} x_i^m\right)\hat{\beta}_m = \sum_{i=1}^{n} y_i$$

$$\left(\sum_{i=1}^{n} x_i\right)\hat{\beta}_0 + \left(\sum_{i=1}^{n} x_i^2\right)\hat{\beta}_1 + ... + \left(\sum_{i=1}^{n} x_i^{m+1}\right)\hat{\beta}_m = \sum_{i=1}^{n} x_i y_i$$

$$\left(\sum_{i=1}^{n} x_i^m\right)\hat{\beta}_0 + \left(\sum_{i=1}^{n} x_i^{m+1}\right)\hat{\beta}_1 + ... + \left(\sum_{i=1}^{n} x_i^{2m}\right)\hat{\beta}_m = \sum_{i=1}^{n} x_i^m y_i$$

10.2.2 Streumaße, Vertrauens- und Vorhersageintervalle für die Regressionsgerade

Im letzten Beispiel 10.2.1–3 haben wir gesehen, dass ermittelte Werte von vorhergesagten Werten abweichen. Die Vorhersage mit einer ermittelten Regressionsgeraden ist aber umso zuverlässiger, je geringer diese Abweichungen sind. Deshalb hat man Streumaße zur Ermittlung und Beurteilung dieser Abweichungen eingeführt.

Um Streumaße für die Regressionsgerade zu definieren, können die Definitionen aus den Abschnitten 6 und 7 in abgewandelter Form angewandt werden. Die Varianz um die Gerade nach Gleichung 10.2.2–1 kann, analog zu Gleichung 4.2.3.–1, aus der Differenz der Einzelwerte y_i zur Regressionsgerade ermittelt werden.

Damit entspricht die Varianz $\hat{\sigma}^2$ (→ Kap. 4.2.3, 5.1.1, 5.2.1 und 5.3.1) der Summe der grauen Flächen in ○ Abb. 10.2–1, dividiert durch die Anzahl der Freiheitsgrade (→ Kap. 7.8). Die Standardabweichung $\hat{\sigma}$ (Gleichung 10.2.2–2) um die Gerade ist auch in diesem Fall die Quadratwurzel aus der Varianz (vgl. 4.2.3). Diese Standardabweichung ist ein Maß für die Streuung, wenn für einen gegebenen x-Wert verschiedene y-Werte ermittelt werden:

Varianz und
Standardabweichung

$$\hat{\sigma}^2 = \frac{\sum (y_i - \hat{y}_i)^2}{n-2} = \frac{\sum \left(y_i - (\hat{\beta}_0 + \hat{\beta}_1 \cdot x_i)\right)^2}{n-2}$$

$$\hat{\sigma} = \sqrt{\hat{\sigma}^2} \qquad\qquad \text{Gleichung } 10.2.2\text{--}2$$

Bitte beachten Sie, dass die Zahl der Freiheitsgrade ($\rightarrow$ Kap. 7.8) bei der Ermittlung einer Regressionsgeraden die Anzahl der Datenpunkte minus zwei beträgt, da bei der Berechnung der Geraden bereits zwei Lageparameter, $\hat{\beta}_0$ und $\hat{\beta}_1$, aus den Rohdaten ermittelt wurden.

Bei der Ermittlung der Geraden-Standardabweichung wird übrigens stillschweigend davon ausgegangen, dass die Standardabweichung an allen Punkten der Geraden gleich ist. Dies ist nicht selbstverständlich und muss bei einer Validierung belegt werden ($\rightarrow$ Kap. 10.4, weiterführende Lit.).

Beispiel 10.2.2–1 (Beispiel 10.2.1–1 fortgesetzt)

In Tabelle 10.2.2–1 sind jeweils die Werte für x_i und y_i aus Beispiel 10.2.1–1 nochmals aufgeführt, außerdem die zugehörigen Werte $\hat{y}(x_i)$, kurz $\hat{y}_i$ geschrieben, außerdem die Differenz $y_i - \hat{y}_i$ und deren Quadrat.

Die Summe der quadrierten Abweichungen beträgt also etwa $1{,}83 \cdot 10^{12}$, und daher ist die Varianz $2{,}03 \cdot 10^{11}$ (Gleichung 10.2.2–1), und die Standardabweichung beträgt etwa 450900 (Gleichung 10.2.2–2).

Diese Standardabweichung ist ein Maß für die Streuung der Jahresumsätze bei gleicher Zahl von Kunden pro Tag. Bei $x = 100$ Kunden sind Jahresumsätze von 700000 € oder 1,5 Mill. € denkbar, von 2 Mill. aber recht unwahrscheinlich. Wir werden später sehen, wie man die Aussage „recht unwahrscheinlich" noch präzisieren kann ($\rightarrow$ Bsp. 10.2.2–2). Man erkennt aber bereits hier, dass die Spannweite

☐ **Tab. 10.2.2–1** Residuen- und Varianzberechnung zu den Beispielen 10.2.1–1 und 10.2.2–1.

x_i	y_i	$\hat{y}_i$	$y_i - \hat{y}_i$	$(y_i - \hat{y}_i)^2$
41	424 148 €	282994	141 154 €	19924397416
76	706 633 €	728124	-21 491 €	461876446
85	1.087 513 €	842586	244 927 €	59989235329
100	840 592 €	1033356	-192 764 €	37157887727
108	1.340 820 €	1135100	205 720 €	42320718400
122	1.420 295 €	1313152	107 143 €	11479705156
143	1.079 703 €	1580230	-500 527 €	2,50527E+11
195	2.270 793 €	2241566	29 227 €	854193458
272	3.560 796 €	3220852	339 944 €	1,15562E+11
389	3.748 364 €	4708858	-960 494 €	9,22549E+11
504	6.778 634 €	6171428	607 206 €	3,68699E+11
			$\Sigma = 45$ €	1,82953E+12

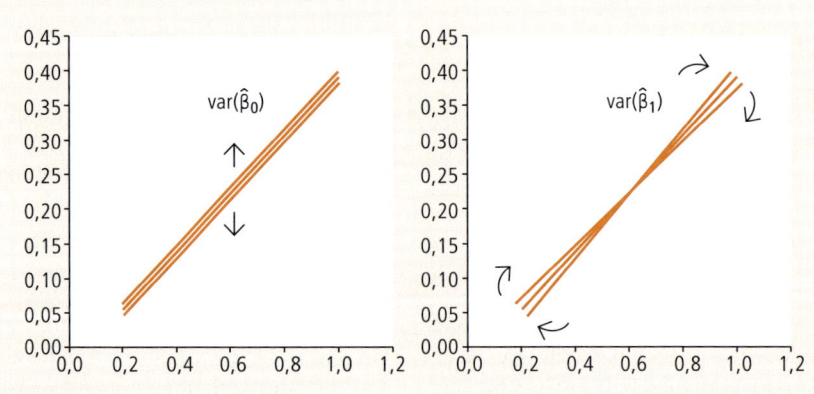

○ **Abb. 10.2.2–1** Auswirkungen der Varianzen der Regressionsparameter auf die Lage der Geraden im Raum

möglicher Ergebnisse ziemlich groß ist, und dass daher die Güte einer Vorhersage des Jahresumsatzes aus der Zahl von Kunden pro Tag nicht überschätzt werden sollte.

Streumaße für die Regressionskoeffizienten
Auch für die Regressionskoeffizienten $\hat{\beta}_0$ und $\hat{\beta}_1$ stehen Streumaße zur Verfügung (Gleichung 10.2.2–3 und 10.2.2–4):

$$var(\hat{\beta}_1) = \frac{\hat{\sigma}^2}{\sum(x_i - \overline{x})^2} = \frac{\hat{\sigma}^2}{S_{xx}}$$

Gleichung 10.2.2–3

$$var(\hat{\beta}_0) = \frac{\sum x_i^2}{n \cdot \sum(x_i - \overline{x})^2} \cdot \hat{\sigma}^2 = \frac{\sum x_i^2}{n \cdot S_{xx}} \cdot \hat{\sigma}^2$$

Gleichung 10.2.2–4

Eine Streuung des Achsenabschnitts $\hat{\beta}_0$ wirkt sich in allen Bereichen gleich aus, während die Streuung der Steigung sich im Datenschwerpunkt nicht, aber an den Rändern des Regressionsbereichs besonders stark bemerkbar macht (○ Abb. 10.2–2–1).

Da man allgemein aus der Varianz eines beliebigen Parameters immer den zugehörigen Vertrauensbereich berechnen kann (→ Kap. 3.1, 5, 6.6 und Gleichung 10.2.2–5),

$$cnf(a) = a \pm t_{d.f.,(1-\frac{\alpha}{2})} \cdot \sqrt{var(a)}$$

Gleichung 10.2.2–5

können auf diese Weise auch Vertrauensbereiche der Regressionsparameter erhalten werden, es gelten also 10.2.2–6 und 10.2.2–7:

$$cnf(\hat{\beta}_1) = \hat{\beta}_1 \pm t_{n-2,(1-\frac{\alpha}{2})} \cdot \hat{\sigma} \cdot \sqrt{\frac{1}{\sum(x_i - \overline{x})^2}}$$

Gleichung 10.2.2–6

$$cnf(\hat{\beta}_0) = \hat{\beta}_0 \pm t_{n-2,(1-\frac{\alpha}{2})} \cdot \hat{\sigma} \cdot \sqrt{\frac{\sum x_i^2}{n \cdot \sum (x_i - \overline{x})^2}}$$

Gleichung 10.2.2–7

Mit solchen Vertrauens- oder Konfidenzintervallen kann nun auf die Signifikanz der Regressionsparameter geprüft werden. Die zugehörigen Schwellenwerte der t-Verteilung ($\rightarrow$ Kap. 9.1) entnehmen Sie bitte der Tabelle 10 des Anhangs.

Beispiel 10.2.2–2
In Beispiel 10.2.1–1 wurde ein Achsenabschnitt $\hat{\beta}_0$ von −238444 ermittelt. Soll das bedeuten, dass es einen negativen Umsatz gibt, wenn man gar keine Kunden hat? Oder dass man eine Mindestzahl von Kunden benötigt, um einen positiven Umsatz zu erzielen? Beide Hypothesen sind wenig überzeugend.

In Beispiel 10.2.2–1 wurde aber die zugehörige Standardabweichung mit etwa 450900 ermittelt, diese liegt also in der gleichen Größenordnung wie der Achsenabschnitt. Wir überprüfen nun, ob null im Vertrauensbereich des Achsenabschnitts Gleichung 10.2.2–7 enthalten ist. Wenn ja, ist der Achsenabschnitt wahrscheinlich nur durch zufällige Streuung der Werte entstanden, es gibt also keinen besonderen Effekt, der erklärt werden müsste.
Wir setzen in Gleichung 10.2.2–7 ein; dabei werden die Summen analog wie in Beispiel 10.2.2–1 berechnet, es ergibt sich $\sum x_i^2 = 589025$ und $\sum (x_i - \overline{x})^2 = 212550$:

$$cnf(\hat{\beta}_0) = -238444 \pm 2{,}26 \cdot 450900 \cdot \sqrt{\frac{589025}{11 \cdot 212550}}$$

Ergebnis: Das Konfidenzintervall ist sehr groß, es erstreckt sich von etwa −750000 bis +273000. Der aktuelle Wert für den Achsenabschnitt ist wahrscheinlich zufällig, das nächste Mal könnte $\hat{\beta}_0$ genauso gut größer als null sein.

Beispiel 10.2.2–3
Eine Gehaltsbestimmungsmethode wird regelmäßig mit Qualitätskontrollproben validiert, d. h. Proben mit einem bekannten Gehalt von 100 % werden analysiert. Anschließend wird untersucht, ob beobachtete Abweichungen nur durch einen geringen Messfehler verursacht werden, oder ob es größere Abweichungen gibt.

Nachdem 50 Qualitätskontrollproben untersucht wurden, wird ein Mittelwert $\overline{x}$ von 100,006 % ermittelt, mit einer Standardabweichung von etwa 0,84 %. Der Mittelwert trifft also fast genau den Sollwert, die Standardabweichung ist nicht hoch. Allerdings steigen die Werte mit zunehmender Zeit möglicherweise an. Auch wenn die Abweichungen klein sind, könnte es sein, dass ein langfristiger zeitlicher Trend vorliegt. In diesem Fall bestünde die Gefahr, dass ein Prozess auf die Dauer außer Kontrolle geraten könnte.
Um diese Gefahr zu vermeiden wird untersucht, ob der Anstieg nur scheinbar ist, oder ob er signifikant ist. Dazu wird eine Regression der Gehaltsbestimmungen durchgeführt, wobei x_i jeweils die Nummer der gemessenen Probe ist.

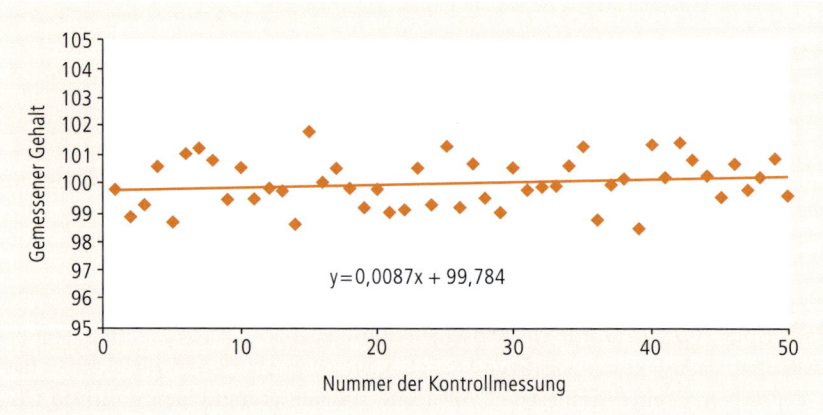

○ **Abb. 10.2.2–2** Trendanalyse durch lineare Regression. Der gemessene Gehalt von Qualitätskontrollproben (Sollgehalt = 100 %) wird gegen die lfd. Nummer der Messung x_i aufgetragen.

Es wird eine Steigung $\hat{\beta}_1$ von 0,0087 ermittelt. Nach Gleichung 10.2.2–6 liegt das zugehörige Konfidenzintervall $\pm 0,287$, ($n = 50$, $\alpha = 0,05$, $\sum(x_i - \bar{x})^2 \approx 35,5$). Der Wert null liegt also eindeutig innerhalb des Konfidenzintervalls, und der beobachtete Anstieg ist wahrscheinlich nur Zufall.

Sowohl die Varianz des Achsenabschnittes als auch die der Steigung wirkt sich auf die Unsicherheit der Lage der Regressionsgeraden aus. Wenn eine Regressionsgerade unter gleichen Bedingungen mehrfach ermittelt wird, wird das erhaltene Ergebnis von Mal zu Mal nicht exakt identisch sein. Auch hier wird eine Stichprobe betrachtet, die zufällig streut ($\rightarrow$ Kap. 4.2). Da die Unsicherheit der Steigung sich je nach betrachteter Stelle des Arbeitsbereiches unterschiedlich auswirkt (○ Abb. 10.2–4), ist auch die Unsicherheit der Lage der Geraden abhängig von der betrachteten Position im Arbeitsbereich. An dessen Rändern ist mit einer größeren Unsicherheit zu rechnen (Gleichung 10.2.2–8).

Durch den Vertrauensbereich kann die Lage der wahren Gerade abgeschätzt werden (Gleichung 10.2.2–9, ○ Abb. 10.2–5). Sie liegt wahrscheinlich in diesem Intervall. Auch diese Aussage ist mit einer Irrtumswahrscheinlichkeit α ($\rightarrow$ Kap. 7.7) versehen.

$$var(\hat{y}_0) = var\left(\hat{y}(x_0)\right) = \hat{\sigma}^2 \cdot \left[\frac{1}{n} + \frac{(x_0 - \bar{x})^2}{\sum(x_i - \bar{x})^2}\right]$$

Gleichung 10.2.2–8

$$cnf(\hat{y}_0) = \hat{y}_0 \pm t_{n-2,(1-\frac{\alpha}{2})} \cdot \hat{\sigma} \cdot \sqrt{\frac{1}{n} + \frac{(x_0 - \bar{x})^2}{\sum(x_i - \bar{x})^2}}$$

Gleichung 10.2.2–9

Noch interessanter als die Lage der wahren Regressionsgeraden ist häufig die Streuung des Erwartungswertes $\hat{y}(x)$ (Gleichung 10.2.1–6). In diese Streuung geht wiederum die Unsicherheit der Geraden ein, aber auch die Unsicherheit bei der Bestimmung des Wertes, der vorhergesagt werden soll. Da sich Varianzen additiv verhalten ($\rightarrow$ Kap. 3.8), ergibt sich Gleichung 10.2.2–10 und daraus wiederum Gleichung 10.2–11 (vgl. 10.2.2–5).

Gleichung 10.2.2–10

$$var(y_0) + var\left(\hat{y}(x_0)\right) = \hat{\sigma}^2 + \hat{\sigma}^2 \cdot \left[\frac{1}{n} + \frac{(x_0 - \overline{x})^2}{\sum(x_i - \overline{x})^2}\right] = \hat{\sigma}^2 \cdot \left[1 + \frac{1}{n} + \frac{(x_0 - \overline{x})^2}{\sum(x_i - \overline{x})^2}\right]$$

$$prd(\hat{y}_0) = \hat{y}_0 \pm t_{n-2,(1-\frac{\alpha}{2})} \cdot \hat{\sigma} \cdot \sqrt{1 + \frac{1}{n} + \frac{(x_0 - \overline{x})^2}{\sum(x_i - \overline{x})^2}}$$

Gleichung 10.2.2–11

Beispiel 10.2.2–4 (fortgeführt aus 10.2.2–1)

In Beispiel 10.2.2–1 hatten wir bereits $\hat{\sigma}$ oder $\hat{\sigma}(y)$ mit etwa 450900 angegeben. Wir hatten daraus geschlossen, dass die Güte einer Vorhersage des Jahresumsatzes aus der Zahl von Kunden pro Tag nicht besonders hoch ist. Wir nahmen dort aber auch an, dass für z. B. $x = 100$ Kunden ein Jahresumsatz von 2 Mill. doch recht unwahrscheinlich wäre. Wie versprochen, werden wir nun die Aussage „recht unwahrscheinlich" präzisieren.

Dazu berechnen wir $prd(\hat{y}_0) = prd(\hat{y}(x_0))$ nach 10.2.2–11 an der Stelle $x = 100$:

$$prd(\hat{y}_0) = 1\,033\,000 \pm 2{,}01 \cdot 450\,900 \cdot \sqrt{1 + \frac{1}{11} + \frac{(100 - 185)^2}{212\,550}} = \underline{1033000 \pm 961000}$$

Das Vorhersageintervall erstreckt sich also von fast 0 bis fast 2 Millionen. Ein Wert 2 Millionen oder mehr ist zwar unwahrscheinlich, aber auch nicht völlig ausgeschlossen, da der Wert noch nahe am 95 %-Vorhersageintervall liegt.

Wir haben oben den Erwartungswert zu einem x-Wert berechnet (Gleichung 10.2.1–6). Mindestens ebenso häufig ist man an den x-Werten zu einem y-Wert interessiert. Bei Kalibrierungen zur Gehaltsbestimmung in der pharmazeutischen Analytik werden z. B. bekannte Konzentrationen von Standardlösungen auf der x-Achse aufgetragen, dazu werden Messwerte ermittelt, die auf der y-Achse aufgetragen werden (Kalibriergerade, $\circ$ Abb. 10.1–1). Anschließend wird eine Probe mit unbekannter Konzentration vermessen, aus dem erhaltenen y wird die Konzentration x abgeschätzt. Dieses x (oder $\hat{x}$) ist das Analysenergebnis. Dieses kann aus den Regressionsparametern berechnet werden (10.2.2–12), indem Gleichung 10.2.1–6 umgeformt wird:

Kalibriergeraden in der pharmazeutischen Analytik

$$\hat{x}_A = \frac{\hat{y}_A - \hat{\beta}_0}{\hat{\beta}_1}$$

Gleichung 10.2.2–12

Der Erwartungswert für x zu einem y-Wert kann ebenso nach Gleichung 10.2.2–13 berechnet werden, hier sind $\overline{x}$ und $\overline{y}$ die Mittelwerte jeweils aller x- und y-Werte, die zur Berechnung der Regressionsgeraden verwendet wurden. Das erhaltene Ergebnis ist immer numerisch exakt identisch zu Gleichung 10.2.2–12, die Darstellung in Gleichung 10.2.2–13 ist aber für die Fehlerbetrachtung besser geeignet, da sie nur noch einen der Regressionsparameter enthält.

$$\hat{x}_A = \overline{x} + \frac{\hat{y}_A - \overline{y}}{\hat{\beta}_1} \qquad \text{Gleichung 10.2.2–13}$$

Vertrauensbereich des Analysenergebnisses   Nun ergibt sich durch Addition der Varianz aus der Regressionsgeraden und der entsprechenden Unsicherheit bei der Bestimmung von y-Werten eine Gesamtvarianz, die nach Gleichung 10.2.2–5 verwendet werden kann, um einen Vertrauensbereich des Analysenergebnisses zu berechnen (Gleichung 10.2.2–14):

$$cnf(\overline{x}_A) = \overline{x}_A \pm t_{n+m-3,(1-\frac{\alpha}{2})} \cdot \frac{\hat{\sigma}}{\hat{\beta}_1} \sqrt{\frac{1}{m} + \frac{1}{n} + \frac{(\overline{x}_A - \overline{x})^2}{\sum (x_i - \overline{x})^2}} \qquad \text{Gleichung 10.2.2–14}$$

In dieser Gleichung beschreibt m die Anzahl der Mehrfachmessungen der unbekannten Probe zur Ermittlung des Analysenergebnisses, n ist die Anzahl der Messungen, die zur Ermittlung der Kalibriergeraden durchgeführt wurden. Diese Gleichung zeigt sehr schön, dass Mehrfachmessungen der Probe (also z. B. $m = 3$) den Term unter Wurzel viel stärker beeinflussen als besonders viele Messungen zur Ermittlung der Kalibriergeraden (z. B. ist der Unterschied zwischen $n = 12$ und $n = 20$ nur gering).
Beachten Sie bitte, dass die Berechnung mit

$$\hat{\sigma}_A = \sqrt{\frac{\sum_{j=1}^{m} (x_{A,j} - \overline{x}_A)^2}{m-1}}$$

und anschließendem Berechnen des Konfidenzintervalls nach Gleichung 6.6.1 zu einem anderen Ergebnis führt, welches **falsch** ist! Bei dieser Berechnung wird nur die Streuung der Einzelmessungen für die Analyse berücksichtigt. Es wird aber zusätzlich ein Fehler bei der vorhergehenden Ermittlung der Regressionsgerade gemacht. Dieser würde so nicht berücksichtigt, und der Fehler bei der Bestimmung von x-Werten aus y-Werten würde unterschätzt.

Beispiel 10.2.2–5 (fortgeführt aus Beispiel 10.2.2–1)
Ein Apotheker, der Ihnen seine Apotheke verkaufen will, behauptet, er hätte im letzten Jahr 2,7 Mill. € Umsatz gehabt. Sie zählen an einem Tag 211 Kunden. Kann die Behauptung des Apothekers richtig sein?

$$cnf(\overline{x}_A) = 231 \pm 2,01 \cdot \frac{450\,900}{12\,718} \sqrt{\frac{1}{1} + \frac{1}{11} + \frac{(231-185)^2}{212\,550}}$$

Es wird ein zusätzliches Wertepaar untersucht, also $m = 1$. Der Wert $\overline{x}_A$ zu 2,7 Mill. beträgt etwa 231 Kunden. Das Vertrauensintervall erstreckt sich um 231 ± 75; die Angabe von 2,7 Millionen kann also durchaus korrekt sein. Möglicherweise haben Sie an einem unterdurchschnittlichen Tag gezählt.

Darstellung der Regressionsrechnung in Vektor- und Matrixschreibweise

Die formale Berechnung der Regressionskoeffizienten $\hat{\beta}_0$ und $\hat{\beta}_1$ lässt sich in Vektor- und Matrizenschreibweise noch wesentlich geschlossener und kompakter darstellen. Diese Darstellungsweise wird jedoch nicht nur wegen ihrer Eleganz eingeführt, sondern weil sie viele zusätzliche Berechnungsmöglichkeiten in komplexeren Situationen eröffnet. Häufig stehen nämlich nicht nur Wertepaare x und y in einem Zusammenhang, sondern Vektoren. Zum Beispiel kann man die Eigenschaften einer chemischen Struktur mathematisch beschreiben. Dazu genügt jedoch nicht eine einzelne Zahl, sondern man benötigt dazu eine Reihe von Parametern. Alle Parameter zu einer Substanz können dann zu einem Vektor zusammengefasst werden. Diesen Substanzvektor x kann man jetzt zu einer Wirkung y in Beziehung setzen. Meist wirkt aber eine Substanz gleichzeitig an mehreren Stellen, z. B. auf verschiedene Zelltypen oder verschiedene Zielstrukturen. Dann steht der Substanzvektor x einem Wirkungsvektor y gegenüber.

Beginnen wir jedoch zunächst damit, das schon bekannte überbestimmte lineare Gleichungssystem 10.2.1–2 in Matrixschreibweise darzustellen. Durch diese Schreibweise wird die Darstellung sehr kompakt:

$$X\beta = y$$

Gleichung 10.3–1

Hier sind:

$$\beta = \begin{pmatrix} \beta_0 \\ \beta_1 \end{pmatrix} \quad \text{und} \quad y = \begin{pmatrix} y_1 \\ y_2 \\ \dots \\ y_n \end{pmatrix}; \; X \text{ ist eine } 2 \times n\text{-Matrix: } \begin{pmatrix} 1 & x_1 \\ 1 & x_2 \\ \dots & \dots \\ 1 & x_n \end{pmatrix}$$

Alle Werte $x_{11}\dots x_{2n}$ und $y_1 \dots y_n$ sind wiederum bekannt, β_0 und β_1 sollen bestimmt werden. Wenn es sich um ein bestimmtes Gleichungssystem handeln würde, könnten wir Gleichung 10.3–1 durch Multiplikation mit der inversen Matrix zu X auflösen und damit β und die zugehörigen Koeffizienten erhalten (vgl. 2.3.5). Zur Matrix X existiert zwar keine Inverse; wohl aber zur entsprechenden Gramschen Matrix $X^T X$ ($\rightarrow$ Kap. 2.3.5), wenn die Determinante dieser Matrix ungleich null ist, und dies ist meist der Fall. Zur Lösung der obigen Vektorgleichung können wir also schreiben:

$$X\beta = y \implies X^T X\beta = X^T y \implies \beta = (X^T X)^{-1} X^T y$$

Gleichung 10.3–2

Übrigens ist β genau dann die Lösung dieser Gleichung, wenn

$$\|y - X\beta\|^2 = (y - X\beta)^T (y - X\beta)$$

Gleichung 10.3–3

minimal wird. Aus dieser Darstellung wird deutlich, dass auch hier die Summe der quadrierten Abweichungen minimiert wird; die zugehörige Norm ist die euklidische Norm ($\rightarrow$ Kap. 2.2.6).

Wir können genauso vorgehen, wenn β aus mehr als zwei Komponenten besteht, also z. B. aus m Komponenten. Dann ist X eine $m \times n$-Matrix (Gleichung 10.3.1–4), die Rechnung wird ebenso durchgeführt (Gleichung 10.3–2).

$$X = \begin{pmatrix} 1 & x_{11} & x_{12} & \dots & x_{1n} \\ 1 & x_{21} & x_{22} & \dots & x_{2n} \\ \dots & \dots & \dots & \dots & \dots \\ 1 & x_{m1} & x_{m2} & \dots & x_{mn} \end{pmatrix}$$

Gleichung 10.3–4

Wenn ein Polynom höheren Grades auf diese Weise bestimmt werden soll (vgl. die Gleichungen 10.2.1–7 bis 10.2.1–9), dann ist $x_{12} = x_1^2$, $x_{13} = x_1^3 \dots$ und allgemein $x_{ik} = x_i^k$, die Matrix X hat dann die Form Gleichung 10.3–5, die Rechnung verläuft wiederum identisch (Gleichung 10.3–2).

$$X = \begin{pmatrix} 1 & x_1 & x_1^2 & \dots & x_1^n \\ 1 & x_2 & x_2^2 & \dots & x_2^n \\ \dots & \dots & \dots & \dots & \dots \\ 1 & x_m & x_m^2 & \dots & x_m^n \end{pmatrix}$$

Gleichung 10.3–5

Auch bei komplexeren Fragestellungen kann man ganz ähnlich vorgehen. In der UV-Vis-Spektrometrie ($\rightarrow$ Kap. 2.3.2) kann eine Kalibrierung anhand der Absorption an einer Wellenlänge vorgenommen werden. Es kann aber auch bei jeder Konzentration ein Spektrum aufgenommen werden. Dadurch geht mehr Information ein, die Präzision von quantitativen Bestimmungen wird dadurch besser. Wenn der Vektor k alle molaren Absorptionskoeffizienten bei den Messwellenlängen enthält,

$$k = \begin{pmatrix} \alpha_{\lambda 1} \\ \alpha_{\lambda 2} \\ \dots \\ \alpha_{\lambda n} \end{pmatrix}$$

Gleichung 10.3–6

dann können wir ein Gleichungssystem formulieren:

$$kc = S \quad \begin{pmatrix} \alpha_{\lambda 1} \\ \alpha_{\lambda 2} \\ \dots \\ \alpha_{\lambda n} \end{pmatrix} \cdot (c_1, c_2, \dots, c_m) = \begin{pmatrix} s_{11} & s_{12} & \dots & s_{1m} \\ s_{21} & s_{22} & \dots & s_{2m} \\ \dots & \dots & \dots & \dots \\ s_{n1} & s_{n2} & \dots & s_{nm} \end{pmatrix}$$

Gleichung 10.3–7

Hier ist c ein Vektor mit verschiedenen Konzentrationen der betrachteten Substanz. Die Spektren für die jeweiligen Konzentrationen werden gemessen. Dabei erhält man die Matrix S. Wenn die molaren Absorptionskoeffizienten bekannt sind, kann die Matrixgleichung nach c aufgelöst werden:

$$kc = S \;\Rightarrow\; k^T kc = k^T S \;\Rightarrow\; c = \frac{\left(k^T S\right)}{\left(k^T k\right)}$$

Gleichung 10.3–8

Der Term $k^T k$ ist das Ergebnis eines Skalarproduktes ($\rightarrow$ Kap. 2.2.4), also eine Zahl. Die Division durch $k^T k$ ist daher erlaubt, solange dieses Skalarprodukt nicht null ist. In den folgenden Gleichungen 10.3–9 bis 10.3–11 sind die Zusammenhänge noch einmal in ausführlicher Schreibweise dargestellt.

$$k^T kc = k^T S =$$

Gleichung 10.3–9

$$\left(\alpha_{\lambda 1}, \alpha_{\lambda 2}, ..., \alpha_{\lambda n}\right) \cdot \begin{pmatrix} \alpha_{\lambda 1} \\ \alpha_{\lambda 2} \\ ... \\ \alpha_{\lambda n} \end{pmatrix} \cdot \left(c_1, c_2, ..., c_m\right) = \left(\alpha_{\lambda 1}, \alpha_{\lambda 2}, ..., \alpha_{\lambda n}\right) \cdot \begin{pmatrix} s_{11} & s_{12} & ... & s_{1m} \\ s_{21} & s_{22} & ... & s_{2m} \\ ... & ... & ... & ... \\ s_{n1} & s_{n2} & ... & s_{nm} \end{pmatrix}$$

Gleichung 10.3–10

$$\left(\sum_{i=1}^{n} \alpha_{\lambda i} \alpha_{\lambda i}\right) \cdot \left(c_1, c_2, ..., c_m\right) = \left(\alpha_{\lambda 1}, \alpha_{\lambda 2}, ..., \alpha_{\lambda n}\right) \cdot \begin{pmatrix} s_{11} & s_{12} & ... & s_{1m} \\ s_{21} & s_{22} & ... & s_{2m} \\ ... & ... & ... & ... \\ s_{n1} & s_{n2} & ... & s_{nm} \end{pmatrix}$$

Gleichung 10.3–11

$$c = \frac{k^T S}{k^T k} = \left(\sum_{i=1}^{n} \alpha_{\lambda i} \alpha_{\lambda i}\right) \cdot \left(c_1, c_2, ..., c_m\right) = \left(\alpha_{\lambda 1}, \alpha_{\lambda 2}, ..., \alpha_{\lambda n}\right) \cdot \begin{pmatrix} s_{11} & s_{12} & ... & s_{1m} \\ s_{21} & s_{22} & ... & s_{2m} \\ ... & ... & ... & ... \\ s_{n1} & s_{n2} & ... & s_{nm} \end{pmatrix}$$

Dieselbe Rechenstrategie kann sogar beibehalten werden, wenn gemessenen Spektren aus Substanzgemischen von verschiedenen Substanzen in verschiedenen Konzentrationen entstanden sind:

$$KC = S$$

Gleichung 10.3–12

Ähnlich wie in Gleichung 10.3–8 und entsprechend Gleichung 10.3–2 wird umgeformt:

$$KC = S \quad \Rightarrow \quad K^T KC = K^T S \quad \Rightarrow \quad C = (K^T K)^{-1} K^T S \qquad \text{Gleichung 10.3–13}$$

Auf diese Art und Weise können Mischspektren sehr schnell und effizient verarbeitet werden, auch wenn viele Spektren in einer Sekunde aufgenommen werden. Dies spielt bei der Kontrolle von Prozessen in der Pharmaindustrie eine große Rolle. In der Prozessanalytik (→ Kap. 5.5) soll schnell reagiert werden, um den Prozess rechtzeitig steuern zu können; dies spielt eine Rolle bei der Abfüllung von Suspensionen, bei der Sprühtrocknung, der Granulierung und in vielen weiteren Fällen.

Ebenso wichtig ist die Anwendung der Matrizenrechnung, wenn Substanzeigenschaften mit einem Wirkspektrum in Beziehung gestellt werden sollen. Die chemischen Eigenschaften einer Substanz lassen sich analog von Absorptionskoeffizienten als Parameterliste bzw. Vektor darstellen. Wirkungen lassen sich aus vorher festgestellten Wirkmustern anderer Substanzen vorhersagen (vgl. 2.2.5).

10.4 Validierung und Versuchsplanung

10.4.1 Voraussetzungen für die Anwendung der linearen Regression

Die Berechnungen aus den Abschnitten 10.1 und 10.2 können formal immer durchgeführt werden, wenn mehrere Zahlenpaare (x_i, y_i) vorliegen. Diese Berechnungen geben aber nur unter bestimmten Voraussetzungen einen Sinn. Wenn zum Beispiel offensichtlich kein linearer Zusammenhang besteht, ist eine lineare Regression nicht sinnvoll (○ Abb. 10.4.1–1).

Es gibt noch eine Reihe weiterer Voraussetzungen, um zu gewährleisten, dass die oben beschriebene lineare Ausgleichsrechnung zu vernünftigen Ergebnissen führt (□ Tab. 10.4.1–1). Wenn die Regressionsrechnung eingesetzt wird, soll im Anschluss immer überprüft werden, ob die erhaltenen Ergebnisse auch gültig, d. h.

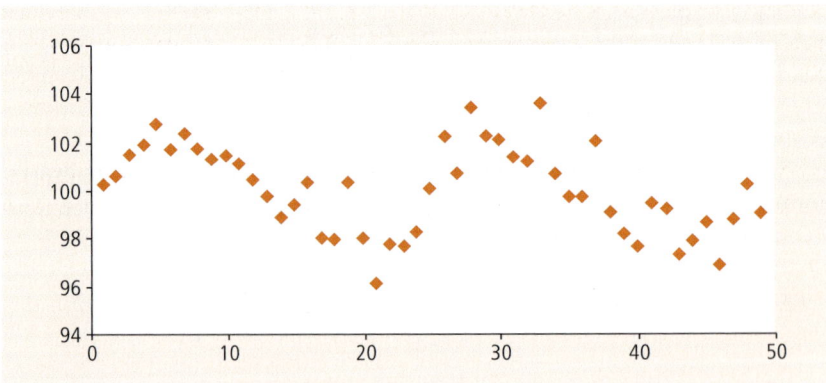

○ **Abb. 10.4.1–1** Wertepaare mit sinusidem Verlauf. Die Berechnung einer Regressionsgerade wäre hier nicht sinnvoll

☐ **Tab. 10.4.1–1** Notwendige Voraussetzungen zur Anwendung von der in → Kap. 10.2 beschriebenen ungewichteten Regression

Voraussetzung	Nicht gegeben z. B. bei	Maßnahmen
Linearität	Nichtlinearen Gesetzmäßigkeiten (z. B. Enzymkinetik, DC oder andere Sättigungseffekte, exponentielle Zunahmen, periodische Schwankungen)	Anwendung nicht linearer Modellfunktionen (z. B. Polynom höheren Grades, (vgl. Gleichung 10.2.1–8 bis 10.2.1.–10)
Fehlerfreiheit in x	Zufällige Fehler beim Herstellen der Standards	Fehler in x klein halten, wenn dies nicht möglich ist, orthogonale Regression einsetzen
Normalverteilter Fehler in y	Daten aus Zählungen oder transformierte Daten	
Varianzengleichheit (Homoskedastizität)	UV/Vis-Detektion, Volumendosierung (z. B. HPLC-Injektor)	Interne Standards einsetzen, gewichtete Regressionsrechnungen anwenden
Mittelwert der Fehlerterme gleich null (keine systematischen Fehler)	Falsch hergestellten Standards	
Unkorrelierte Fehler	Memory-Effekte, Herstellung aller Kalibrierlösungen aus einer Stammlösung, zeitliche Trends ...	Experimentelle Probleme vermeiden, blockweise randomisieren (=> weiterführende Literatur)

valide sind. Diese Überprüfung der in ☐ Tab. 10.4.1–1 beschriebenen Voraussetzungen nennt man die Validierung der Regressionsrechnung.

Es ist oft möglich, das hier beschriebene einfache Regressionsmodell einzusetzen; wenn aber nicht, dann soll die Fehlerquelle möglichst schnell identifiziert werden und ein geeignetes verfeinertes Modell eingesetzt werden, damit nicht mit unnötigem Aufwand unbrauchbare Kalibrierdaten erzeugt werden.

Besonders die Voraussetzung der Varianzengleichheit ist oft verletzt. Wenn die Kalibrierung nur über eine Größenordnung erfolgt, sind die daraus resultierenden Fehler aber meist noch akzeptabel. Bei Weitbereichskalibrierungen, also bei einer Kalibrierung, bei der sich Menge oder Konzentration der eingesetzten Standards um mehr als eine Größenordnung unterscheiden, ist unbedingt eine gewichtete Regression zu empfehlen (→ weiterführende Literatur).

Auch wenn die aufgeführten Voraussetzungen verletzt sind, können immer rein formal Regressionsparameter wie in → Kap. 10.2.1 beschrieben ermittelt werden, diese sind dann aber schlechte und fehlerhafte Schätzer. Bei deutlichen Abweichungen von den Anforderungen in Tabelle 10.4.1–1 muss daher ein komplexeres Regressionsmodell eingesetzt werden.

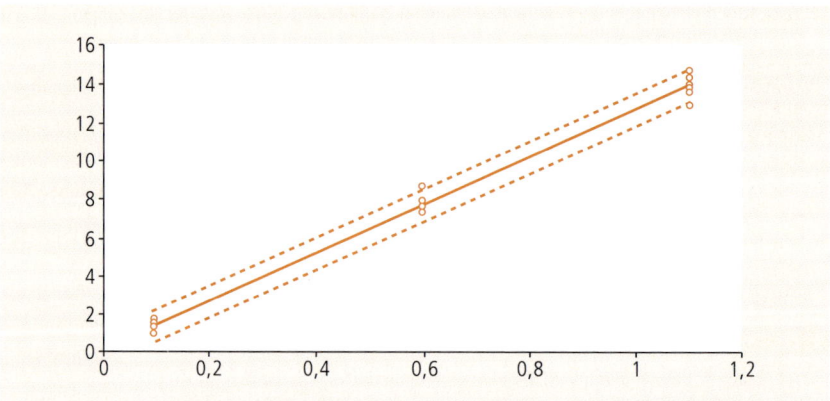

○ **Abb. 10.4.2–1** Kalibrierexperiment mit dem 3-x-8-Design mit eingezeichneter Regressionsgeraden und Vorhersagebereich

10.4.2 Planung von Kalibrierexperimenten

Um bei der Regressionsrechnung möglichst aussagekräftige Ergebnisse zu erhalten und um überprüfen zu können, dass die Voraussetzungen in Tabelle 10.4.1–1 erfüllt sind, empfiehlt sich ein bestimmtes Versuchsdesign für die lineare Regression. Dieses Design hängt außerdem eng mit den Berechnungsformeln der verschiedenen Vorhersage- und Vertrauensintervalle aus Gleichung 10.2.2 zusammen. Durch ein geeignetes Design sollen diese Intervalle möglichst schmal werden. Zunächst muss überlegt werden, in welchem Bereich (engl. Range) zukünftige Messwerte liegen können. Für eine Stabilitätsanalytik kann ein relativ enger Bereich gewählt werden (z. B. 90 – 105 % vom nominalen Wert), für eine pharmakokinetische Untersuchung ist ein größerer Bereich notwendig.

Versuchsplanung   Experimente sollen immer möglichst viel Information in möglichst kurzer Zeit mit möglichst geringem Aufwand ergeben. Daher soll auch die Zahl der Kalibrierexperimente möglichst gering gehalten werden; möglichst gering heißt hierbei aber nicht klein. Ernsthafte Verletzungen des Kalibriermodells (□ Tab. 10.4.1–1) müssen auf jeden Fall vermieden werden, dadurch wird ein Minimum an Experimenten notwendig.

Mit je 8 Messungen kann die Streuung an den Grenzen des Arbeitsbereichs bestimmt und verglichen werden (→ Baumann und Wätzig, weiterführende Literatur). Ein Punkt in der Mitte ermöglicht es zu überprüfen, ob ein linearer Zusammenhang vorliegt. Für die Bestimmung der Steigung ist es jedoch sinnvoll, den größten Teil der Messungen an den Grenzen des Arbeitsbereiches vorzunehmen, denn dies führt zu einer großen Summe $\sum(x_i - \bar{x})^2$ und daher zu einem günstigen, schmalen Vertrauensbereich für diese Größe (Gleichung 10.2.2–6). Möglichst viele Messungen an den Grenzen des Arbeitsbereiches führen gleichzeitig zu möglichst schmalen, also möglichst aussagekräftigen Vorhersage- und Vertrauensintervallen für die gesamte Regressionsgerade (Gleichungen 10.2.2–9 bis 10.2.2–14).

Literatur

Green JM. Anal. Chem. News 68 305A, 1996

Kessler W. Multivariate Datenanalyse. Wiley-VCH, Weinheim 2007

Regression and calibration methods for analytical separation techniques. Part 1: Design considera-
    tions. Knut Baumann, Hermann Wätzig, Process Control and Quality 10, 59–73, 1997

Regression and calibration methods for analytical separation techniques. Part 2: Validation, Weighted
    and Robust Regression. Knut Baumann, Process Control and Quality 10, 75–112, 1997

Wätzig H, in: Statistische Qualitätskontrolle, Hagers Handbuch der Pharmazeutischen Praxis, Band 2,
    5. Aufl., Nürnberg E., Surmann P., (Hrsg), S. 1048–1084, Springer, Berlin 1991

Übungsaufgaben   10.5

Aufgaben zur linearen Regression werden heute nicht mehr mit Papier und
Bleistift gerechnet, sondern fast ausschließlich mit Rechenprogrammen. Das ist
eine sehr sinnvolle Arbeitserleichterung; trotzdem sollte jeder den Grundalgorith-
mus der Berechnung verstanden haben. Hinweisen möchten wir auch noch auf die
Feldfunktion RGP in Excel®, die sehr schnell und komfortabel viele Größen
automatisch berechnet, die in diesem Kapitel beschrieben werden. Diese Funktion
wird mit Anwendungsbeispielen in der Hilfe-Funktion von Excel sehr gut beschrieben. Es ist eine gute Übung, die Beispiele aus diesem Kapitel auf diese Weise
nachzurechnen.

Aufgabe 1

Lösen Sie das folgende überbestimmte Gleichungssystem:

$$Ax = y \quad mit \quad A = \begin{pmatrix} 1 & 0 \\ 1 & 2 \\ 1 & 0 \\ 1 & -1 \\ 1 & 0 \\ 1 & -2 \end{pmatrix} \quad y = \begin{pmatrix} 0 \\ 2 \\ 0 \\ -1 \\ 1 \\ -2 \end{pmatrix}$$

Lösungen der Übungsaufgaben

Aufgabenlösungen Kap. 2

Aufgabe 1

Selbstverständlich ist der pH-Wert nicht 9; zwar ist die Aktivität $a(H_3O^+)$, die durch die Umsetzung der Salzsäure entsteht, etwa 10^{-9} mol/l. Jedoch ist die $a(H_3O^+)$, die aus der Autoprotolyse des Wassers resultiert, viel größer, nämlich etwa 10^{-7} mol/l.

Welchen Wert hat also der pH? Etwa 7; und er sollte auch nicht stark von 7 abweichen, wenn wenig Säure dazugegeben wird.

Kann man eine noch etwa genauere Angabe über den pH-Wert erhalten? Wir könnten berechnen

$$a(H_3O)^+ = 10^{-7} \text{ mol/l} + 10^{-9} \text{ mol/l} = \underline{1,01 \cdot 10^{-7} \text{ mol/l}}$$

Dann könnten wir den pH-Wert berechnen:

$$pH = -\lg\left(a(H_3O)^+\right) = -\lg\left(1,01 \cdot 10^{-7}\right) \approx \underline{6,996}$$

Wir sehen also, der pH-Wert nimmt wirklich nicht stark ab; allerdings ist diese Berechnung immer noch nicht ganz korrekt: Das Hinzufügen von H_3O^+ aus der Salzsäure verschiebt das Autoprotolysegleichgewicht, so dass etwas weniger H_3O^+ aus der Autoprotolyse zur Verfügung steht.

$$2H_2O \underset{\rightarrow}{\overset{\downarrow}{\longleftarrow}} H_3O^+ + OH^-$$

Dies ist sicher kein starker Effekt, trotzdem möchten wir ihn exakt ermitteln, damit wir verstehen, wie groß der Fehler durch die Näherung ohne Berücksichtigung der Gleichgewichtsverschiebung ist.

Die Autoprotolysekonstante beträgt 10^{-14} mol^2/l^2:

$$a(H_3O^+) \cdot a(OH^-) = 10^{-14} \text{ mol/l}$$

Dabei entsteht bei der Autoprotolyse genauso viel H_3O^+ wie OH^-; diese Menge wollen wir x nennen. Zusätzlich wird die H_3O^+-Aktivität um die zugegebene Menge y erhöht; also:

$$(x + y) \cdot x = \underline{10^{-14} \text{ mol}^2/\text{l}^2}$$

y ist in unserem Beispiel 10^{-9} mol/l. Wir können die Aufgabe aber auch allgemein lösen, denn jetzt haben wir eine quadratische Gleichung erhalten:

$$(x + y) \cdot x = x^2 + y \cdot x + 0 = \underline{10^{-14} \text{ mol}^2/\text{l}^2}$$

Diese quadratische Gleichung können wir lösen, indem wir nach x auflösen. Der Ansatz ist

$$x^2 + yx + 0 = (x + 0{,}5\,y)^2 - 0{,}25\,y^2 = \underline{10^{-14} \text{ mol}^2/\text{l}^2}$$

anschließend wird auf $\frac{1}{4}\,y^2$ auf die andere Seite gebracht und die Wurzel gezogen.

Wir können aber auch formal Gleichung 2.1.3–3 verwenden, mit $p = y$ und $q = -10^{-14}$. Dann ergibt sich

$$x_{1,2} = -\frac{p}{2} \pm \sqrt{\left(\frac{p}{2}\right)^2 - q} = -\frac{y}{2} \pm \sqrt{\left(\frac{y}{2}\right)^2 + 10^{-14}}$$

Mit $y = 10^{-9}$ ergeben sich die Lösungen

$x_1 \approx 9,95 \cdot 10^{-8}$ und

$x_2 \approx -1,005 \cdot 10^{-7}$;

die zweite Lösung, eine negative Konzentration, ist chemisch nicht sinnvoll; also ist

$x \approx 9,95 \cdot 10^{-8}$,

$a(H_3O)^+ = x + y = 9,95 \cdot 10^{-8}$ mol/l $+ 10^{-9}$ mol/l $= \underline{1,005 \cdot 10^{-7} \text{ mol/l}}$

Der pH-Wert ist dann etwa 6,998; der Effekt der Zurückdrängung des Auto-protolysegleichgewichtes ist zwar wie erwartet gering, aber er ist messbar.

Aufgabe 2

$pK_s = 4,75 \Rightarrow K_s = 10^{-4,75} = 1,78 \cdot 10^{-5} \text{ mol}^2 \cdot l^{-2}$ $a[H_3O^+] = \sqrt{K_s \cdot c_{HA}}$

$a[H_3O^+] = \sqrt{1,78 \cdot 10^{-5} \cdot 1} = \underline{4,2 \cdot 10^{-3} \text{ mol/l}}$ Werte einsetzen und ausrechnen

$\Rightarrow pH = -\lg a[H_3O^+] = -\lg 4,2 \cdot 10^{-3} \text{ mol/l} = \underline{\underline{2,4}}$

Der pH-Wert beträgt 2,4.

Aufgabe 3

a) $c_S = c_B$,

dann ist deren Verhältnis gleich 1, $\lg 1 = 0$, also gilt für äquimolare Puffer allgemein:

$pH = pK_S$

Ein Puffer aus z. B. 8,2 g Natriumacetat und 6,0 g Essigsäure (je 0,1 mol) hat also einen pH von 4,75.

b) Je 0,1 mol Acetat und Essigsäure liegen ursprünglich vor, davon reagiert 0,01 mol Acetat mit der Salzsäure

$H_3O^+ + OAc^- \xleftarrow{\hspace{1cm}} H_2O + HOAc$

und wird dabei verbraucht, also bleiben 0,09 mol Acetat übrig. Bei der Reaktion entstehen 0,01 mol Essigsäure neu, mit der schon vorhandenen ergibt das 0,11 mol. Beide Stoffmengen beziehen sich auf das gleiche Gesamtvolumen V_{Ges} (dieses könnte z. B. 1 Liter sein), welches sich bei der weiteren Berechnung herauskürzt:

$$pH = pK_s + \lg \frac{a_B}{a_S}, \text{ hier also: } \quad pH = pK_s + \lg \frac{\dfrac{0,09}{V_{Ges}}}{\dfrac{0,11}{V_{Ges}}} = pK_s + \lg \frac{0,09}{0,11}$$

$pK_S + \lg (0,8181\ldots) = pK_S + (-0,087) = 4,75 - 0,087 = \underline{4,663}$

Der pH-Wert sinkt also nach Zusatz der Salzsäure um etwa 0,087 Einheiten auf 4,663.

Wäre die gleiche Menge Salzsäure zu 1 Liter Wasser gegeben worden, wäre eine 0.01 molare Lösung entstanden; da sich HCl nahezu vollständig zu Hydronium umsetzt, gilt auch

$a(H_3O^+) = 10^{-2}$ M,

und nach der Definition des pH-Werts

$pH = -\lg a(H_3O^+)$

sinkt der pH-Wert in diesem Fall von 7 auf etwa 2, also um 5 Einheiten.

c) Diese Fragestellung ist symmetrisch zu Aufgabe b. Je 0,1 mol Acetat und Essigsäure liegen ursprünglich vor, davon reagiert 0,01 mol Essigsäure mit der Natronlauge

$$OH^- + HOAc \xrightarrow{\quad} H_2O + OAc^-$$

und wird dabei verbraucht, also bleiben 0,09 mol Essigsäure übrig. Bei der Reaktion entstehen 0,01 mol Acetat neu, mit dem schon vorhandenen ergibt das 0,11 mol. Beide Stoffmengen beziehen sich auf das gleiche Gesamtvolumen V_{Ges} (dieses könnte z. B. 1 Liter sein), welches sich bei der weiteren Berechnung herauskürzt:

$$pH = pK_s + \lg \frac{a_B}{a_S} \text{ , hier also:} \quad pH = pK_s + \lg \frac{\dfrac{0,11}{V_{Ges}}}{\dfrac{0,09}{V_{Ges}}} = pK_s + \lg \frac{0,11}{0,09} =$$

$$pK_S + \lg(1,222\ldots) = pK_S + (+0,087) = 4,75 + 0,087 = \underline{\underline{4,837}}$$

Der pH-Wert steigt also nach Zusatz der Natronlauge um etwa 0,087 Einheiten auf 4,837.

d) Die Berechnungen sind analog zu b) und c), nur dass durch den geringeren Zusatz von Säure oder Base weniger Puffersubstanz verbraucht wird und auch weniger entsprechende Säure oder Base entsteht. Sonst ist die Berechnung analog; beachten Sie die Ähnlichkeit der Zahlenwerte!

Zusatz von 0,001 mol Säure:

$$pH = pK_s + \lg \frac{0,099}{0,101} = pK_s + \lg(0,9801\ldots$$

$$= pK_S + (0,0087) = 4,75 - 0,0087 = \underline{\underline{4,7413}}$$

Der pH-Wert sinkt also um etwa 0,0087 Einheiten auf 4,7413.

Zusatz von 0,001 mol Base:

$$pH = pK_s + \lg \frac{0,101}{0,099} = pK_s + \lg(1,0202\ldots) =$$

$$pK_S + (0,0087) = 4,75 + 0,0087 = \underline{\underline{4,7587}}$$

Der pH-Wert steigt also um etwa 0,0087 Einheiten auf 4,7587.

e) Sicher haben Sie bemerkt, dass sich durch die Veränderung des pK_S-Werts an der Berechnung fast nichts ändert, es muss nur zum Schluss $pK_S = 4,75$ durch $pK_S = 7,21$ ersetzt werden. Es ergeben sich die in folgender Tabelle angegebenen pH-Werte durch Zusatz von

	Salzsäure	Natronlauge
0,01 mol	7,123	7,297
0,001 mol	7,2013	7,2187

Aufgabe 4

a) Die Gleichung für die Zeitabhängigkeit wird nach den Rechenregeln für Logarithmen umgeformt:

$$\ln c = \ln c_0 - k \cdot t \Leftrightarrow \ln c - \ln c_0 = -k \cdot t \Leftrightarrow \ln \frac{c}{c_0} = -k \cdot t \Rightarrow \frac{c}{c_0} = e^{-k \cdot t}$$

Hierbei ist

$$k = \ln\frac{2}{50}\, a^{-1} \approx \frac{0{,}693}{50}\, a^{-1} = \underline{\underline{0{,}01386\ a^{-1}}} \qquad\qquad t = 5a;$$

Um das Verhältnis der Konzentration c nach 5 Jahren zur Ausgangskonzentration zu berechnen, müssen wir jetzt nur noch einsetzen:

$$\frac{c}{c_0} = e^{-k\cdot t} = e^{-0{,}01386\cdot 5} = e^{-0{,}0693} \approx \underline{\underline{0{,}933}}$$

Von der ursprünglich eingesetzten Menge sind also noch etwa 93,3 % vorhanden.

b) Der radioaktive Zerfall gehorcht einer Kinetik 1. Ordnung, es werden also die gleichen Gesetzmäßigkeiten wie in Aufgabe a) angewandt.

Bei einer Rest-Radioaktivität von 80 % ist $\dfrac{c}{c_0} = \underline{\underline{0{,}8}}$

Wir formen die Gleichungen nach t um:

$$\ln\frac{c}{c_0} = -k\cdot t \quad\Rightarrow\quad t = \frac{\ln\dfrac{c}{c_0}}{-k}$$

k erhalten wir wieder aus der Halbwertszeit:

$$k = \ln\frac{2}{5730}\, a \approx \left(\frac{0{,}693}{5730}\right)\, a^{-1} = \underline{\underline{0{,}00012094\ a^{-1}}}$$

Nach Einsetzen ergibt sich

$$t = \ln\frac{0{,}8}{-0{,}00012094}\, a^{-1} \approx \underline{\underline{1845\ a}}$$

Das untersuchte Material ist also etwa 1845 Jahre alt.

c) Wenn die Zunahme 5 % beträgt, muss die Gesamtanzahl mit 1,05 multipliziert werden, um die Anzahl nach einem Jahr zu erhalten. Wie oft muss das geschehen, wie oft also muss mit 1,05 multipliziert werden, bis der Zunahmefaktor gleich 2 ist?

$1{,}05^x = 2$

Diese Gleichung kann man am einfachsten nach Logarithmieren auflösen, z. B.:

$\ln 1{,}05^x = \ln 2$

Es gilt aber auch

$x\cdot\ln 1{,}05 = \ln 1{,}05^x = \ln 2$

Nach x aufgelöst ergibt sich

$$x = \frac{\ln 2}{\ln 1{,}05} \approx \underline{\underline{14{,}2}}$$

Die Anzahl hat sich also nach etwa 14,2 Jahren verdoppelt.

Aufgabe 5

Der Einbau eines zweiten unabhängigen Schaltkreises wird vorgeschlagen. Damit fällt die Kapselmaschine nur dann aus, wenn Schaltkreis 1 und Schaltkreis 2 ausfallen. Fällt eines der beiden Schaltkreise aus, so arbeitet die Maschine trotzdem weiter. Daraus ergibt sich als Multiplikationssatz für Wahrscheinlichkeiten:

$$P(S_1 \text{ und } S_2) = P(S_1)\cdot P(S_2) = 0{,}02\cdot 0{,}02 = 0{,}0004 = \underline{\underline{0{,}04\,\%}}$$

Der Einbau eines zweiten unabhängigen Schaltkreises würde die Ausfallwahr-scheinlichkeit von 2 % auf 0,04 % senken. Der Ausfall einer einzelnen Komponente kann als unabhängiges Zufallsereignis betrachtet werden, dass dann ein System-ausfall zur Folge hat (z. B. durch Kurzschluss oder Überlastung). Entsprechende Maßnahmen wären zu treffen.

Aufgabe 6

Der Multiplikationssatz gilt für beliebig viele Einzelwahrscheinlichkeiten.

a) Da jedes Teil wieder in die Grundgesamtheit zurückgelegt wird, bleibt die Grundgesamtheit $N = 100$ konstant (ziehen mit zurücklegen).

$$P(E_{gut}) = P(E_1) \cdot P(E_2) \cdot (\ldots) \cdot P(E_5) = P(E_n) = P(E)^n = 0{,}98^5 = 0{,}904 \approx \underline{90\,\%}$$

Die Wahrscheinlichkeit fünf fehlerfreie Verschlüsse zu ziehen beträgt etwa 90 %.

b) Da jeder Verschluss jedoch nicht wieder zurückgelegt wird, ändert sich mit jedem Zug die Grundgesamtheit um −1. Unter dieser Berücksichtigung dann auch hier der Multiplikationssatz anzuwenden.

$$P(E_{gut}) = P(E_1) \cdot P(E_2) \cdot (\ldots) \cdot P(E_5) = \left(\frac{98}{100}\right) \cdot \left(\frac{97}{99}\right) \cdot \left(\frac{96}{98}\right) \cdot \left(\frac{95}{97}\right) \cdot \left(\frac{94}{96}\right) = 0{,}902$$
$$\approx \underline{90\,\%}$$

Die Wahrscheinlichkeit fünf fehlerfreie Verschlüsse zu ziehen, beträgt etwa 90 %.

Aufgabe 7

Für die 10 Spielkarten gibt es insgesamt verschiedene Möglichkeiten (Gleichung 2.1.4–1) der Kombination:

$$\binom{32}{10} = \frac{32 \cdot 31 \cdot (\ldots) \cdot 24 \cdot 23}{1 \cdot 2 \cdot (\ldots) \cdot 9 \cdot 10} = \underline{\underline{0{,}645 \cdot 10^8}} \quad \text{Kombinationsmöglichkeiten}$$

Bei Erhalt von 4 Buben sind die restlichen 6 Karten beliebig kombinierbar.

$$\binom{28}{6} = \frac{28 \cdot 27 \cdot 26 \cdot 25 \cdot 24 \cdot 23}{1 \cdot 2 \cdot 3 \cdot 4 \cdot 5 \cdot 6} = \underline{\underline{0{,}377 \cdot 10^5}} \quad \text{Kombinationsmöglichkeiten}$$

Die Wahrscheinlichkeit 4 Buben zu erhalten beträgt dann (Formel 2.6.1–1):

$$P(E) = \frac{Z_i}{\sum Z} = \frac{0{,}377 \cdot 10^5}{0{,}645 \cdot 10^8} = 5{,}84 \cdot 10^{-3} = 0{,}00584 \approx \underline{\underline{0{,}6\,\%}}$$

Die Wahrscheinlichkeit, dass 1 Spieler 4 Buben erhält beträgt etwa 0,6 %.

Hinweis: Sofern Sie bereits das Kap. 5 (Attributive Verteilungen) bearbeitet haben, wäre auch eine Lösung der Problemstellung mit der hypergeometrischen Ver-teilung (ziehen ohne zurücklegen) mit Gleichung 5.1–1 möglich. Die Grundge-samtheit N sind dann die 32 Spielkarten ($N = 32$), die Stichprobe n sind dann die Karten die an den Spieler verteilt werden ($n = 10$) und der „Fehleranteil" d sind dann die 4 Buben mit $d = 4$; nach denen ist ja gefragt.

$$\frac{\binom{d}{x} \cdot \binom{N-d}{n-x}}{\binom{N}{n}} = \frac{\binom{4}{4} \cdot \binom{32-4}{10-4}}{\binom{32}{10}} = \frac{1 \cdot \binom{28}{6}}{\binom{32}{10}} = 0{,}00584 \approx \underline{\underline{0{,}6\%}}$$

Aufgabe 8

Es wird die Stirling-Formel ($\to$ Formel 2.1.4–6) angewendet, da n groß ist.
$$50! \approx n^n \cdot e^{-n} \cdot \sqrt{2\pi \cdot n} = 50^{50} \cdot e^{-50} \cdot \sqrt{2 \cdot 3{,}14 \cdot 50} = S$$
Um die Sterlingzahl S zu berechnen, werden die Logarithmen zur Basis 10 verwendet.

$$\lg S = 50 \lg 50 - 50 \lg e + 0{,}5 \lg 100 + 0{,}5 \lg 3{,}14$$
$$= 50 \, (1{,}6990) - 50 \, (0{,}4343) + 0{,}5 \, (2) + 0{,}5 \, (0{,}4972) = \underline{64{,}4846}$$

Anschließend wird wieder entlogarithmiert; man erhält: $\overline{\underline{S = 3{,}0521 \cdot 10^{64}}}$

Aufgabe 9

C = richtig.
Unabhängig sind zwei Ereignisse dann, wenn das Eintreten des einen Ereignisses, die Wahrscheinlichkeit des Eintretens des nachfolgenden Ereignisses nicht beeinflusst. Man sagt auch, die beiden Ereignisse sind stochastisch unabhängig ($\to$ Kap. 2.7).

Aufgabe 10

Die klassische Wahrscheinlichkeit (Definition nach Laplace) ist das Eintreten eines Ereignisses bei einem Zufallsexperiment und ist gleich dem Verhältnis aus der Anzahl der für das Eintreten des Ereignisses günstigen Fälle und der Anzahl aller möglichen Fälle ($\to$ Kap. 2.6.1).
Die statistische Wahrscheinlichkeit, ist die Wahrscheinlichkeit des Auftretens eines Ereignisses gleich dem Grenzwert der relativen Häufigkeiten, die man erhält, wenn das Experiment unendlich oft durchgeführt werden würde ($\to$ Kap. 2.6.2).

Aufgabe 11

($\to$ Kap. 2.1.5)

0,0018	$\Rightarrow$ 2 signifikante Ziffern
$1{,}800 \cdot 10^{-3}$	$\Rightarrow$ 4 signifikante Ziffern
12,3	$\Rightarrow$ 3 signifikante Ziffern
12	$\Rightarrow$ 2 signifikante Ziffern
5,9	$\Rightarrow$ 2 signifikante Ziffern

Aufgabe 12

Dieses Beispiel ist die Berechnung einer so genannten indirekten Analyse. Aus diesen Angaben können Sie zwei Gleichungen ableiten. Erstens setzt sich die Gesamtmasse aus den Einzelmassen zusammen
I: allgemein: $\quad m_1 + m_2 = m_{ges} \quad$ hier: $m_{Ba(OH)2} + m_{NaOH} = \underline{124{,}5 \text{ mg}}$
Zweitens ergibt sich die Gesamtstoffmenge an OH^- aus den Einzelstoffmengen:
II: allgemein: $\quad n_1 + n_2 = n_{ges}$
Was ist nun über n_1, n_2 und n_{ges} bekannt? Die Gesamtstoffmenge n_{ges} ergibt sich aus dem Verbrauch von Maßlösung
$n_{ges} = c \cdot V = 0{,}1 \text{ mol/l} \cdot 18{,}45 \text{ ml} = \underline{1{,}845 \text{ ml}}$
Die Stoffmengen n_1 und n_2 stehen über die Beziehung $n = \dfrac{m}{M}$ mit den entsprechenden Massen in Beziehung. Da es um die Gesamtstoffmenge von OH^- geht, muss berücksichtigt werden, dass Ba(OH)2 jeweils 2 OH^- freisetzt:

n_1, hier: $\quad n_{OH^-(Ba(OH)_2)} = 2 \cdot \dfrac{m_{Ba(OH)_2}}{M_{Ba(OH)_2}} = 2 \cdot \dfrac{m_{Ba(OH)_2}}{171,35 \; g/mol}$

n_2, hier: $\quad n_{OH^-(NaOH)} = \dfrac{m_{NaOH}}{M_{NaOH}} = \dfrac{m_{NaOH}}{40 \; g/mol}$

Eingesetzt ergibt sich also für II:

$$2 \cdot \frac{m_{Ba(OH)_2}}{171,35 \; g/mol} + \frac{m_{NaOH}}{40 \; g/mol} = \underline{\underline{1,845 \; m \, mol}}$$

Dadurch haben wir jetzt zwei Gleichungen mit zwei Unbekannten erhalten, die wir jetzt mit einem der in Kap. 2.3.1 beschriebenen Verfahren lösen können. Wir wählen hier das Einsetzungsverfahren, damit man mit den Einheiten nicht durcheinander kommt (x = Masse Bariumhydroxid, y = Masse Natriumhydroxid):

$$2 \cdot \frac{x}{171,35 \; g/mol} + \frac{y}{40 \; g/mol} = \underline{\underline{1,845 m \, mol}}$$

y = 124,5 –x

$$2 \cdot \frac{x}{171,35 \; g/mol} + \frac{0,1245 \; g - x}{40 \; g/mol} = \underline{\underline{1,845 \cdot 10^{-3} \, mol}}$$

Wir erweitern mit 171,35 g/mol und 40 g/mol:
80 g/mol $\cdot$ x + 171,35 g/ml $\cdot$ (0,1245 g – x) = $\underline{\underline{12,65 \; g^2/mol}}$
80 g/mol $\cdot$ x + 21,33g^2/mol – 171,35 g/mol $\cdot$ x = $\underline{\underline{12,65 \; g^2/mol}}$
8,769g^2/mol = 91,35 g/mol $\cdot$ x
Also ist x = 0,095 g = 95 mg Bariumhydroxid, y = 124,5 – x = $\underline{\underline{29,5mg \; NaOH}}$

Aufgabe 13

Dies ist ein weiteres Beispiel für eine indirekte Analyse. Wieder werden zwei Gleichungen aufgestellt:

I: $\quad m_{BaCl_2} + m_{NaCl} = \underline{\underline{201,6 \; mg}}$

Die zweite Gleichung ergibt sich, in dem jeweils berechnet wird, wie viel mg AgCl aus den anderen Chloriden entsteht:

II: $\quad m_{AgCl} = 2 \cdot m_{BaCl_2} \cdot \dfrac{M_{AgCl}}{M_{BaCl_2}} + m_{NaCl} \cdot \dfrac{M_{AgCl}}{M_{NaCl}} = \underline{\underline{410,5 mg}}$

$$= 2 \cdot \frac{143,321 \; g/mol}{208,24 \; g/mol} \cdot m_{BaCl_2} + \frac{143,321 \; g/mol}{58,443 \; g/mol} \cdot m_{NaCl} = \underline{\underline{410,5 \; mg}}$$

oder einfacher (hier kürzen sich die Einheiten heraus, wir setzen x = Masse Bariumchlorid, y = Masse Natriumchlorid)
II: 1,3765 x + 2,4523 y = $\underline{\underline{410,5 \; mg}}$
und
I: x + y = $\underline{\underline{201,6 \; mg}}$

Hier haben alle Größen die gleichen Einheiten, damit erleichtert sich die Rechnung. Wir setzen das Additionsverfahren ein und multiplizieren zunächst die untere Gleichung mit −1,3765:

Ib: −1,3675 x − 1,3675 y = −277,5 mg

Wir addieren II und Ib:

1,0758 y = 133 mg

Also ist y = 123,6 mg NaCl, x = 78,0 mg Bariumchlorid.

Aufgabe 14

Die transportierte Matrix A^T ist einfach

$$A^T = \begin{pmatrix} 1 & 0 & 1 & 1 & 1 \\ 0 & 1 & 1 & 1 & 0 \\ 0 & 1 & 1 & 0 & 1 \end{pmatrix}$$

Die Gram'sche Matrix $A^T A$ ist einfach

$$A^T A = \begin{pmatrix} 4 & 2 & 2 \\ 2 & 3 & 2 \\ 2 & 2 & 3 \end{pmatrix}$$

Aufgabe 15

Die Determinante dieser Matrix ist

$$Det \begin{pmatrix} 4 & 2 \\ 2 & 3 \end{pmatrix} = 4 \cdot 3 - 2 \cdot 2 = \underline{\underline{8}}$$

Aufgabe 16

$$AB = \begin{pmatrix} -3 & -1 \\ 3 & 4 \end{pmatrix}, \quad BA = \begin{pmatrix} 2 & 1 \\ 7 & -1 \end{pmatrix}$$

Aufgabenlösungen Kap. 3

Aufgabe 1

A = stetig.

  Die Messung des Wirkstoffgehalts in dem Freisetzungsmedium ist stetig, da auch Werte zwischen ganzen Zahlen gemessen werden und in einem bestimmten Bereich jeden Zwischenwert annehmen können.

B = diskret.

  Die möglichen Ausprägungen von Partikeln bilden eine abgegrenzte Zahlenmenge und liefern somit nur ganzzahlige Beobachtungswerte.

C = diskret.

  Eine nationale Herkunft ist nur diskret beschreibbar (z. B. Indien, Pakistan, Vietnam).

D = diskret.

Lackfehler auf einer Tubenoberfläche sind unterliegen einer diskreten Verteilteilung.

E = stetig.

Die Fertigungskosten sind stetig, gehören damit zu den reellen Zahlen und können jeden beliebigen (Zwischen-)Wert annehmen (siehe A).

Aufgabe 2

A = Metrische Skala (Kardinalskala), da es sich um ein quantitatives Merkmal handelt ($\to$ Kap. 3.3.2).

B = Ordinalskala mit zwei Ausprägungen ($\to$ Kap. 3.3.1).

C = Ordinalskala mit den Ausprägungen 1 und 2 ($\to$ Kap. 3.3.1).

D = Nominalskala ($\to$ Kap. 3.3.1).

E = Nominalskala ($\to$ Kap. 3.3.1).

Aufgabe 3

A = richtig.

Verbale Beschreibungen können in Zahlen umcodiert werden ($\to$ Kap. 3.3.1).

B = richtig ($\to$ O Abb. 3.1–1).

C = falsch.

Das ist die Definition für den Vertrauensbereich ($\to$ Kap. 3.1, O Abb. 3.1–1)

D = richtig.

Ja, z. B. Angabe der Blutgruppe oder der Rhesusfaktoren. Die Angabe einer Rangfolge ist nicht möglich ($\to$ Kap. 3.3.1, O Abb. 3.3–1).

E = richtig.

Ja, z. B. die Angaben von Zensuren oder Therapieerfolgen lassen sich in einer Rangfolge festlegen und damit auch in möglichen Abstufungen ($\to$ Kap. 3.3.1, O Abb. 3.3–1).

Aufgabe 4

A = richtig

Der Tee kann ein Untersuchungsobjekt darstellen ($\to$ Kap. 3.3.1).

B = falsch.

Streuungen lassen sich grundsätzlich nicht vermeiden, unterliegen Zufallseinwirkungen und heben sich dabei zum größten Teil gegenseitig auf ($\to$ Kap. 3.4.1).

C = richtig.

Alle Werte gehören dem Zahlenbereich der reellen Zahlen an und können somit auch Zwischenwerte annehmen ($\to$ Kap. 3.3.2).

D = falsch.

Wahrer Wert und Fehlerfortpflanzungsgesetz haben keine Gemeinsamkeit ($\to$ Kap. 3.9).

E = richtig ($\to$ Kap. 3.3.1).

Aufgabe 5

($\rightarrow$ Kap. 3.3)

Quantitativ diskretes Merkmal: Impulse eines radioaktiven Markers und Anzahl der Toten im Straßenverkehr. Es gibt nur ganzzahlige Beobachtungswerte.

Qualitatives Merkmal: Blutgruppe; es gibt mehrere Blutgruppen. Die Zuordnung kann nach Zahlen erfolgen.

Quantitativ stetiges Merkmal: Dichte einer Tinktur und Körpergewicht. Beide können jeden Zwischenwert annehmen.

Aufgabenlösungen Kap. 4

Aufgabe 1

a) arithmetischer Mittelwert:

$$\bar{x} = \frac{1}{n}\left(x_1 + x_2 + x_3 + \ldots\ldots + x_n\right) = \frac{1}{n}\sum_{i=1}^{n} x_i$$

$$\bar{x} = \frac{1}{15}\ (1200 + 300 + 250 + 300 + 3000 + 1400 + 700 + 750 + 1450 + 1500 + 800$$
$$+\ 900 + 950 + 1300 + 300) = \underline{1006,7}$$

Die durchschnittlichen Ausgaben betragen $\bar{x} = 1007 €$

Median: Die Werte werden nach der Größe sortiert:

x_1	x_2	x_3	x_4	x_5	x_6	x_7	x_8	x_9	x_{10}	x_{11}	x_{12}	x_{13}	x_{14}	x_{15}
250	300	300	300	700	750	800	900	950	1200	1300	1400	1450	1500	3000

$n = 15$ ist ungerade; $\tilde{x} = x_{\frac{n+1}{2}} = x_8 = \underline{\underline{900}}$

b) Der Modus ist der Wert mit der größten Häufigkeit: $\bar{x}_D = 300 €$ (Häufigkeit: 3). Die Lagemaße unterscheiden sich voneinander, weil die Ausgaben sehr ungleich verteilt sind (Extremwert 3000 €).

c) Der Median charakterisiert die Stichprobe am besten, da er gegen Extremwerte (Ausreißer) unempfindlich ist.

Aufgabe 2

Arithmetischer Mittelwert:

$$\bar{x} = \frac{1}{n}\left(x_1 + x_2 + x_3 + \ldots\ldots + x_n\right) = \frac{1}{n}\sum_{i=1}^{n} x_i$$

$$\bar{x} = \frac{1}{10}(3 + 12 + 6 + 10 + 12 + 14 + 7 + 7 + 5 + 9) = \underline{\underline{8,5}}$$

Die Daten werden nach Größe geordnet:

3	5	6	7	7	9	10	12	12	14

Median: $\tilde{x} = \dfrac{1}{2}(x_{\frac{n}{2}} + x_{\left(\frac{n}{2}\right)+1})$ $\tilde{x} = \dfrac{(7+9)}{2} = \underline{8}$

Spannweite: $R = x_{i,max} - x_{i,min} = 14 - 3 = \underline{\underline{11}}$

Quartilsabstand: $Q = x_{0,75} \cdot x_{0,25}$

1. Quartil: $0,25 \cdot 10 = 2,5 \Rightarrow$ 3. Wert: 6 $x_{0,25} = \underline{6}$
3. Quartil: $0,75 \cdot 10 = 7,5 \Rightarrow$ 8. Wert: 12 $x_{0,75} = \underline{\underline{12}}$
Quartilsabstand: $Q = 12 - 6 = \underline{6}$

Aufgabe 3

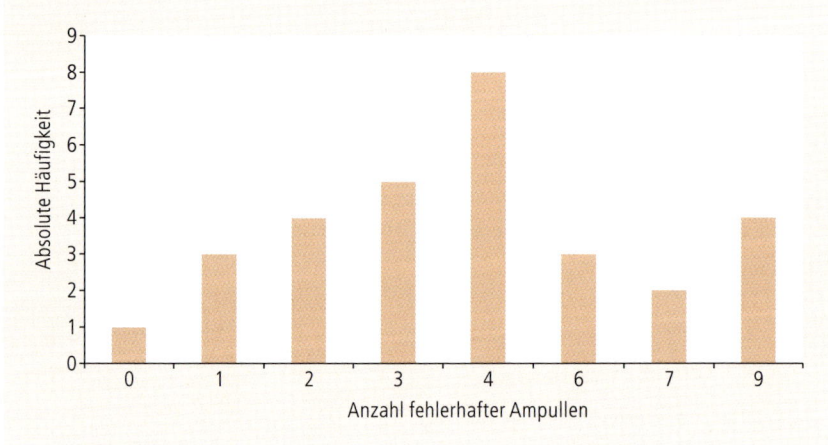

Absolute Häufigkeit fehlerhafter Ampullen, dargestellt als Säulendiagramm

Median:

0	1	1	1	2	2	2	2	3	3	3	3	3	4	4
4	4	4	4	4	4	6	6	6	7	7	9	9	9	9

$\tilde{x} = 4$

arithmetischer Mittelwert:

$$\bar{x} = \frac{1}{30}\,(0 \cdot 1 + 1 \cdot 3 + 2 \cdot 4 + 3 \cdot 5 + 4 \cdot 8 + 6 \cdot 3 + 7 \cdot 2 + 9 \cdot 5) = \frac{126}{30} = \underline{\underline{4,2}}$$

Anzahl fehlerhafter Ampullen	0	1	2	3	4	6	7	9	Σ
Abs. Häufigkeit	1	3	4	5	8	3	2	4	30
Abweichung von $\bar{x} = 4$	1·4	3·3	4·2	5·1	8·0	3·2	2·3	4·5	58
Abweichung von $\bar{x} = 4,2$	1·4,2	3·3,2	4·2,2	5·1,2	8·0,2	3·1,8	2·2,8	4·4,8	60,4

Mittlere Abweichung vom Median: $d_{\tilde{x}} = \dfrac{58}{30} = \underline{\underline{1,93}}$,

mittlere Abweichung vom arithmetischen Mittelwert: $d_{\bar{x}} = \dfrac{60,4}{30} = \underline{\underline{2,01}}$.

Aufgabe 4

Mädchen

$x_{0,25} = 54 \qquad \tilde{x} = 58 \quad x_{0,75} = 62 \qquad\qquad Q = 8 \quad x_{min} = 51 \; x_{max} = 63 \qquad R = 12$

inner fences: $54 - (1,5 \cdot 8) = 42 \qquad\qquad 62 + (1,5 \cdot 8) = 74$

outer fences: $54 - (3 \cdot 8) = 30 \qquad\qquad\quad 62 + (3 \cdot 8) = 86$

Jungen

$x_{0,25} = 64 \qquad \tilde{x} = 69 \quad x_{0,75} = 72 \qquad\qquad Q = 8 \quad x_{min} = 60 \; x_{max} = 85 \qquad R = 25$

inner fences: $64 - (1,5 \cdot 8) = 52 \qquad\qquad 72 + (1,5 \cdot 8) = 84$

outer fences: $64 - (3 \cdot 8) = 40 \qquad\qquad\quad 72 + (3 \cdot 8) = 96$

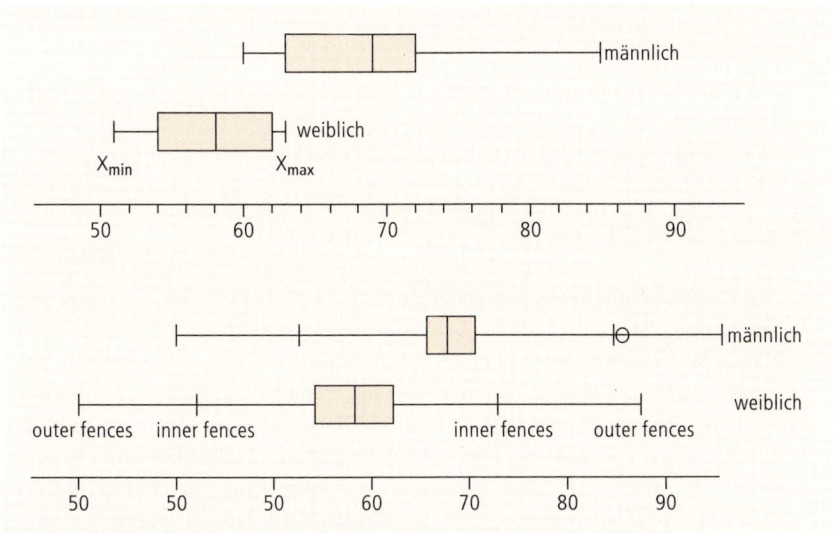

Darstellung der Körpergewichte von Schülerinnen und Schülern als Boxplot

Die Boxplots zeigen, dass sowohl das Körpergewicht der Mädchen geringer ist als das der Jungen als auch dessen Streuung ($R_{Mädchen} = 12$, $R_{Jungen} = 25$). Im modifizierten Boxplot ist erkennbar, dass bei den Jungen ein Wert (85 kg) zwischen dem inneren und dem äußeren Zaun liegt und damit als Ausreißer verdächtig wird.

Aufgabenlösungen Kap. 5

Aufgabe 1

Zur Lösung dieser Aufgabe wird die Binomialverteilung herangezogen. Es handelt sich um eine zählende Prüfung unter „ziehen mit zurücklegen" ($\rightarrow$ Kap. 5.2). Die Poisson-Verteilung wäre unzutreffend, da es sich nicht um Zählung pro Einheit handelt. Gegeben sind $n = 10$ Patienten, $p = 0,8$ überlebende Patienten.

A = richtig.

Es wird zur Berechnung Gleichung 5.2.1–1 herangezogen mit: $\mu = n \cdot p$ $= 10 \cdot 0,8 = 8$.

Es werden nach einem Jahr durchschnittlich 8 Patienten überlebt haben. Demzufolge werden $10 - 8 = 2$ Patienten durchschnittlich versterben.

B = richtig.

Es wird zur Berechnung Gleichung 5.2.1–3 herangezogen und diese radiziert (es ist nach der Standardabweichung gefragt und nicht nach der Varianz) mit:

$$\sigma = \sqrt{n \cdot p \cdot q} = \sqrt{n \cdot p \cdot (1-p)} = \sqrt{10 \cdot 0,8 \cdot (1-0,8)} = \sqrt{1,6} = \underline{\underline{1,2649}}$$

Die Standardabweichung beträgt $\sigma = 1,2649$ Patienten.

C = richtig.

Es wird zur Berechnung Gleichung 5.2.2–7 herangezogen und eingesetzt. Da alle Patienten überleben, wird $x = n = 10$.

$$P(x) = \binom{n}{x} \cdot p^x \cdot (1-p)^{n-x} = \binom{10}{10} \cdot 0,8^{10} \cdot (1-0,8)^{10-10} = 1 \cdot 0,1074 \cdot 1 = \underline{\underline{0,1074}}$$

Die Wahrscheinlichkeit, dass nach einem Jahr noch alle zehn Patienten leben beträgt $\approx 11\,\%$.

Haben Sie bemerkt, dass bei dieser Fragestellung der Binomialkoeffizient und der Klammerausdruck „1" werden? Bei solch einer Fragestellung bei der $x = n$ wird der Binomialkoeffizient 1 und Sie brauchen Sie nur noch mit dem mittleren Term p^x rechnen! Eine solche Fragestellung könnte in einer Klausur dann z. B. auch mit „die gesamten …, sämtliche …, 100 % der …" usw. umschrieben werden. Die Problematik ist jedoch gleich.

D = richtig.

Tabelle 1 (Anhang) enthält keine $p = 0,8$. Es wird zur Berechnung nochmals o. a. Gleichung 5.2.2–7 herangezogen. Beachten Sie jetzt jedoch, dass die Fragestellung für „mindestens 8" formuliert ist. Dazu müssen dann die drei Einzelwahrscheinlichkeiten für „8 Patienten", „9 Patienten" und „10 Patienten (alle!)" addiert werden. Dadurch ergibt sich die Möglichkeit von 10 Patienten 8 Patienten auszuwählen. Für alle 10 Patienten wurde bereits unter c) 0,1074 errechnet.

$$P(x) = \sum_{x=8}^{10} \binom{n}{x} \cdot p^x \cdot (1-p)^{n-x} = \binom{10}{8} \cdot 0,8^8 \cdot (1-0,8)^{10-8} + \binom{10}{9} \cdot 0,8^9 \cdot (1-0,8)^{10-9} + 0,1074$$

$$= (45 \cdot 0,1678 \cdot 0,04) + (10 \cdot 0,1342 \cdot 0,2) + 0,1047 = \underline{\underline{0,6751}}$$

Die Wahrscheinlichkeit, dass nach einem Jahr mindestens 8 Patienten leben beträgt $\approx 68\,\%$.

E = falsch.

Begründung: Siehe oben ($\rightarrow$ Kap. 5.3)

Aufgabe 2

Die Fragestellung betrifft „Fehler pro Einheit". Damit wird die Poisson-Verteilung zur Berechnung herangezogen. Die Fragestellung ist nach einseitig oben (nicht übersteigen) abgegrenzt; also μ_{ob}. Da es sich um eine Stichprobe handelt mit der auf die Qualitätslage der Lieferung geschlossen wird, ist der obere Vertrauensbereich zu berechnen. Damit ergibt sich durch einsetzen in Gleichung 5.3.5–4:

$$\mu_{ob} \leq 0.5 \cdot \chi^2_{f;\ G}$$
$$\mu_{ob} \leq 0.5 \cdot \chi^2_{f=2\cdot(x+1);\ G=1-\alpha}$$
$$\mu_{ob} \leq 0.5 \cdot \chi^2_{f=2\cdot(7+1)=16;\ G=0.95} \quad \text{s. Tabelle 5 (Anhang) zur Chi}^2\text{-Verteilung}$$
$$\mu_{ob} \leq 0.5 \cdot 26.296$$
$$\underline{\mu_{ob} \leq 13.148}$$

Der nach oben einseitig abgegrenzte 95 %-Vertrauensbereich beträgt ≤ 13.1 Fehler pro 100 Faltkartons.

Die mittlere Fehlerzahl μ bezieht sich dabei immer auf die Prüfeinheit (Additionssatz, $\rightarrow$ Kap. 5.3.1). Obwohl 100 Faltkartons geprüft wurden, ist die „Prüfeinheit" 1 Faltkarton. D. h. es ergibt sich $\frac{\mu_{ob}}{100} \leq 0.13$ Fehler pro Faltkarton.

Die Forderung aus der Qualitätsvereinbarung gilt als erfüllt; die Lieferung kann angenommen werden.

Aufgabe 3

Beim „Ziehen ohne zurücklegen" (Hypergeometrische Verteilung) sind die Versuchsergebnisse der einzelnen Züge voneinander abhängig, da sich mit jeden Zug die Grundgesamtheit im Los um „– 1" ändert.

Beim „Ziehen mit zurücklegen" (Binomialverteilung) wird bei jedem Einzelzug aus der gleichen Grundgesamtheit ausgewählt, so dass das Versuchsergebnis auf jeder Stufe des Ziehens unabhängig ist von den vorher eingetretenen Versuchsergebnissen ist.

Aufgabe 4

Es ist die Binomialverteilung zur Lösung heranzuziehen. Die Fragestellung ist einseitig (mindestens).

Gegeben sind: $p = 0.12$, $n = 100$, $\alpha = 0.01$.

Es kann direkt aus der Tabelle 1 (Anhang) zur Verteilungsfunktion abgelesen werden. Es sind angegeben:

$G(4) = 0.064$ und $G(5) = 0.0177$. Beachten Sie für die weitere Vorgehensweise die Angaben im $\rightarrow$ Kap. 5.2.3 beim zweiseitigen Zufallsstreubereich.

Der größere der beiden Werte bildet die Untergrenze des einseitigen Zufallsstreubereichs.

$\Rightarrow x_{un} = 5$. Die Anzahl der fehlerhaften Einheiten beträgt mindestens 5.

Aufgabe 5

Es handelt sich um eine Fragestellung zur Poisson-Verteilung, da hier nach der Anzahl des Ereignisses „Telefonanruf" pro Zeiteinheit gefragt ist. Die Anzahl des Ereignisses kann von Null bis theoretisch unendlich gehen ($\rightarrow$ Kap. 5.3). Es wird Tabelle 2 (Anhang) verwendet.

Gegeben ist $\mu = 2.5$

a) Mit „kein Anruf" ist $x = 0$. Unter Anwendung von Gleichung 5.3.2–2 ergibt sich aus Tabelle 2:
$P(0) = G(0) = g(0) = 0{,}0821 \approx \underline{\underline{8\,\%}}$
Die Wahrscheinlichkeit beträgt etwa 8 %, dass innerhalb einer Minute kein Anruf erfolgt.

b) Für $G(x-1) = g(0)$ wird aus a) eingesetzt. Unter Anwendung von Gleichung 5.3.2–1 ergibt sich:
$P(1) = G(1) - G(1-1) = G(1) - G(0) = 0{,}2873 - 0{,}0821 = 0{,}2052 \approx \underline{\underline{21\,\%}}$
Die Wahrscheinlichkeit beträgt etwa 21 %, dass innerhalb einer Minute ein Anruf erfolgt.

c) Unter Anwendung von Gleichung 5.3.2–1 ergibt sich:
$P(2) = G(2) - G(2-1) = G(2) - G(1) = 0{,}5438 - 0{,}2873 = 0{,}2565 \approx \underline{\underline{26\,\%}}$
Die Wahrscheinlichkeit beträgt etwa 26 %, dass innerhalb einer Minute zwei Anrufe erfolgen.

d) Höchstens 4 Anrufe bedeuten bis zu 4 Anrufe. Unter Anwendung von Gleichung 5.3.2–1 ergibt sich:
$P(\leq 4) = G(4) = 0{,}8912 \approx \underline{\underline{89\,\%}}$
Die Wahrscheinlichkeit beträgt etwa 89 %, dass innerhalb einer Minute höchstens 4 Anrufe erfolgen.

e) Mehr als 6 Anrufe bedeuten mindestens 7 Anrufe. Unter Anwendung von Gleichung 5.3.2–1 ergibt sich:
$P(\geq 7) = 1 - G(7-1) = 1 - G(6) = 1 - 0{,}9858 = 0{,}0142 \approx \underline{\underline{1\,\%}}$
Die Wahrscheinlichkeit beträgt etwa 1 %, dass innerhalb einer Minute mehr als 6 Anrufe erfolgen.

f) Anwendung der Tabelle 2 (Anhang). $\mu = 2{,}5$, $P = 0{,}95$ bedeutet $\alpha = 0{,}05$ in zweiseitiger Fragestellung damit $\dfrac{\alpha}{2}$ für oben und unten.

x-Wert für den $G(x)$ erstmalig über 0,025 $\Rightarrow x_{un} = 0$ (0,0821)
x-Wert für den $G(x)$ erstmalig über oder gleich 0,975 $\Rightarrow x_{ob} = 6$ (0,9858)
Der zweiseitige 95 %-Zufallsstreubereich für $\mu = 2{,}5$ lautet somit: $\underline{\underline{0 \leq x \leq 6}}$

Es werden zwischen Null und 6 Anrufe pro Minute eingehen.
Anwendung der Tabelle 2 (Anhang). $\mu = 2{,}5$, $P = 0{,}95$ bedeutet $\alpha = 0{,}05$ für einseitig obere Fragestellung damit der größtmögliche $\leq \alpha$ für oben

x-Wert für den $G(x)$ erstmalig oder gleich 0,95 $\Rightarrow x_{ob} = 5$. (0,9580)
Der einseitige obere 95 %-Zufallsstreubereich lautet somit: $\underline{\underline{x_{ob} \leq 5}}$

Es werden höchstens 5 Anrufe pro Minute eingehen.

g) Ist $\mu \geq 9$, so ist auch die Näherung durch die Standardnormalverteilung gegeben ($\rightarrow$ Kap. 5.3.4), dabei sind $x = 2$ und $\mu = 10{,}3$. Der errechnete Wert ist die standardisierte Zufallsvariable u. Abzulesen ist dann $G(u)$ bzw. $1 - G(u)$ in der Tabelle 3 (Anhang).

Aufgabe 6

Die Lösung wird über die hypergeometrische Verteilung bestimmt. Da $n = 5$, $N = 52$ und $n < \dfrac{N}{10} = \dfrac{52}{10} > 5$ sollte die hypergeometrische Verteilung (Gleichung 5.1–1) herangezogen werden.

Gegeben sind:

$N = 52$ (Gesamtzahl der Spielkarten), $n = 5$ (Anzahl der Karten die gezogen werden), d und x sind der jeweiligen Problemstellung zu entnehmen.

a) $d = 4$ (Anzahl der Asse), $x = 4$ (Eintreten des Ereignisses für 4 Asse)

$$P(x) = \frac{\binom{d}{x} \cdot \binom{N-d}{n-x}}{\binom{N}{n}} = \frac{\binom{4}{4} \cdot \binom{52-4}{5-4}}{\binom{52}{5}} = \frac{1 \cdot \binom{48}{1}}{\binom{52}{5}} = \frac{(1 \cdot 48)}{2598960}$$

$$= 1{,}84 \cdot 10^{-5} \approx \underline{0{,}002\,\%}$$

Die Wahrscheinlichkeit alle 4 Asse zu erhalten beträgt etwa 0,002 %.

b) $d = 4$ (Anzahl der Damen), $x = 2$ (Eintreten des Ereignisses für 2 Damen)

   $d = 4$ (Anzahl der Zehner), $x = 3$ (Eintreten des Ereignisses für 3 Zehner)

$$P(x) = \frac{\binom{4}{2} \cdot \binom{4}{3} \cdot \binom{50-5}{5-5}}{\binom{52}{5}} = \frac{\binom{4}{3} \cdot \binom{4}{2} \cdot 1}{\binom{52}{5}} = 9{,}2 \cdot 10^{-6} = \underline{0{,}001\,\%}$$

Die Wahrscheinlichkeit 2 Damen und 3 „Zehner" zu erhalten beträgt etwa 0,001 %.

c) Hier ist zu beachten, dass 1 Farbe 13 Spielkarten enthält.

Damit ergeben sich für 4 Farben 4 x soviel Möglichkeiten; für 3 Farben ergeben sich 3 x soviel Möglichkeiten; $d = 13$ (Anzahl der Karten innerhalb einer Farbe).

$x = 3$ (Eintreten des Ereignisses für 3 beliebige Karten innerhalb einer Farbe)

$x = 2$ (Eintreten des Ereignisses für 2 beliebige Karten innerhalb dreier anderer Farben).

$$P(x) = \frac{4 \cdot \binom{13}{3} \cdot 3 \cdot \binom{13}{2} \cdot \binom{50-5}{5-5}}{\binom{52}{5}} = \frac{(4 \cdot 286) \cdot (3 \cdot 78) \cdot 1}{2598960} = 0{,}1030 \approx \underline{10\,\%}$$

Die Wahrscheinlichkeit beträgt etwa 10 % drei Karten von einer bestimmten Farbe und zwei Karten von irgendeiner anderen Karte zu erhalten.

d) Da nach „mindestens" gefragt ist, muss erst über das Gegenereignis „kein König" gegangen werden. Mindestens 1 König beinhaltet dann auch die Möglichkeit für 2 Könige, 3 Könige oder alle 4 Könige. Wenn über das Gegenereignis (kein König) berechnet wird, dann ist $x = 0$. Anschließend wird dann die Differenz zu 1 gebildet.

Gegeben sind somit: $x = 0$, $d = 4$ Anzahl der Könige, $\overline{P} =$ kein König, $P =$ mind. 1 König

$$\overline{P} = \frac{\binom{52-4}{5-0}}{\binom{52}{5}} = \frac{\binom{48}{5}}{54145} = \frac{35671}{54145} = \underline{\underline{0{,}6588}}$$

$$\Rightarrow P = 1 - \overline{P} = 1 - 0{,}6588 = 0{,}3412 \approx \underline{\underline{34\,\%}}$$

Die Wahrscheinlichkeit mindestens 1 König zu erhalten beträgt etwa 34 %.

Aufgabe 7

E = richtig.

Einmalige Entnahme bedeutet ziehen „ohne Zurücklegen" und bedeutet Hypergeometrische Verteilung. Dabei sind $N = 8$, $d = 8 \cdot 0,375 = 3$, $n = 3$ und $x = 1$ mit Gleichung 5.1–1 ergibt sich:

$$P(x) = \frac{\binom{d}{x} \cdot \binom{N-d}{n-x}}{\binom{N}{n}} = \frac{\binom{3}{1} \cdot \binom{8-3}{3-1}}{\binom{8}{3}} = \frac{30}{56} = 0,5357 \approx \underline{\underline{54\%}}$$

C = falsch.

Diese Lösung scheidet a priori aus, da die Wahrscheinlichkeit 143,8 % betragen würde.

Aufgabe 8

Gegeben sei der Lackierprozess eines Blechs. Die mittlere Lackierfehlerzahl ist für 1 Blech mit $\mu_1 = 2$ gegeben. Werden nun jeweils 3 Bleche zu einer neuen Einheit zusammengefasst, so ist die Lackierfehlerzahl pro 3 Bleche wiederum poissonverteilt, wobei die mittlere Lackierfehlerzahl nun $\mu_2 = 3 \cdot \mu_1 = 6$ beträgt.

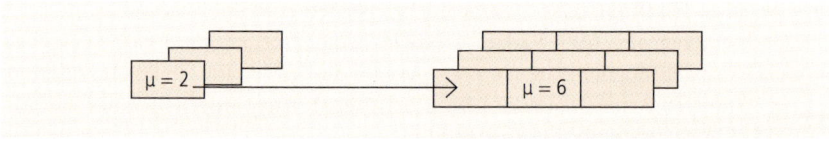

Anhand von $x = 2$ Lackierfehlern pro Einheit, also entsprechend 6 Lackierfehlern pro Einheit sei dies gezeigt (es wird aus Tabelle 2 des Anhangs abgelesen):

$\mu_1 = 2$ $x = 2$ $\Rightarrow G(x) = 0,6767 \approx \underline{\underline{67\%}}$
$\mu_2 = 3 \cdot \mu_1 = 6$ $x = 6$ $\Rightarrow G(x) = 0,6063 \approx \underline{\underline{61\%}}$

Es erhöht sich lediglich der Erwartungswert μ im gleichen Maß wie man die neue Prüfeinheit zusammenfasst. Die Wahrscheinlichkeiten verhalten sich nicht proportional und sind demzufolge auch nicht gleich groß. Es ist also bei Qualitätsvereinbarungen darauf zu achten, auf welche Einheit(en) man sich bezieht.

Aufgabe 9

D ist richtig.

Hier gilt der Additionssatz für poissonverteilte Fragestellungen. Damit gilt für beide Richtungen $\mu_G = (\mu_1 + \mu_2) = 1 + 3 = 4$ pro Zeiteinheit. Jetzt brauchen für $\mu = 4$ nur noch die entsprechenden $G(x)$-Werte aus Tabelle 2 (Anhang) abgelesen werden.

1 = richtig. $x = 0$ $\Rightarrow P(0) = G(0) = 0,01830 \approx 2\%$
2 = falsch.   Es gilt der Additionssatz; es darf nicht durch „2" gemittelt werden
3 = richtig. $x \leq 2$ $\Rightarrow P(\leq 2) = G(2) = 0,2381$
4 = richtig. $x \geq 2$ $\Rightarrow P(\geq 2) = 1 - G(1) = 1 - 0,0916 = 0,9084 \approx 91\%$
5 = richtig   (siehe oben).

Aufgabe 10

Die Lösung erfolgt mit Hilfe der Binomialverteilung ($\rightarrow$ Kap. 5.2) über den Anteil x verstorbener Kundinnen mit Bi ($p = 0{,}3$; $n = 10$) und der Tabelle 1 des Anhangs.

a) Bedeutet, dass keine Kundin verstorben ist, x = 0.

$\Rightarrow P(x = 0) = G(0) = 0{,}0282 \approx \underline{\underline{2{,}8\,\%}}$

Mit einer Wahrscheinlichkeit von etwa 2,8 % werden nach 20 Jahren noch alle 10 Kundinnen leben.

b) Das bedeutet, dass höchstens 5 Kundinnen verstorben sind, $x \le 5$ (Gleichung 5.2.2–3)

$\Rightarrow P(x \le 5) = G(5) = 0{,}9527 \approx \underline{\underline{95{,}3\,\%}}$

Mit einer Wahrscheinlichkeit von etwa 95,3 % werden nach 20 Jahren mindestens 5 Kundinnen noch leben.

c) Das bedeutet, dass genau 5 Kundinnen verstorben sind, $x = 5$ (Gleichung 5.2.2–1)

$\Rightarrow P(x = 5) = G(5) - G(4) = 0{,}9527 - 0{,}8497 = 0{,}1030 \approx \underline{\underline{10{,}3\,\%}}$

Mit einer Wahrscheinlichkeit von etwa 10,3 % werden nach 20 Jahren genau 5 Kundinnen noch leben.

d) Das bedeutet, dass mehr als 7 Kundinnen verstorben sind, $x > 7$ (Gleichung 5.2.2–6)

$\Rightarrow P(x > 7) = 1 - G(7) = 1 - 0{,}9984 = 0{,}0016 \approx \underline{\underline{0{,}2\,\%}}$

Mit einer Wahrscheinlichkeit von etwa 0,2 % werden nach 20 Jahren weniger 3 Kundinnen noch leben.

Aufgabenlösungen Kap. 6

Aufgabe 1

Gegeben sind: Der Abfüllprozess ist normalverteilt; hier: $\mu = 100$ ml, $\sigma = 10$ ml. Die Fragestellung ist zweiseitig.

a) Berechnung des zweiseitigen Zufallsstreubereich für μ (Gleichung 6.5.2–2); $n = 15$, $f = 14$, Tabelle 3 des Anhangs

$$\mu - u_{1-\frac{\alpha}{2}} \cdot \frac{\sigma}{\sqrt{n}} \le \bar{x} \le \mu + u_{1-\frac{\alpha}{2}} \cdot \frac{\sigma}{\sqrt{n}}$$

$$100 - 1{,}96 \cdot \frac{10}{\sqrt{15}} \le \bar{x} \le 100 + 1{,}96 \cdot \frac{10}{\sqrt{15}}$$

$$\underline{\underline{94{,}94 \text{ ml} \le \bar{x} \le 105{,}06 \text{ ml}}}$$

Der gesuchte Streubereich der Abfüllanlage beträgt 94.9 bis 105,1 ml.

b) Berechnung des zweiseitigen Zufallsstreubereichs für s (Gleichung 6.5.4–5), bzw. Gleichungen 6.5.4–8, 6.5.4–9. Beides führt zum gleichen Ergebnis. Tabelle 5 und Tabelle 7 des Anhangs.

$$\sigma \cdot \sqrt{\frac{\chi^2_{f;\frac{\alpha}{2}}}{n-1}} \leq s \leq \sigma \cdot \sqrt{\frac{\chi^2_{f;1-\frac{\alpha}{2}}}{n-1}} \quad \text{oder} \qquad s_{un} = \frac{\sigma}{k_{ob}} \qquad\qquad s_{ob} = \frac{\sigma}{k_{un}}$$

$$10 \cdot \sqrt{\frac{5,6287}{15-1}} \leq s \leq 10 \cdot \sqrt{\frac{26,119}{15-1}} \qquad\qquad s_{un} = \frac{10}{1,58} \qquad\qquad s_{ob} = \frac{10}{0,73}$$

$$\underline{6,34\,\text{ml} \leq s \leq 13,66\,\text{ml}} \qquad\qquad \underline{s_{un} = 6,33\,\text{ml}} \qquad \underline{s_{ob} = 13,70\,\text{ml}}$$

Der Zufallsstreubereich der Herstelleranlage ist mit $6,3\,\text{ml} \leq s \leq 13,7\,\text{ml}$ gegeben.

Kommentar zu a) und b)
Die Herstellerangaben sind nicht korrekt. Die Standardabweichung ist zwar i. O., denn die gefundene Standardabweichung $s = 12,6\,\text{ml}$ ist mit den Herstellerangaben vereinbar, da die gefundenen Stichprobe innerhalb des Zufallsstreubereichs der Herstellerangabe mit $6,3\,\text{ml} \leq s \leq 13,7\,\text{ml}$ liegt. Jedoch liegt der Stichprobenmittelwert $\bar{x} = 106,5\,\text{ml}$ oberhalb der oberen Grenze ($105,1\,\text{ml}$) des Zufallsstreubereichs. Es wird also im Mittel zu viel abgefüllt.

c) Bitte beachten Sie, dass es sich um eine einseitige Fragestellung (höchstens 1 Flasche!) handelt. Mit Gleichung 6.2–1 der standardisierten Normalverteilung wird berechnet und aus der Tabelle 3 abgelesen. Machen Sie sich die Fragestellung noch einmal anhand der Normalverteilung (u-Verteilung) klar.

$$u = \frac{x - \mu}{\sigma} = \frac{90 - 100}{10} = \underline{\underline{-1}}$$

$$G(u = -1) = 1 - G(+u = 1) = 1 - 0,8413 = 0,1587 = \underline{\underline{15,9\,\%}}$$

Die Wahrscheinlichkeit beträgt $\approx 16\,\%$ eine Flasche zu entnehmen, die weniger als 90 ml enthält.

Aufgabe 2
B = falsch.
  Die Varianz σ^2 ist kein Lage-, sondern ein Streuungsmaß.

Aufgabe 3
A = falsch.
  Die Spannweite ist die Differenz zw. dem kleinsten und größten Wert der Verteilung.

Aufgabe 4
a) Es ist generell zu unterscheiden, ob die Standardabweichung σ bekannt ist, oder ob sie unbekannt ist und somit aus einer Stichprobe über s zu schätzen ist. Da σ hier vorgegeben ist, kann der Herstellprozess aus längerer Erfahrung als bekannt angesehen werden. Der in der Gleichung 6.6.1–1 markierte Teil ist die Breite mit $b = 2$ (Gleichung 6.6.3–3). Der u_G-Wert wird aus der Tabelle 3 des Anhangs abgelesen; $u_G = u_{1-\frac{\alpha}{2}} = 1,28$.

$$\mu - \boxed{u_{1-\frac{\alpha}{2}} \cdot \frac{\sigma}{\sqrt{n}}} \leq \mu \leq \mu + u_{1-\frac{\alpha}{2}} \cdot \frac{\sigma}{\sqrt{n}}$$

Es ist dann nur noch in die Gleichung 6.6.3–4 einsetzen:

$$n = \left(\frac{u_G \cdot \sigma}{b}\right)^2 = \left(\frac{1{,}28 \cdot 5}{2}\right)^2 = 10{,}24 \approx \underline{\underline{11}}$$

Das Ergebnis ist nicht „mathematisch" abzurunden, sondern zur nächsten ganzen Zahl aufzurunden. Der Stichprobenumfang wurde mit $n = 11$ durchgeführt.

b) Es ist die gleiche Vorgehensweise zur Berechnung. Für den u-Wert ist lediglich zur 99 % Wahrscheinlichkeit abzulesen; $u_G = u_{1-\frac{\alpha}{2}} = 2{,}5758$.

$$n = \left(\frac{u_G \cdot \sigma}{b}\right)^2 = \left(\frac{2{,}5758 \cdot 5}{2}\right)^2 = 41{,}44 \approx \underline{\underline{42}}$$

Da nach oben zur nächsten ganzen Zahl zu runden ist, müsste der Stichprobenumfang mit $n = 42$ durchgeführt werden.

Aufgabe 5

D = richtig.

Der Vertrauensbereich, auch Konfidenzintervall oder Intervallschätzung genannt, ist das aufgrund eines Stichprobenergebnisses berechnete Intervall, das den wahren Wert des zu schätzenden Parameters auf einem vorgegebenen Vertrauensniveau $1-\alpha$ einschließt ($\rightarrow$ Kap. 6.6).

Aufgabe 6

Gegeben sind: $\mu = 1001{,}0$ g, $UGW = 998{,}5$ g, $OGW = 1001{,}5$ g, $\sigma = 0{,}5$ g

Tipp: Machen Sie sich die Problematik ggf. über eine Skizze zur Normalverteilung klar.

a) Mit Gleichung 6.2–1 ergibt sich jeweils für den oberen- und unteren Grenzbereich:

$$u_{ob} = \frac{x - \mu}{\sigma} = \frac{1001{,}5 - 1001}{0{,}5} = \underline{\underline{1}}$$

Aus der Tabelle 3 des Anhangs wird der Wert für $G(x = 1)$ abgelesen:
$G(1) = 0{,}84134$
Da nach dem Ausschuss gefragt ist, sind das alle Werte oberhalb $x = 1001{,}5$ g.
$\Rightarrow P = 1 - G(x) = 1 - 0{,}84134 = 0{,}15866 \approx \underline{15{,}9\,\%}$
(bzw. direkt aus dem Anhang der Tabelle 3 unter $1 - G(x)$ abgelesen).

$$u_{un} = \frac{x - \mu}{\sigma} = \frac{998{,}5 - 1001}{0{,}5} = \underline{\underline{-5}}$$

Aus der Tabelle 3 kann der Wert für $G(x = -5)$ nicht mehr abgelesen werden, da er zu klein ist $\Rightarrow G(-5) \approx 0$.

Es ergibt sich somit ein Ausschuss von 15,9 % wegen Überschreitung der oberen Toleranzgrenze.

b) Es ist die zweiseitige Fragestellung verlangt. Da $P = 99\,\% = 0{,}99$ vorgegeben ist, sind sowohl an der oberen- als auch an der unteren Grenze je $\frac{1\,\%}{2} = \frac{0{,}01}{2} = 0{,}005$ abzuschneiden ($\rightarrow$ Kap. 6.5.1). Werte oberhalb- und unterhalb dieser Grenze befinden sich außerhalb des Erwartungsbereichs. Der entsprechende u-Wert lässt sich Tabelle 6.5.1–1 (bzw. Anhang Tabelle 3) entnehmen mit $u = 2{,}5758$. Gleichung 6.2–1 wir umgestellt und anschließend eingesetzt:

$$u = \frac{x - \mu}{\sigma} \quad \Rightarrow \quad u \cdot \sigma = x - \mu \quad \Rightarrow \quad 2{,}5758 \cdot 0{,}5 = 1{,}2879 \text{ g} \approx \underline{1{,}288 \text{ g}}$$

Da $x - \mu$ aufgrund der Symmetrie der Normalverteilung gleich x + μ ist, beträgt der Bereich 1000 g ± 1,288 g.

Die Maßnahme war erfolgreich, da die Streuung innerhalb von UGW und OGW liegt.

c) $u_{ob} = \dfrac{x - \mu}{\sigma} = \dfrac{1001,5 - 1000,5}{0,5} = \underline{\underline{2}}$

$\Rightarrow P = 1 - G(2) = 0,02275 \approx \underline{\underline{2,3\,\%}}$

Der Ausschussanteil wird auf etwa 2,3 % ansteigen.

Aufgabe 7

Die Fragestellung ist für alle drei Kennzahlen einseitig; $\Rightarrow G(u)$ bzw. $G(f, \text{Chi}^2)$ = 0,99. Gegeben sind $\mu = 270$ mg, $\sigma = 3$ mg.

Beachten Sie, dass der Bereich gefragt ist, in welchem die Ergebnisse von Stichprobenkennwerten (Zufallsstreubereiche) mit einer bestimmten Wahrscheinlichkeit liegen ($\rightarrow$ Kap. 3.1).

a) Hier ist zu beachten, dass die Standardabweichung σ aus dem Herstellprozess als bekannt gegeben ist ($\rightarrow$ Gleichung 6.5.2–3). Der entsprechende u-Wert lässt sich Tabelle 6.5.1–1 (bzw. Anhang Tabelle 3) entnehmen mit $u = 2,5758$.

$$\bar{x} \le \mu + u_{1-\alpha} \cdot \frac{\sigma}{\sqrt{n}} \le 270 + 2,3263 \cdot \frac{3}{\sqrt{5}} \le \underline{\underline{273,46\,\text{mg}}}$$

Es ist ein Höchstwert von etwa 273,5 mg für den arithmetischen Mittelwert zu erwarten.

b) Sie wissen bereits, dass die Zentralwerte ($\rightarrow$ Kap. 6.3.2) der Stichproben normalverteilt sind mit $\mu_{\tilde{x}} = \mu_x = \mu$. Es wird Gleichung 6.5.3–3 angewendet. Der Wert für c_n wird aus der Tabelle 4 des Anhangs abgelesen; $\Rightarrow c_n = 1,198$.

$$\tilde{x} \le \mu + u_{1-\alpha} \cdot c_n \cdot \frac{\sigma}{\sqrt{n}} \le 270 + 2,3263 \cdot 1,198 \cdot \frac{3}{\sqrt{5}} \le \underline{\underline{273,59\,\text{mg}}}$$

Es ist ein Höchstwert von etwa 273,6 mg für den Median zu erwarten.

c) Der Wert für Chi^2 wird aus der Tabelle 5 des Anhangs abgelesen und in Gleichung 6.5.4–15 eingesetzt. Der Freiheitsgrad beträgt $f = n - 1 = 5 - 1 = 4$, $\text{Chi}^2 = 13,277$.

$$s \le \sigma \cdot \sqrt{\frac{\chi^2_{f;1-\alpha}}{n-1}} \le 3 \cdot \sqrt{\frac{13,277}{5-1}} \le \underline{\underline{5,47\,\text{mg}}}$$

Es ist ein Höchstwert von etwa 5,5 mg für die Standardabweichung zu erwarten.

d) Der kritische Wert für w wird aus der Tabelle 6 des Anhangs abgelesen und in Gleichung 6.5.5–4 eingesetzt; $w = 4,60$.

$R \le w_{1-\alpha} \cdot \sigma \le 4,60 \cdot 3 \le \underline{\underline{13,80\,\text{mg}}}$

Es ist eine Spannweite von höchstens etwa 13,8 mg zu erwarten.

Aufgabe 8

a) Im Gegensatz zum arithmetischen Mittelwert $\bar{x}$ einer Stichprobe, wird der Mittelwert μ für eine Grundgesamtheit angegeben. Diese Kenngröße ist in der Regel unbekannt. Eine berechnete Stichprobenkenngröße $\bar{x}$ ist also nur ein Schätzwert für μ ($\rightarrow$ Kap. 3.1, Kap. 6.1, Kap. 4.1.3).

$$\mu = \bar{x} = \frac{1}{100} \cdot \sum_{i=1}^{100} x_i = \underline{\underline{349,74\,\text{g}}}$$

Der Schätzwert für eine Dosenfüllung beträgt $\mu = 349,74$ g.

b) Der entsprechende u-Wert lässt sich Tabelle 6.5.1–1 (bzw. Anhang Tabelle 3) entnehmen mit u = 1,9600. Zur Berechnung wir Gleichung 6.6.1–1 angewendet (σ ist aufgrund der Prozesslage bekannt) und eingesetzt. Die Fragestellung ist zweiseitig.

$$\overline{x} - u_{1-\frac{\alpha}{2}} \cdot \frac{\sigma}{\sqrt{n}} \leq \mu \leq \overline{x} + u_{1-\frac{\alpha}{2}} \cdot \frac{\sigma}{\sqrt{n}}$$

$$349{,}74 - 1{,}96 \cdot \frac{4}{\sqrt{100}} \leq \mu \leq 349{,}74 + 1{,}96 \cdot \frac{4}{\sqrt{100}}$$

$$348{,}96\,\text{g} \leq \mu \leq 350{,}52\,\text{g}$$

Der Zufallsstreubereich der Herstellung liegt bei bekannter Prozesslage $\sigma = 4$ zwischen 348,96 g und 350,52 g ($\Delta = \pm\,0{,}78$ g).

c) Die Länge für b (eine Seite des Zufallsstreubereichs) ist mit Gleichung 6.6.3–3 definiert. Die Aufgabenstellung verlangt jedoch die Länge $l \leq 1$ g beträgt. Demzufolge ist $b = \frac{l}{2}$; $\Rightarrow 2 \cdot b = l$. Der Wert für u wird wiederum aus Tabelle 6.5.1–1 (bzw. Anhang Tabelle 3) entnommen; $u = 2{,}5758$.

$$l = 2 \cdot b \leq 1\,\text{g} \qquad l = 2 \cdot u_G \cdot \frac{\sigma}{\sqrt{n}} \leq 1\text{g} \qquad l = 2 \cdot u_G \cdot \frac{\sigma}{\sqrt{n}} \leq 1\text{g}$$

$$\Rightarrow \quad 2 \cdot u \cdot \frac{\sigma}{\sqrt{n}} \leq 1 \quad \Rightarrow \quad n \geq (2 \cdot u \cdot \sigma)^2 \geq (2 \cdot 2{,}5758 \cdot 4)^2 \geq 424{,}6 = \underline{\underline{425}}$$

Der Stichprobenumfang wäre mit $n = 425$ anzusetzen.

d) In diesem Falle werden in der Formel für den Vertrauensbereich (σ bekannt) die u-Werte durch t-Werte mit $f = n-1$ einer t-Verteilung ersetzt. Die bekannte Standardabweichung σ der Grundgesamtheit wird durch die Standardabweichung s der Stichprobe ersetzt. Die Fragestellung ist zweiseitig. Der zugehörigen t-Wert ist aus der Tabelle 10 des Anhangs abzulesen; $t_{f;1-\frac{\alpha}{2}} = t_{99;\,0{,}975} = 1{,}984$

$$\overline{x} - t_{f;1-\frac{\alpha}{2}} \cdot \frac{s}{\sqrt{n}} \leq \mu \leq \overline{x} + t_{f;1-\frac{\alpha}{2}} \cdot \frac{s}{\sqrt{n}}$$

$$349{,}74 - 1{,}984 \cdot \frac{4}{\sqrt{100}} \leq \mu \leq 349{,}74 + 1{,}984 \cdot \frac{4}{\sqrt{100}}$$

$$348{,}95\,\text{g} \leq \mu \leq 350{,}71\,\text{g}$$

Der Zufallsstreubereich der Herstellung liegt bei unbekannter Prozesslage zwischen 348,95 g und 350,71 g ($\Delta = \pm\,0{,}88$ g).

Tipp: Beachten Sie der größere Differenz ($\Delta = \pm\,0{,}88$ g) bei unbekannter Prozesslage (σ wird durch s geschätzt), gegenüber der bekannten Prozesslage (σ bekannt) mit $\Delta = \pm\,0{,}78$ g.

Eine Frage nach dem Unterschied zwischen bekannter Kennzahl und durch Stichprobe geschätzter Kennzahl kann durchaus in Klausuren als Rechenaufgabe auftauchen, bzw. die Frage wo mit größerer Differenz in der Streuung zu rechnen ist. Bei Schätzkennzahlen ist diese immer größer.

e) Beachten Sie, dass hier nach der Standardabweichung gefragt ist und nicht nach der Varianz. Die Fragestellung ist zweiseitig. Es kann Gleichung 6.6.2–1 oder Gleichung 6.6.2–2 angewendet werden mit Gleichung 6.6.2–1 ist einfacher zu rechnen. Aus der Tabelle 7 des Anhangs werden die beiden Kappa-Faktoren abgelesen;

$\Rightarrow k_{un} = 0,88, \; k_{ob} = 1,16$

$$s \cdot k_{un} \leq \sigma \leq s \cdot k_{ob}$$
$$4 \cdot 0,88 \; \leq \sigma \leq \; 4 \cdot 1,16$$
$$\underline{3,52\,g \leq \sigma \leq 4,64\,g}$$

Der zu Zufallsstreubereich der Standardabweichung bei unbekannter Standardabweichung σ (über s geschätzt) liegt zwischen 3,52 g und 4,64 g für den Abfüllprozess.

f) Es handelt sich um den Vergleich eines Mittelwerts ($\bar{x} = 349,74$ g) mit einem vorgegebenen Wert ($\mu = 345$ g), wobei σ als unbekannt vorausgesetzt wird. Der Ein-Stichproben-t-Test soll dabei helfen zu entscheiden, ob der Stichprobenmittelwert aus einer anderen Grundgesamtheit stammt, als der vorgegebene Parameter $\mu = 345$, wenn die Standardabweichung σ nicht (mehr) bekannt ist. Die Voraussetzung der Normalverteilung ist gegeben. Es wird mit $s = 4$ g aus Teil d gerechnet. Es wird die Tabelle 10 des Anhangs zur Bestimmung des kritischen Schwellenwertes benutzt.

Da die Frage gerichtet (größer als …) ist, ist der Test einseitig angelegt. Die Hypothese lautet:

H_0: $\mu \leq 345$ g H_1: $\mu > 345$ g

Wenn $t_{Prüf} > t_{Krit}$ ist H_0 abzulehnen.

$$t_{Prüf} = \sqrt{n} \cdot \frac{|\bar{x} - \mu_0|}{s} = \sqrt{100} \cdot \frac{|349,74 - 345|}{4} = \underline{\underline{11,85}} \quad t_{krit} = t_{f;\,G} = t_{f;\,1-\alpha} = \underline{\underline{1,660}}$$

Testentscheidung:

Wegen $t_{Prüf} > t_{krit}$ wird die H_0-Hypothese zugunsten der H_1-Hypothese abgelehnt. Der Unternehmer darf also behaupten, der Erwartungswert μ ist unter dem gegebenen Signifikanzniveau größer als 345 g.

Aufgabe 9

A = falsch.

Der Median entspricht bei symmetrischen Verteilungen dem Erwartungswert μ. Dieser ist aber gegeben. ($\rightarrow$ Kap. 6.5.3, Kap 4.1.2).

B = falsch.

Ein Wert von $> \mu + 3\sigma$ ist zwar unwahrscheinlich ($\leq 0,3\,\%$), aber nicht ausgeschlossen. (□ Tab. 6.2–1).

C = falsch.

Zwischen $\mu \pm \sigma$ liegen 68 % (etwa $\frac{2}{3}$) aller Werte. (□ Tab. 6.2–1)

D = falsch.

Mit einer schlechteren Standardabweichung wird die Glockenkurve insgesamt breiter und flacher. Damit ist die Aussage insgesamt falsch ($\rightarrow$ ○ Abb. 6.1–2)

E = richtig.

Etwa 95 % der Füllvolumina haben einen Wert zwischen 98 ml und 102 ml, denn 95 % der Werte liegen zwischen $\mu \pm 2\sigma$ (□ Tab. 6.2–1).

Aufgabe 10

A = richtig.

B = falsch.

　　Die Aussage ist richtig; desto größer der Stichprobenumfang ist, desto schmaler wird die Glockenkurve ($\rightarrow$ Kap. 6.1).

C = falsch.

　　Die Aussage ist richtig. Umkehrschluss aus B ($\rightarrow$ Kap. 6.1).

D = falsch.

　　Die Aussage ist richtig ($\rightarrow$ Kap. 6.1).

E = falsch.

　　Die Aussage ist richtig; siehe B ($\rightarrow$ Kap. 6.1).

Aufgabenlösungen Kap. 7

Aufgabe 1

A = falsch.

　　Es ist genau umgekehrt; die H_0-Hypothese wird abgelehnt. Wenn die Prüfgröße in den kritischen Bereich fällt, wird die H_0-Hypothese nicht beibehalten und die H_1-Hypothese angenommen ($\rightarrow$ Kap. 7.5, Kap. 9).

B = falsch.

　　Je größer der α-Fehler, desto kleiner der β-Fehler und umgekehrt ($\rightarrow$ Kap. 7.3).

C = falsch.

　　Mit einer Irrtumswahrscheinlichkeit α wir angegeben, mit welcher Wahrscheinlichkeit eine H_0-Hypothese zu Unrecht verworfen wird (Fehler 1. Art) und nicht mit welcher Wahrscheinlichkeit sie bestätigt wird ($\rightarrow$ Kap. 7.3, Fehler 1. Art).

D = falsch.

　　Wird der β-Fehler vergrößert, so verkleinert sich die power ($\rightarrow$ Kap. 7.3).

E = richtig.

　　Das Verwerfen einer gültigen H_0-Hypothese heißt Fehler 1. Art ($\rightarrow$ Kap. 7.3).

Aufgabe 2

Das Verwerfen einer an sich gültigen Nullhypothese heißt Fehler 1. Art. Dies gestaltet sich aufgrund der Irrtumswahrscheinlichkeit $\alpha = 0{,}001\,\%$ schwierig. Bei sehr kleinen Stichprobenumfängen ($n = 6$) ist die Angabe mit Vorsicht zu beurteilen, da bei sehr kleiner Irrtumswahrscheinlichkeit $\alpha = 0{,}001\,\%$ der β-Fehler, eine nicht zutreffende H_0-Hypothese beizubehalten, größer wird. Die Teststärke (power) wird geringer. Mit einem kleinen Stichprobenumfang wird die H_0-Hypothese begünstigt. Nullhypothesen können grundsätzlich nur widerlegt werden. Es ist unmöglich, sie zu bestätigen ($\rightarrow$ Kap. 7.1).

Mit anderen Worten: Je kleiner α, desto „Nullhypothesen freundlicher" wird vorgegangen. Wäre $\alpha = 0$, so könnte die H_0-Hypothese nie verworfen werden!

Aufgabe 3

A = falsch.

Für eine H_0-Hypothese müsste die These lauten: „Der Bierkonsum hat sich nicht verändert". Dazu werden die Abweichungen nach oben und unten (zweiseitig) zum ursprünglichen Bierverbrauch betrachtet. Hier wird also ein zweiseitiger Test betrachtet (→ Kap. 7.5)

B = richtig.

Die H_0-Hypothese müsste lauten: „Der LKW-Verkehr hat nicht zugenommen". Es interessieren hier nur die Abweichungen nach oben (einseitig). Hier wird also ein einseitiger Test betrachtet (→ Kap. 7.5).

C = falsch.

Es liegt ein zweiseitiger Test vor, da die Abweichungen nach oben und unten interessieren, siehe A.

D = richtig.

Die H_0-Hypothese müsste lauten: „Der Stimmenanteil der kleinen Partei weniger als 5 %". Nur die Abweichung nach einer Seite (…) interessieren, deshalb wird ein einseiger Test betrachtet, siehe auch B.

Aufgabe 4

A–D = falsch.

E = richtig.

Die Alternativhypothese für das was „nachzuweisen" ist (mindestens …) müsste lauten: H_1: OTC ≥ 2 OTC_B. Daraus folgt für die Nullhypothese: H_0: OTC < 2 OTC_B (→ Kap. 7.1).

Aufgabe 5

A = richtig.

Ansonsten wäre der Hypothesenansatz falsch (→ Kap. 3.1, Kap. 7.2).

B = falsch.

Es = genau umgekehrt (→ ○ Abb. 7.5–1 bis ○ Abb. 7.5–3).

C = richtig.

(→ Kap. 7.1)

D = falsch.

Nein, durch eine abgeänderte Versuchsdurchführung, z. B. Erhöhung des Stichprobenumfangs n, kann das Ergebnis durchaus anders sein. Es kann daher nur ausgesagt werden, dass anhand der ausgewerteten Daten die H_0-Hypothese nicht verworfen werden kann (→ Kap. 7.2, Kap. 8).

Aufgabe 6

A = richtig.

Nimmt man allgemein eine Beziehung von A und B an, ohne die Art des Zusammenhangs vorhersagen zu können, so spricht man auch von einer ungerichteten Hypothese; die Fragestellung ist dann immer zweiseitig (→ Kap. 7.5)

B = richtig.

Das Verwerfen einer an sich gültigen Nullhypothese heißt Fehler 1. Art. Die Nullhypothese wird fälschlicherweise abgelehnt. Die Wahrscheinlichkeit, dass dies passiert ist α (→ Kap. 7.3).

C = falsch.

Siehe B.

D = falsch.

Nullhypothesen können grundsätzlich nur widerlegt werden. Es ist nicht möglich, sie zu beweisen oder zu bestätigen ($\to$ Kap. 7.1)

Aufgabe 7

E = richtig ($\square$ Tab. 7.2–1).

Aufgabe 8

E = richtig.

1: Das Verwerfen einer an sich gültigen Nullhypothese heißt Fehler 1. Art. Die Nullhypothese wird fälschlicherweise abgelehnt. Die Wahrscheinlichkeit, dass dies passiert ist α ($\to$ Kap. 7.3)

3: Ja, wenn die Irrtumswahrscheinlichkeit α ist größer wird, muss demzufolge das Intervall kleiner werden; $P = 1 - \alpha$ ($\to$ Kap. 7.5).

Aufgabe 9

A = richtig.

In bis zu 5 von 100 Fällen wird bei einer Irrtumswahrscheinlichkeit von 5 % (signifikant) ein zufallsbedingter Unterschied auftreten ($\to$ Kap. 7.7).

Aufgabe 10

A = richtig ($\square$ Tab. 7.3–1).

Aufgabenlösungen Kap. 8

Aufgabe 1

Ausreißer-Test nach Dixon, $M_{(10;0,05)} = 0,477$ (Schwellenwert).

Prüfgröße für den kleinsten Wert (13,5): $M_{Prüf\ i = 1} = 0,5$; die Nullhypothese muss bei einem Signifikanzniveau $\alpha = 5$ % abgelehnt werden, d. h. der Wert 13,5 ist ein Ausreißer. Anschließend muss der Wert 14,2 auf Ausreißer geprüft werden (möglicher Maskierungseffekt).

Prüfgröße für den Wert 14,2: d. h. der Wert 14,2 ist kein Ausreißer.

Prüfgröße für den größten Wert (15,3): $M_{Prüf\ i = 10} = 0,3636$, d. h. der Wert 15,3 ist kein Ausreißer.

Aufgabe 2

Ausreißer-Test nach Grubbs

$\bar{x} = 15,3$; $s = 0,84$; $T_1 = 1,1905$; $T_{30} = 4,2857$; $T_{30;0,05} = 2,745$,

d. h. der Wert 14,3 ist kein Ausreißer, bei der Prüfung des größten Wertes (18,9) muss dagegen die Nullhypothese, es liegt kein Ausreißer vor, bei einem Signifikanzniveau von $\alpha = 5$ % abgelehnt werden, d. h. der Wert 18,9 muss als Ausreißer angesehen werden.

Die Prüfung des Wertes 16,5 auf Ausreißer:

$T_{29;0,05} = 1,4286$,

d. h. der Wert 16,5 ist kein Ausreißer.

Aufgabe 3

David-Test auf Normalverteilung

$$T_D = \frac{R}{s} = \frac{4,6}{1,37} = 3,3577.$$

Untere Grenze (Tabellenwert) = 3,1800; obere Grenze (Tabellenwert) = 4,49, d. h. die Stichprobe entstammt einer normalverteilten Grundgesamtheit.

Aufgabe 4

Shapiro-Wilk-Test auf Normalverteilung:
$\bar{x} = 4,4$; $Q = 5,34$; $b = 2,2308$

$$W_{Prüf} = \frac{b^2}{Q} = \frac{4,9764}{5,34} = \underline{\underline{0,9319}}$$

$W_{10;0,05} = 0,842$
Die Stichprobe wurde aus normalverteilten Grundgesamtheit entnommen.

Aufgabenlösungen Kap. 9

Aufgabe 1

Einstichproben-t-Test in zweiseitiger Fragestellung

$\bar{x} = 99,9 \, \text{mg}$ $s = 3,99 \, \text{mg}$

$$t_{Prüf} = \frac{|\bar{x} - \mu_0|}{s} \cdot \sqrt{n} = \frac{|99,9 - 100|}{3,99} \cdot \sqrt{10} = \underline{\underline{0,00793}}$$

$$t_{Tab} = t_{f;1-\frac{\alpha}{2}} = t_{9;0,975} = 2,262 \quad \Rightarrow \quad t_{Prüf} < t_{Tab}$$

Da die berechnete Prüfgröße kleiner als der zugehörige Tabellenwert kann die Nullhypothese nicht verworfen, d. h. es besteht kein statistisch nachweisbarer Unterschied zwischen Ist- und Sollwert.

Aufgabe 2

Zweistichproben-t-Test

$\bar{x}_1 = 99,9 \, \text{mg}$ $s_1 = 3,99 \, \text{mg}$
$\bar{x}_2 = 93,1 \, \text{mg}$ $s_2 = 5,51 \, \text{mg}$

Prüfung auf Varianzhomogenität mit dem F-Test

$$F_{Prüf} = \frac{s_2^2}{s_1^2} = \frac{5,51^2}{3,99^2} = \underline{\underline{1,9070}}$$

$$F_{Tab} = F_{9;9;0,05} = \underline{4,03}$$

Da die berechnete Prüfgröße kleiner als ist der zugehörige Tabellenwert, kann die Nullhypothese nicht verworfen werden; d. h. es liegt Varianzhomogenität vor und damit sind die Voraussetzungen für die Durchführung des Zweistichproben-t-Tests erfüllt.

Berechnung der Prüfgröße für Zweistichproben-t-Test

$$t_{Prüf} = |\bar{x}_1 - \bar{x}_2| \cdot \sqrt{\frac{n}{s_1^2 + s_2^2}} = |99,9 - 93,1| \cdot \sqrt{\frac{10}{3,99^2 + 5,51^2}} = \underline{\underline{3,1609}}$$

$t_{Tab} = t_{18;0,05} = \underline{\underline{2,101}} \Rightarrow \quad t_{Prüf} > t_{Tab}$

Da die berechnete Prüfgröße größer ist als der zugehörige Tabellenwert, muss die Nullhypothese verworfen werden, d. h. wahrscheinlich besteht zwischen den beiden untersuchten Chargen ein signifikanter Unterschied hinsichtlich des Wirkstoffgehalts.

Aufgabe 3

Unabhängige Stichproben, zweiseitige Fragestellung.

$\bar{x}_1 = 76,6 \text{ mg} \quad s_1 = 1,31 \text{ mg}$
$\bar{x}_2 = 68,2 \text{ mg} \quad s_2 = 3,67 \text{ mg}$

Prüfung auf Varianzhomogenität mit dem F-Test.

$$F_{Prüf} = \frac{3,67^2}{1,31^2} = \underline{\underline{7,8486}}$$

$F_{Tab} = F_{5,5;0,05} = \underline{\underline{7,15}} \Rightarrow F_{Prüf} > F_{Tab}$

Da die berechnete Prüfgröße größer als der zugehörige Tabellenwert, muss die Nullhypothese bei einem Signifikanzniveau $\alpha = 5\%$ verworfen werden, d. h. die Varianzen unterscheiden sich signifikant. Damit ist die Voraussetzung „Varianzhomogenität" nicht erfüllt, und es muss an Stelle des Zweistichproben-t-Tests der Welch-Test angewendet werden.

Da $n_1 = n_2 = n$ gilt, sind die Gleichungen 9.3.3–3 und 9.3.3–4 zur Berechnung der Prüfgröße bzw. des Freiheitsgrads anzuwenden:

$$t_{Prüf} = \frac{76,6 - 68,2}{\sqrt{\frac{15,2113}{6}}} = \underline{\underline{5,2757}}$$

$$f = 5 + \left[\frac{10}{(0,1294 + 7,7301)} \right] = 5 + 1,2723 = \underline{\underline{6,2723}} \quad \Rightarrow \quad \underline{\underline{f = 6}}$$

$t_{Tab} = t_{6;0,05} = \underline{\underline{2,447}} \Rightarrow \quad t_{Prüf} > t_{Tab}$

Da die berechnete Prüfgröße größer ist als der zugehörige Tabellenwert, muss die Nullhypothese bei einem Signifikanzniveau $\alpha = 5\%$ abgelehnt werden, d. h. die aus beiden Chargen freigesetzten Arzneistoffmengen unterscheiden sich signifikant.

Aufgabe 4

Wilcoxon-Mann-Whitney-Test, zweiseitige Fragestellung

$R_1 = 55,5 \qquad\qquad R_2 = 22,5$
$U_1 = 1,5 \qquad\qquad U_2 = 34,5$
$U_1 + U_2 = m \cdot n \qquad 1,5 + 34,5 = 36 = 6 \cdot 6$
$U_{Prüf} = U_{6,6;0,05} = 5 \qquad \Rightarrow \qquad U_{Prüf} < U_{Tab}$

Da die berechnete Prüfgröße kleiner als der zugehörige Tabellenwert ist, besteht mit einer Wahrscheinlichkeit von mehr 95 % ein signifikanter Unterschied zwischen den beiden Messreihen.

Aufgabe 5

t-Test für paarweise angeordnete Messwerte, zweiseitige Fragestellung.

$$\sum d_i = 33 \qquad \bar{d} = 3{,}3 \qquad \sum d_i^2 = 1129$$

$$t_{\text{Prüf}} = \frac{3{,}3}{\sqrt{\dfrac{1129 - \dfrac{1089}{10}}{90}}} = \underline{\underline{0{,}9082}}$$

$$t_{Tab} = t_{9;0,05} = \underline{\underline{2{,}262}} \qquad \Rightarrow \qquad t_{Prüf} < t_{Tab}$$

Da die berechnete Prüfgröße kleiner ist als der zugehörige Tabellenwert, kann die Nullhypothese nicht verworfen werden, d. h. ein Unterschied zwischen den beiden Maschinen kann nicht nachgewiesen werden.

Aufgabe 6

Wilcoxon-Test für Paardifferenzen,
Summe der negativen Rangzahlen $R_n = 22$,
Summe der positiven Rangzahlen $R_p = 33$.

$$R_p + R_n = \frac{n \cdot (n+1)}{2} = 33 + 22 = 55 = \frac{10 \cdot (10+1)}{2}$$

$$R_{Tab} = R_{10; \, 0,05} = \underline{\underline{8}} \qquad R_{Prüf} > R_{Tab}$$

Da die Prüfgröße größer ist als der zugehörige Tabellenwert, kann die Nullhypothese nicht verworfen werden, d. h. mit beiden analytischen Verfahren werden vergleichbare Werte ermittelt.

Aufgabenlösungen Kap. 10

Aufgabe 1

Gesucht ist der Vektor x, der das Gleichungssystem erfüllt.

$$x = \begin{pmatrix} x_1 \\ x_2 \end{pmatrix}$$

Beide Seiten der Vektorgleichung werden dazu mit der transponierten Matrix von A multipliziert:

$$Ax = y \qquad \Rightarrow \qquad A^T A x = A^T y$$

$$A^T A = \begin{pmatrix} 6 & 0 \\ 0 & 10 \end{pmatrix}, \qquad A^T y = \begin{pmatrix} 0 \\ 10 \end{pmatrix}, \text{ also} \qquad \begin{pmatrix} 6 & 0 \\ 0 & 10 \end{pmatrix} \begin{pmatrix} x_1 \\ x_2 \end{pmatrix} = \begin{pmatrix} 0 \\ 10 \end{pmatrix}$$

Dies ist übrigens gleichbedeutend mit dem Gleichungssystem

$$6 \cdot x_1 + 0 \cdot x_2 = 0$$
$$0 \cdot x_1 + 10 \cdot x_2 = 10$$

Also ist $x_1 = 0$ und $x_2 = 1$, wie man leicht sieht. Der Zusammenhang kann also auch einfach mit $y_i = a_{2,i}$ beschrieben werden; dies ist eine Form einer Geradengleichung. Bitte vergleichen Sie auch die Darstellung in → Kap. 10.3, die ganz analog ist. Hier wird auch vertiefend auf die Umformungen eingegangen (s. a. Rechenregeln für Matrizen in → Kap. 2.3.5).

Mathematische und statistische Tabellen

☐ **Tab. 1** Binominalverteilung, Werte der Verteilungsfunktion $G(x|p; n)$, $2\,n \leq 80$; $0{,}01 \leq p \leq 0{,}09$

$n = 2$	x	$p = 0{,}01$	0,02	0,03	0,04	0,05	0,06	0,07	0,08	0,09
	0	0,980	0,9604	0,9409	0,9216	0,9025	0,8836	0,8649	0,8464	0,8281
	1	0,9999	0,9996	0,9991	0,9984	0,9975	0,9964	0,9951	0,9936	0,9919

$n = 3$	x	$p = 0{,}01$	0,02	0,03	0,04	0,05	0,06	0,07	0,08	0,09
	0	0,9703	0,9412	0,9127	0,8847	0,8574	0,8306	0,8044	0,7787	0,7536
	1	0,9997	0,9988	0,9974	0,9953	0,9927	0,9896	0,9860	0,9818	0,9772
	2				0,9999	0,9999	0,9998	0,9997	0,9995	0,9993

$n = 5$	x	$p = 0{,}01$	0,02	0,03	0,04	0,05	0,06	0,07	0,08	0,09
	0	0,9510	0,9039	0,8587	0,8154	0,7738	0,7339	0,6957	0,6591	0,6240
	1	0,9990	0,9962	0,9915	0,9852	0,9774	0,9681	0,9575	0,9456	0,9326
	2		0,9999	0,9997	0,9994	0,9988	0,9980	0,9969	0,9955	0,9937
	3						0,9999	0,9999	0,9998	0,9997

$n = 8$	x	$p = 0{,}01$	0,02	0,03	0,04	0,05	0,06	0,07	0,08	0,09
	0	0,9227	0,8508	0,7837	0,7214	0,6634	0,6096	0,5596	0,5132	0,4703
	1	0,9973	0,9897	0,9777	0,9619	0,9428	0,9208	0,8965	0,8702	0,8423
	2	0,9999	0,9996	0,9987	0,9969	0,9942	0,9904	0,9853	0,9789	0,9711
	3			0,9999	0,9998	0,9996	0,9993	0,9987	0,9978	0,9966
	4							0,9999	0,9999	0,9997

$n = 10$	x	$p = 0{,}01$	0,02	0,03	0.04	0,05	0,06	0,07	0,08	0,09
	0	0,9044	0,8171	0,7374	0,6648	0,5987	0,5386	0,4840	0,4344	0,3894
	1	0,9957	0,9838	0,9655	0,9418	0,9139	0,8824	0,8483	0,8121	0,7746
	2	0,9999	0,9991	0,9972	0,9938	0,9885	0,9812	0,9717	0,9599	0,9460
	3			0,9999	0,9996	0,9990	0,9980	0,9964	0,9942	0,9912
	4					0,9999	0,9998	0,9997	0,9994	0,9990
	5									0,9999

☐ **Tab. 1** Binominalverteilung, Werte der Verteilungsfunktion $G(x|p; n)$, $2\,n \le 80$; $0,01 \le p \le 0,09$

n = 13	x	p = 0,01	0,02	0,03	0,04	0,05	0,06	0,07	0,08	0,09
	0	0,8775	0,7690	0,6730	0,5882	0,5133	0,4474	0,3893	0,3383	0,2935
	1	0,9928	0,9730	0,9436	0,9068	0,8646	0,8186	0,7702	0,7206	0,6707
	2	0,9997	0,9980	0,9938	0,9865	0,9755	0,9608	0,9422	0,9201	0,8946
	3		0,9999	0,9995	0,9986	0,9969	0,9940	0,9897	0,9837	0,9758
	4				0,9999	0,9997	0,9993	0,9987	0,9976	0,9959
	5						0,9999	0,9999	0,9997	0,9995
	6									0,9999

n = 20	x	p = 0,01	0,02	0,03	0,04	0,05	0,06	0,07	0,08	0,09
	0	0,8179	0,6676	0,5438	0,4420	0,3585	0,2901	0,2342	0,1887	0,1516
	1	0,9831	0,9401	0,8802	0,8103	0,7358	0,6605	0,5869	0,5169	0,4516
	2	0,9990	0,9929	0,9790	0,9561	0,9245	0.8850	0,8390	0,7879	0,7334
	3		0,9994	0,9973	0,9926	0,9841	0,9710	0,9529	0,9294	0,9007
	4			0,9997	0,9990	0,9974	0,9944	0,9893	0,9817	0,9710
	5				0,9999	0,9997	0,9991	0.9981	0,9962	0,9932
	6						0.9999	0,9997	0,9994	0,9987
	7								0,9999	0,9998

n = 32	x	p = 0,01	0,02	0,03	0,04	0,05	0,06	0,07	0,08	0,09
	0	0,7250	0,5239	0,3773	0,2708	0,1937	0,1381	0,0981	0,0694	0,0489
	1	0,9593	0,8660	0,7507	0,6319	0,5200	0,4201	0,3342	0,2624	0,2037
	2	0,9960	0,9742	0,9297	0,8651	0,7861	0,6991	0,6097	0,5226	0,4409
	3	0,9997	0,9963	0,9651	0,9623	0,9262	0,8772	0,8171	0,7489	0,6756
	4		0,9996	0,9975	0,9916	0,9796	0,9596	0,9303	0,8915	0,8438
	5			0,9997	0,9985	0,9954	0,9891	0,9780	0,9610	0,9370
	6				0,9998	0,9991	0,9975	0,9942	0,9881	0,9785
	7					0,9999	0,9995	0,9987	0,9969	0,9937
	8						0,9999	0,9997	0,9993	0,9984
	9								0,9999	0,9997
	10									0,9999

☐ **Tab. 1** Binominalverteilung, Werte der Verteilungsfunktion $G(x|p; n)$, $2 \, n \leq 80$; $0,01 \leq p \leq 0,09$

n = 50	x	p = 0,01	0,02	0,03	0,04	0,05	0,06	0,07	0,08	0,09
	0	0,6050	0,3642	0,2181	0,1299	0,0769	0,0453	0,0266	0,0155	0,0090
	1	0,9106	0,7358	0,5553	0,4005	0,2794	0,1900	0,1265	0,0827	0,0532
	2	0.9862	0,9216	0,8108	0,6767	0,5405	0,4162	0,3108	0,2260	0,1605
	3	0,9984	0,9822	0,9372	0,8609	0,7604	0,6473	0,5327	0,4253	0,3303
	4	0,9999	0,9968	0,9832	0,9510	0,8964	0,8206	0,7290	0,6290	0,5277
	5		0,9995	0,9963	0,9856	0,9622	0,9224	0,8650	0,7919	0,7072
	6		0,9999	0,9993	0,9964	0,9882	0,9711	0,9417	0,8981	0,8404
	7			0,9999	0,9992	0,9968	0,9906	0,9780	0,9562	0,9232
	8				0,9999	0,9992	0,9973	0,9927	0,9833	0,9672
	9					0,9998	0,9993	0,9978	0,9944	0,9875
	10						0,9998	0,9994	0,9983	0,9957
	11							0,9999	0,9995	0,9987
	12								0,9999	0,9996
	13									0,9999

n = 80	x	p = 0,01	0,02	0,03	0,04	0,05	0,06	0,07	0,08	0,09
	0	0,4475	0,1986	0,0874	0,0382	0,0165	0,0071	0,0030	0,0013	0,0005
	1	0,8092	0,5230	0,3038	0,1654	0,0861	0,0433	0,0211	0,0101	0,0047
	2	0,9534	0,7844	0,5681	0,3748	0,2306	0,1344	0,0750	0,0404	0,0211
	3	0,9913	0,9231	0,7807	0,6016	0,4284	0,2858	0,1805	0,1089	0,0631
	4	0,9987	0,9776	0,9072	0,7836	0,6289	0,4717	0,3333	0,2235	0,1431
	5	0,9998	0,9946	0,9667	0,8988	0,7892	0,6522	0,5082	0,3750	0,2634
	6		0,9989	0,9897	0,9588	0,8947	0,7961	0,6727	0,5397	0,4121
	7		0,9998	0,9972	0,9853	0,9534	0,8932	0,8036	0,6911	0,5676
	8			0,9993	0,9953	0,9816	0,9498	0,8935	0,8112	0,7079
	9			0,9999	0,9987	0,9935	0,9787	0,9476	0,8948	0,8190
	10				0,9997	0,9979	0,9918	0,9765	0,9464	0,8969
	11				0,9999	0,9994	0,9971	0,9904	0,9750	0,9460
	12					0,9998	0,9991	0,9964	0,9892	0,9739
	13						0,9997	0,9987	0,9957	0,9883
	14						0,9999	0,9996	0,9984	0,9952
	15							0,9999	0,9995	0,9981

◻ **Tab. 1** Binominalverteilung, Werte der Verteilungsfunktion $G(x|p; n)$, $2 \, n \leq 80$; $0{,}01 \leq p \leq 0{,}09$

$n =$ 80	x	$p =$ 0,01	0,02	0,03	0,04	0,05	0,06	0,07	0,08	0,09
	16								0,9998	0,9993
	17								0,9999	0,9998
	18									0,9999

◻ **Tab. 2** Poissonverteilung, Funktionswerte der Verteilungsfunktion $G(x|\mu)$, $1 \leq \mu \leq 20{,}00$

x	$\mu =$ 0,01	0,02	0,03	0,04	0,05	0,06	0,07	0,08	0,09	0,10
0	0,9900	0,9802	0,9704	0,9608	0,9512	0,9418	0,9324	0,9231	0,9139	0,9048
1		0,9998	0,9996	0,9992	0,9988	0,9983	0,9977	0,9970	0,9962	0,9953
2							0,9999	0,9999	0,9999	0,9998

x	$\mu =$ 0,11	0,12	0,13	0,14	0,15	0,16	0,17	0,18	0,19	0,20
0	0,8958	0,8869	0,8781	0,8694	0,8607	0,8521	0,8437	0,8353	0,8270	0,8187
1	0,9944	0,9934	0,9922	0,9911	0,9898	0,9885	0,9871	0,9856	0,9841	0,9825
2	0,9998	0,9997	0,9997	0,9996	0,9995	0,9994	0,9993	0,9992	0,9990	0,9989
3										0,9999

x	$\mu =$ 0,25	0,30	0,35	0,40	0,45	0,50	0,55	0,60	0,65	0,70
0	0,7788	0,7408	0,7047	0,6703	0,6376	0,6065	0,5769	0,5488	0,5220	0,4966
1	0,9735	0,9631	0,9513	0,9384	0,9246	0,9098	0,8943	0,8781	0,8614	0,8442
2	0,9978	0,9964	0,9945	0,9921	0,9891	0,9856	0,9815	0,9769	0,9717	0,9659
3	0,9999	0,9997	0,9995	0,9992	0,9988	0,9982	0,9975	0,9966	0,9956	0,9942
4			0,9999	0,9999	0,9998	0,9997	0,9996	0,9994	0,9992
5									0,9999	0,9999

□ **Tab. 2** Poissonverteilung, Funktionswerte der Verteilungsfunktion $G(x/\mu)$, $1 \leq \mu \leq 20{,}00$

x	μ = 0,75	0,80	0,85	0,90	0,95	1,00	1.10	1,20	1,30	1,40
0	0,4724	0,4493	0,4274	0,4066	0,3867	0,3679	0,3329	0,3012	0,2725	0,2466
1	0,8266	0,8088	0,7907	0,7725	0,7541	0,7358	0,6990	0,6626	0,6268	0,5918
2	0,9595	0,9526	0,9451	0,9371	0,9287	0,9197	0,9004	0,8795	0,8571	0,8335
3	0,9927	0,9909	.0,9889	0,9865	0,9839	0,9810	0,9743	0,9662	0,9569	0,9463
4	0,9989	0,9986	0,9982	0,9977	0,9971	0,9963	0,9946	0,9923	0,9893	0,9857
5	0,9999	0,9998	0,9997	0,9997	0,9995	0,9994	0,9990	0,9985	0,9978	0,9968
6					0,9999	0,9999	0.9999	0,9997	0.9996	0,9994
7									0,9999	0,9999

x	μ = 1,50	1,60	1,70	1,80	1,90	2,00	2,10	2,20	2,30	2.40
0	0,2231	0,2019	0,1827	0,1653	0,1496	0,1353	0,1225	0,1108	0,1003	0,0907
1	0,5578	0,5249	0,4932	0,4628	0,4337	0,4060	0,3796	0,3546	0,3309	0,3084
2	0,8088	0,7834	0,7572	0,7306	0,7037	0,6767	0,6496	0,6227	0,5960	0,5697
3	0,9344	0,9212	0,9068	0,8913	0,8747	0,8571	0,8386	0,8194	0,7993	0,7787
4	0,9814	0,9763	0,9704	0,9636	0,9559	0,9473	0,9379	0,9275	0,9162	0,9041
5	0,9955	0,9940	0,9920	0,9896	0,9868	0,9834	0,9796	0,9751	0,9700	0,9643
6	0,9991	0,9987	0,9981	0,9974	0,9966	0,9955	0,9941	0,9925	0,9906	0,9884
7	0,9998	0,9997	0,9996	0,9994	0,9992	0,9989	0,9985	0,9980	0,9974	0,9967
8			0,9999	0,9999	0,9998	0,9998	0,9997	0,9995	0,9994	0,9991
9							0,9999	0,9999	0,9999	0,9998

x	μ = 2,50	2,60	2,70	2,80	2,90	3,00	3,10	3,20	3,30	3,40
0	0,0821	0,0743	0,0672	0,0608	0,0550	0,0550	0,0450	0,0408	0,0369	0,0334
1	0,2873	0,2674	0,2487	0,2311	0,2146	0,1991	0.1847	0,1712	0,1586	0,1468
2	0,5438	0,5184	0,4936	0,4695	0,4460	0,4232	0,4012	0,3799	0,3594	0,3397
3	0,7576	0,7360	0,7141	0,6919	0,6696	0,6472	0,6248	0,6025	0,5803	0,5584
4	0,8912	0,8774	0,8629	0,8477	0,8318	0,8153	0,7982	0,7806	0,7626	0,7442
5	0,9580	0,9510	0,9433	0,9349	0,9258	0,9161	0,9057	0,8946	0,8829	0,8705
6	0,9858	0,9828	0,9794	0,9756	0,9713	0,9665	0.9612	0,9554	0,9490	0,9421
7	0,9958	0,9947	0,9934	0,9919	0,9901	0,9881	0,9858	0,9832	0,9802	0,9769
8	0,9989	0,9985	0,9981	0,9976	0,9969	0,9962	0,9953	0,9943	0,9931	0,9917

□ **Tab. 2** Poissonverteilung, Funktionswerte der Verteilungsfunktion $G(x/\mu)$, $1 \le \mu \le 20,00$

x	$\mu =$ 2,50	2,60	2,70	2,80	2,90	3,00	3,10	3,20	3,30	3,40
9	0,9997	0,9996	0,9995	0,9993	0,9991	0,9989	0,9986	0,9982	0,9978	0,9973
10	0,9999	0,9999	0,9999	0,9998	0,9998	0,9997	0,9996	0,9995	0,9994	0,9992
11					0,9999	0,9999	0,9999	0,9999	0,9998	0,9998
12										0,9999

x	$\mu =$ 3,50	3,60	3,70	3,80	3,90	4,00	4,25	4,50	4,75	5,00
0	0,0302	0,0273	0.0247	0,0224	0,0202	0,0183	0,0143	0,0111	0,0087	0,0067
1	0,1359	0,1257	0,1162	0,1074	0,0992	0,0916	0,0749	0,0611	0,0497	0,0404
2	0,3208	0,3027	0,2854	0,2689	0,2531	0,2381	0,2037	0,1736	0,1473	0,1247
3	0,5366	0,5152	0,4942	0,4735	0,4532	0,4335	0,3862	0,3423	0,3019	0,2650
4	0,7254	0,7064	0,6872	0,6678	0,6484	0,6288	0,5801	0,5321	0,4854	0,4405
5	0,8576	0,8441	0,8301	0,8156	0,8006	0,7851	0,7449	0,7029	0,6597	0,6160
6	0,9347	0,9267	0,9182	0,9091	0,8995	0,8893	0,8617	0,8311	0,7978	0,7622
7	0,9733	0,9692	0,9648	0,9599	0,9546	0,9489	0,9326	0,9134	0,8914	0.8666
8	0,9901	0,9883	0,9863	0,9840	0,9815	0,9786	0,9702	0,9597	0,9470	0,9319
9	0,9967	0,9960	0,9952	0,9942	0,9931	0,9919	0,9880	0,9829	0,9764	0.9682
10	0,9990	0,9987	0,9984	0,9981	0,9977	0,9972	0,9956	0,9933	0,9903	0.9863
11	0,9997	0,9996	0,9995	0,9994	0,9993	0,9991	0,9985	0,9976	0,9963	0.9945
12	0,9999	0,9999	0,9999	0,9998	0,9998	0,9997	0,9995	0,9992	0,9987	0.9980
13					0,9999	0,9999	0,9999	0,9997	0,9996	0.9993
14								0,9999	0,9999	0,9998
15										0,9999

x	$\mu =$ 5,50	6,00	6,50	7,00	7,50	8,00	8,50	9,00	9,50	10,00
0	0,0041	0,0025	0,0015	0,0009	0,0006	0,0003	0,0002	0,0001	0,0001	0.0000
1	0,0266	0,0174	0,0113	0,0073	0,0047	0,0030	0,0019	0,0012	0,0008	0,0005
2	0,0884	0,0620	0,0430	0,0296	0,0203	0,0138	0,0093	0,0062	0,0042	0.0028
3	0,2017	0,1512	0,1118	0,0818	0,0591	0,0424	0,0301	0,0212	0,0149	0.0103
4	0,3575	0,2851	0,2237	0,1730	0,1321	0,0996	0,0744	0,0550	0,0403	0,0293
5	0,5289	0,4457	0,3690	0,3007	0,2414	0,1912	0,1496	0,1157	0,0885	0,0671
6	0,6860	0,6063	0,5265	0,4497	0,3782	0,3134	0,2562	0,2068	0,1649	0,1301

☐ **Tab. 2** Poissonverteilung, Funktionswerte der Verteilungsfunktion $G(x/\mu)$, $1 \leq \mu \leq 20{,}00$

x	μ = 5,50	6,00	6,50	7,00	7,50	8,00	8,50	9,00	9,50	10,00
7	0,8095	0,7440	0,6728	0,5987	0,5246	0,4530	0,3856	0,3239	0,2687	0,2202
8	0,8944	0,8472	0,7916	0,7291	0,6620	0,5925	0,5231	0,4557	0,3918	0,3328
9	0,9462	0,9161	0,8774	0,8305	0,7764	0,7166	0,6530	0,5874	0.5218	0,4579
10	0,9747	0,9574	0,9332	0,9015	0,8622	0,8159	0,7634	0,7060	0,6453	0,5830
11	0,9890	0,9799	0,966t	0,9467	0,9208	0,8881	0,8487	0,8030	0,7520	0,6968
12	0,9955	0,9912	0,9840	0,9730	0,9573	0,9362	0,9091	0,8758	0,8364	0,7916
13	0,9983	0,9964	0,9929	0,9872	0,9784	0,9658	0,9486	0,9261	0,8981	0,8645
14	0,9994	0,9986	0,9970	0,9943	0,9897	0,9827	0,9726	0,9585	0,9400	0,9165
15	0,9998	0,9995	0,9988	0,9976	0,9954	0,9918	0,9862	0,9780	0,9665	0,9513
16	0,9999	0,9998	0,9996	0,9990	0,9980	0,9963	0,9934	0,9889	0,9823	0,9730
17		0,9999	0,9998	0,9996	0,9992	0,9984	0,9970	0,9947	0,9911	0,9857
18			0,9999	0,9999	0,9997	0,9993	0,9987	0,9976	0,9957	0,9928
19					0,9999	0,9997	0,9995	0,9989	0,9980	0,9965
20						0,9999	0,9998	0,9996	0,9991	0,9984
21							0,9999	0,9998	0,9996	0,9993
22								0,9999	0,9999	0,9997
23									0,9999	0,9999

x	μ = 11,00	12,00	13,00	14,00	15,00	16,00	17,00	18,00	19,00	20,00
0	0,0000	0,0000	0,0000	0,0000	0,0000	0,0000	0,0000	0,0000	0,0000	0,0000
1	0,0002	0,0001	0,0000	0,0000	0,0000	0,0000	0,0000	0,0000	0,0000	0,0000
2	0,0012	0,0005	0,0002	0,0001	0,0000	0,0000	0,0000	0,0000	0,0000	0,0000
3	0,0049	0,0023	0,0011	0,0005	0,0002	0,0001	0,0000	0,0000	0,0000	0,0000
4	0,0151	0,0076	0,0037	0,0018	0,0009	0,0004	0,0002	0,0001	0,0000	0,0000
5	0,0375	0,0203	0,0107	0,0055	0,0028	0,0014	0,0007	0,0003	0,0002	0,0001
6	0,0786	0,0458	0,0259	0,0142	0,0076	0,0040	0,0021	0,0010	0,0005	0,0003
7	0,1432	0,0895	0,0540	0,0316	0,0180	0,0100	0,0054	0,0029	0,0015	0,0008
8	0,2320	0,1550	0,0998	0,0621	0,0374	0,0220	0,0126	0,0071	0,0039	0,0021
9	0,3405	0,2424	0,1658	0,1094	0,0699	0,0433	0,0261	0,0154	0,0089	0,0050
10	0,4599	0,3472	0,2517	0,1757	0,1185	0,0774	0,0491	0,0304	0,0183	0,0108
11	0,5793	0,4616	0,3532	0,2600	0,1848	0,1270	0,0847	0,0549	0,0347	0,0214
12	0,6887	0,5760	0,4631	0,3585	0,2676	0,1931	0,1350	0,0917	0,0606	0,0390

☐ **Tab. 2** Poissonverteilung, Funktionswerte der Verteilungsfunktion $G(x/\mu)$, $1 \leq \mu \leq 20{,}00$

x	$\mu =$ 11,00	12,00	13,00	14,00	15,00	16,00	17,00	18,00	19,00	20,00
13	0,7813	0,6815	0,5730	0,4644	0,3632	0,2745	0,2009	0,1426	0,0984	0,0661
14	0,8540	0,7720	0,6751	0,5704	0,4657	0,3675	0,2808	0,2081	0,1497	0,1049
15	0,9074	0,8444	0,7636	0,6694	0,5681	0,4667	0,3715	0,2867	0,2148	0,1565
16	0,9441	0,8987	0,8355	0,7559	0,6641	0,5660	0,4677	0,3751	0,2920	0,2211
17	0,9678	0,9370	0,8905	0,8272	0,7489	0,6593	0,5640	0,4686	0,3784	0,2970
18	0,9823	0,9626	0,9302	0,8826	0,8195	0,7423	0,6550	0,5622	0,4695	0,3814
19	0,9907	0,9787	0,9573	0,9235	0,8752	0,8122	0,7363	0,6509	0,5606	0,4703
20	0,9953	0,9884	0,9750	0,9521	0,9170	0,8682	0,8055	0,7307	0,6472	0,5591
21	0,9977	0,9939	0,9859	0,9712	0,9469	0,9108	0,8615	0,7991	0,7255	0,6437
22	0,9990	0,9970	0,9924	0,9833	0,9673	0,9418	0,9047	0,8551	0,7931	0,7206
23	0,9995	0,9985	0,9960	0,9907	0,9805	0,9633	0,9367	0,8989	0,8490	0,7875
24	0,9998	0,9993	0,9980	0,9950	0,9888	0,9777	0,9594	0,9317	0,8933	0,8432
25	0,9999	0,9997	0,9990	0,9974	0,9938	0,9869	0,9748	0,9554	0,9269	0,8878
26		0,9999	0,9995	0,9987	0,9967	0,9925	0,9848	0,9718	0,9514	0,9221
27		0,9999	0,9998	0,9994	0,9983	0,9959	0,9912	0,9827	0,9687	0,9475
28			0,9999	0,9997	0,9991	0,9978	0,9950	0,9897	0,9805	0,9657
29				0,9999	0,9996	0,9989	0,9973	0,9941	0,9882	0,9782
30				0,9999	0,9998	0,9994	0,9986	0,9967	0,9930	0,9865
31					0,9999	0,9997	0,9993	0,9982	0,9960	0,9919
32						0,9999	0,9996	0,9990	0,9978	0,9953
33						0,9999	0,9998	0,9995	0,9988	0,9973
34							0,9999	0,9998	0,9994	0,9985
35								0,9999	0,9997	0,9992
36								0,9999	0,9998	0,9996
37									0,9999	0,9998
38										0,9999

□ **Tab. 3** Normalverteilung, Werte der Verteilungsfunktion G(u), 0,00 ≤ u ≤ 1,99

u	G(u)	1−G(u)	u	G(u)	1−G(u)	u	G(u)	1−G(u)	u	G(u)	1−G(u)
0,00	0,50000	0,50000	0,50	0,69146	0,30854	1,00	0,84134	0,15866	1,50	0,93319	0,06681
0,01	0,50399	0,49601	0,51	0,69497	0,30503	1,01	0,84375	0,15625	1,51	0,93448	0,06552
0,02	0,50798	0,49202	0,52	0,69847	0,30153	1,02	0,84614	0,15386	1,52	0,93574	0,06426
0,03	0,51197	0,48803	0,53	0,70194	0,29806	1,03	0,84849	0,15151	1,53	0,93699	0,06301
0,04	0,51595	0,48405	0,54	0,70540	0,29460	1,04	0,85083	0,14917	1,54	0,93822	0,06178
0,05	0,51994	0,48006	0,55	0,70884	0,29116	1,05	0,85314	0,14686	1,55	0,93943	0,06057
0,06	0,52392	0,47608	0,56	0,71226	0,28774	1,06	0,85543	0,14457	1,56	0,94062	0,05938
0,07	0,52790	0,47210	0,57	0,71566	0,28434	1,07	0,85769	0,14231	1,57	0,94179	0,05821
0,08	0,53188	0,46812	0,58	0,71904	0,28096	1,08	0,85993	0,14007	1,58	0,94295	0,05705
0,09	0,53586	0,46414	0,59	0,72240	0,27760	1,09	0,86214	0,13786	1,59	0,94408	0,05592
0,10	0,53983	0,46017	0,60	0,72575	0,27425	1,10	0,86433	0,13567	1,60	0,94520	0,05480
0,11	0,54380	0,45620	0,61	0,72907	0,27093	1,11	0,86650	0,13350	1,61	0,94630	0,05370
0,12	0,54776	0,45224	0,62	0,73237	0,26763	1,12	0,86864	0,13136	1,62	0,94738	0,05262
0,13	0,55172	0,44828	0,63	0,73565	0,26435	1,13	0,87076	0,12924	1,63	0,94845	0,05155
0,14	0,55567	0,44433	0,64	0,73891	0,26109	1,14	0,87286	0,12714	1,64	0,94950	0,05050
0,15	0,55962	0,44038	0,65	0,74215	0,25785	1,15	0,87493	0,12507	1,65	0,95053	0,04947
0,16	0,56356	0,43644	0,66	0,74537	0,25463	1,16	0,87698	0,12302	1,66	0,95154	0,04846
0,17	0,56749	0,43251	0,67	0,74857	0,25143	1,17	0,87900	0,12100	1,67	0,95254	0,04746
0,18	0,57142	0,42858	0,68	0,75175	0,24825	1,18	0,88100	0,11900	1,68	0,95352	0,04648
0,19	0,57535	0,42465	0,69	0,75490	0,24510	1,19	0,88298	0,11702	1,69	0,95449	0,04551
0,20	0,57926	0,42074	0,70	0,75804	0,24196	1,20	0,88493	0,11507	1,70	0,95543	0,04457
0,21	0,58317	0,41683	0,71	0,76115	0,23885	1,21	0,88686	0,11314	1,71	0,95637	0,04363

□ **Tab. 3** Normalverteilung, Werte der Verteilungsfunktion $G(u)$, $0{,}00 \le u \le 1{,}99$

u	G(u)	1−G(u)	u	G(u)	1−G(u)	u	G(u)	1−G(u)	u	G(u)	1−G(u)
0,22	0,58706	0,41294	0,72	0,76424	0,23576	1,22	0,88877	0,11123	1,72	0,95728	0,04272
0,23	0,59095	0,40905	0,73	0,76730	0,23270	1,23	0,89065	0,10935	1,73	0,95818	0,04182
0,24	0,59483	0,40517	0,74	0,77035	0,22965	1,24	0,89251	0,10749	1,74	0,95907	0,04093
0,25	0,59871	0,40129	0,75	0,77337	0,22663	1,25	0,89435	0,10565	1,75	0,95994	0,04006
0,26	0,60257	0,39743	0,76	0,77637	0,22363	1,26	0,89617	0,10383	1,76	0,96080	0,03920
0,27	0,60642	0,39358	0,77	0,77935	0,22065	1,27	0,89796	0,10204	1,77	0,96164	0,03836
0,28	0,61026	0,38974	0,78	0,78230	0,21770	1,28	0,89973	0,10027	1,78	0,96246	0,03754
0,29	0,61409	0,38591	0,79	0,78524	0,21476	1,29	0,90147	0,09853	1,79	0,96327	0,03673
0,30	0,61791	0,38209	0,80	0,78814	0,21186	1,30	0,90320	0,09680	1,80	0,96407	0,03593
0,31	0,62172	0,37828	0,81	0,79103	0,20897	1,31	0,90490	0,09510	1,81	0,96485	0,03515
0,32	0,62552	0,37448	0,82	0,79389	0,20611	1,32	0,90658	0,09342	1,82	0,96562	0,03438
0,33	0,62930	0,37070	0,83	0,79673	0,20327	1,33	0,90824	0,09176	1,83	0,96638	0,03362
0,34	0,63307	0,36693	0,84	0,79955	0,20045	1,34	0,90988	0,09012	1,84	0,96712	0,03288
0,35	0,63683	0,36317	0,85	0,80234	0,19766	1,35	0,91149	0,08851	1,85	0,96784	0,03216
0,36	0,64058	0,35942	0,86	0,80511	0,19489	1,36	0,91308	0,08692	1,86	0,96856	0,03144
0,37	0,64431	0,35569	0,87	0,80785	0,19215	1,37	0,91466	0,08534	1,87	0,96926	0,03074
0,38	0,64803	0,35197	0,88	0,81057	0,18943	1,38	0,91621	0,08379	1,88	0,96995	0,03005
0,39	0,65173	0,34827	0,89	0,81327	0,18673	1,39	0,91774	0,08226	1,89	0,97062	0,02938
0,40	0,65542	0,34458	0,90	0,81594	0,18406	1,40	0,91924	0,08076	1,90	0,97128	0,02872
0,41	0,65910	0,34090	0,91	0,81859	0,18141	1,41	0,92073	0,07927	1,91	0,97193	0,02807
0,42	0,66276	0,33724	0,92	0,82121	0,17879	1,42	0,92220	0,07780	1,92	0,97257	0,02743
0,43	0,66640	0,33360	0,93	0,82381	0,17619	1,43	0,92364	0,07636	1,93	0,97320	0,02680

□ **Tab. 3** Normalverteilung, Werte der Verteilungsfunktion G(u), 0,00 ≤ u ≤ 1,99

u	G(u)	1−G(u)	u	G(u)	1−G(u)	u	G(u)	1−G(u)
0,44	0,67003	0,32997	0,94	0,82639	0,17361	1,44	0,92507	0,07493
0,45	0,67364	0,32636	0,95	0,82894	0,17106	1,45	0,92647	0,07353
0,46	0,67724	0,32276	0,96	0,83147	0,16853	1,46	0,92785	0,07215
0,47	0,68082	0,31918	0,97	0,83398	0,16602	1,47	0,92922	0,07078
0,48	0,68439	0,31561	0,98	0,83646	0,16354	1,48	0,93056	0,06944
0,49	0,68793	0,31207	0,99	0,83891	0,16109	1,49	0,93189	0,06811

u	G(u)	1−G(u)
1,94	0,97381	0,02619
1,95	0,97441	0,02559
1,96	0,97500	0,02500
1,97	0,97558	0,02442
1,98	0,97615	0,02385
1,99	0,97670	0,02330

□ **Tab. 3** Normalverteilung, Werte der Verteilungsfunktion G(u), 2,00 ≤ u ≤ 3,99

u	G(u)	1−G(u)	u	G(u)	1−G(u)	u	G(u)	1−G(u)	u	G(u)	1−G(u)
2,00	0,97725	0,02275	2,50	0,99379	0,00621	3,00	0,99865	0,00135	3,50	0,99977	2,33E-4
2,01	0,97778	0,02222	2,51	0,99396	0,00604	3,01	0,99869	0,00131	3,51	0,99978	2,24E-4
2,02	0,97831	0,02169	2,52	0,99413	0,00587	3,02	0,99874	0,00126	3,52	0,99978	2,16E-4
2,03	0,97882	0,02118	2,53	0,99430	0,00570	3,03	0,99878	0,00122	3,53	0,99979	2,08E-4
2,04	0,97932	0,02068	2,54	0,99446	0,00554	3,04	0,99882	0,00118	3,54	0,99980	2,00E-4
2,05	0,97982	0,02018	2,55	0,99461	0,00539	3,05	0,99886	0,00114	3,55	0,99981	1,93E-4
2,06	0,98030	0,01970	2,56	0,99477	0,00523	3,06	0,99889	0,00111	3,56	0,99981	1,85E-4
2,07	0,98077	0,01923	2,57	0,99492	0,00508	3,07	0,99893	0,00107	3,57	0,99982	1,79E-4
2,08	0,98124	0,01876	2,58	0,99506	0,00494	3,08	0,99896	0,00104	3,58	0,99983	1,72E-4
2,09	0,98169	0,01831	2,59	0,99520	0,00480	3,09	0,99900	0,00100	3,59	0,99983	1,65E-4
2,10	0,98214	0,01786	2,60	0,99534	0,00466	3,10	0,99903	0,00097	3,60	0,99984	1,59E-4
2,11	0,98257	0,01743	2,61	0,99547	0,00453	3,11	0,99906	0,00094	3,61	0,99985	1,53E-4

□ **Tab. 3** Normalverteilung, Werte der Verteilungsfunktion $G(u)$, $2{,}00 \leq u \leq 3{,}99$

u	$G(u)$	$1-G(u)$	u	$G(u)$	$1-G(u)$	u	$G(u)$	$1-G(u)$	u	$G(u)$	$1-G(u)$
2,12	0,98300	0,01700	2,62	0,99560	0,00440	3,12	0,99910	0,00090	3,62	0,99985	1,47E-4
2,13	0,98341	0,01659	2,63	0,99573	0,00427	3,13	0,99913	0,00087	3,63	0,99986	1,42E-4
2,14	0,98382	0,01618	2,64	0,99585	0,00415	3,14	0,99916	0,00084	3,64	0,99986	1,36E-4
2,15	0,98422	0,01578	2,65	0,99598	0,00402	3,15	0,99918	0,00082	3,65	0,99987	1,31E-4
2,16	0,98461	0,01539	2,66	0,99609	0,00391	3,16	0,99921	0,00079	3,66	0,99987	1,26E-4
2,17	0,98500	0,01500	2,67	0,99621	0,00379	3,17	0,99924	0,00076	3,67	0,99988	1,21E-4
2,18	0,98537	0,01463	2,68	0,99632	0,00368	3,18	0,99926	0,00074	3,68	0,99988	1,17E-4
2,19	0,98574	0,01426	2,69	0,99643	0,00357	3,19	0,99929	0,00071	3,69	0,99989	1,12E-4
2,20	0,98610	0,01390	2,70	0,99653	0,00347	3,20	0,99931	0,00069	3,70	0,99989	1,08E-4
2,21	0,98645	0,01355	2,71	0,99664	0,00336	3,21	0,99934	0,00066	3,71	0,99990	1,04E-4
2,22	0,98679	0,01321	2,72	0,99674	0,00326	3,22	0,99936	0,00064	3,72	0,99990	9,96E-5
2,23	0,98713	0,01287	2,73	0,99683	0,00317	3,23	0,99938	0,00062	3,73	0,99990	9,58E-5
2,24	0,98745	0,01255	2,74	0,99693	0,00307	3,24	0,99940	0,00060	3,74	0,99991	9,20E-5
2,25	0,98778	0,01222	2,75	0,99702	0,00298	3,25	0,99942	0,00058	3,75	0,99991	8,84E-5
2,26	0,98809	0,01191	2,76	0,99711	0,00289	3,26	0,99944	0,00056	3,76	0,99992	8,50E-5
2,27	0,98840	0,01160	2,77	0,99720	0,00280	3,27	0,99946	0,00054	3,77	0,99992	8,16E-5
2,28	0,98870	0,01130	2,78	0,99728	0,00272	3,28	0,99948	0,00052	3,78	0,99992	7,84E-5
2,29	0,98899	0,01101	2,79	0,99736	0,00264	3,29	0,99950	0,00050	3,79	0,99992	7,53E-5
2,30	0,98928	0,01072	2,80	0,99744	0,00256	3,30	0,99952	0,00048	3,80	0,99993	7,24E-5
2,31	0,98956	0,01044	2,81	0,99752	0,00248	3,31	0,99953	0,00047	3,81	0,99993	6,95E-5
2,32	0,98983	0,01017	2,82	0,99760	0,00240	3,32	0,99955	0,00045	3,82	0,99993	6,67E-5
2,33	0,99010	0,00990	2,83	0,99767	0,00233	3,33	0,99957	0,00043	3,83	0,99994	6,41E-5

☐ **Tab. 3** Normalverteilung, Werte der Verteilungsfunktion $G(u)$, $2,00 \leq u \leq 3,99$

u	G(u)	1−G(u)	u	G(u)	1−G(u)	u	G(u)	1−G(u)	u	G(u)	1−G(u)
2,34	0,99036	0,00964	2,84	0,99774	0,00226	3,34	0,99958	0,00042	3,84	0,99994	6,15E-5
2,35	0,99061	0,00939	2,85	0,99781	0,00219	3,35	0,99960	0,00040	3,85	0,99994	5,91E-5
2,36	0,99086	0,00914	2,86	0,99788	0,00212	3,36	0,99961	0,00039	3,86	0,99994	5,67E-5
2,37	0,99111	0,00889	2,87	0,99795	0,00205	3,37	0,99962	0,00038	3,87	0,99995	5,44E-5
2,38	0,99134	0,00866	2,88	0,99801	0,00199	3,38	0,99964	0,00036	3,88	0,99995	5,22E-5
2,39	0,99158	0,00842	2,89	0,99807	0,00193	3,39	0,99965	0,00035	3,89	0,99995	5,01E-5
2,40	0,99180	0,00820	2,90	0,99813	0,00187	3,40	0,99966	0,00034	3,90	0,99995	4,81E-5
2,41	0,99202	0,00798	2,91	0,99819	0,00181	3,41	0,99968	0,00032	3,91	0,99995	4,62E-5
2,42	0,99224	0,00776	2,92	0,99825	0,00175	3,42	0,99969	0,00031	3,92	0,99996	4,43E-5
2,43	0,99245	0,00755	2,93	0,99831	0,00169	3,43	0,99970	0,00030	3,93	0,99996	4,25E-5
2,44	0,99266	0,00734	2,94	0,99836	0,00164	3,44	0,99971	0,00029	3,94	0,99996	4,08E-5
2,45	0,99286	0,00714	2,95	0,99841	0,00159	3,45	0,99972	0,00028	3,95	0,99996	3,91E-5
2,46	0,99305	0,00695	2,96	0,99846	0,00154	3,46	0,99973	0,00027	3,96	0,99996	3,75E-5
2,47	0,99324	0,00676	2,97	0,99851	0,00149	3,47	0,99974	0,00026	3,97	0,99996	3,60E-5
2,48	0,99343	0,00657	2,98	0,99856	0,00144	3,48	0,99975	0,00025	3,98	0,99997	3,45E-5
2,49	0,99361	0,00639	2,99	0,99861	0,00139	3,49	0,99976	0,00024	3,99	0,99997	3,31E-5

☐ **Tab. 4** c_n-Faktoren für Mediane

n	c_n
1	1,000
2	1,000
3	1,160
4	1,092
5	1,198
6	1,135
7	1,214
8	1,160
9	1,223
10	1,176
11	1,228
12	1,187
13	1,232
14	1,196
15	1,235
16	1,202
17	1,237
18	1,207
19	1,239
20	1,212
21	1,240
22	1,216
23	1,241
24	1,218
25	1,242

□ **Tab. 5** χ^2-Verteilung, Schwellenwerte für $1 \leq f \leq 60$

G =	0,1	0,25	0,5	0,75	0,9	0,95	0,975	0,99	0,995	0,999	0,9995
f = 1	0,016	0,102	0,455	1,323	2,706	3,841	5,024	6,635	7,879	10,827	12,115
2	0,211	0,575	1,386	2,773	4,605	5,991	7,378	9,210	10,597	13,815	15,201
3	0,584	1,213	2,366	4,108	6,251	7,815	9,348	11,345	12,838	16,266	17,731
4	1,064	1,923	3,357	5,385	7,779	9,488	11,143	13,277	14,860	18,466	19,998
5	1,610	2,675	4,351	6,626	9,236	11,070	12,832	15,086	16,750	20,515	22,106
6	2,204	3,455	5,348	7,841	10,645	12,592	14,449	16,812	18,548	22,457	24,102
7	2,833	4,255	6,346	9,037	12,017	14,067	16,013	18,475	20,278	24,321	26,018
8	3,490	5,071	7,344	10,219	13,362	15,507	17,535	20,090	21,955	26,124	27,867
9	4,168	5,899	8,343	11,389	14,684	16,919	19,023	21,666	23,589	27,877	29,667
10	4,865	6,737	9,342	12,549	15,987	18,307	20,483	23,209	25,188	29,588	31,419
11	5,578	7,584	10,341	13,701	17,275	19,675	21,920	24,725	26,757	31,264	33,138
12	6,304	8,438	11,340	14,845	18,549	21,026	23,337	26,217	28,300	32,909	34,821
13	7,041	9,299	12,340	15,984	19,812	22,362	24,736	27,688	29,819	34,527	36,477
14	7,790	10,165	13,339	17,117	21,064	23,685	26,119	29,141	31,319	36,124	38,109
15	8,547	11,037	14,339	18,245	22,307	24,996	27,488	30,578	32,801	37,698	39,717
16	9,312	11,912	15,338	19,369	23,542	26,296	28,845	32,000	34,267	39,252	41,308
17	10,085	12,792	16,338	20,489	24,769	27,587	30,191	33,409	35,718	40,791	42,881
18	10,865	13,675	17,338	21,605	25,989	28,869	31,526	34,805	37,156	42,312	44,434
19	11,651	14,562	18,338	22,718	27,204	30,144	32,852	36,191	38,582	43,819	45,974
20	12,443	15,452	19,337	23,828	28,412	31,410	34,170	37,566	39,997	45,314	47,498
21	13,240	16,344	20,337	24,935	29,615	32,671	35,479	38,932	41,401	46,796	49,010
22	14,041	17,240	21,337	26,039	30,813	33,924	36,781	40,289	42,796	48,268	50,510

□ **Tab. 5** χ^2-Verteilung, Schwellenwerte für $1 \leq f \leq 60$

G =	0,1	0,25	0,5	0,75	0,9	0,95	0,975	0,99	0,995	0,999	0,9995
23	14,848	18,137	22,337	27,141	32,007	35,172	38,076	41,638	44,181	49,728	51,999
24	15,659	19,037	23,337	28,241	33,196	36,415	39,364	42,980	45,558	51,179	53,478
25	16,473	19,939	24,337	29,339	34,382	37,652	40,646	44,314	46,928	52,619	54,948
26	17,292	20,843	25,336	30,435	35,563	38,885	41,923	45,642	48,290	54,051	56,407
27	18,114	21,749	26,336	31,528	36,741	40,113	43,195	46,963	49,645	55,475	57,856
28	18,939	22,657	27,336	32,620	37,916	41,337	44,461	48,278	50,994	56,892	59,299
29	19,768	23,567	28,336	33,711	39,087	42,557	45,722	49,588	52,335	58,301	60,734
30	20,599	24,478	29,336	34,800	40,256	43,773	46,979	50,892	53,672	59,702	62,160
31	21,434	25,390	30,336	35,887	41,422	44,985	48,232	52,191	55,002	61,098	63,581
32	22,271	26,304	31,336	36,973	42,585	46,194	49,480	53,486	56,328	62,487	64,993
33	23,110	27,219	32,336	38,058	43,745	47,400	50,725	54,775	57,648	63,869	66,401
34	23,952	28,136	33,336	39,141	44,903	48,602	51,966	56,061	58,964	65,247	67,804
35	24,797	29,054	34,336	40,223	46,059	49,802	53,203	57,342	60,275	66,619	69,197
36	25,643	29,973	35,336	41,304	47,212	50,998	54,437	58,619	61,581	67,985	70,588
37	26,492	30,893	36,336	42,383	48,363	52,192	55,668	59,893	62,883	69,348	71,971
38	27,343	31,815	37,335	43,462	49,513	53,384	56,895	61,162	64,181	70,704	73,350
39	28,196	32,737	38,335	44,539	50,660	54,572	58,120	62,428	65,475	72,055	74,724
40	29,051	33,660	39,335	45,616	51,805	55,758	59,342	63,691	66,766	73,403	76,096
41	29,907	34,585	40,335	46,692	52,949	56,942	60,561	64,950	68,053	74,744	77,458
42	30,765	35,510	41,335	47,766	54,090	58,124	61,777	66,206	69,336	76,084	78,818
43	31,625	36,436	42,335	48,840	55,230	59,304	62,990	67,459	70,616	77,418	80,174
44	32,487	37,363	43,335	49,913	56,369	60,481	64,201	68,710	71,892	78,749	81,527

□ **Tab. 5** χ^2-Verteilung, Schwellenwerte für $1 \leq f \leq 60$

G =	0,1	0,25	0,5	0,75	0,9	0,95	0,975	0,99	0,995	0,999	0,9995
45	33,350	38,291	44,335	50,985	57,505	61,656	65,410	69,957	73,166	80,078	82,873
46	34,215	39,220	45,335	52,056	58,641	62,830	66,616	71,201	74,437	81,400	84,220
47	35,081	40,149	46,335	53,127	59,774	64,001	67,821	72,443	75,704	82,720	85,562
48	35,949	41,079	47,335	54,196	60,907	65,171	69,023	73,683	76,969	84,037	86,896
49	36,818	42,010	48,335	55,265	62,038	66,339	70,222	74,919	78,231	85,350	88,230
50	37,689	42,942	49,335	56,334	63,167	67,505	71,420	76,154	79,490	86,660	89,560
51	38,560	43,874	50,335	57,401	64,295	68,669	72,616	77,386	80,746	87,967	90,890
52	39,433	44,807	51,335	58,468	65,422	69,832	73,810	78,616	82,001	89,272	92,211
53	40,308	45,741	52,335	59,534	66,548	70,993	75,002	79,843	83,253	90,573	93,531
54	41,183	46,676	53,335	60,600	67,673	72,153	76,192	81,069	84,502	91,871	94,847
55	42,060	47,610	54,335	61,665	68,796	73,311	77,380	82,292	85,749	93,167	96,161
56	42,937	48,546	55,335	62,729	69,919	74,468	78,567	83,514	86,994	94,462	97,474
57	43,816	49,482	56,335	63,793	71,040	75,624	79,752	84,733	88,237	95,750	98,782
58	44,696	50,419	57,335	64,857	72,160	76,778	80,936	85,950	89,477	97,038	100,09
59	45,577	51,356	58,335	65,919	73,279	77,930	82,117	87,166	90,715	98,324	101,39
60	46,459	52,294	59,335	66,981	74,397	79,082	83,298	88,379	91,952	99,608	102,70

☐ **Tab. 6** Kritische Werte der w-Verteilung für Spannweiten

n	P = 1–α					
	0,900	0,950	0,975	0,990	0,995	0,999
2	2,33	2,77	3,17	3,64	3,97	4,65
3	2,90	3,31	3,68	4,12	4,42	5,06
4	3,24	3,63	3,98	4,40	4,69	5,31
5	3,48	3,86	4,20	4,60	4,89	5,48
6	3,66	4,03	4,36	4,76	5,03	5,62
7	3,81	4,17	4,49	4,88	5,15	5,73
8	3,93	4,29	4,60	4,99	5,25	5,82
9	4,04	4,39	4,70	5,08	5,34	5,90
10	4,13	4,47	4,78	5,16	5,42	5,97
11	4,21	4,55	4,86	5,23	5,49	6,04
12	4,28	4,62	4,92	5,29	5,55	6,09
13	4,35	4,68	4,99	5,35	5,60	6,14
14	4,41	4,74	5,04	5,40	5,65	6,19
15	4,47	4,80	5,09	5,45	5,70	6,23
16	4,52	4,85	5,14	5,49	5,74	6,27
17	4,57	4,89	5,18	5,54	5,78	6,31
18	4,61	4,93	5,22	5,57	5,82	6,35
19	4,65	4,97	5,26	5,61	5,86	6,38
20	4,69	5,01	5,30	5,65	5,89	6,41

☐ **Tab. 7** κ-Faktoren zur Abgrenzung von: Vertrauensbereich für σ, Zufallsstreubereich für s $2 \leq n \leq 80$

	$P = 1-\alpha$							
Zwei-seitig	0,9		0,95		0,98		0,99	
Ein-seitig	0,95	0,95	0,975	0,975	0,99	0,99	0,995	0,995
κ	K_{un}	K_{ob}	K_{un}	K_{ob}	K_{un}	K_{ob}	K_{un}	K_{ob}
$n = 2$	0,51	15,95	0,45	31,91	0,39	79,79	0,36	159,6
3	0,58	4,42	0,52	6,28	0,47	9,97	0,43	14,12
4	0,62	2,92	0,57	3,73	0,51	5,11	0,48	6,47
5	0,65	2,37	0,60	2,87	0,55	3,67	0,52	4,40
6	0,67	2,09	0,62	2,45	0,58	3,00	0,55	3,48
7	0,69	1,92	0,64	2,20	0,60	2,62	0,57	2,98
8	0,71	1,80	0,66	2,04	0,62	2,38	0,59	2,66
9	0,72	1,71	0,68	1,92	0,63	2,20	0,60	2,44
10	0,73	1,65	0,69	1,83	0,64	2,08	0,62	2,28
11	0,74	1,59	0,70	1,75	0,66	1,98	0,63	2,15
12	0,75	1,55	0,71	1,70	0,67	1,90	0,64	2,06
13	0,76	1,52	0,72	1,65	0,68	1,83	0,65	1,98
14	0,76	1,49	0,72	1,61	0,69	1,78	0,66	1,91
15	0,77	1,46	0,73	1,58	0,69	1,73	0,67	1,85
16	0,77	1,44	0,74	1,55	0,70	1,69	0,68	1,81
17	0,78	1,42	0,74	1,52	0,71	1,66	0,68	1,76
18	0,79	1,40	0,75	1,50	0,71	1,63	0,69	1,73
19	0,79	1,38	0,76	1,48	0,72	1,60	0,70	1,70
20	0,79	1,37	0,76	1,46	0,72	1,58	0,70	1,67
21	0,80	1,36	0.77	1,44	0,73	1,56	0,71	1,64
22	0,80	1,35	0,77	1,43	0,73	1,54	0,71	1,62
23	0,81	1,34	0,77	1,42	0,74	1,52	0,72	1,60
24	0,81	1,33	0,78	1,40	0,74	1,50	0,72	1,58
25	0,81	1,32	0,78	1,39	0,75	1,49	0,73	1,56
26	0,81	1,31	0,78	1,38	0,75	1,47	0,73	1,54
27	0,82	1,30	0,79	1,37	0,75	1,46	0,73	1,53
28	0,82	1,29	0,79	1,36	0,76	1,45	0,74	1,51

☐ **Tab. 7** κ-Faktoren zur Abgrenzung von: Vertrauensbereich für σ, Zufallsstreubereich für s $2 \le n \le 80$

	$P = 1-\alpha$							
Zwei-seitig	0,9		0,95		0,98		0,99	
Ein-seitig	0,95	0,95	0,975	0,975	0,99	0,99	0,995	0,995
κ	K_{un}	K_{ob}	K_{un}	K_{ob}	K_{un}	K_{ob}	K_{un}	K_{ob}
29	0,82	1,29	0,79	1,35	0,76	1,44	0,74	1,50
30	0,83	1,28	0,80	1,34	0,76	1,43	0,74	1,49
35	0,84	1,25	0,81	1.31	0,78	1,38	0,76	1,44
40	0,85	1,23	0,82	1,28	0,79	1,35	0,77	1,40
45	0,85	1,22	0,83	1,26	0,80	1,32	0,78	1,37
50	0,86	1,20	0,84	1.25	0,81	1,30	0,79	1,34
55	0,87	1,19	0,84	1,23	0,82	1,28	0,80	1,32
60	0,87	1.18	0,85	1,22	0,82	1,27	0,81	1,30
65	0,87	1.17	0,85	1,21	0,83	1,25	0,81	1,29
70	0,88	1,16	0,86	1,20	0,83	1,24	0,82	1,27
75	0,88	1,16	0,86	1,19	0,84	1,23	0,82	1,26
80	0,89	1,15	0,87	1,18	0,84	1,22	0,83	1,25

☐ **Tab. 8** Koeffizienten a_i für den Shapiro-Wilk-Test auf Normalverteilung, $2 \le n \le 30$

n \ i	1	2	3	4	5	6	7	8	9	10
1	-	0,7071	0,7071	0,6872	0,6646	0,6431	0,6233	0,6052	0,5888	0,5739
2	-	-	,0000	,1667	,2413	,2806	,3031	,3164	,3244	,3291
3	-	-	-	-	,0000	,0875	,1401	,1743	,1976	,2141
4	-	-	-	-	-	-	,0000	,0561	,0947	,1224
5	-	-	-	-	-	-	-	-	,0000	,0399

☐ **Tab. 8** Koeffizienten a_i für den Shapiro-Wilk-Test auf Normalverteilung, $2 \leq n \leq 30$

n / i	11	12	13	14	15	16	17	18	19	20
1	0,5601	0,5475	0,5359	0,5251	0,5150	0,5056	0,4968	0,4886	0,4808	0,4734
2	,3315	,3325	,3325	,3318	,3306	,3290	,3273	,3253	,3232	,3211
3	,2260	,2347	,2412	,2460	,2495	,2521	,2540	,2553	,2561	,2565
4	,1429	,1586	,1707	,1802	,1878	,1939	,1988	,2027	,2059	,2085
5	,0695	,0922	,1099	,1240	,1353	,1447	,1524	,1587	,1641	,1686
6	0,0000	0,0303	0,0539	0,0727	0,0880	0,1005	0,1109	0,1197	0,1271	0,1334
7	-	-	,0000	,0240	,0433	,0593	,0725	,0837	,0932	,1013
8	-	-	-	-	,0000	,0196	,0359	,0496	,0612	,0711
9	-	-	-	-	-	-	,0000	0163	,0303	,0422
10	-	-	-	-	-	-	-	-	,0000	,0140

n / i	21	22	23	24	25	26	27	28	29	30
1	0,4643	0,4590	0,4542	0,4493	0,4450	0,4407	0,4366	0,4328	0,4291	0,4254
2	,3185	,3156	,3126	,3098	,3069	,3043	,3018	,2992	,2968	,2944
3	,2578	,2571	,2563	,2554	,2543	,2533	,2522	,2510	,2499	,2487
4	,2119	,2131	,2139	,2145	,2148	,2151	,2152	,2151	,2150	,2148
5	,1736	,1764	,1787	,1807	,1822	,1836	,1848	,1857	,1864	,1870
6	0,1399	0,1443	0,1480	0,1512	0,1539	0,1563	0,1584	0,1601	0,1616	0,1630
7	,1092	,1150	,1201	,1245	,1283	,1316	,1346	,1372	,1395	,1415
8	,0804	,0878	,0941	,0997	,1046	,1089	,1128	,1162	,1192	,1219
9	,0530	,0618	,0696	,0764	,0823	,0876	,0923	,0965	,1002	,1036
10	,0263	,0368	,0459	,0539	,0610	,0672	,0728	,0778	,0822	,0862
11	0,0000	0,0122	0,0228	0,0321	0,0403	0,0476	0,0540	0,0598	0,0650	0,0697
12	-	-	,0000	,0107	,0200	,0284	,0358	,0424	,0483	,0537
13	-	-	-	-	,0000	,0094	,0178	,0253	,0320	,0381
14	-	-	-	-	-	-	,0000	,0084	,0159	,0227
15	-	-	-	-	-	-	-	-	,0000	,0076

□ **Tab. 9** Schwellenwerte $W_{n;\,\alpha}$ für Shapiro-Wilk-Test auf Normalverteilung

α n	0,01	0,02	0,05	0,10	0,50	0,90	0,95	0,98	0,99
3	0,753	0,756	0,767	0,789	0,959	0,998	0,999	1,000	1,000
4	,687	,707	,748	,792	,935	,987	,992	,996	,997
5	,686	,715	,762	,806	,927	,979	,986	,991	,993
6	0,713	0,743	0,788	0,826	0,927	0,974	0,981	0,986	0,989
7	,730	,760	,803	,838	,928	,972	,979	,985	,988
8	,749	,778	,818	,851	,932	,972	,978	,984	,987
9	,764	,791	,829	,859	,935	,972	,978	,984	,986
10	,781	,806	,842	,869	,938	,972	,978	,983	,986
11	0,792	0,817	0,850	0,876	0,940	0,973	0,979	0,984	0,986
12	,805	,828	,859	,883	,943	,973	,979	,984	,986
13	,814	,837	,866	,889	,945	,974	,979	,984	,986
14	,825	,846	,874	,895	,947	,975	,980	,984	,986
15	,835	,855	,881	,901	,950	,975	,980	,984	,987
16	0,844	0,863	0,887	0,906	0,952	0,976	0,981	0,985	0,987
17	,851	,869	,892	,910	,954	,977	,981	,985	,987
18	,858	,874	,897	,914	,956	,978	,982	,986	,988
19	,863	,879	,901	,917	,957	,978	,982	,986	,988
20	,868	,884	,905	,920	,959	,979	,983	,986	,988
21	0,873	0,888	0,908	0,923	0,960	0,980	0,983	0,987	0,989
22	,878	,892	,911	,926	,961	,980	,984	,987	,989
23	,881	,895	,914	,928	,962	,981	,984	,987	,989
24	,884	,898	,916	,930	,963	,981	,984	,987	,989
25	,888	,901	,918	,931	,964	,981	,985	,988	,989
26	0,891	0,904	0,920	0,933	0,965	0,982	0,985	0,988	0,989
27	,894	,906	,923	,935	,965	,982	,985	,988	,990
28	,896	,908	,924	,936	,966	,982	,985	,988	,990
29	,898	,910	,926	,937	,966	,982	,985	,988	,990
30	,900	,912	,927	,939	,967	,983	,985	,988	,900

□ **Tab. 10** t-Verteilung, einseitig obere Schwellenwerte $t_{f;G}$ $1 \leq f \leq 50$

G =	0,9	0,95	0,975	0,99	0,995
f = 1	3,078	6,314	12,71	31,821	63,656
2	1,886	2,920	4,303	6,965	9,925
3	1,638	2,353	3,182	4,541	5,841
4	1,533	2,132	2,776	3,747	4,604
5	1,476	2,015	2,571	3,365	4,032
6	1,440	1,943	2,447	3,143	3,707
7	1,415	1,895	2,365	2,998	3,499
8	1,397	1,860	2,306	2,896	3,355
9	1,383	1,833	2,262	2,821	3,250
10	1,372	1,812	2,228	2,764	3,169
11	1,363	1,796	2,201	2,718	3,106
12	1,356	1,782	2,179	2,681	3,055
13	1,350	1,771	2,160	2,650	3,012
14	1,345	1,761	2,145	2,624	2,977
15	1,341	1,753	2,131	2,602	2,947
16	1,337	1,746	2,120	2,583	2,921
17	1,333	1,740	2,110	2,567	2,898
18	1,330	1,734	2,101	2,552	2,878
19	1,328	1,729	2,093	2,539	2,861
20	1,325	1,725	2,086	2,528	2,845
21	1,323	1,721	2,080	2,518	2,831
22	1,321	1,717	2,074	2,508	2,819
23	1,319	1,714	2,069	2,500	2,807
24	1,318	1,711	2,064	2,492	2,797
25	1,316	1,708	2,060	2,485	2,787
26	1,315	1,706	2,056	2,479	2,779
27	1,314	1,703	2,052	2,473	2,771
28	1,313	1,701	2,048	2,467	2,763
29	1,311	1,699	2,045	2,462	2,756
30	1,310	1,697	2,042	2,457	2,750
31	1,309	1,696	2,040	2,453	2,744

☐ **Tab. 10** t-Verteilung, einseitig obere Schwellenwerte $t_{f;G}$ $1 \leq f \leq 50$

G =	0,9	0,95	0,975	0,99	0,995
32	1,309	1,694	2,037	2,449	2,738
33	1,308	1,692	2,035	2,445	2,733
34	1,307	1,691	2,032	2,441	2,728
35	1,306	1,690	2,030	2,438	2,724
36	1,306	1,688	2,028	2,434	2,719
37	1,305	1,687	2,026	2,431	2,715
38	1,304	1,686	2,024	2,429	2,712
39	1,304	1,685	2,023	2,426	2,708
40	1,303	1,684	2,021	2,423	2,704
41	1,303	1,683	2,020	2,421	2,701
42	1,302	1,682	2,018	2,418	2,698
43	1,302	1,681	2,017	2,416	2,695
44	1,301	1,680	2,015	2,414	2,692
45	1,301	1,679	2,014	2,412	2,690
46	1,300	1,679	2,013	2,410	2,687
47	1,300	1,678	2,012	2,408	2,685
48	1,299	1,677	2,011	2,407	2,682
49	1,299	1,677	2,010	2,405	2,680
50	1,299	1,676	2,009	2,403	2,678

□ **Tab. 11a** F-Verteilung, einseitig obere Schwellenwerte, $G = 0{,}95$; f_1 = Freiheitsgrade des Zählers; f_2 = Freiheitsgrade des Nenners

$f_1 = 1$	2	3	4	5	6	7	8	9	10	12	14	16	18	20	22	24	26	28	30	35	40	50
$f_2 = 1$ 161,4	199,5	215,7	224,6	230,2	234,0	236,8	238,9	240,5	241,9	243,9	245,4	246,5	247,3	248,0	248,6	249,1	249,5	249,8	250,1	250,7	251,1	251,8
2 18,51	19,00	19,16	19,25	19,30	19,33	19,35	19,37	19,38	19,40	19,41	19,42	19,43	19,44	19,45	19,45	19,45	19,46	19,46	19,46	19,46	19,47	19,48
3 10,13	9,55	9,28	9,12	9,01	8,94	8,89	8,85	8,81	8,79	8,74	8,71	8,69	8,67	8,66	8,65	8,64	8,63	8,62	8,62	8,60	8,59	8,58
4 7,71	6,94	6,59	6,39	6,26	6,16	6,09	6,04	6,00	5,96	5,91	5,87	5,84	5,82	5,80	5,79	5,77	5,76	5,75	5,75	5,73	5,72	5,70
5 6,61	5,79	5,41	5,19	5,05	4,95	4,88	4,82	4,77	4,74	4,68	4,64	4,60	4,58	4,56	4,54	4,53	4,52	4,50	4,50	4,48	4,46	4,44
6 5,99	5,14	4,76	4,53	4,39	4,28	4,21	4,15	4,10	4,06	4,00	3,96	3,92	3,90	3,87	3,86	3,84	3,83	3,82	3,81	3,79	3,77	3,75
7 5,59	4,74	4,35	4,12	3,97	3,87	3,79	3,73	3,68	3,64	3,57	3,53	3,49	3,47	3,44	3,43	3,41	3,40	3,39	3,38	3,36	3,34	3,32
8 5,32	4,46	4,07	3,84	3,69	3,58	3,50	3,44	3,39	3,35	3,28	3,24	3,20	3,17	3,15	3,13	3,12	3,10	3,09	3,08	3,06	3,04	3,02
9 5,12	4,26	3,86	3,63	3,48	3,37	3,29	3,23	3,18	3,14	3,07	3,03	2,99	2,96	2,94	2,92	2,90	2,89	2,87	2,86	2,84	2,83	2,80
10 4,96	4,10	3,71	3,48	3,33	3,22	3,14	3,07	3,02	2,98	2,91	2,86	2,83	2,80	2,77	2,75	2,74	2,72	2,71	2,70	2,68	2,66	2,64
11 4,84	3,98	3,59	3,36	3,20	3,09	3,01	2,95	2,90	2,85	2,79	2,74	2,70	2,67	2,65	2,63	2,61	2,59	2,58	2,57	2,55	2,53	2,51
12 4,75	3,89	3,49	3,26	3,11	3,00	2,91	2,85	2,80	2,75	2,69	2,64	2,60	2,57	2,54	2,52	2,51	2,49	2,48	2,47	2,44	2,43	2,40
13 4,67	3,81	3,41	3,18	3,03	2,92	2,83	2,77	2,71	2,67	2,60	2,55	2,51	2,48	2,46	2,44	2,42	2,41	2,39	2,38	2,36	2,34	2,31
14 4,60	3,74	3,34	3,11	2,96	2,85	2,76	2,70	2,65	2,60	2,53	2,48	2,44	2,41	2,39	2,37	2,35	2,33	2,32	2,31	2,28	2,27	2,24
15 4,54	3,68	3,29	3,06	2,90	2,79	2,71	2,64	2,59	2,54	2,48	2,42	2,38	2,35	2,33	2,31	2,29	2,27	2,26	2,25	2,22	2,20	2,18
16 4,49	3,63	3,24	3,01	2,85	2,74	2,66	2,59	2,54	2,49	2,42	2,37	2,33	2,30	2,28	2,25	2,24	2,22	2,21	2,19	2,17	2,15	2,12
17 4,45	3,59	3,20	2,96	2,81	2,70	2,61	2,55	2,49	2,45	2,38	2,33	2,29	2,26	2,23	2,21	2,19	2,17	2,16	2,15	2,12	2,10	2,08
18 4,41	3,55	3,16	2,93	2,77	2,66	2,58	2,51	2,46	2,41	2,34	2,29	2,25	2,22	2,19	2,17	2,15	2,13	2,12	2,11	2,08	2,06	2,04
19 4,38	3,52	3,13	2,90	2,74	2,63	2,54	2,48	2,42	2,38	2,31	2,26	2,21	2,18	2,16	2,13	2,11	2,10	2,08	2,07	2,05	2,03	2,00
20 4,35	3,49	3,10	2,87	2,71	2,60	2,51	2,45	2,39	2,35	2,28	2,22	2,18	2,15	2,12	2,10	2,08	2,07	2,05	2,04	2,01	1,99	1,97
21 4,32	3,47	3,07	2,84	2,68	2,57	2,49	2,42	2,37	2,32	2,25	2,20	2,16	2,12	2,10	2,07	2,05	2,04	2,02	2,01	1,98	1,96	1,94
22 4,30	3,44	3,05	2,82	2,66	2,55	2,46	2,40	2,34	2,30	2,23	2,17	2,13	2,10	2,07	2,05	2,03	2,01	2,00	1,98	1,96	1,94	1,91

☐ **Tab. 11a** F-Verteilung, einseitig obere Schwellenwerte, $G = 0.95$; f_1 = Freiheitsgrade des Zählers; f_2 = Freiheitsgrade des Nenners

$f_1 = 1$	2	3	4	5	6	7	8	9	10	12	14	16	18	20	22	24	26	28	30	35	40	50
$f_2 = 23$ 4,28	3,42	3,03	2,80	2,64	2,53	2,44	2,37	2,32	2,27	2,20	2,15	2,11	2,08	2,05	2,02	2,01	1,99	1,97	1,96	1,93	1,91	1,88
24 4,26	3,40	3,01	2,78	2,62	2,51	2,42	2,36	2,30	2,25	2,18	2,13	2,09	2,05	2,03	2,00	1,98	1,97	1,95	1,94	1,91	1,89	1,86
25 4,24	3,39	2,99	2,76	2,60	2,49	2,40	2,34	2,28	2,24	2,16	2,11	2,07	2,04	2,01	1,98	1,96	1,95	1,93	1,92	1,89	1,87	1,84
26 4,23	3,37	2,98	2,74	2,59	2,47	2,39	2,32	2,27	2,22	2,15	2,09	2,05	2,02	1,99	1,97	1,95	1,93	1,91	1,90	1,87	1,85	1,82
27 4,21	3,35	2,96	2,73	2,57	2,46	2,37	2,31	2,25	2,20	2,13	2,08	2,04	2,00	1,97	1,95	1,93	1,91	1,90	1,88	1,86	1,84	1,81
28 4,20	3,34	2,95	2,71	2,56	2,45	2,36	2,29	2,24	2,19	2,12	2,06	2,02	1,99	1,96	1,93	1,91	1,90	1,88	1,87	1,84	1,82	1,79
29 4,18	3,33	2,93	2,70	2,55	2,43	2,35	2,28	2,22	2,18	2,10	2,05	2,01	1,97	1,94	1,92	1,90	1,88	1,87	1,85	1,83	1,81	1,77
30 4,17	3,32	2,92	2,69	2,53	2,42	2,33	2,27	2,21	2,16	2,09	2,04	1,99	1,96	1,93	1,91	1,89	1,87	1,85	1,84	1,81	1,79	1,76
32 4,15	3,29	2,90	2,67	2,51	2,40	2,31	2,24	2,19	2,14	2,07	2,01	1,97	1,94	1,91	1,88	1,86	1,85	1,83	1,82	1,79	1,77	1,74
34 4,13	3,28	2,88	2,65	2,49	2,38	2,29	2,23	2,17	2,12	2,05	1,99	1,95	1,92	1,89	1,86	1,84	1,82	1,81	1,80	1,77	1,75	1,71
36 4,11	3,26	2,87	2,63	2,48	2,36	2,28	2,21	2,15	2,11	2,03	1,98	1,93	1,90	1,87	1,85	1,82	1,81	1,79	1,78	1,75	1,73	1,69
38 4,10	3,24	2,85	2,62	2,46	2,35	2,26	2,19	2,14	2,09	2,02	1,96	1,92	1,88	1,85	1,83	1,81	1,79	1,77	1,76	1,73	1,71	1,68
40 4,08	3,23	2,84	2,61	2,45	2,34	2,25	2,18	2,12	2,08	2,00	1,95	1,90	1,87	1,84	1,81	1,79	1,77	1,76	1,74	1,72	1,69	1,66
42 4,07	3,22	2,83	2,59	2,44	2,32	2,24	2,17	2,11	2,06	1,99	1,94	1,89	1,86	1,83	1,80	1,78	1,76	1,75	1,73	1,70	1,68	1,65
44 4,06	3,21	2,82	2,58	2,43	2,31	2,23	2,16	2,10	2,05	1,98	1,92	1,88	1,84	1,81	1,79	1,77	1,75	1,73	1,72	1,69	1,67	1,63
46 4,05	3,20	2,81	2,57	2,42	2,30	2,22	2,15	2,09	2,04	1,97	1,91	1,87	1,83	1,80	1,78	1,76	1,74	1,72	1,71	1,68	1,65	1,62
48 4,04	3,19	2,80	2,57	2,41	2,29	2,21	2,14	2,08	2,03	1,96	1,90	1,86	1,82	1,79	1,77	1,75	1,73	1,71	1,70	1,67	1,64	1,61
50 4,03	3,18	2,79	2,56	2,40	2,29	2,20	2,13	2,07	2,03	1,95	1,89	1,85	1,81	1,78	1,76	1,74	1,72	1,70	1,69	1,66	1,63	1,60

☐ **Tab. 11b** F-Verteilung, einseitig obere Schwellenwerte, $G = 0,975$; f_1 = Freiheitsgrade des Zählers; f_2 = Freiheitsgrade des Nenners

$f_1 = 1$	2	3	4	5	6	7	8	9	10	12	14	16	18	20	22	24	26	28	30	35	40	50
$f_2=1$ 647,8	799,5	864,2	899,6	921,8	937,1	948,2	956,6	963,3	968,6	976,7	982,5	986,9	990,3	993,1	995,4	997,3	998,8	1000	1001	1004	1006	1008
2 38,51	39,00	39,17	39,25	39,30	39,33	39,36	39,37	39,39	39,40	39,41	39,43	39,44	39,44	39,45	39,45	39,45	39,46	39,46	39,46	39,47	39,47	39,48
3 17,44	16,04	15,44	15,10	14,88	14,73	14,62	14,54	14,47	14,42	14,34	14,28	14,23	14,20	14,17	14,14	14,12	14,11	14,09	14,08	14,06	14,04	14,01
4 12,22	10,65	9,98	9,60	9,36	9,20	9,07	8,98	8,90	8,84	8,75	8,68	8,63	8,59	8,56	8,53	8,51	8,49	8,48	8,46	8,43	8,41	8,38
5 10,01	8,43	7,76	7,39	7,15	6,98	6,85	6,76	6,68	6,62	6,52	6,46	6,40	6,36	6,33	6,30	6,28	6,26	6,24	6,23	6,20	6,18	6,14
6 8,81	7,26	6,60	6,23	5,99	5,82	5,70	5,60	5,52	5,46	5,37	5,30	5,24	5,20	5,17	5,14	5,12	5,10	5,08	5,07	5,04	5,01	4,98
7 8,07	6,54	5,89	5,52	5,29	5,12	4,99	4,90	4,82	4,76	4,67	4,60	4,54	4,50	4,47	4,44	4,41	4,39	4,38	4,36	4,33	4,31	4,28
8 7,57	6,06	5,42	5,05	4,82	4,65	4,53	4,43	4,36	4,30	4,20	4,13	4,08	4,03	4,00	3,97	3,95	3,93	3,91	3,89	3,86	3,84	3,81
9 7,21	5,71	5,08	4,72	4,48	4,32	4,20	4,10	4,03	3,96	3,87	3,80	3,74	3,70	3,67	3,64	3,61	3,59	3,58	3,56	3,53	3,51	3,47
10 6,94	5,46	4,83	4,47	4,24	4,07	3,95	3,85	3,78	3,72	3,62	3,55	3,50	3,45	3,42	3,39	3,37	3,34	3,33	3,31	3,28	3,26	3,22
11 6,72	5,26	4,63	4,28	4,04	3,88	3,76	3,66	3,59	3,53	3,43	3,36	3,30	3,26	3,23	3,20	3,17	3,15	3,13	3,12	3,09	3,06	3,03
12 6,55	5,10	4,47	4,12	3,89	3,73	3,61	3,51	3,44	3,37	3,28	3,21	3,15	3,11	3,07	3,04	3,02	3,00	2,98	2,96	2,93	2,91	2,87
13 6,41	4,97	4,35	4,00	3,77	3,60	3,48	3,39	3,31	3,25	3,15	3,08	3,03	2,98	2,95	2,92	2,89	2,87	2,85	2,84	2,80	2,78	2,74
14 6,30	4,86	4,24	3,89	3,66	3,50	3,38	3,29	3,21	3,15	3,05	2,98	2,92	2,88	2,84	2,81	2,79	2,77	2,75	2,73	2,70	2,67	2,64
15 6,20	4,77	4,15	3,80	3,58	3,41	3,29	3,20	3,12	3,06	2,96	2,89	2,84	2,79	2,76	2,73	2,70	2,68	2,66	2,64	2,61	2,59	2,55
16 6,12	4,69	4,08	3,73	3,50	3,34	3,22	3,12	3,05	2,99	2,89	2,82	2,76	2,72	2,68	2,65	2,63	2,60	2,58	2,57	2,53	2,51	2,47
17 6,04	4,62	4,01	3,66	3,44	3,28	3,16	3,06	2,98	2,92	2,82	2,75	2,70	2,65	2,62	2,59	2,56	2,54	2,52	2,50	2,47	2,44	2,41
18 5,98	4,56	3,95	3,61	3,38	3,22	3,10	3,01	2,93	2,87	2,77	2,70	2,64	2,60	2,56	2,53	2,50	2,48	2,46	2,44	2,41	2,38	2,35
19 5,92	4,51	3,90	3,56	3,33	3,17	3,05	2,96	2,88	2,82	2,72	2,65	2,59	2,55	2,51	2,48	2,45	2,43	2,41	2,39	2,36	2,33	2,30
20 5,87	4,46	3,86	3,51	3,29	3,13	3,01	2,91	2,84	2,77	2,68	2,60	2,55	2,50	2,46	2,43	2,41	2,39	2,37	2,35	2,31	2,29	2,25
21 5,83	4,42	3,82	3,48	3,25	3,09	2,97	2,87	2,80	2,73	2,64	2,56	2,51	2,46	2,42	2,39	2,37	2,34	2,33	2,31	2,27	2,25	2,21
22 5,79	4,38	3,78	3,44	3,22	3,05	2,93	2,84	2,76	2,70	2,60	2,53	2,47	2,43	2,39	2,36	2,33	2,31	2,29	2,27	2,24	2,21	2,17

□ **Tab. 11b** F-Verteilung, einseitig obere Schwellenwerte, $G = 0,95$; f_1 = Freiheitsgrade des Zählers; f_2 = Freiheitsgrade des Nenners

$f_1 = 1$	2	3	4	5	6	7	8	9	10	12	14	16	18	20	22	24	26	28	30	35	40	50
$f_2 = 23$																						
5,75	4,35	3,75	3,41	3,18	3,02	2,90	2,81	2,73	2,67	2,57	2,50	2,44	2,39	2,36	2,33	2,30	2,28	2,26	2,24	2,20	2,18	2,14
5,72	4,32	3,72	3,38	3,15	2,99	2,87	2,78	2,70	2,64	2,54	2,47	2,41	2,36	2,33	2,30	2,27	2,25	2,23	2,21	2,17	2,15	2,11
5,69	4,29	3,69	3,35	3,13	2,97	2,85	2,75	2,68	2,61	2,51	2,44	2,38	2,34	2,30	2,27	2,24	2,22	2,20	2,18	2,15	2,12	2,08
5,66	4,27	3,67	3,33	3,10	2,94	2,82	2,73	2,65	2,59	2,49	2,42	2,36	2,31	2,28	2,24	2,22	2,19	2,17	2,16	2,12	2,09	2,05
5,63	4,24	3,65	3,31	3,08	2,92	2,80	2,71	2,63	2,57	2,47	2,39	2,34	2,29	2,25	2,22	2,19	2,17	2,15	2,13	2,10	2,07	2,03
5,61	4,22	3,63	3,29	3,06	2,90	2,78	2,69	2,61	2,55	2,45	2,37	2,32	2,27	2,23	2,20	2,17	2,15	2,13	2,11	2,08	2,05	2,01
5,59	4,20	3,61	3,27	3,04	2,88	2,76	2,67	2,59	2,53	2,43	2,36	2,30	2,25	2,21	2,18	2,15	2,13	2,11	2,09	2,06	2,03	1,99
5,57	4,18	3,59	3,25	3,03	2,87	2,75	2,65	2,57	2,51	2,41	2,34	2,28	2,23	2,20	2,16	2,14	2,11	2,09	2,07	2,04	2,01	1,97
5,53	4,15	3,56	3,22	3,00	2,84	2,71	2,62	2,54	2,48	2,38	2,31	2,25	2,20	2,16	2,13	2,10	2,08	2,06	2,04	2,00	1,98	1,93
5,50	4,12	3,53	3,19	2,97	2,81	2,69	2,59	2,52	2,45	2,35	2,28	2,22	2,17	2,13	2,10	2,07	2,05	2,03	2,01	1,97	1,95	1,90
5,47	4,09	3,50	3,17	2,94	2,78	2,66	2,57	2,49	2,43	2,33	2,25	2,20	2,15	2,11	2,08	2,05	2,03	2,00	1,99	1,95	1,92	1,88
5,45	4,07	3,48	3,15	2,92	2,76	2,64	2,55	2,47	2,41	2,31	2,23	2,17	2,13	2,09	2,05	2,03	2,00	1,98	1,96	1,93	1,90	1,85
5,42	4,05	3,46	3,13	2,90	2,74	2,62	2,53	2,45	2,39	2,29	2,21	2,15	2,11	2,07	2,03	2,01	1,98	1,96	1,94	1,90	1,88	1,83
5,40	4,03	3,45	3,11	2,89	2,73	2,61	2,51	2,43	2,37	2,27	2,20	2,14	2,09	2,05	2,02	1,99	1,96	1,94	1,92	1,89	1,86	1,81
5,39	4,02	3,43	3,09	2,87	2,71	2,59	2,50	2,42	2,36	2,26	2,18	2,12	2,07	2,03	2,00	1,97	1,95	1,93	1,91	1,87	1,84	1,80
5,37	4,00	3,42	3,08	2,86	2,70	2,58	2,48	2,41	2,34	2,24	2,17	2,11	2,06	2,02	1,99	1,96	1,93	1,91	1,89	1,85	1,82	1,78
5,35	3,99	3,40	3,07	2,84	2,69	2,56	2,47	2,39	2,33	2,23	2,15	2,09	2,05	2,01	1,97	1,94	1,92	1,90	1,88	1,84	1,81	1,77
5,34	3,97	3,39	3,05	2,83	2,67	2,55	2,46	2,38	2,32	2,22	2,14	2,08	2,03	1,99	1,96	1,93	1,91	1,89	1,87	1,83	1,80	1,75

□ **Tab. 11c** F-Verteilung, einseitig obere Schwellenwerte, $G = 0{,}99$; f_1 = Freiheitsgrade des Zählers; f_2 = Freiheitsgrade des Nenners

$f_1 =$	1	2	3	4	5	6	7	8	9	10	12	14	16	18	20	22	24	26	28	30	35	40	50
$f_2 = 1$	4052	4999	5404	5624	5764	5859	5928	5981	6022	6056	6107	6143	6170	6191	6209	6223	6234	6245	6253	6260	6275	6286	6302
2	98,50	99,00	99,16	99,25	99,30	99,33	99,36	99,36	99,39	99,40	99,42	99,43	99,44	99,44	99,45	99,46	99,46	99,46	99,46	99,47	99,47	99,48	99,48
3	34,12	30,82	29,46	28,71	28,24	27,91	27,67	27,49	27,34	27,23	27,05	26,92	26,83	26,75	26,69	26,64	26,60	26,56	26,53	26,50	26,45	26,41	26,35
4	21,20	18,00	16,69	15,98	15,52	15,21	14,98	14,80	14,66	14,55	14,37	14,25	14,15	14,08	14,02	13,97	13,93	13,89	13,86	13,84	13,79	13,75	13,69
5	16,26	13,27	12,06	11,39	10,97	10,67	10,46	10,29	10,16	10,05	9,89	9,77	9,68	9,61	9,55	9,51	9,47	9,43	9,40	9,38	9,33	9,29	9,24
6	13,75	10,92	9,78	9,15	8,75	8,47	8,26	8,10	7,98	7,87	7,72	7,60	7,52	7,45	7,40	7,35	7,31	7,28	7,25	7,23	7,18	7,14	7,09
7	12,25	9,55	8,45	7,85	7,46	7,19	6,99	6,84	6,72	6,62	6,47	6,36	6,28	6,21	6,16	6,11	6,07	6,04	6,02	5,99	5,94	5,91	5,86
8	11,26	8,65	7,59	7,01	6,63	6,37	6,18	6,03	5,91	5,81	5,67	5,56	5,48	5,41	5,36	5,32	5,28	5,25	5,22	5,20	5,15	5,12	5,07
9	10,56	8,02	6,99	6,42	6,06	5,80	5,61	5,47	5,35	5,26	5,11	5,01	4,92	4,86	4,81	4,77	4,73	4,70	4,67	4,65	4,60	4,57	4,52
10	10,04	7,56	6,55	5,99	5,64	5,39	5,20	5,06	4,94	4,85	4,71	4,60	4,52	4,46	4,41	4,36	4,33	4,30	4,27	4,25	4,20	4,17	4,12
11	9,65	7,21	6,22	5,67	5,32	5,07	4,89	4,74	4,63	4,54	4,40	4,29	4,21	4,15	4,10	4,06	4,02	3,99	3,96	3,94	3,89	3,86	3,81
12	9,33	6,93	5,95	5,41	5,06	4,82	4,64	4,50	4,39	4,30	4,16	4,05	3,97	3,91	3,86	3,82	3,78	3,75	3,72	3,70	3,65	3,62	3,57
13	9,07	6,70	5,74	5,21	4,86	4,62	4,44	4,30	4,19	4,10	3,96	3,86	3,78	3,72	3,66	3,62	3,59	3,56	3,53	3,51	3,46	3,43	3,38
14	8,86	6,51	5,56	5,04	4,69	4,46	4,28	4,14	4,03	3,94	3,80	3,70	3,62	3,56	3,51	3,46	3,43	3,40	3,37	3,35	3,30	3,27	3,22
15	8,68	6,36	5,42	4,89	4,56	4,32	4,14	4,00	3,89	3,80	3,67	3,56	3,49	3,42	3,37	3,33	3,29	3,26	3,24	3,21	3,17	3,13	3,08
16	8,53	6,23	5,29	4,77	4,44	4,20	4,03	3,89	3,78	3,69	3,55	3,45	3,37	3,31	3,26	3,22	3,18	3,15	3,12	3,10	3,05	3,02	2,97
17	8,40	6,11	5,19	4,67	4,34	4,10	3,93	3,79	3,68	3,59	3,46	3,35	3,27	3,21	3,16	3,12	3,08	3,05	3,03	3,00	2,96	2,92	2,87
18	8,29	6,01	5,09	4,58	4,25	4,01	3,84	3,71	3,60	3,51	3,37	3,27	3,19	3,13	3,08	3,03	3,00	2,97	2,94	2,92	2,87	2,84	2,78
19	8,18	5,93	5,01	4,50	4,17	3,94	3,77	3,63	3,52	3,43	3,30	3,19	3,12	3,05	3,00	2,96	2,92	2,89	2,87	2,84	2,80	2,76	2,71
20	8,10	5,85	4,94	4,43	4,10	3,87	3,70	3,56	3,46	3,37	3,23	3,13	3,05	2,99	2,94	2,90	2,86	2,83	2,80	2,78	2,73	2,69	2,64
21	8,02	5,78	4,87	4,37	4,04	3,81	3,64	3,51	3,40	3,31	3,17	3,07	2,99	2,93	2,88	2,84	2,80	2,77	2,74	2,72	2,67	2,64	2,58
22	7,95	5,72	4,82	4,31	3,99	3,76	3,59	3,45	3,35	3,26	3,12	3,02	2,94	2,88	2,83	2,78	2,75	2,72	2,69	2,67	2,62	2,58	2,53

☐ **Tab. 11c** F-Verteilung, einseitig obere Schwellenwerte, $G = 0{,}99$; f_1 = Freiheitsgrade des Zählers; f_2 = Freiheitsgrade des Nenners

$f_1 = 1$	2	3	4	5	6	7	8	9	10	12	14	16	18	20	22	24	26	28	30	35	40	50
$f_2 = 23$ 7,88	5,66	4,76	4,26	3,94	3,71	3,54	3,41	3,30	3,21	3,07	2,97	2,89	2,83	2,78	2,74	2,70	2,67	2,64	2,62	2,57	2,54	2,48
24 7,82	5,61	4,72	4,22	3,90	3,67	3,50	3,36	3,26	3,17	3,03	2,93	2,85	2,79	2,74	2,70	2,66	2,63	2,60	2,58	2,53	2,49	2,44
25 7,77	5,57	4,68	4,18	3,85	3,63	3,46	3,32	3,22	3,13	2,99	2,89	2,81	2,75	2,70	2,66	2,62	2,59	2,56	2,54	2,49	2,45	2,40
26 7,72	5,53	4,64	4,14	3,82	3,59	3,42	3,29	3,18	3,09	2,96	2,86	2,78	2,72	2,66	2,62	2,58	2,55	2,53	2,50	2,45	2,42	2,36
27 7,68	5,49	4,60	4,11	3,78	3,56	3,39	3,26	3,15	3,06	2,93	2,82	2,75	2,68	2,63	2,59	2,55	2,52	2,49	2,47	2,42	2,38	2,33
28 7,64	5,45	4,57	4,07	3,75	3,53	3,36	3,23	3,12	3,03	2,90	2,79	2,72	2,65	2,60	2,56	2,52	2,49	2,46	2,44	2,39	2,35	2,30
29 7,60	5,42	4,54	4,04	3,73	3,50	3,33	3,20	3,09	3,00	2,87	2,77	2,69	2,63	2,57	2,53	2,49	2,46	2,44	2,41	2,36	2,33	2,27
30 7,56	5,39	4,51	4,02	3,70	3,47	3,30	3,17	3,07	2,98	2,84	2,74	2,66	2,60	2,55	2,51	2,47	2,44	2,41	2,39	2,34	2,30	2,25
32 7,50	5,34	4,46	3,97	3,65	3,43	3,26	3,13	3,02	2,93	2,80	2,70	2,62	2,55	2,50	2,46	2,42	2,39	2,36	2,34	2,29	2,25	2,20
34 7,44	5,29	4,42	3,93	3,61	3,39	3,22	3,09	2,98	2,89	2,76	2,66	2,58	2,51	2,46	2,42	2,38	2,35	2,32	2,30	2,25	2,21	2,16
36 7,40	5,25	4,38	3,89	3,57	3,35	3,18	3,05	2,95	2,86	2,72	2,62	2,54	2,48	2,43	2,38	2,35	2,32	2,29	2,26	2,21	2,18	2,12
38 7,35	5,21	4,34	3,86	3,54	3,32	3,15	3,02	2,92	2,83	2,69	2,59	2,51	2,45	2,40	2,35	2,32	2,28	2,26	2,23	2,18	2,14	2,09
40 7,31	5,18	4,31	3,83	3,51	3,29	3,12	2,99	2,89	2,80	2,66	2,56	2,48	2,42	2,37	2,33	2,29	2,26	2,23	2,20	2,15	2,11	2,06
42 7,28	5,15	4,29	3,80	3,49	3,27	3,10	2,97	2,86	2,78	2,64	2,54	2,46	2,40	2,34	2,30	2,26	2,23	2,20	2,18	2,13	2,09	2,03
44 7,25	5,12	4,26	3,78	3,47	3,24	3,08	2,95	2,84	2,75	2,62	2,52	2,44	2,37	2,32	2,28	2,24	2,21	2,18	2,15	2,10	2,07	2,01
46 7,22	5,10	4,24	3,76	3,44	3,22	3,06	2,93	2,82	2,73	2,60	2,50	2,42	2,35	2,30	2,26	2,22	2,19	2,16	2,13	2,08	2,04	1,99
48 7,19	5,08	4,22	3,74	3,43	3,20	3,04	2,91	2,80	2,71	2,58	2,48	2,40	2,33	2,28	2,24	2,20	2,17	2,14	2,12	2,06	2,02	1,97
50 7,17	5,06	4,20	3,72	3,41	3,19	3,02	2,89	2,78	2,70	2,56	2,46	2,38	2,32	2,27	2,22	2,18	2,15	2,12	2,10	2,05	2,01	1,95

☐ **Tab. 11d** F-Verteilung, einseitig obere Schwellenwerte, $G = 0{,}995$; f_1 = Freiheitsgrade des Zählers; f_2 = Freiheitsgrade des Nenners

f_2 \ f_1	1	2	3	4	5	6	7	8	9	10	12	14	16	18	20	22	24	26	28	30	35	40	50
1	16212	19997	21614	22501	23056	23440	23715	23924	24091	24222	24427	24572	24684	24766	24837	24892	24937	24982	25012	25041	25101	25146	25213
2	198,5	199,0	199,2	199,2	199,3	199,3	199,4	199,4	199,4	199,4	199,4	199,4	199,4	199,4	199,4	199,4	199,4	199,5	199,5	199,5	199,5	199,5	199,5
3	55,55	49,80	47,47	46,20	45,39	44,84	44,43	44,13	43,88	43,68	43,39	43,17	43,01	42,88	42,78	42,69	42,62	42,56	42,51	42,47	42,38	42,31	42,21
4	31,33	26,28	24,26	23,15	22,46	21,98	21,62	21,35	21,14	20,97	20,70	20,51	20,37	20,26	20,17	20,09	20,03	19,98	19,93	19,89	19,81	19,75	19,67
5	22,78	18,31	16,53	15,56	14,94	14,51	14,20	13,96	13,77	13,62	13,38	13,21	13,09	12,98	12,90	12,84	12,78	12,73	12,69	12,66	12,58	12,53	12,45
6	18,63	14,54	12,92	12,03	11,46	11,07	10,79	10,57	10,39	10,25	10,03	9,88	9,76	9,66	9,59	9,53	9,47	9,43	9,39	9,36	9,29	9,24	9,17
7	16,24	12,40	10,88	10,05	9,52	9,16	8,89	8,68	8,51	8,38	8,18	8,03	7,91	7,83	7,75	7,69	7,64	7,60	7,57	7,53	7,47	7,42	7,35
8	14,69	11,04	9,60	8,81	8,30	7,95	7,69	7,50	7,34	7,21	7,01	6,87	6,76	6,68	6,61	6,55	6,50	6,46	6,43	6,40	6,33	6,29	6,22
9	13,61	10,11	8,72	7,96	7,47	7,13	6,88	6,69	6,54	6,42	6,23	6,09	5,98	5,90	5,83	5,78	5,73	5,69	5,65	5,62	5,56	5,52	5,45
10	12,83	9,43	8,08	7,34	6,87	6,54	6,30	6,12	5,97	5,85	5,66	5,53	5,42	5,34	5,27	5,22	5,17	5,13	5,10	5,07	5,01	4,97	4,90
11	12,23	8,91	7,60	6,88	6,42	6,10	5,86	5,68	5,54	5,42	5,24	5,10	5,00	4,92	4,86	4,80	4,76	4,72	4,68	4,65	4,60	4,55	4,49
12	11,75	8,51	7,23	6,52	6,07	5,76	5,52	5,35	5,20	5,09	4,91	4,77	4,67	4,59	4,53	4,48	4,43	4,39	4,36	4,33	4,27	4,23	4,17
13	11,37	8,19	6,93	6,23	5,79	5,48	5,25	5,08	4,94	4,82	4,64	4,51	4,41	4,33	4,27	4,22	4,17	4,13	4,10	4,07	4,01	3,97	3,91
14	11,06	7,92	6,68	6,00	5,56	5,26	5,03	4,86	4,72	4,60	4,43	4,30	4,20	4,12	4,06	4,01	3,96	3,92	3,89	3,86	3,80	3,76	3,70
15	10,80	7,70	6,48	5,80	5,37	5,07	4,85	4,67	4,54	4,42	4,25	4,12	4,02	3,95	3,88	3,83	3,79	3,75	3,72	3,69	3,63	3,59	3,52
16	10,58	7,51	6,30	5,64	5,21	4,91	4,69	4,52	4,38	4,27	4,10	3,97	3,87	3,80	3,73	3,68	3,64	3,60	3,57	3,54	3,48	3,44	3,37
17	10,38	7,35	6,16	5,50	5,07	4,78	4,56	4,39	4,25	4,14	3,97	3,84	3,75	3,67	3,61	3,56	3,51	3,47	3,44	3,41	3,35	3,31	3,25
18	10,22	7,21	6,03	5,37	4,96	4,66	4,44	4,28	4,14	4,03	3,86	3,73	3,64	3,56	3,50	3,45	3,40	3,36	3,33	3,30	3,25	3,20	3,14
19	10,07	7,09	5,92	5,27	4,85	4,56	4,34	4,18	4,04	3,93	3,76	3,64	3,54	3,46	3,40	3,35	3,31	3,27	3,24	3,21	3,15	3,11	3,04
20	9,94	6,99	5,82	5,17	4,76	4,47	4,26	4,09	3,96	3,85	3,68	3,55	3,46	3,38	3,32	3,27	3,22	3,18	3,15	3,12	3,07	3,02	2,96
21	9,83	6,89	5,73	5,09	4,68	4,39	4,18	4,01	3,88	3,77	3,60	3,48	3,38	3,31	3,24	3,19	3,15	3,11	3,08	3,05	2,99	2,95	2,88
22	9,73	6,81	5,65	5,02	4,61	4,32	4,11	3,94	3,81	3,70	3,54	3,41	3,31	3,24	3,18	3,12	3,08	3,04	3,01	2,98	2,92	2,88	2,82

☐ **Tab. 11d** F-Verteilung, einseitig obere Schwellenwerte, $G = 0{,}995$; f_1 = Freiheitsgrade des Zählers; f_2 = Freiheitsgrade des Nenners

f_2 =	f_1 = 1	2	3	4	5	6	7	8	9	10	12	14	16	18	20	22	24	26	28	30	35	40	50
23	9,63	6,73	5,58	4,95	4,54	4,26	4,05	3,88	3,75	3,64	3,47	3,35	3,25	3,18	3,12	3,06	3,02	2,98	2,95	2,92	2,86	2,82	2,76
24	9,55	6,66	5,52	4,89	4,49	4,20	3,99	3,83	3,69	3,59	3,42	3,30	3,20	3,12	3,06	3,01	2,97	2,93	2,90	2,87	2,81	2,77	2,70
25	9,48	6,60	5,46	4,84	4,43	4,15	3,94	3,78	3,64	3,54	3,37	3,25	3,15	3,08	3,01	2,96	2,92	2,88	2,85	2,82	2,76	2,72	2,65
26	9,41	6,54	5,41	4,79	4,38	4,10	3,89	3,73	3,60	3,49	3,33	3,20	3,11	3,03	2,97	2,92	2,87	2,84	2,80	2,77	2,72	2,67	2,61
27	9,34	6,49	5,36	4,74	4,34	4,06	3,85	3,69	3,56	3,45	3,28	3,16	3,07	2,99	2,93	2,88	2,83	2,79	2,76	2,73	2,67	2,63	2,57
28	9,28	6,44	5,32	4,70	4,30	4,02	3,81	3,65	3,52	3,41	3,25	3,12	3,03	2,95	2,89	2,84	2,79	2,76	2,72	2,69	2,64	2,59	2,53
29	9,23	6,40	5,28	4,66	4,26	3,98	3,77	3,61	3,48	3,38	3,21	3,09	2,99	2,92	2,86	2,80	2,76	2,72	2,69	2,66	2,60	2,56	2,49
30	9,18	6,35	5,24	4,62	4,23	3,95	3,74	3,58	3,45	3,34	3,18	3,06	2,96	2,89	2,82	2,77	2,73	2,69	2,66	2,63	2,57	2,52	2,46
32	9,09	6,28	5,17	4,56	4,17	3,89	3,68	3,52	3,39	3,29	3,12	3,00	2,90	2,83	2,77	2,71	2,67	2,63	2,60	2,57	2,51	2,47	2,40
34	9,01	6,22	5,11	4,50	4,11	3,84	3,63	3,47	3,34	3,24	3,07	2,95	2,85	2,78	2,72	2,66	2,62	2,58	2,55	2,52	2,46	2,42	2,35
36	8,94	6,16	5,06	4,46	4,06	3,79	3,58	3,42	3,30	3,19	3,03	2,90	2,81	2,73	2,67	2,62	2,58	2,54	2,50	2,48	2,42	2,37	2,30
38	8,88	6,11	5,02	4,41	4,02	3,75	3,54	3,39	3,26	3,15	2,99	2,87	2,77	2,70	2,63	2,58	2,54	2,50	2,47	2,44	2,38	2,33	2,27
40	8,83	6,07	4,98	4,37	3,99	3,71	3,51	3,35	3,22	3,12	2,95	2,83	2,74	2,66	2,60	2,55	2,50	2,46	2,43	2,40	2,34	2,30	2,23
42	8,78	6,03	4,94	4,34	3,95	3,68	3,48	3,32	3,19	3,09	2,92	2,80	2,71	2,63	2,57	2,52	2,47	2,43	2,40	2,37	2,31	2,26	2,20
44	8,74	5,99	4,91	4,31	3,92	3,65	3,45	3,29	3,16	3,06	2,89	2,77	2,68	2,60	2,54	2,49	2,44	2,40	2,37	2,34	2,28	2,24	2,17
46	8,70	5,96	4,88	4,28	3,90	3,62	3,42	3,26	3,14	3,03	2,87	2,75	2,65	2,58	2,51	2,46	2,42	2,38	2,35	2,32	2,26	2,21	2,14
48	8,66	5,93	4,85	4,25	3,87	3,60	3,40	3,24	3,11	3,01	2,85	2,72	2,63	2,55	2,49	2,44	2,39	2,36	2,32	2,29	2,23	2,19	2,12
50	8,63	5,90	4,83	4,23	3,85	3,58	3,38	3,22	3,09	2,99	2,82	2,70	2,61	2,53	2,47	2,42	2,37	2,33	2,30	2,27	2,21	2,16	2,10

□ **Tab. 12** Binominalkoeffizienten, $1 \leq n \leq 30$, $0 \leq k \leq 15$

k / n	0	1	2	3	4	5	6	7	8	9	10	11	12	13	14	15
1	1	1														
2	1	2	1													
3	1	3	3	1												
4	1	4	6	4	1											
5	1	5	10	10	5	1										
6	1	6	15	20	15	6	1									
7	1	7	21	35	35	21	7	1								
8	1	8	28	56	70	56	28	8	1							
9	1	9	36	84	126	126	84	36	9	1						
10	1	10	45	120	210	252	210	120	45	10	1					
11	1	11	55	165	330	462	462	330	165	55	11	1				
12	1	12	66	220	495	792	924	792	495	220	66	12	1			
13	1	13	78	286	715	1 287	1 716	1 716	1 287	715	286	78	13	1		
14	1	14	91	364	1 001	2 002	3 003	3 432	3 003	2 002	1 001	364	91	14	1	
15	1	15	105	455	1 365	3 003	5 005	6 435	6 435	5 005	3 003	1 365	455	105	15	1
16	1	16	120	560	1 820	4 368	8 008	11 440	12 870	11 440	8 008	4 368	1 820	560	120	16
17	1	17	136	680	2 380	6 188	12 376	19 448	24 310	24 310	19 448	12 376	6 188	2 380	680	136
18	1	18	153	816	3 060	8 568	18 564	31 824	43 758	48 620	43 758	31 824	18 564	8 568	3 060	816
19	1	19	171	969	3 876	11 628	27 132	50 388	75 582	92 378	92 378	75 582	50 388	27 132	11 628	3 876
20	1	20	190	1 140	4 845	15 504	38 760	77 520	125 970	167 960	184 756	167 960	125 970	77 520	38 760	15 504

☐ **Tab. 12** Binominalkoeffizienten, $1 \leq n \leq 30$, $0 \leq k \leq 15$

k \ n	0	1	2	3	4	5	6	7	8	9	10	11	12	13	14	15
21	1	21	210	1 330	5 985	20 349	54 264	116 280	203 490	293 930	352 716	352 716	293 930	203 490	116 280	54 264
22	1	22	231	1 540	7 315	26 334	74 613	170 544	319 770	497 420	646 646	705 432	646 646	497 420	319 770	170 544
23	1	23	253	1 771	8 855	33 649	100 947	245 157	490 314	817 190	1 144 066	1 352 078	1 352 078	1 144 066	817 190	490 314
24	1	24	276	2 024	10 626	42 504	134 596	346 104	735 471	1 307 504	1 961 256	2 496 144	2 704 156	2 496 144	1 961 256	1 307 504
25	1	25	300	2 300	12 650	53 130	177 100	480 700	1 081 575	2 042 975	3 268 760	4 457 400	5 200 300	5 200 300	4 457 400	3 268 760
26	1	26	325	2 600	14 950	65 780	230 230	657 800	1 562 275	3 124 550	5 311 735	7 726 160	9 657 700	10 400 600	9 657 700	7 726 160
27	1	27	351	2 925	17 550	80 730	296 010	888 030	2 220 075	4 686 825	8 436 285	13 037 895	17 383 850	20 058 300	20 058 300	17 383 860
28	1	28	378	3 276	20 475	98 280	376 740	1 184 040	3 108 105	6 906 900	13 123 110	21 474 180	30 421 755	37 442 160	40 116 600	37 442 160
29	1	29	406	3 654	23 751	118 755	475 020	1 560 780	4 292 145	10 015 005	20 030 010	34 597 290	51 895 935	67 863 915	77 558 760	77 558 760
30	1	30	435	4 060	27 405	142 506	593 775	2 035 800	5 852 925	14 307 150	30 045 015	54 627 300	86 493 225	119 759 850	145 422 675	155 117 520

☐ **Tab. 13** Dixon-Test, Prüfgrößen und Schwellenwerte für Signifikanzniveau $\alpha = 0,05$ und $\alpha = 0,01$

n	Prüfgröße	Signifikanzniveau α	
		0,05	0,01
3	$\dfrac{X_{(n)} - X_{(n-1)}}{X_{(n)} - X_{(1)}}$	0,941	0,988
4		0,765	0,889
5	oder	0,642	0,780
6		0,560	0,698
7	$\dfrac{X_{(2)} - X_{(1)}}{X_{(n)} - X_{(1)}}$	0,507	0,637
8	$\dfrac{X_{(n)} - X_{(n-1)}}{X_{(n)} - X_{(2)}}$	0,554	0,683
9	oder	0,512	0,635
10	$\dfrac{X_{(2)} - X_{(1)}}{X_{(n-1)} - X_{(1)}}$	0,477	0,597
11	$\dfrac{X_{(n)} - X_{(n-2)}}{X_{(n)} - X_{(2)}}$	0,576	0,679
12	oder	0,546	0,642
13	$\dfrac{X_{(3)} - X_{(1)}}{X_{(n-1)} - X_{(1)}}$	0,521	0,615
14		0,546	0,641
15		0,525	0,616
16		0,507	0,595
17	$\dfrac{X_{(n)} - X_{(n-2)}}{X_{(n)} - X_{(3)}}$	0,490	0,577
18		0,475	0,561
19	oder	0,462	0,547
20		0,450	0,535
21		0,440	0,524
22	$\dfrac{X_{(3)} - X_{(1)}}{X_{(n-2)} - X_{(1)}}$	0,430	0,514
23		0,421	0,505
24		0,413	0,497
25		0,406	0,489

☐ **Tab. 14** Grubbs-Test, Schwellenwerte für Signifikanzniveau
$\alpha = 0,05$ und $\alpha = 0,01$

	Signifikanzniveau α	
n	0,05	0,01
3	1,153	1,155
4	1,463	1,492
5	1,672	1,749
6	1,822	1,944
7	1,938	2,097
8	2,032	2,221
9	2,110	2,323
10	2,176	2,410
11	2,234	2,485
12	2,285	2,550
13	2,331	2,607
14	2,371	2,659
15	2,409	2,705
16	2,443	2,747
17	2,475	2,785
18	2,504	2,821
19	2,532	2,854
20	2,557	2,884
21	2,580	2,912
22	2,603	2,939
23	2,624	2,963
24	2,644	2,987
25	2,663	3,009
26	2,681	3,029
27	2,698	3,049
28	2,714	3,068
29	2,730	3,085
30	2,745	3,103
35	2,811	3,178
40	2,861	3,240
45	2,914	3,292
50	2,956	3,336

☐ **Tab. 15** David-Test, kritische Werte des Quotienten $\frac{R}{s}$ für Signifikanzniveau $\alpha = 0{,}10$, $\alpha = 0{,}05$ und $\alpha = 0{,}01$

Untere Grenze			Obere Grenze		
		Signifikanzniveau α			
n	0,01	0,05	0,10	0,10	0,05	0,01
3	1,737	1,758	1,782	1,997	1,999	2,000
4	1,87	1,98	2,04	2,409	2,429	2,445
5	2,02	2,15	2,22	2,712	2,753	2,803
6	2,15	2,28	2,37	2,949	3,012	3,095
7	2,26	2,40	2,49	3,143	3,222	3,338
8	2,35	2,50	2,59	3,308	3,399	3,543
9	2,44	2,59	2,68	3,449	3,552	3,720
10	2,51	2,67	2,76	3,57	3,685	3,875
11	2,58	2,74	2,84	3,68	3,80	4,012
12	2,64	2,80	2,90	3,78	3,91	4,134
13	2,70	2,86	2,96	3,87	4,00	4,244
14	2,75	2,92	3,02	3,95	4,09	4,34
15	2,80	2,97	3,07	4,02	4,17	4,44
16	2,84	3,01	3,12	4,09	4,24	4,52
17	2,88	3,06	3,17	4,15	4,31	4,60
18	2,92	3,10	3,21	4,21	4,37	4,67
19	2,96	3,14	3,25	4,27	4,43	4,74
20	2,99	3,18	3,29	4,32	4,49	4,80
25	3,15	3,34	3,45	4,53	4,71	5,06
30	3,27	3,47	3,59	4,70	4,89	5,26
35	3,38	3,58	3,70	4,84	5,04	5,42
40	3,47	3,67	3,79	4,96	5,16	5,56
45	3,55	3,75	3,88	5,06	5,26	5,67
50	3,62	3,83	3,95	5,14	5,35	5,77

☐ **Tab. 16a** Test von Wilcoxon, Mann und Whitney, kritische Werte von U für den einseitigen Test: $\alpha = 0{,}05$; zweiseitigen Test: $\alpha = 0{,}10$

m	n																			
	1	2	3	4	5	6	7	8	9	10	11	12	13	14	15	16	17	18	19	20
1	·																			
2	·	·																		
3	·	·	0																	
4	·	·	0	1																
5	·	0	1	2	4															
6	·	0	2	3	5	7														
7	·	0	2	4	6	8	11													
8	·	1	3	5	8	10	13	15												
9	·	1	4	6	9	12	15	18	21											
10	·	1	4	7	11	14	17	20	24	27										
11	·	2	5	8	12	16	19	23	27	31	34									
12	·	2	5	9	13	17	21	26	30	34	38	42								
13	·	3	6	10	15	19	24	28	33	37	42	47	51							
14	·	3	7	11	16	21	26	31	36	41	46	51	56	61						
15	·	3	7	12	18	23	28	33	39	44	50	55	61	66	72					
16	·	3	8	14	19	25	30	36	42	48	54	60	65	71	77	83				
17	·	3	9	15	20	26	33	39	45	51	57	64	70	77	83	89	96			
18	·	4	9	16	22	28	35	41	48	55	61	68	75	82	88	95	102	109		
19	0	4	10	17	23	30	37	44	51	58	65	72	80	87	94	101	109	116	123	
20	0	4	11	18	25	32	39	47	54	62	69	77	84	92	100	107	115	123	130	138
21	0	5	11	19	26	34	41	49	57	65	73	81	89	97	105	113	121	130	138	146
22	0	5	12	20	28	36	44	52	60	68	77	85	94	102	111	119	128	136	145	154

□ Tab. 16a Test von Wilcoxon, Mann und Whitney, kritische Werte von U für den einseitigen Test: $\alpha = 0{,}05$; zweiseitigen Test: $\alpha = 0{,}10$

m	n=1	2	3	4	5	6	7	8	9	10	11	12	13	14	15	16	17	18	19	20
23	0	5	13	21	29	37	46	54	63	72	81	90	98	107	116	125	134	143	152	161
24	0	6	13	22	30	39	48	57	66	75	85	94	103	113	122	131	141	150	160	169
25	0	6	14	23	32	41	50	60	69	79	89	98	108	118	128	137	147	157	167	177
26	0	6	15	24	33	43	53	62	72	82	92	103	113	123	133	143	154	164	174	185
27	0	7	15	25	35	45	55	65	75	86	96	107	117	128	139	149	160	171	182	192
28	0	7	16	26	36	46	57	68	78	89	100	111	122	133	144	156	167	178	189	200
29	0	7	17	27	38	48	59	70	82	93	104	116	127	138	150	162	173	185	196	208
30	0	7	17	28	39	50	61	73	85	96	108	120	132	144	156	168	180	192	204	216
31	0	8	18	29	40	52	64	76	88	100	112	124	136	149	161	174	186	199	211	224
32	0	8	19	30	42	54	66	78	91	103	116	128	141	154	167	180	193	206	218	231
33	0	8	19	31	43	56	68	81	94	107	120	133	146	159	172	186	199	212	226	239
34	0	9	20	32	45	57	70	84	97	110	124	137	151	164	178	192	206	219	233	247
35	0	9	21	33	46	59	73	86	100	114	128	141	156	170	184	198	212	226	241	255
36	0	9	21	34	48	61	75	89	103	117	131	146	160	175	189	204	219	233	248	263
37	0	10	22	35	49	63	77	91	106	121	135	150	165	180	195	210	225	240	255	271
38	0	10	23	36	50	65	79	94	109	124	139	154	170	185	201	216	232	247	263	278
39	1	10	23	38	52	67	82	97	112	128	143	159	175	190	206	222	238	254	278	286+
40	1	11	24	39	53	68	84	99	115	131	147	163	179	196	212	228	245	261	278	294+

+Anhand der Normalverteilung approximierte Werte

□ **Tab. 16b** Test von Wilcoxon, Mann und Whitney, kritische Werte von U für den einseitigen Test: $\alpha = 0{,}025$; zweiseitigen Test: $\alpha = 0{,}05$

m \ n	1	2	3	4	5	6	7	8	9	10	11	12	13	14	15	16	17	18	19	20
1	·	·	·	·	·	·	·	·	·	·	·	·	·	·	·	·	·	·	·	·
2	·	·	·	·	·	·	·	0	0	0	0	1	1	1	1	1	2	2	2	2
3	·	·	·	·	0	1	1	2	2	3	3	4	4	5	5	6	6	7	7	8
4	·	·	·	0	1	2	3	4	4	5	6	7	8	9	10	11	11	12	13	14
5	·	·	0	1	2	3	5	6	7	8	9	11	12	13	14	15	17	18	19	20
6	·	·	1	2	3	5	6	8	10	11	13	14	16	17	19	21	22	24	25	27
7	·	·	1	3	5	6	8	10	12	14	16	18	20	22	24	26	28	30	32	34
8	·	0	2	4	6	8	10	13	15	17	19	22	24	26	29	31	34	36	38	41
9	·	0	2	4	7	10	12	15	17	20	23	26	28	31	34	37	39	42	45	48
10	·	0	3	5	8	11	14	17	20	23	26	29	33	36	39	42	45	48	52	55
11	·	0	3	6	9	13	16	19	23	26	30	33	37	40	44	47	51	55	58	62
12	·	1	4	7	11	14	18	22	26	29	33	37	41	45	49	53	57	61	65	69
13	·	1	4	8	12	16	20	24	28	33	37	41	45	50	54	59	63	67	72	76
14	·	1	5	9	13	17	22	26	31	36	40	45	50	55	59	64	67	74	78	83
15	·	1	5	10	14	19	24	29	34	39	44	49	54	59	64	70	75	80	85	90
16	·	1	6	11	15	21	26	31	37	42	47	53	59	64	70	75	81	86	92	98
17	·	2	6	11	17	22	28	34	39	45	51	57	63	67	75	81	87	93	99	105
18	·	2	7	12	18	24	30	36	42	48	55	61	67	74	80	86	93	99	106	112
19	·	2	7	13	19	25	32	38	45	52	58	65	72	78	85	92	99	106	113	119
20	·	2	8	13	20	27	34	41	48	55	62	69	76	83	90	98	105	112	119	127
21	·	3	8	15	22	29	36	43	50	58	65	73	80	88	96	103	111	119	126	134

□ **Tab. 16b** Test von Wilcoxon, Mann und Whitney, kritische Werte von U für den einseitigen Test: $\alpha = 0{,}025$; zweiseitigen Test: $\alpha = 0{,}05$

m	n																			
	1	2	3	4	5	6	7	8	9	10	11	12	13	14	15	16	17	18	19	20
22	-	3	9	16	23	30	38	45	53	61	69	77	85	93	101	109	117	125	133	141
23	-	3	9	17	24	32	40	48	56	64	73	81	89	98	106	115	123	132	140	149
24	-	3	10	17	25	33	42	50	59	67	76	85	94	102	111	120	129	138	147	156
25	-	3	10	18	27	35	44	53	62	71	80	89	98	107	117	126	135	145	154	163
26	-	4	11	19	28	37	46	55	64	74	83	93	102	112	122	132	141	151	161	171
27	-	4	11	20	29	38	48	57	67	77	87	97	107	117	127	137	147	158	168	178
28	-	4	12	21	30	40	50	60	70	80	90	101	111	122	132	143	154	164	175	186
29	-	4	13	22	32	42	52	62	73	83	94	105	116	127	138	149	160	171	182	193
30	-	5	13	23	33	43	54	65	76	87	98	109	120	131	143	154	166	177	189	200
31	-	5	14	24	34	45	56	67	78	90	101	113	125	136	148	160	172	184	196	208
32	-	5	14	24	35	46	58	69	81	93	105	117	129	141	153	166	178	190	203	215
33	-	5	15	25	37	48	60	72	84	96	108	121	133	146	159	171	184	197	210	222
34	-	5	15	26	38	50	62	74	87	99	112	125	138	151	164	177	190	203	217	230
35	-	6	16	27	39	51	64	77	89	103	116	129	142	156	169	183	196	210	224	237
36	-	6	16	28	40	53	66	79	92	106	119	133	147	161	174	188	202	216	231	245
37	-	6	17	29	41	55	68	81	95	109	123	137	151	165	180	194	209	223	238	252
38	-	6	17	30	43	56	70	84	98	112	127	141	156	170	185	200	215	230	245	259
39	0	7	18	31	44	58	72	86	101	115	130	145	160	175	190	206	221	236	252	267
40	0	7	18	31	45	59	74	89	103	119	134	149	165	180	196	211	227	243	258	274

Kritische Werte von U für den einseitigen Test: $\alpha = 0{,}025$; zweiseitigen Test: $\alpha = 0{,}05$

☐ **Tab. 17** Wilcoxon-Paardifferenzen-Test, kritische Werte. Zu beachten ist, dass z. B. die einseitige 5 %-Schranke zugleich die zweiseitige 10 %-Schranke ist und die zweiseitige 1 %-Schranke zugleich die einseitige 0,5 % Schranke ist.

Test	Zweiseitig			Einseitig		Test	Zweiseitig			Einseitig	
n	5 %	1 %	0,1 %	5 %	1 %	n	5 %	1 %	0,1 %	5 %	1 %
6	0			2		29	126	100	71	140	110
7	2			3	0	30	137	109	78	151	120
8	3	0		5	1	31	147	118	86	163	130
9	5	1		8	3	32	159	128	94	175	140
10	8	3		10	5	33	170	138	102	187	151
11	10	5	0	13	7	34	182	148	111	200	162
12	13	7	1	17	9	35	195	159	120	213	173
13	17	9	2	21	12	36	208	171	130	227	185
14	21	12	4	25	15	37	221	182	140	241	198
15	25	15	6	30	19	38	235	194	150	256	211
16	29	19	8	35	23	39	249	207	161	271	224
17	34	23	11	41	27	40	264	220	172	286	238
18	40	27	14	47	32	41	279	233	183	302	252
19	46	32	18	53	37	42	294	247	195	319	266
20	52	37	21	60	43	43	310	261	207	336	281
21	58	42	25	67	49	44	327	276	220	353	296
22	65	48	30	75	55	45	343	291	233	371	312
23	73	54	35	83	62	46	361	307	246	389	328
24	81	61	40	91	69	47	378	322	260	407	345
25	89	68	45	100	76	48	396	339	274	426	362
26	98	75	51	110	84	49	415	355	289	446	379
27	107	83	57	119	92	50	434	373	304	466	397
28	116	91	64	130	101						

Literatur

Bosch K. Formelsammlung Statistik. Oldenbourg Verlag, München 2003

Graf U, Henning HJ, Stange K, Wilrich PTh. Formeln und Tabellen der angewandten mathematischen Statistik. 3. Aufl., Springer, Berlin 1987

Harms V. Biomathematik, Statistik und Dokumentation. 7. Aufl., Harms Verlag, Kiel 1998

Lange K. Statistik Formelsammlung, Verlag Wissenschaftliche Skripten, Zwickau 2004

Lorenz RJ. Grundbegriffe der Biometrie. 4. Aufl., Gustav Fischer Verlag, Stuttgart 1996

Sachs L, Hedderich J. Angewandte Statistik. 12. Aufl., Springer, Berlin 2006

Timischl W. Qualitätssicherung, Statistische Methoden. 3. Aufl., Hanser Verlag, München 2003

Wissenschaftliche Tabellen Geigy, Teilband Statistik. 8. Aufl., Basel 1980

Glossar

Ablehnungsbereich	Bereich, in den die Testgröße fallen muss, um die H_0-Hypothese abzulehnen. Es ist der zum Annahmebereich komplementäre Bereich [rejection region].
Abweichung	Unterschied zwischen einem Merkmal und einem Bezugswert [deviation]
Alternativhypothese (H_1)	Gegenhypothese H_1 zur Nullhypothese H_0 beim statistischen Test; $H_0: \mu_1 = \mu_2$, dann $H_1: \mu_1 \neq \mu_2$; $H_0: \mu_1 \geq \mu_2$, dann $H_1: \mu_1 < \mu_2$; $H_0: \mu_1 \leq \mu_2$, dann $H_1: \mu_1 > \mu_2$. Sowohl die Alternativ- als auch die Nullhypothese treffen Aussagen über die Grundgesamtheit, die mit statistischen Testverfahren überprüft werden sollen [alternative hypothesis].
Annahmebereich	Bereich, in den die Prüfgröße fallen kann, ohne dass die H_0-Hypothese abgelehnt wird [acceptance region].
Anpassungstest	Statistischer Test zur Prüfung der Frage, ob ein angenommenes Modell zur Beschreibung einer Beobachtung geeignet ist oder nicht [test of fit, smooth test].
Anteil fehlerhafter Einheiten	Anzahl fehlerhafter Einheiten dividiert durch die Anzahl aller Einheiten [fraction nonconforming]
Approximation	Annäherung an einen gesuchten Wert oder einer gesuchten Funktion derart, dass die Differenz zwischen Original- und Näherungswert dem Minimalprinzip genügt [approximation].
Attributprüfung	Annahmestichprobenprüfung, bei der anhand der fehlerhaften Einheiten oder der Fehler, die Annehmbarkeit eines Prüfloses festgestellt wird [inspection by attributes]
Ausprägung	Mögliche Werte, die ein Merkmal annehmen kann; bei quantitativen Merkmalen handelt es sich um Zähl- oder Messwerte, bei qualitativen Merkmalen dagegen sind die Ausprägungen verbale Beschreibungen (z. B. 1 = männlich, 2 = weiblich) [characteristic, peculiarity].
Ausreißer	Ein extrem kleiner oder extrem großer Wert innerhalb einer Datenreihe, der nicht zu der gleichen Grundgesamtheit gehört wie die übrigen Werte der Stichprobe [outlier].
Basis	Ein konkreter Satz Vektoren, mit denen ein Raum mit n Dimensionen beschrieben werden kann, heißt Basis zu diesem Raum [base].
Beobachtung	systematische Wahrnehmung und Registrierung von Gegenständen, Ereignissen, Vorgängen oder Verhaltensweisen in Abhängigkeit von bestimmten Situationen [observation]

Bernoulli-Verteilung	siehe Binomialverteilung [Bernoulli distribution; binomial distribution; point binomia]
Besetzungszahl	siehe Klassenbesetzung
Bestimmtheitsmaß	Quadrat des Korrelationskoeffizienten r [coefficient of determination]
Bias (Verzerrung)	systematische Abweichung eines Werte vom wahrem Wert; siehe Fehler, systematischer
Binomialkoeffizient	nicht negative ganze Zahlen mit „n über k" $\binom{n}{k}$ [binomial coefficient]
Binomialverteilung	Wahrscheinlichkeitsverteilung für diskretes Merkmal, z. B. Experimente (Bernoulli) mit zwei möglichen Ergebnissen, die mit den Wahrscheinlichkeiten p bzw. $1-p$ auftreten, wobei n unabhängige Versuche mit der gleichen Einzelwahrscheinlichkeit p vorliegen [binomial distribution]
Box-Whisker-Plot	graphische Darstellung stetiger Merkmale auf der Grundlage von Quartilen, eine Box bezeichnet das durch die Quartile bestimmte Rechteck und umfasst 50 % der Daten. Länge der Box gibt den Interquartilsabstand (IQR) wieder, welches als Streumaß durch die Differenz von oberem (3. Quartil) und unterem Quartil (1. Quartil) bestimmt ist
Chi^2-Verteilung	Quadratsumme von f unabhängigen, standardisierten, normalverteilten Zufallsvariablen hat eine Chi^2-Verteilung mit f Freiheitsgraden [chi squared distribution]
Codierung	Ausprägungen qualitativer Merkmale werden häufig mit numerischen Codierungen erfasst, z. B. mit natürlichen Zahlen beginnend bei 0 oder 1. Bei ordinalskalierten Merkmalen kennzeichnen diese Zahlenwerte den Rang einer Ausprägung. [coding, numeric coding]
Daten	in Untersuchungen ermittelte Ausprägungen eines Merkmals
Diagonalmatrix	Matrize, deren Elemente außerhalb der Hauptdiagonalen gleich null sind [diagonal matrix]
Dichtefunktion	siehe Wahrscheinlichkeitsdichte
diskret	Eine Variable heißt diskret, wenn sie nur endlich viele (oder abzählbar unendlich viele) Werte annehmen kann [discret].
Dreiecksungleichung	eine Bedingung zur Normierung von Vektoren, siehe Gleichung 2.2.6–3 [triangle inequality]
Drei-Sigma-Regel	Ca. 99,7 % der Werte einer hinreichend großen Zufallsstichprobe einer normalverteilten Zufallsvariablen liegen im Intervall $\mu-3\sigma \leq X \leq \mu+3\sigma$ [three-sigma rule]. Hinweis: entsprechend dem Anteil der Standardabweichung gibt es auch die 1-Sigma-, 2-Sigma-, 4-Sigma- usw. Regel.
eingipfelig	Dichtefunktion mit nur einem Maximalwert [unimodal]

Einheitsmatrix	Diagonalmatrix, bei der alle Elemente der Hauptdiagonalen gleich eins sind, s. Kap. 2.3.5 [identity matrix]
Ereignis	möglicher Ausgang eines Zufallexperiments [event]
Erwartungswert	Mittelwert einer Zufallsvariablen oder einer Verteilung [expected value]
F-Test	F-Test (Varianzquotienten-Test) ist ein statistisches Testverfahren, mit dem auf Varianzhomogenität geprüft wird [F-Test, variance ratio test]
Fakultät	mathematische Funktion, welche das Produkt aller natürlichen Zahlen von 1 bis zum Argument ergibt, durch ein "!"-Zeichen hinter dem Argument abgekürzt [factorial]
Fehlerhafte Einheit	Einheit mit einem oder mehreren Fehlern [nonconforming item]
Fehler	a) Nichterfüllung vorgegebener Forderungen durch einen Merkmalswert ist eine unzulässige Abweichung (Nichtkonformität) [nonconformance] oder b) wenn unkritische Fehlstellen vorliegen, die jedoch keine Grenzwertüberschreitung bedeuten [mistake] oder c) im Sinne einer mathematischen Fehlerrechnung die Differenz zwischen einem wahren Wert und der beobachteten Maßzahl (siehe Fehler absoluter und Fehler relativer)
Fehler, absoluter	Betrag der Differenz zwischen beobachtetem Wert und dem wahren Wert [absolute error]
Fehler, relativer	auch Bezeichnung für Variationskoeffizient. Absoluter Fehler im Verhältnis zum Mittelwert, wird häufig als Maß der Präzision von Messungen und Methoden verwendet [relative error]
Fehler, systematischer	auch als Abweichung bezeichnet, grundsätzlich vermeidbarer, nichtzufälliger Fehler, welcher zu Abweichungen vom wahren Wert führt [systematic error, bias]
Fehler, zufälliger	auch als Abweichung bezeichnet, werden z. B. von nicht erfassbaren Änderungen von Messgeräten, der Prüfgegenstände, der Umgebungsbedingungen und der Prüfpersonen hervorgerufen. Solche Abweichungen haben unter gleichen Bedingungen nicht immer die gleiche Größe. Sie sind einzeln nicht erfassbar, machen Messergebnisse unsicher und sind dadurch Bestandteil der Messunsicherheit [error, spread]
Fehler 1. Art (α-Fehler)	Beim Prüfen der H_0-Hypothese mittels eines statistischen Tests entsteht der Fehler 1. Art, wenn H_0 abgelehnt wird, obwohl H_0 richtig ist [error of first kind, type I error, α error]
Fehler 2. Art (β-Fehler)	Beim Prüfen der H_0-Hypothese gegen eine Alternativhypothese mittels eines statistischen Tests besteht der

	Fehler 2. Art in der Annahme von H_0, obwohl H_1 richtig ist [error of second kind, type II error, β error]
Fehlerfortpflanzungs-gesetz	gibt an, wie sich Fehler von Eingangsgrößen auf das Resultat fortpflanzen [law of error propagation]
Freiheitsgrad	Anzahl der unabhängigen Beobachtungswerte, mit denen die Berechnung erfolgt, minus der Anzahl der in die Berechnung eingehenden zusätzlichen Parameter, die ebenfalls auf den Beobachtungswerten basieren [degree of freedom]
Genauigkeit	Bezeichnung für das Ausmaß der Annäherung von Ermittlungsergebnissen an den Bezugswert, wobei dieser je nach Festlegung oder Vereinbarung der wahre, der richtige oder der Erwartungswert sein kann (DIN 55350–13) [accurateness]
Gesetz der großen Zahlen	relative Häufigkeit eines Zufallsergebnisses nähert sich um so mehr der theoretischen Wahrscheinlichkeit (apriori-Wahrscheinlichkeit) für dieses Ereignis, je häufiger das Zufallsexperiment durchgeführt wird [law of large numbers]
Glockenkurve	Kurve der Dichtefunktion einer symmetrischen Verteilung [bell-shaped curve]
Grenzwert	für ein Merkmal festgelegte Konformitätsgrenze [specification limit]
Grenzwertsatz, zentraler	Verteilungen von Mittelwerten nähern sich mit wachsendem Stichprobenumfang n_i der Normalverteilung [central limit theorem].
Grundgesamtheit	Gesamtmenge der Beobachtungseinheiten (Elemente, Personen oder Objekte), über die aufgrund der Ergebnisse eines Versuchs Aussagen werden sollen [population]
Häufigkeit, absolute	Anzahl des Auftretens einer Merkmalsausprägung [absolute frequency]
Häufigkeit, relative	relativer Anteil (prozentual) der Häufigkeit einer Merkmalsausprägung an der Gesamtzahl der beobachteten Werte [relative frequency, proportional frequency]
Häufigkeitsdichte	relative Häufigkeit dividiert durch die Klassenbreite [frequency density]
Häufigkeitssummen-kurve	gibt an, welcher Anteil aller Werte kleiner oder gleich einem Wert x ist (Summe der Häufigkeiten, kumulative Häufigkeitsfunktion) [Galton ogive]
Histogramm	graphische Darstellung einer Häufigkeitsverteilung quantitativer Merkmale durch einander angrenzende Rechtecke, deren Fläche bei gleicher Klassenbreite der jeweiligen Klassenhäufigkeit entspricht [histogram]
Hypothese	Annahme, Vermutung oder Behauptung über die Verteilung eines Merkmals in der Grundgesamtheit oder über die Parameter der Verteilung [hypothesis]

Interquartilsabstand	Differenz zwischen dem 3. Quartil und dem 1. Quartil [interquartil range]
Intervallschätzung	Anhand von Stichproben wird ein Intervall (Konfidenzintervall, Vertrauensbereich) geschätzt, in dem mit einer vorgegebenen Wahrscheinlichkeit der unbekannte Parameter der Grundgesamtheit liegt [interval estimation]
Irrtumsniveau	siehe Irrtumswahrscheinlichkeit
Irrtums-wahrscheinlichkeit	Irrtumswahrscheinlichkeit gibt beim statistischen Test die vorgegebene Wahrscheinlichkeit für den Fehler 1. Art an (Irrtumsniveau, Signifikanzniveau) [significance level]
Kenngröße	Zahl oder vektorielle Größe, die eine bestimmte Eigenschaft (z. B. Lage, Streuung, Abhängigkeit) einer Verteilung charakterisiert, wichtige Maßzahlen sind Erwartungswert, Median und Varianz [statistic]
Kennwert	Wert der Kenngröße [value of index, value of statistic]
Kennzahl	Synonym für statistische Maßzahl [statistic]
Klasse	bei einer Klassenbildung entstehender Teilbereich [class]
Klassenbesetzung	gibt die Anzahl der Beobachtungen an, die auf eine bestimmte Klasse entfallen [subclass number, cell frequency]
Klassenbildung	Aufteilung des Wertebereiches eines Merkmals in Teilbereiche (Klassen), die einander ausschließen und den Wertebereich vollständig ausfüllen [classification]
Klassenbreite	auch als Klassenweite bezeichnet, Breite eines Klassenintervalls bei Klasseneinteilung [class interval, class range, class width]
Klassenmitte	mittlerer Wert einer Klasse, der für die Klasse repräsentativ ist [class midpoint, class mark]
Klassengrenze	Endpunkte (obere und untere Grenze) der einzelnen Klassen bei Klasseneinteilung [class limit]
Klassierung	Zusammenfassung nebeneinander liegender metrischer Daten [grouping]
Klassenhäufigkeit	siehe Klassenbesetzung [class frequency, cell frequency]
Kombinatorik	Anordnung von Objekten nach bestimmten Regeln und dem Auffinden der Anzahl der möglichen Anordnungen [combinatorial analysis, combinatorial methods]
Konfidenzintervall	siehe Vertrauensbereich
Konformität	Erfüllung festgelegter Forderungen [conformity]
Kontinuitätskorrektur	Wenn diskrete Verteilungen durch kontinuierliche Verteilungen approximiert werden, so können mit der angenäherten Verteilung die berechneten Werte verzerrt sein. Diese Verzerrung wird durch K. beseitigt oder vermindert [correction for continuity].
Korrelationskoeffizient	Grad des Zusammenhangs zwischen zwei Merkmalen unter der Voraussetzung, dass zwischen den beiden

	Merkmalen eine annähernd lineare Beziehung besteht [coefficient of correlation]
Kovarianz	Maßzahl für den Zusammenhang zweier statistischer Merkmale [covariance]
Kreisdiagramm	graphische Darstellung von Häufigkeiten durch sektorale Aufteilung einer Kreisfläche [circular chart; circular diagram; pie diagram; pie chart; sector chart]
Lagemaß	Maßzahlen zur Charakterisierung des Durchschnittswertes empirisch erhaltener Daten von quantitativen Merkmalen (Mittelwerte, Mediane, Modalwerte) [measure of location ; measure of central tendency]
Lageparameter	siehe Lagemaß [parameter of location]
Larson-Nomogramm	stellt den graphischen Zusammenhang zwischen der Verteilungsfunktion G einer Binomialverteilung, der Anzahl fehlerhafter Einheiten x und den Parametern n und p her [Larson nomogram; nomograph]
Linearkombination	Darstellung eines Vektors durch andere Vektoren und Skalare [linear combination]
Los	Menge eines Produkts, die unter einheitlichen Bedingungen entstanden sind. Die Menge kann auch zusammengestellte und festgelegte Menge (Teilgesamtheit) von Einheiten (Produkten, Materialien oder Dienstleistungen) darstellen [lot]
Matrix, transponierte	Matrix, bei der zu einer gegebenen Matrix Zeilen und Spalten (bzw. deren Indices) vertauscht worden sind [transposed matrix]
Matrize, orthogonale	Matrizen, bei denen die transponierte Matrix gleichzeitig die Inverse ist, [orthogonal matrix]
Median	früher auch Zentralwert; Skalenwert, welcher die geordnete Reihe der Beobachtungswerte in zwei gleiche Teile zerlegt [median]
Merkmal	Eigenschaft von Beobachtungseinheiten, zum Erkennen oder Unterscheiden von Einheiten (die Bezeichnungen Merkmal und Variable werden synonym verwendet, wobei im statistischen Kontext der Begriff der Variablen bevorzugt wird) [character, variable]
Merkmal, diskretes	Merkmal, welches nur abzählbare Werte annehmen kann [discrete character]
Merkmal, metrisches	Merkmalsskalierung, Ausprägungen sind reelle Zahlen (z. B. Größe, Gewicht) [metric characteristic]
Merkmal, nominales	Merkmalsausprägungen sind nur Beschreibungen, den Ausprägungen werden häufig Zahlen zugeordnet (1 = weiblich, 2 = männlich) (Codierung) [nominal characteristic]
Merkmal, ordinales	Ausprägungen können in Rangordnungen gebracht werden (z. B. A ist besser als B) [ordinal characteristic]
Merkmal, qualitatives	Merkmal, dessen Ausprägungen sich in ihrer Art unterscheiden und nicht durch Messen oder Zählen erfasst

	werden, z. B. Geschlecht, Rasse, Farbe [qualitative character]
Merkmal, quantitatives	Merkmal, dessen Werte einer Skala zugeordnet sind und für welche Abstände definiert sind [quantitative characteristic]
Merkmal, stetiges	Merkmal, welches theoretisch in einem bestimmten Bereich jeden beliebigen Wert annehmen kann [continious character]
Merkmalsausprägung	siehe Merkmalswert
Merkmalsklasse	Einteilung des Wertebereichs eines metrischen Merkmals bei kontinuierlichen- und diskreten Merkmalen [category]
Merkmalswert	der Erscheinungsform des Merkmals zugeordneter Wert [characteristic value]
Messabweichung	Messergebnis minus wahren Wert der Messgröße [error of measurement]
Messfehler	Tritt in Folge unvermeidbarer subjektiver und technischer Ungenauigkeiten auf. Sammelbegriff für alle Abweichungen eines durch Messen gewonnenen Wertes einer Größe von einem als richtig geltenden Wert. Unter den Messfehler fallen u. a. folgende Fehler: Grobe, systematische und zufällige Fehler [technical error]
Mittelwert(e)	Im engeren Sinne als arithmetisches Mittel verstanden. Im weiteren Sinne jedoch auch Median, Modalwert, geometrisches Mittel, harmonisches Mittel [mean, mean value, arithmetic mean, arithmetic average, average]
Mittelwert, arithmetischer	Summe der Beobachtungswerte dividiert durch die Anzahl der Beobachtungswerte [arithmetic mean]
Mittel, geometrisches	n-te Wurzel aus dem Produkt von n positiven Beobachtungswerten x_1, x_2, (…), x_n [geometric mean]
Modalwert	Merkmalswert, zu dem ein Maximum der absoluten oder rel. Häufigkeit oder der Häufigkeitsdichte gehört; bei einer diskreten Verteilung der häufigste bzw. wahrscheinlichste Wert; bei kontinuierlicher Verteilung der Wert, an dem die Dichtefunktion ihr Maximum annimmt [mode, modal value]
Nominalskala	Skala, auf der Merkmalsausprägungen nach dem Kriterium „gleich oder verschieden" gemessen werden [nominal scale]
Nomogramm	zweidimensionales Diagramm, aus dem eine mathematische Funktion näherungsweise abgelesen werden kann [nomogram; nomograph]
Normalgleichung	Gleichungssystem von r Gleichungen mit r Unbekannten, die zur Schätzung von r unbekannten Parametern durch die Methode der kleinsten Quadrate gewonnen werden [normal equations]

Normalverteilung	Stetige Verteilung, die durch den Erwartungswert μ und die Varianz σ^2 vollständig bestimmt wird. Die Dichtefunktion der *N.* ist eingipfelige und symmetrische Kurve (Glockenform), die sich der x-Achse asymptotisch annähert. [normal distribution, Gaussian distribution, Laplace-Gauss distribution, Gauss distribution, second law of Laplace]
Nullhypothese (H_0)	Nullhypothese beim statistischen Test beschreibt, dass der in der Stichprobe gefundene Effekt nicht in der Grundgesamtheit vorhanden ist, sondern auf die zufallsbedingte Streuung zurückzuführen ist [null hypothesis]
Ordinalskala	Skala, auf der Merkmalsausprägungen nach dem Kriterium „gleich oder verschieden" und einem Reihenfolgekriterium gemessen werden [ordinale scale]
Permutation	Jede Anordnung von *n* Elementen in einer bestimmten Reihenfolge dieser Elemente [permutation]
Perzentile	teilen eine Stichprobe entsprechend der Rangfolge der Werte in 100 Teile [centile; percentile]
Poisson-Verteilung	Wahrscheinlichkeit mit welcher in einer Stichprobe Fehler gefunden werden, bzw. welcher Anteil der Stichprobe genau *x* Fehler aufweist [poisson distribution]
Polygonzug	graphische Darstellung der Häufigkeiten eines klassierten quantitativen Merkmals durch gradlinige Verbindung der Mittelpunkte der Flächenoberkanten eines Histogramms [polygon]
Polynom	Term, welcher von einer oder mehreren Variablen abhängt und aus diesen mit Hilfe der Addition, Subtraktion und Multiplikation gewonnen werden kann [polynomal]
Polynomregression	siehe → Kap. 10.2.1 [polynomial regression]
Power	siehe Teststärke [power]
Präzision	Übereinstimmung von Messwerten innerhalb einer Messserie (ICH Q 2A); qualitative Bezeichnung für das Ausmaß der gegenseitigen Annäherung von einander unabhängiger Ermittlungsergebnisse bei mehrfacher Anwendung eines festgelegten Ermittlungsverfahrens unter vorgegebenen Bedingungen (DIN 55350–13) [precision]
Probennahme	Vorgang der Entnahme und Zusammenstellung einer Stichprobe nach einem festgelegten Verfahren [sampling, sample drawing]
Prüfgröße (-zahl)	Die Prüfgröße eines statistischen Tests wird aus den Daten der Stichprobe berechnet. Durch den Vergleich der errechneten Prüfgröße mit dem Schwellenwert der Teststatistik wird entschieden, ob die Nullhypothese verworfen werden muss.

Punktschätzung	Im Unterschied zur Intervallschätzung ist die P. das Ermitteln eines einzelnen Schätzwertes für den unbekannten Parameter der Grundgesamtheit aus Stichprobendaten [point estimation].
Qualität	§ 4 Abs. 1 Nr. 15 AMG: Die Beschaffenheit eines Arzneimittels, die nach Identität, Gehalt, Reinheit, sonstigen chemischen, physikalischen, biologischen Eigenschaften oder auch durch das Herstellungsverfahren bestimmt wird DGQ: Die Gesamtheit von Merkmalen (und Merkmalswerten) einer Einheit bezüglich ihrer Eignung, festgelegte und vorausgesetzte Erfordernisse zu erfüllen DIN 55350: Die Beschaffenheit einer Einheit bezüglich ihrer Eignung, die Qualitätsanforderungen zu erfüllen [quality]
Quantil	gibt an, welcher Wert von einem bestimmten Anteil der Merkmalsträger nicht überschritten wird. Stetige Verteilung: derjenige Wert, bei dem die Wahrscheinlichkeit für einen kleineren Wert genau p und die Wahrscheinlichkeit für einen größeren Wert genau 1-p beträgt. Diskrete Verteilung: „genau" wird durch „höchstens" ersetzt [quantile]
Quartil	Eine kumulative Häufigkeitsverteilung lässt sich in Quartile unterteilen, unter denen ein Viertel (1. Quartil), die Hälfte (2. Quartil, Median) bzw. drei Viertel (3. Quartil) der Werte liegen [quartile].
Quartilsabstand	siehe Interquartilsabstand
Rangsummentest	Sammelbezeichnung für nicht parametrische Tests, deren Prüfzahl auf Rangsummen beruht, z. B. Wilcoxon-Test [rang sum test]
Rang(zahl)	Nummer eines Beobachtungswertes in der nach aufsteigenden Zahlenwerten geordneten Folge von Beobachtungswerten [rank]
Regression	Annahme eines funktionalen Zusammenhangs zwischen einer abhängigen Variablen und einer oder mehrerer unabhängiger Variablen [regression]
Residuen	vertikale Abstände ε der Messwerte von einer Modellfunktion; werden auch als Fehler oder Störgröße bezeichnet [residuals]
Richtigkeit	Übereinstimmung mit dem wahren Wert (ICH Q 2A); qualitative Bezeichnung für das Ausmaß der Annäherung des Erwartungswertes des Ermittlungsergebnisses an den Bezugswert, wobei dieser je nach Feststellung oder Vereinbarung der wahre oder richtige Wert sein kann (DIN 55350–13) [trueness, accuracy of mean]
RRSB-Verteilung	siehe Weibull-Verteilung
Rundestelle	letzte Stelle, die nach dem Runden bei der Zahl verbleibt [rounding digit]

Säulendiagramm	siehe Stabdiagramm
Schätzer	Kenngröße, die zur Schätzung eines Parameters verwendet wird [estimator]
Schätzfunktion	gibt den Schätzwert für den Parameter der Grundgesamtheit als Funktion der Beobachtungswerte und damit die Berechnungsformel des Schätzwertes an [estimator, estimator function]
Schätzgenauigkeit	Maß für die Annäherung an einen Parameter [accuracy of estimate]
Schätzwert	beobachteter Wert eines Schätzers [estimate]
Schwellenwert	Der Schwellenwert (Ablehnungsschwelle, kritischer Wert) unterteilt in Abhängigkeit von der vorgegebenen Irrtumswahrscheinlichkeit den Bereich der möglichen Werte der Prüfgröße in einen Ablehnungs- und Annahmebereich der Nullhypothese [threshold, thresold value]
Signifikanzniveau	Irrtumsniveau, Irrtumswahrscheinlichkeit obere Grenze für die Irrtumswahrscheinlichkeit (Fehler 1. Art) [level of significance; significance level]
Signifikanzzahl	siehe Signifikanzniveau
Skala	zweckmäßig geordneter Wertebereich eines Merkmals [scale]
Skalar	Größe, welche unabhängig ist von einem Koordinatensystem und durch Zahlenangabe mit einer physikalischen Einheit beschreiben werden kann [scalar]
Skalarprodukt	Ergebnis der Multiplikation von zwei Vektoren ist ein Skalar, also eine Zahl [scalar product]
Sollwert	Referenzwert eines Merkmals, welcher in einer Spezifikation angegeben ist [target value, nominal value]
Spannweite	Differenz zwischen dem kleinsten und größten vorkommenden Merkmalswert [range]
Spezifikation	Festlegung von Qualitätsanforderungen [specification]
Stabdiagramm	Graphische Darstellung der Häufigkeiten durch die Höhe bzw. Länge von Stäben (bzw. Säulen) über einer horizontalen Achse, auf der die Merkmalsausprägungen aufgetragen sind. Die Stäbe (bzw. Säulen) haben üblicherweise einen Zwischenraum und sind bevorzugt geeignet für nominal- und ordinalskalierbare Merkmale. [bar chart, bar diagram, bar graph]
Standardabweichung	Quadratwurzel aus der Varianz; im englischen abgekürzt: SDV [standard deviation]
Standardabweichung, relative	Die relative Standardabweichung ist der Quotient aus der Standardabweichung und dem arithmetischen Mittelwert, d.h. die Standardabweichung wird in „Mittelwertseinheiten" ausgedrückt. Damit können Standardabweichungen aus Stichproben mit unterschiedlich großen arithmetischen Mittelwerten miteinander verglichen werden [coefficient of variation, variation coefficient, percentage standard deviation]

Standardfehler des Mittelwertes	ist die Standardabweichung dividiert durch die Quadratwurzel des Stichprobenumfangs n. Er beschreibt die Streuung der Stichproben-Mittelwerte von vielen gleichgroßen Stichproben um den wahren Mittelwert der Grundgesamtheit μ an [standard error of mean, S.E.M.]
Standardnormal-verteilung	Normalverteilung mit dem Erwartungswert $\mu = 0$ und der Varianz $\sigma^2 = 1$, durch Standardisierung kann jede beliebige Normalverteilung in die Standardnormalverteilung transformiert werden [standardised normal distribution]
statistische Maßzahl	aus Beobachtungswerten berechnete Größe [statistic]
statistischer Test	Verfahren, um zu entscheiden, ob eine Nullhypothese zu Gunsten einer Alternativhypothese zu verwerfen ist [statistical test, significance test]
Stetigkeitskorrektur	siehe Kontinuitätskorrektur
Stichprobe	Teilmenge von Einheiten, die aus der Grundgesamtheit oder aus einer Teilgesamtheit entnommen werden und im Rahmen einer statistischen Analyse untersucht werden. Die Stichprobe muss in dem zu untersuchenden Merkmal repräsentativ für die Grundgesamtheit sein [sample].
Stichprobe, unverbundene	Auch unabhängige Stichprobe; die Werte zweier Stichproben treten nicht paarweise angeordnet auf, daher sind Werte sowohl innerhalb einer Stichprobe als auch Daten aus beiden Stichproben zusammen unabhängig voneinander [unmatched sample].
Stichprobe, verbundene	Auch abhängige Stichprobe, die Werte zweier Stichproben treten paarweise angeordnet auf, die beiden Werte jeden Paares stammen vom selben Untersuchungsobjekt [matched samples].
Stichprobenfehler	Streuung der Stichprobenverteilung bzw. die Differenz zwischen der Maßzahl einer Stichprobe und dem entsprechenden wahren Wert in der Grundgesamtheit [random sampling error]
Stichprobenumfang	Anzahl n der Elemente, die zu einer Stichprobe gehören [sample size, size of sample]
Stochastik	zusammenfassender Oberbegriff für Induktive Statistik und Wahrscheinlichkeitstheorie [stochastics]
Streuungsmaße	charakterisieren die Variabilität einer Stichprobe oder einer Verteilung [measures of dispersion]
Term	mathematischer Ausdruck, welcher Ziffern, Variablen und Symbole für mathematische Verknüpfungen und Klammern enthalten kann [term]
Test, einseitiger	wenn sich für die Prüfzahl die Ablehnungsschwelle der Testhypothese H_0 nur auf einer Seite des Ablehnungsbereichs befindet [asymmetrical test, one-sided test, one-tailed test, single tail test]

Test, nicht parametrischer	Nicht parametrisch oder parameterfrei heißen alle Verfahren, die nicht an die Voraussetzung einer bestimmten Verteilung gebunden sind [non-parametric test]
Test, parametrischer	an die Voraussetzung einer bestimmten Verteilung gebunden, häufig wird Normalverteilung vorausgesetzt [parametric test]
Test, zweiseitiger	wenn sich für die Prüfzahl auf beiden Seiten des Annahmebereichs der Testhypothese H_0 ein Ablehnungsbereich befindet [double-tailet test, two-tailed test, two-sided test]
Teststärke	Die Wahrscheinlichkeit eines Testes, eine richtige H_1 Hypothese als solche zu erkennen, berechnet sich als $1-\beta$ [power, strength of a test].
Theorem	wissenschaftlicher Lehrsatz vom griechischen *theorema* (das Angeschaute) [theorem]
Thorndike-Nomogramm	stellt den graphischen Zusammenhang zwischen der Verteilungsfunktion G einer Poisson-Verteilung, der Fehlerzahl x und dem Parameter μ her
Toleranz	Höchstwert minus Mindestwert, auch als obere minus untere Grenzwertabweichung bezeichnet; zulässige Abweichung eines Merkmalswertes von einem vorgegebenen Sollwert [tolerance]
Transformation	Werte mit einer beliebigen Funktion werden so verändert, dass sie im transformierten Bereich einem Verteilungsmodell entsprechen [transformation].
Transzendente Zahl	Zahl, die nicht Nullstelle eines Polynoms mit rationalen Koeffizienten ist. Sie lässt sich nicht durch eine Polynomgleichung beschreiben [transcedental number].
Trend	systematische Tendenz einer Zeitreihe bzw. eines stochastischen Prozesses, wobei eventuelle periodische Schwankungen eliminiert sind [trend]
Urliste	Daten in der Reihenfolge ihrer Erhebung [prime notation, raw data]
Variable	Veränderliche [variable, stochastic variable, random variable, random variate, variate]
Varianz	arithmetisches Mittel der quadratischen Abweichungen der Beobachtungswerte vom arithmetischen Mittel [varianz, dispersion, spread]
Varianzanalyse	statistische Auswertungsverfahren zur Messung und Beobachtung von Streuung [analysis of variance, kurz: ANOVA]
Variationskoeffizient	siehe relative Standardabweichung [CV, coefficient of variation]
Variationsbreite	siehe Spannweite
Vektor	Liste zusammengehörender Zahlen, mit Hilfe von V kann ein Satz von zusammengehörenden Zahlen gemeinsam betrachtet und ausgewertet werden [vector]

Versuchsplanung	im weiteren Sinne die Festlegung aller mit einem Versuch oder einer Erhebung erforderlichen Maßnahmen; theoretische Disziplin als ein Teilgebiet der mathematischen Statistik [design of experiments, planning of experiments]
Verteilung	Zusammenhang zwischen den Werten von Zufallsvariablen und den Wahrscheinlichkeiten ihres Auftretens. [distribution]
Verteilung, bimodale	Verteilung, bei der es genau zwei klar voneinander getrennte Maxima gibt [bimodal distribution]
Verteilung, diskrete	siehe Zufallsvariable, diskrete
Verteilung, empirische	Aus Beobachtungen (Versuchen) erhaltene Verteilung von Beobachtungswerten die entweder durch die relativen Häufigkeiten, mit denen bestimmte Beobachtungswerte auftreten oder durch die relativen Häufigkeiten, mit denen Beobachtungswerte in bestimmte Klassen fallen, gegeben [empirical distribution]
Verteilung, hypergeometrische	ziehen ohne zurücklegen bei dichotomen Grundgesamtheiten [hypergeometric distribution]
Verteilung, mehrgipfelige	Verteilung mit mehreren sehr häufig auftretenden Werten [multi-modal distribution]
Verteilung, schiefe	unsymmetrische Verteilung [asymmetrical distribution]
Verteilung, stetige	für eine unendliche Anzahl möglicher Merkmalswerte definiert, z. B. für alle reellen Zahlen [continuous distribution]
Verteilungsfunktion	gibt die Wahrscheinlichkeit an, dass der Wert der Zufallsvariablen X kleiner oder gleich x ist (siehe Häufigkeitssummenkurve) [distribution function, cumulative distribution function]
Vertrauensbereich	ist das geschätzte Intervall, welches den wahren Wert des unbekannten Parameters mit der vorgegebenen Wahrscheinlichkeit $1-\alpha$ überdeckt [confidence interval]
Vertrauensniveau	Mindestwert $1-\alpha$ der Wahrscheinlichkeit, der für die Berechnung eines Vertrauensbereichs oder eines statistischen Anteilsbereichs vorgegeben ist [confidence level]
Vorhersageintervall	siehe Zufallsstreubereich [prediction interval]
Vorzeichenrangtest	Wilcoxon-Test für gepaarte Stichproben [signed rank test, Wilcoxon's matched pairs rank test]
Wert, richtiger	Vereinfacht kann gesagt werden: Er ist ein Schätzwert für den wahren Wert. DIN 55350–13: Wert für Vergleichszwecke, dessen Abweichung vom wahren Wert für den Vergleichszweck als vernachlässigbar betrachtet wird [accurate value]
Wert, wahrer	Dazu gibt es im DIN-Normenbereich 3 Definitionen aus unterschiedlichen Bereichen; dem Qualitätsmanagement, der Messtechnik und der Wissenschaft vom

Messen. Sie widersprechen einander nicht und tragen zum Verständnis bei:

DIN 55350–13: (Was ist er),
Tatsächlicher Merkmalswert unter den bei der Ermittlung herrschenden Bedingungen.

DIN 1319–1: (Was will man mit ihm),
Wert der Messgröße als Ziel der Auswertung von Messungen der Messgröße.

Internationales Wörterbuch der Metrologie: Wert, der mit der Definition einer betrachteten speziellen Größe übereinstimmt [true value]

Wahrscheinlichkeit	Klassische Definition nach Laplace: Das Eintreten des Ereignisses A bei einem Zufälligkeitsexperiment und gleich dem Verhältnis aus der Anzahl der für das Eintreten des Ereignisses günstigen Fälle und der Anzahl aller möglichen Fälle.
	Statistische Definition: ist die Wahrscheinlichkeit des Auftretens eines Ereignisses, also gleich dem Grenzwert der relativen Häufigkeiten, die man erhält, wenn das Experiment unendlich oft durchgeführt wird [probability].
Wahrscheinlichkeit, bedingte	Wahrscheinlichkeit für das Eintreten dieses Ereignisses unter der Bedingung, dass ein bestimmtes Ereignis bereits eingetreten ist [conditional probability]
Wahrscheinlichkeitsdichte	$g(x)$, für jedes beliebige Intervall (x_1, x_2) ist die Wahrscheinlichkeit $P(x_1 \leq X \leq x_2)$, dass die Zufallsvariable Werte aus diesem Bereich annimmt, gleich der Fläche unter der Dichtefunktion über dem Intervall [PDF; probability density function]
Wilcoxon-Test	siehe Vorzeichenrangtest
Zentralwert	siehe Median
Zufall	Wenn ein Ereignis nicht notwendig oder nicht beabsichtigt auftritt. Umgangssprachlich wird ein Ereignis auch als zufällig bezeichnet, wenn es nicht absehbar, vorhesagbar oder berechenbar ist. Zufall im statistischen Sinn ist jegliche Art von Einfluss, der prinzipiell nicht kontrolliert werden kann und/oder sehr viele sehr kleine Ursachen hat [random]
Zufallsexperiment	beliebig oft wiederholbarer, nach einer bestimmten Vorschrift auszuführender Vorgang, dessen Ergebnis zufallsbedingt ist und nicht eindeutig vorausgesagt werden kann [random experiment]
Zufallsfehler	siehe Präzision
Zufallsstreubereich	Bereich, in welchem Ergebnisse von Stichproben mit einer bestimmten Wahrscheinlichkeit liegen [probability interval]
Zufallsprobennahme	Probennahme nach einem Zufallsverfahren, bei dem jede Einheit der Grundgesamtheit dieselbe Wahr-

	scheinlichkeit hat, in die Stichprobe zu gelangen [random sampling]
Zufallsstichprobe	wird durch ein Auswahlverfahren gewonnen, bei dem jedes Element der Grundgesamtheit die gleiche Chance (Wahrscheinlichkeit) hat, in die Stichprobe zu gelangen: häufig auch nur als Stichprobe bezeichnet [random sample]
Zufallsvariable	Variable, bei der vor ihrer Beobachtung bzw. Messung nicht voraussagbar ist, welchen ihrer Werte sie annehmen wird [random variable, chance variable, stochastic variable]
Zufallsvariable, diskrete	kann nur endlich viele oder abzählbar unendlich viele Werte mit positiven Wahrscheinlichkeiten annehmen [discrete random variable]
Zufallszahl	unabhängige Realisierung einer Zufallsvariablen [random number]

Sachverzeichnis

Hermann Wätzig

Studium der Pharmazie an der Freien Universität Berlin und der Mathematik an der Universität Würzburg. Promotion bei Professor Dr. S. Ebel. Es folgten Forschungsaufenthalte an der Universität York (England) und am Krebsforschungszentrum der McGill-Universität, Montreal. Seit 1999 Professor für Pharmazeutische Chemie an der TU Braunschweig.
Leitung der Fachgruppe Arzneimittelkontrolle/Pharmazeutische Analytik der Deutschen Pharmazeutischen Gesellschaft und Mitglied im Herausgeberbeirat der Zeitschrift Electrophoresis. Arbeitsschwerpunkte sind verschiedene Anwendungsgebiete der Instrumentellen Analytik und statistische Auswertungen.

Wolfgang Bühler

Ausbildung zum Chemielaboranten, danach Tätigkeit bei der Schering AG. Abitur am Abendgymnasium für Berufstätige und Studium der Pharmazie an der Freien Universität Berlin.
Promotion bei Prof. Dr. H. Vorbrüggen (Schering AG), anschließend als Kontrolleiter bei Steiner Arzneimittel in Berlin tätig. Seit 1991 im BGA (heute BfArM) in der Abteilung »Besondere Therapierichtungen und Traditionelle Arzneimittel« und dort u. a. für die Qualitätsbewertung pflanzlicher Arzneimittel zuständig.
Studium an der TFH-Berlin (Fernstudieninstitut) zum Qualitätstechniker, Qualitätsmanager und Auditor.

Wolfgang Mehnert

Studium der Pharmazie an der Freien Universität Berlin. Promotion bei Prof. Dr. K.-H. Frömming. Seit 1981 als akademischer Rat in Lehre und Forschung im Fachgebiet Pharmazeutische Technologie an der Freien Universität Berlin tätig. Wolfgang Mehnert ist Fachapotheker für Pharmazeutische Technologie.